U0337190

世界传世藏书

【图文珍藏版】

动植物知识大博览

赵然⊙主编

第五册

线装书局

莪术

又名文术、蓬莪术、蓬术、蒁药。为姜科植物广西莪术、温莪术的干燥根茎。广西莪术，多年生草本。块根肉质，断面白色。叶4~7片，二列，两面密被淡黄色短毛，有的中脉两侧有紫晕。花序由叶鞘中抽出长8~15厘米。上部苞片淡绿色，下部苞片先端粉红色至淡紫色，花冠管长105厘米，漏斗状，淡黄色，侧生退化雄蕊花瓣状，能育雄蕊1枚。子房下位，被柔毛。广西莪术：长圆形或

莪术

长卵圆形，长2~6厘米，直径1.8~3厘米，一端钝圆，另一端钝尖。表面灰黄色至灰棕色，粗糙，环节明显，节上有须根痕或残留须根。体重质坚，难折断，断面浅棕色，角质。气香，味微辛苦。温莪术：长2~5.5厘米，直径1.5厘米。表面土黄色至灰黄色，有刀削痕，断面黄棕色或黄灰色。广西莪术主产于广西。温莪术主产浙江，多为栽培。味辛、苦，性温。归肝、脾经。行气破血，消积止痛。3~9克。内服：煎汤。孕妇及气血亏虚无积滞者禁服。

鸭跖草

又名鸭食草、鸡舌草、竹叶兰、碧竹子、水竹子、碧竹草、竹叶菜、竹鸡草、鸭仔草。为鸭跖草科一年生草本植物鸭跖草的干燥地上部分。长可达60厘米，黄绿色或黄白色，较

光滑。茎有纵棱,直径约 0.2 厘米,多有分枝或须根,节稍膨大,节间长 3~9 厘米;质柔软,断面中部有髓。叶互生,多皱缩、破碎,完整叶片展开后呈卵状披针形或披针形,长 3~9 厘米,宽 1~2.5 厘米;先端尖,基部下延成膜质叶鞘,抱茎,全缘,叶脉平行。花多脱落,总苞呈佛焰苞状、心状卵形、蚌壳状,但不相连,光滑无毛,有时有粗毛;花瓣皱缩,蓝色。全国大部分地区有分布。味甘、淡,性寒。归肺、胃、小肠经。清热解毒,利尿消肿。10~15 克;鲜品 60~150 克,生用。内服:煎汤,捣汁饮。

淫羊藿

又名黄连祖、刚前、干鸡筋、仙灵脾、千两金、仙灵毗、弃杖草、放杖草、三枝九叶草。为小蘗科植物箭叶淫羊藿、淫羊藿的干燥茎叶。箭叶淫羊藿:多年生草本。茎生叶 1~3 片,3 出复叶,叶柄细长;小叶卵状披针形,长 4~9 厘米,基部心形,两侧小叶基部呈不对称浅心形,边缘有细刺毛,表面无毛。圆锥花序或总状花序顶生,花多数;萼片 8,花瓣 4,黄色,有短矩;雄蕊 4;子房上位。蓇葖果卵圆形,种子数粒。淫羊藿:花茎具两枚复叶,每一复叶有 9 片小叶,小叶卵形或近圆形;聚伞花序,花序轴及花梗上有明显腺毛。主产于陕西秦岭山区、商县、山阳、镇安、石泉、佛坪、太白区,山西沁源、阳帛,湖南常德、黔阳,河南嵩县、栾川、卢氏、洛宁等地。辛、甘,温。归肝、肾经。补肾壮阳。用于肾阳虚衰所致的阳痿、尿频、腰膝无力,可单用浸酒服,多与仙茅、巴戟天等补肾壮阳药同用。6~15 克。治风寒湿痹,宜生用;治阳痿、不孕,宜炙用。内服:煎汤。或入丸、散,或浸酒。内蕴邪热者禁服。

黄芩

又名山茶根、腐肠、土金茶根、黄文、元芩、空肠、黄金茶根。为唇形科植物黄芩的干燥根。多年生草本,茎高 20~60 厘米,四棱形,多分枝。叶披针形,对生,茎上部叶略小,全缘,上面深绿色,无毛或疏被短毛,下面有散在的暗腺点。圆锥花序顶生。花蓝紫色,二唇形,常偏向一侧,小坚果,黑色。常呈扭曲的倒圆锥状,长 10~25 厘米,直径 1~4 厘米。表面棕黄色,有纵皱纹及不规则网状纹理,并有多数疣状支根痕。质硬而脆,易折断,断面深黄色;老根的木部中央呈暗棕色或可见棕黑色朽木状,俗称"枯芩"。经水浸渍后外表往往显绿色。主产于东北、山西、河南、山东等省区。苦,寒。归肺、胆、胃、大肠经。黄芩苦能燥湿、寒,能清热,善清胃肠、肝胆湿热,为多种湿热病证的常用药。3~9克。内服:煎汤。外用:适量。本品味较苦,脾胃虚寒或无实火者禁服。

黄芪

又名芰草、大有芪、王孙、黄耆、百本、西芪。为豆科植物蒙古黄芪及膜荚黄芪的干燥根。蒙古黄芪为多年生草本。茎直立,高 40~80 厘米。奇数羽状复叶,小叶 12~18 对。叶片宽椭圆形或长圆形,长 5~10 毫米,宽 3~5 毫米,上面无毛,下面被柔毛;托叶披针形。总状花序腋生;花萼钟状,花冠黄色至淡黄色,旗瓣长圆状倒卵形,翼瓣及龙骨瓣均有长爪;子房无毛。荚果膜质,膨胀,半卵圆形,有长柄,无毛。膜荚黄芪与上种相似,但小叶 6~13 对,叶片长 7~30 毫米,宽 3~12 毫米,上面近无毛,下面伏生白色柔毛。花冠黄色至淡黄色,或有时稍带淡紫红色;子房有毛。荚果被黑色短伏毛。根茎呈圆柱形,切成一定的长度。表面土黄色,有纵皱纹,皮易剥落而露出网状纤维。质韧,富纤维性,断面黄色,可见放射状裂隙。老根中央偶有枯朽。主产于山西、甘肃、黑龙江、内蒙古等省区。甘,微温。归脾、肺经。有益卫气、固表止汗之功。9~30 克。大剂量可用 30~60 克。粉剂或片剂用量可用其 1/5。

黄连

又名野连云连、王连、凤尾连、支连、峨眉连、味连、雅连、川连、土黄连、鸡爪黄连。为毛茛科植物黄连、三角叶黄连或云南黄连的干燥根茎。药材依次习称"味连"、"雅连"、"云连"。黄连，多年生草本，高 15～25 厘米。根茎黄色、成簇生长。叶基生，具长柄，叶片稍带革质，卵状三角形，三全裂，中央裂片稍呈棱形，具柄，长约为宽的 1.5～2 倍，羽状深裂，边缘具锐锯

黄连

齿；侧生裂片斜卵形，比中央裂片短，叶面沿脉被短柔毛。花葶 1～2，二歧或多歧聚伞花序，有花 3～8 朵，萼片 5，黄绿色，长椭圆状卵形至披针形，长 9～12.5 毫米；花瓣线形或线状披针形，长 5～7 毫米，中央有蜜槽；雄蕊多数，外轮比花瓣略短；心皮 8～12。蓇葖果具柄。三角叶黄连，与上种的不同点为：叶的裂片均具十分明显的小柄，中央裂片为三角状卵形，4～6 对羽状深裂，二回裂片彼此密接；雄蕊长为花瓣之半，种子不育。云南黄连与其他黄连的不同点为：叶裂片上的羽状深裂片间的距离通常更为稀疏；花瓣匙形，先端钝圆，中部以下变狭成为细长的爪。川连：多分枝形如鸡爪。根茎上有多数坚硬的须根残迹，部分节间平滑，习称"过桥"。质坚硬，折断面皮部暗棕色，木部亮黄色。味极苦。雅连：多单枝，略呈圆柱形，长 4～8 厘米，直径 0.5～1 厘米。"过桥"较长，顶端有少许残茎。云连：多为单枝，较细小，长 2～5 厘米，直径 2～4 毫米。表面棕黄色。折断面较平坦，黄棕色。味连主产于四川省，湖北及陕西亦产，为栽培品。雅连主产于四川省，多为栽培。云连主产于云南西北部，原属野生，现有栽培。苦，寒。归心、胃、肝、大肠经。黄连大苦

大寒,善清中焦湿热,对胃肠湿热所致的泄泻、痢疾、呕吐最为常用。2~10克。清心除烦,心火偏亢,心烦失眠宜酒炒;下焦湿火宜用盐水炒;中焦湿热,胃失和降,恶心呕吐用姜汁炒。用于泻火解毒,治温热病灶热,热毒壅盛,火邪迫血妄行可生用。内服:煎汤,或入丸、散。外用:适量,煎水洗、研末敷、熬膏涂。本品极苦大寒,易伤阳气,损伤脾胃,故不可过量或久服,中病即止。脾胃虚寒者禁服。

黄精

又名老虎姜、鹿竹、白芨黄精、重楼、玉竹黄精、苟格、黄芝、笔菜、山捣曰。为百合科植物黄精、多花黄精或滇黄精的干燥根。依次称为:鸡头黄精、姜形黄精、大黄精。为多年生草本,根茎横走,先端突出似鸡头状,茎高50~90厘米,叶4~6枚轮生,线状披针形,长8~12厘米,宽0.4~1.6厘米,先端常卷曲。花腋生,2~4朵,下垂,总花梗1~2厘米,花被筒状,白色至淡黄绿色,长0.9~1.2厘米,6浅裂,雄蕊6。浆果成熟时黑色。多花黄精:叶互生,卵状披针形至长圆状披针形,花梗着花2~7朵,排成伞形,花被黄绿色,长1.8~2.5厘米;花丝有小乳突或微毛,顶端膨大至具囊状突起。滇黄精:茎高1~3米,顶端常呈缠绕状。叶4~8轮生,线形至线状披针形,长6~20厘米,宽0.3~3厘米,先端渐尖并拳卷。花梗着花2~3朵,花被粉红色。浆果成熟时红色。鸡头黄精呈不规则圆柱形或圆锤形,一端膨大,并有地上茎圆痕,形似鸡头,长3~10厘米,直径0.5~1.5厘米。表面黄白色至黄棕色,半透明,表面有明显的环节,并有细皱纹,地上茎痕呈圆盘状,并有点状突起根痕。断面角质,有黄白色维管束小点。气微、味甜、有黏性。姜形黄精呈结节状,有分枝,形似姜,长2~18厘米,直径2~4厘米,表面较粗糙,节较密集,并有多数圆盘状茎痕。大黄精呈肥厚块状或串珠状,长达10厘米以上,直径3~6厘米。每一结节有茎基,呈凹陷的圆盘状。黄精主产于河北、陕西、内蒙古等省区。多花黄精主产于安徽、浙江、湖南、云南、贵州等省。滇黄精主产于贵州、云南、广西等省区。甘,平。归肺、脾、肾经。滋阴润肺。既能补脾气，又可益脾阴。9～18克。黄酒蒸熟用。内服：煎汤，熬膏或入丸服。外用：煎水洗，或以酒精制成糊状或提取物局部涂布。消化不良及有痰湿者禁服。

紫草

又名紫丹、山紫草、红石根、硬紫草。为紫草科植物新疆紫草或紫草的干燥根。前者药材称"软紫草"，后者称"硬紫草"。新疆紫草为多年生草本，高15～35厘米，全株被白色糙毛。根粗壮，紫色。基生叶丛生，叶线状披针形，长5～12厘米，宽2～5毫米；茎生叶互生，较小，无柄。蝎尾状聚伞花序，集于茎顶近头状，苞片线状披针形。花冠长筒状，淡紫色或紫色，先端5裂，喉部及基部无附属物及毛。雄蕊5，着生于花冠管中部，子房4深裂。小坚果骨质，宽卵质。紫草高50～90厘米，全株被糙毛。叶长圆状披针形至卵状披针形，长3～6厘米，宽5～12毫米。花冠白色筒状，花冠管喉部有5个鳞片状物体，基部具毛状物。软紫草根呈圆锥形，有时数个侧根扭在一起，长6～20厘米，直径1.5～2.5厘米。表面暗紫色，皮部极松软，呈扭曲的条片状，多层相叠。质轻软，易折断，断面呈同心环状，皮部紫色，木部黄白色。气特异，味微苦涩。硬紫草根呈纺锤形或圆柱形，稍扭曲，有分枝，长7～15厘米，直径0.5～2厘米。表面暗紫色，具扭曲的纵沟，并有细根痕。皮部薄，易剥落。质硬而脆，易折断，断面皮部深紫色，木部灰黄色较大。软紫草主产于新疆。硬紫草主产于东北、华北及长江中下游诸省。甘，寒。归心、肝经。清热解毒作用较强。3～9克。生用。内服：煎汤，外用：适量。本品滑肠，故脾虚便溏者禁服。

萹蓄

又名扁竹、道生草、扁蔓。为蓼科植物萹蓄的地上部分。茎呈圆柱形而略扁，长15～40厘米，直径0.2～0.3厘米。表面棕红色或灰绿色，有细密微突起的纵纹。节间明显，节部稍膨大，有浅棕色膜质的托叶鞘，节间长约3厘米，质硬，易折断，断面髓部白色。叶互生，近无柄或具短柄，叶片多脱落或皱缩、破碎，完整者展平后呈披针形，全缘，两面均呈棕绿色或灰绿色。主产于河南、四川、浙江、山东、吉林、河北；其他省区亦产。甘，寒。归大肠、小肠、膀胱经。利尿通淋，杀虫止痒。10~15克，单味可用至30克。生用。内服：煎汤，或捣汁饮。外用：适量，煎水洗，或鲜品捣敷。

萹蓄

豨莶草

又名风湿草、希仙虎莶。为菊科植物腺梗豨莶、豨莶及毛梗梗豨莶的干燥地上部分。腺梗豨莶：一年生草本。茎高达1米以上，上部多叉状分枝，枝上部被紫褐色头状有柄腺毛及白色长柔毛。叶对生，阔三角状卵形至卵状披针形，长4~12厘米，宽1~9厘米，先端尖，基部近截形或楔形，下延成翅柄，边缘有钝齿，两面均被柔毛，下面有腺点，主脉3出，脉上毛显著。头状花序多数，排成圆锥状，花梗密被白色毛及腺毛，总苞片2层，背面被紫褐色头状有柄腺毛，有黏手感。花杂性，黄色，边花舌状，雌性；中央为管状花，两性。瘦果倒卵形。长约3毫米，有4棱，无冠毛。豨莶：与腺梗豨莶极相似，主要区别为植株可高达1米，分枝常成复二歧状，花梗及枝上部密生短柔毛，叶片三角状卵形，叶边缘具不规则浅齿或粗齿。毛梗豨莶：与上两种的区别在于植株高约50厘米，总花梗及枝上部柔毛稀且平伏，无腺平；叶锯齿规则；花头与果实均较小，果长约2毫米。全国大部分地区有产，主产于湖南、福建、湖北、江苏等省。苦，寒。归肝、肾经。有祛风湿，通经络之功。6~12克。内服：煎服，或贝丸、散。外用：捣敷，研末撒，或煎水洗，适量。阴血不足者慎服。

薄荷

又名蓰荷、蕃荷菜、薄苛、菝菏、升阳菜、吴菝菏、猫儿薄苛、南薄荷、夜息花。为唇形科植物薄荷的干燥地上部分。多年生草本。茎方形。叶对生，长椭圆形至卵形，边缘有细锯齿，轮伞花序腋生。花冠唇形，浅粉色或紫色。小坚果长圆形。主产于江苏、湖南、江西等省，全国各地多有栽培。辛，凉。归肺、肝经。既能发散风热，又可清头目、利咽喉。用治风热上犯而致头痛目赤、咽喉肿痛，常与菊花、牛蒡子等配伍应用。3~6克。生用。内服：煎汤，其气芳香，不可久煎，宜后下。阴虚血燥、肝阳上亢、表虚汗多不止者禁服。

大腹皮

又名槟榔衣、槟榔皮、猪槟榔、大腹毛、大腹绒、茯毛。为棕榈科植物槟榔或大腹槟榔及同属植物的纤维状果皮。腹皮：为瓢状椭圆形、长椭圆形或长卵形，外凸内凹，长4~7厘米，少数为3厘米，最宽处达2~3.5厘米，厚0.2~0.5厘米。主产于海南屯昌、安定、陵水、崖县、琼东、东会、万宁、登迈、保亭、琼中，云南元江、河口、金平以及福建、台湾等地。辛，微温。归脾、胃、大肠、小肠经。行气导滞，利水消肿。5~10克，煎服。气虚者慎用。

女贞子

又名小叶冻青、女贞实、蜡树、冬青子、鼠梓子、爆格蚤、水蜡树、白蜡树子。为木樨科植物女贞的干燥成熟果实。常绿乔木,高达 10 米。树皮光滑不裂。枝条开展,具明显的皮孔,平滑无毛。叶对生,有短柄;叶片卵圆形或长卵状披针形,长 6~14 厘米,宽 4~6 厘米,先端渐尖至锐尖,基部阔楔形至圆形,全缘,无毛,革质,上面深绿色,有光泽,背面密被细小的透明腺点。圆锥花序顶生,花白色,密集,几无梗,花萼钟状,四浅裂;花冠 4 裂,裂片长方形;雄蕊 2 枚,着生在花冠筒喉部,花丝细,伸出花冠

女贞子

外;雌蕊 1 枚,子房上位,球形,花柱细长,柱头 2 浅裂。浆果状核果,长圆形,略弯曲,长约 1 厘米,直径 3~4 毫米,成熟时蓝黑色。内有种子 1~2 枚,呈椭圆形、倒卵形或肾形,长 4~8 毫米,直径 3~4 毫米。表面棕黑或紫黑色,皱缩不平,基部常有宿萼及果柄残痕。外果皮薄,中果皮稍疏松,内果皮木质,黄棕色,表面有数个纵棱,内有种子 1~2 枚。种子略呈肾形,红棕色,两端尖,破断面类白色,油性。主产于浙江、江苏、福建、广西、江西以及四川等地。甘、苦,凉。归肝、肾经。滋味肝肾,乌须明目。9~15 克。内服:煎汤,或熬膏,为丸服。外用:熬膏点眼。虚寒泄泻及阳虚者慎服。

连翘

又名乙切草、旱莲子、北节草、大翘子、连召、空壳、黄花翘、落翘、音切草。为木樨科植物连翘的干燥果实。落叶灌木,高 2~3 米。茎丛生,小枝通常下垂,褐色,略呈四棱状,皮孔明显,中空。单叶对生或 3 小叶丛生,卵形或长圆状卵形,长 3~10 厘米,宽 2~4 厘

米,无毛,先端锐尖或钝,基部圆形,边缘有不整齐锯齿。花先叶开放。一至数朵,腋生,金黄色,长约2.5厘米。花萼合生,与花冠筒约等长,上部4深裂;花冠基部联合成管状,上部4裂,雄蕊2枚,着生花冠基部,不超出花冠,子房卵圆形,花柱细长,柱头2裂。蒴果狭卵形,稍扁,木质,长约1.5厘米,成熟时2

连翘

瓣裂。种子多数,棕色、扁平,一侧有薄翅。果实呈卵形至长卵形,稍扁,长1~2.5厘米,老翘果瓣形似鸟嘴,尖端略向外反曲,基部有柄或果柄残基,外表面黄棕色,有不规则的纵皱纹及多数凸起的小斑点,中央有一纵沟;内表面淡黄棕色,平滑,有一纵隔壁,种子多已脱落;果皮硬脆,断面平坦。青翘多不开裂,绿褐色或污绿色,突起的灰白色小斑点较少或无,内有多数种子,黄绿色,呈披针形,微弯曲,一侧有翅。主产于山西、陕西、河南等省,甘肃、河北、山东、湖北等省亦产。苦,微寒。归肺、心、小肠经。清热解毒,消痈散结,疏散风热。生用。内服:煎汤,5~15克,重症可用至30克;连翘心5~8克。本品苦寒,脾胃虚寒、疮疡阴证禁服用。

小茴香

又名谷香、谷茴香、茴香、小香。为伞形科植物茴香的干燥成熟果实。多年生草本,高1~2米,全株有香气。茎直立,有纵棱。叶互生,3~4回羽状全裂,裂片丝状线形,叶柄基部鞘状抱茎。复伞形态序顶生;花小、黄色。双悬果,每分果有5纵棱。呈小圆柱形,两端稍尖,长3~5毫米,径2毫米左右,基部有时带细长的小果柄,顶端有黄褐色柱头残基,新品黄绿色至棕色,陈品为棕黄色。分果容易分离,背面有5条略相等的果棱,腹面稍平;横切面略呈五角形。中央的种子略呈肾形,灰白色,有油性。主产于内蒙古苦托县、柱锦后旗、敖汉旗,山西太原、榆次、阳泉、吉林大安、乾安、怀德,辽宁朝阳、彰武、昌图,黑龙江泰来、安达等地。辛,温。归肝、肾、脾、胃经。散寒止痛,理气和胃。3~9克。生用和胃力强,多用于呕吐、食少、呃逆;炒用散寒温阳力强,用于寒疝腹痛等痛症。内服:煎汤,或入丸、散。外用:适量,研末调敷,或炒热温熨。阴虚有热者禁服。

栀子

又名黄栀子、木丹、枝子、越桃、山枝。为茜草科植物栀子的干燥成熟果实。常绿灌木。叶对生或3叶轮生;托叶膜质,联合成筒状。叶片革质,椭圆形、倒卵形至广倒披针形,全缘,表面深绿色,有光泽、花单生于枝顶或叶腋、白色、香气浓郁;花萼绿色。圆筒形,有棱,花瓣卷旋,下部联合呈圆柱形,上部5~6裂;雄蕊通常6枚;子房下位,1室。浆果,壶状,倒卵形或椭圆形,长1.5~3厘米,直径1.5~2厘米,肉质或革质,表面深红色或红黄色,有翅状纵棱5~8条。顶端残留萼片,另一端稍尖,有果柄痕。果皮薄而脆,内表面呈红黄色,有光泽,具2~3条隆起的假隔膜,内有多数种子,黏结成团。种子扁圆形,深红色或棕红色,表面有细而密的凹点,胚乳角质,胚长形,具心形,子叶2片。主产于湖南、浙江、江西、湖北、福建等南方诸省。苦,寒。归心、肺、三焦经。泻火除烦,清热利湿,凉血解毒。6~12克。内服:煎汤,外用:适量。本品性寒滑肠,脾虚便溏者不宜用。

山茱萸

又名枣肉、蜀枣、枣皮、肉枣、鼠矢、实枣儿、鸡足、药枣、山萸肉等。为山茱萸科植物山茱萸的干燥成熟果肉。落叶小乔木,高约5米。叶对生,叶片卵圆形,先端渐尖、全缘,下面密被白色绒毛。花先叶开放;伞形花序簇生于枝端;花小,花瓣4片,黄色,雄蕊4,子房下位。核果椭圆形,熟时红色,光滑无毛。呈不规则的扁圆形,常破裂成片状或皱缩的饼状。长约1.5厘米,宽约0.5厘米。基部有时可见果柄,顶端有圆点状柱基痕。主产于浙江淳安、昌化,河南南召、嵩县、西峡、内乡、济源,安徽歙县、石埭。此外,陕西、山西、四川亦产。酸,微温。归肝、肾经。补益肝肾,收敛固涩。6~15克,亦可用至30克。生用,敛阴止汗作用强;蒸熟用,补肾涩精,固精缩尿为好;酒制则补益肝肾而兼和血强筋之功,多用于腰酸痛,胁肋痛。内服:煎汤或入丸、散。小便湿热而淋涩者慎服。

川楝子

又名仁枣、楝实、金铃子、练实、苦楝子。为楝科植物川楝的干燥成熟果实。核果呈类球形或椭圆形,长1.9~3厘米,直径1.8~3.2厘米。表面棕黄色或棕色,有光泽,具深棕色小点,微有凹陷和皱缩,顶端有点状花柱残痕,基部凹陷处有果柄痕。我国南方各地均产,主产于四川云阳、邛崃、大邑、华阳、金堂,贵州安顺、平坝、镇宁,云南楚雄、元谋、宜良等地,以四川产量最大。苦,寒;有小毒。归肝、小肠、膀胱经。舒肝行水止痛,驱虫。用于胸胁、脘腹胀痛、疝痛、虫积腹痛等症。3~10克。煎服,外用适量。炒用寒性减小。本品有毒,不宜过量或持续服用,以免中毒。又因性寒,脾胃虚寒者慎用。

马兜铃

又名都淋藤、三百两、土青木香。为马兜铃科多年生落叶藤本植物北马兜铃和马兜铃的干燥成熟果实。北马兜铃:蒴果长圆形或椭圆状倒卵形,长3~4.5厘米,宽2~3厘米,上端平截,中央微凹,具花柱残痕。果柄细,长2~6厘米。表面黄绿、灰绿或棕褐色,有平直纵棱 6 条为腹缝线,果实成熟时由此开裂成 6 果瓣,果柄亦分裂为 6 条,每 1 条与 1 果瓣相连,每果瓣中央有一条波状弯曲的背缝线,从此处分出多数横向平行的波状细脉。果实 6 室,中隔灰白色,有棕色横向脉纹。每室内有多数平叠排列的种子,呈倒三角形,四面延伸成翅,果瓣上部种子长略大于宽,中部

马兜铃

种子的种仁呈横向椭圆形,果皮质较脆。气微、味淡或略苦。南马兜铃:蒴果长圆形或球形,基部钝圆,长 2 ~ 3.5 厘米,宽 2.3 ~ 3 厘米。果瓣上、中部种子均宽略大于长,种仁心形。北马兜铃主产于黑龙江、吉林、河北等地。马兜铃主产于江苏、安徽、浙江等地。苦、微辛,寒。归肺、大肠经。清肺化痰,止咳平喘,清肠消痔。用于肺热咳喘、痔疮肿痛等症。3 ~ 10 克。内服:煎汤。虚寒咳嗽、脾弱便溏者禁服。大剂量可致恶心呕吐,故应严格掌握剂量。

乌梅

又名酸梅、梅实、合汉梅、熏梅、千枝梅、桔梅实、黄仔、桔梅肉、红梅等。为蔷薇科植物梅的干燥近成熟果实。落叶小乔木或灌木,高达 10 米。小枝绿色,细长,枝端尖刺状。叶互生;托叶 1 对,线形,边缘有不整齐细齿,早落。叶柄长 1 ~ 1.5 厘米,近顶端有 2 腺体。叶片阔卵形或卵形,长 5 ~ 8 厘米,宽 3 ~ 5 厘米,先端尾状渐尖,基部阔楔形或圆形,边缘有细锯齿,嫩时两面均被柔毛,后期脱落。花 1 ~ 3 朵簇生于二年生侧枝叶腋,先叶开放,白色或粉红色,芳香;花梗短,萼筒杯状,花萼 5,有短柔毛;花冠直径约 2 厘米,花瓣 5;雄蕊多数;雌蕊 1,子房密被柔毛。核果球形,直长 2 ~ 3 厘米,一侧有明显浅槽,绿色,熟

时变黄,果肉味酸,果核坚硬,表面有凹点;种子1枚。主产于四川江津、邛崃、岳池,重庆綦江,福建永泰、上杭、崇安、莆田、清流,贵州修文、息峰、威宁,湖南常德、郴县、衡阳,浙江长兴、萧山,湖北襄阳、房县,广东番禺、增城等地。酸、平。归脾、肺、大肠经。敛肺,涩肠,生津,安蛔。用于肺虚久咳、

乌梅

久泻久痢、虚热消渴、蛔厥腹痛、崩漏下血等症。5~15克。内服:煎汤,或入丸、散。外用:适量,研末调敷。本品味酸涩收敛,凡外有表邪或内有实热积滞者慎服。

五味子

又名香苏、玄及、山花椒、会及、辽五味、五梅子,红铃子等。为木兰科植物五味子的干燥成熟果实。落叶木质藤本,长可达8米,小枝灰褐色,稍有棱。叶互生,叶片薄纸质,宽椭圆形、倒卵形或卵形,长5~10厘米,宽2~5厘米,顶尖,基部楔形,边缘疏生细齿。花单性,雌雄异株,单生或簇生于叶腋;花梗细长,花被6~9片,乳白色或带粉红色,雄花具5枚雄蕊;雌蕊椭圆形,心皮约15~40个,花后花托伸长,果熟时成穗状聚合浆果,浆果肉质球形,深红色。果实为多角形或扁球形,有时数个相互黏连。表面紫红色或紫黑色,皱缩,油润微有光泽,剥去果皮,有种子1~2粒,种子肾形,种皮黄橙包光亮、硬而脆,种仁油润。主产于辽宁、吉林、黑龙江、河北等地。酸,温。归肺、肾、心经。敛肺滋肾,生津敛汗,涩精止泻,宁心安神。用于久咳虚喘、津伤口渴、自汗盗汗、肾虚遗精、脾肾虚泻、心悸失眠等症。3~10克;研末服,1~3克。蒸熟用,生津止渴,敛汗养心力强;酒制敛肺益肾,涩精止泻力胜。内服:煎汤,外用:适量,煎水洗,或研末敷。表邪未解,内有实热及胃酸

过多者慎服。

巴豆

又名八百力、巴菽、贡仔、刚子、銮豆、江子、豆贡毒鱼子、老阳子、红子仁、双眼、双眼虾、猛子仁、巴米、巴果、毒点子。为大戟科植物巴豆的干燥成熟果实。常绿小乔木。叶互生,卵形至矩圆状卵形,顶端渐尖,两面被稀疏的星状毛,近叶柄处有 2 腺性。花小,成顶生的总状花序,雄花在上,雌花在下;蒴果类圆形,3 室,每室内含 1 粒种子。果实呈卵圆形或类圆形。长 1.5~2 厘米,直径 1.4~1.9 厘米。表面黄白色,有 6 条凹陷的纵棱线。去掉果壳有 3 室,每室有 1 枚种子。种子呈略扁的椭圆形或卵形,长约 1~1.5 厘米,径约6~9 毫米,表面灰棕色或暗棕色,平滑;种阜在种脐的一端,易脱落;另一端具合点,在腹面合点与种脐间有一条略隆起的纵棱线即种脊;种皮薄而坚脆,剥去后可见种仁,外包银白色的薄膜,内胚乳肥厚,淡黄白色,油质;将种仁纵剖两半可见中央有菲薄的子叶两片,具网状脉;胚根细小。主产于四川宜宾、江安、长宁、兴文、合川、江津、万县,福建莆田、诏安、南安,广东从化、增城,广西横县等地。辛,热。有大毒。归胃、大肠、肺经。泻下冷积,逐水退肿,祛痰利咽。用于胃肠寒积、心腹冷痛、腹水膨胀、二便不利、喉痹痰阻、痈肿不溃等症。0.1~0.3 克。本品大多制成巴豆霜用,以缓和药性,减低毒性。制霜用于急下;炒去烟令紫黑用于缓下;炒炭用于寒凝泄泻。内服:多入丸散或装入胶囊服。外用:适量,研如泥调涂。服巴豆时不宜同时食热粥、开水等热物及饮酒,以免加剧泻下。若服巴豆后泻下不止者,可用黄连、黄柏等煎汤冷服,或食冷粥以缓解。若服后欲泻不泻者,可服热粥以助药力。体虚、肝肾功能不良及妇女怀孕、月经期禁服。

木瓜

又名宜木瓜、木瓜实、木桃、铁脚梨。为蔷薇科植物贴梗海棠的干燥成熟果实。灌木,高 2~3 米。枝有刺。叶互生,叶片卵形至卵状披针形,边缘有尖锐细锯齿,托叶存在或脱落。花数朵簇生,绯红色。花梗极短。花瓣 5 片。梨果卵形或球形。果实因对半剖开,而呈卵状半球形。外表红棕色至紫红色,常因干缩而有不规则深纵纹,边缘向内卷曲,有时可见子房室隔壁和略呈三角形的种子。主产于四川、安徽、浙江、湖北等地。酸,温。归肝、脾经。舒筋活络,化湿和胃。用于风湿痹痛、筋脉拘挛、脚气肿痛、吐泻转筋等症。5~10 克。内服:煎汤。多食损齿;伤食积滞吐泻慎服。

火麻仁

又名麻仁、麻子、火麻子、麻子仁、冬麻子、大麻子、白麻子、大麻仁、线麻子等。为大麻科植物大麻的干燥成熟

火麻仁

果实。果实呈卵圆形,长 4~5.5 米,直径 2.5~4 毫米。表面光滑,灰绿色或灰黄色,有微细的白色网状花纹,两侧边有浅色棱线,顶端略尖,基部有一微凹的果梗痕。果皮薄而脆,易破碎。种皮绿色,内有乳白色子叶 2 枚,富油性。主产于山东莱芜、声安,浙江嘉兴,河北、江苏及东北等地亦产,均为栽培。甘,平。归脾、胃、大肠经。润肠通便。10~15 克。入汤剂应打碎先煎。内服:煎汤,或人丸、散。外用:适量,研末调涂。过量易致中毒。孕妇慎服。

牛蒡子

又名弯巴钩子、恶实、鼠尖子、鼠粘子、毛锥子、黍粘子、黑风子、大力子、牛子、蝙蝠刺、万把钩、大牛子。为菊科植物牛蒡的果实。二年生大型草本,高 1~2 米,上部多分枝,

带紫褐色,有纵条棱。根粗壮,肉质,圆锥形。基生叶大形,丛生,有长柄。茎生叶互生,有柄,叶片广卵形或心形,长30~50厘米,宽20~40厘米,边缘微波状或有细齿,基部心形,下面密布白色短柔毛。茎上部的叶逐渐变小。头状花序簇生于茎顶或排列成伞房状,花序梗长3~7厘米,表面有浅沟,密生细毛;总苞球形,苞片多数,覆瓦状排列,披针形或线状披针形,先端延长成尖状,末端钩曲。花小,淡红色或红紫色,全为管状花,两性,聚药雄蕊5;子房下位,顶端圆盘状,着生短刚毛状冠毛,花柱细长,柱头2裂。瘦果长圆形,具纵棱,灰褐色,冠毛短刺状,淡黄棕色。果实呈倒长卵形,稍弯曲,两端平截,略扁,长5~7毫米,直径2~3毫米,表面灰褐色或灰棕色,具多数细小紫黑色斑点,并有明显的纵棱线5~8条。顶端较宽,有一圆环,中心有点状凸起的花柱残基;基部狭窄,有圆形凹窝状果柄痕。果皮坚硬,种皮淡黄白色,子叶2枚。主产于吉林桦甸、蛟河、敦化、延吉,辽宁本溪、清源、凤城、桓仁,黑龙江五常、尚志、富锦、阿城,浙江桐乡、嘉兴。辛、苦、寒。归肺、胃经。发散风热,解毒透疹,利咽。用于外感风热、咽喉肿痛、麻疹不透、风热发疹、热毒疮疡、痄腮肿痛等症。生用,5~10克,捣碎;炒用,6~12克。内服:煎汤。本品性寒滑利,脾虚便溏及痘疹虚寒、气血虚弱者均禁服。

丝瓜络

又名瓜络、丝瓜网、丝瓜瓢、丝瓜筋、絮瓜瓢。为葫芦科植物丝瓜的干燥成熟果实的维管束。为中果皮的维管夷纵横交织而成的多层细密而坚韧的网络状物。全体呈压扁的圆柱状纺锤形或长梭形,两端细,略弯曲,长约2.5~7厘米,直径5~10厘米,表面黄白色,极粗糙。体轻、质韧,富弹性,横切面可见子房3室形成的3个孔腔,偶有残留种子。全国各地都有栽培。甘,平。归肺、胃、肝经。祛风,通络,活血。3~12克。水煎服。

冬虫夏草

又名夏草冬虫、冬虫、草虫草。为麦角菌科植物冬虫夏草菌寄生在鳞翅目蝙蝠蛾科昆虫蝙蝠蛾幼虫上的干燥子座和虫体的复合体。子座出自寄生幼虫的头部，单生，稀2~3个，细长如棒球棍状，长4~11厘米。上部为子座头部，稍膨大，呈圆柱形，长1.5~4厘米，褐色，密生多数子囊壳。子囊壳大部陷入子座中，先端突出于子座之外，每一子囊壳

冬虫夏草

内有多数细长的子囊，每一子囊内具2~4个有横隔的子囊孢子。冬虫夏草的形成：夏季，子囊孢子从子囊内射出后，产生芽管（或从分生孢子产生芽管）穿入寄主幼虫体内生长，染病幼虫钻入土中，冬季形成菌核，菌核破坏了幼虫的内部器官，但虫体的角皮仍完整无损。翌年夏季，从幼虫尸体的前端生出子座。本品由虫体及从虫头部长出的真菌子座相连而成。虫体形如蚕，长3~5厘米，粗约3~8毫米，外表深黄至黄棕色，粗糙，环纹明显，近头部环纹较细，共有20~30条环纹；胸部有胸足3对，腹部有腹中5对，中部4对，近尾部1对，以中部4对最明显。头部一般不甚明显，红棕色或黄红色。尾如蚕尾。质脆，易折断，断面略平坦，白色略发黄。子座深棕色至棕褐色，细长，圆柱形，一般比虫体长，长4~8厘米，粗约3毫米，表面有细小纵向皱纹，顶部稍膨大。质柔韧，折断面纤维状，黄白色。气微腥，味微苦。主产于四川、青海、西藏等省区，甘肃、云南、贵州等省亦产。甘，平。归肺、肾经。益肾补肺，止血化痰，止嗽定喘。煎服6~15克，也可用于15~

30 克。研末服, 每次 1.5~3 克。

白豆蔻

又名白叩、多骨、豆蔻、白蔻。为姜科多年生草本植物白豆蔻或爪哇白豆蔻的干燥成熟果实。白豆蔻果实类球形, 直径 1.2~1.7 厘米; 表面乳白色至淡黄色, 具浅纵槽纹 3 条及不显著的钝棱线 3 条, 纵槽纹间有纵的隆起线(维管束)5 条, 顶端有凸起的柱基, 中央呈空洞状, 基部有稍凸起的圆形果柄痕, 柱基及果柄痕的周围均有棕色绒毛。果皮木质而脆, 易裂开, 内表面色淡有光泽, 可见凹入的维管束纹理。果实 3 室, 中轴胎座, 每室有种子 7~10 粒, 纵向排列于中轴胎座上。种子呈不规则多面形, 背面稍隆起, 直径 3~4 毫米, 外被类白色膜状假种皮。种皮灰棕色, 表面有细致的波纹; 种脐呈圆形的凹点, 位于腹面的一端。气芳香, 味辛凉, 略似樟脑。爪哇白豆蔻; 蒴果类球形, 具三钝棱, 直径 0.8~1.2 厘米; 每一棱上的隆起线(维管束)较白豆蔻明显; 果皮木质, 无光泽; 果实 3 室, 每室有种子 2~4 枚。种子形状与白豆蔻同。白豆蔻主要从柬埔寨及泰国进口; 海南岛和云南有少量栽培。爪哇白豆蔻从印度尼西亚进口; 海南岛及云南南部地区有栽培。辛, 温。归肺、脾、胃经。化湿, 行气, 温中, 止呕。用于脘腹胀满、湿温胸闷、胃逆呕吐等症。3~10克。散剂 2~5 克。本品以入散剂为宜。若入煎剂宜后下。

石榴皮

又名酸榴皮、石榴壳、酸实壳、酸石榴皮、西榴皮、安石榴等。为石榴科落叶灌木或小乔木石榴的果皮。呈不规则的片状, 大小不一, 厚 1.5~3 毫米。外表面红棕色、棕黄色或暗棕色, 略有光泽, 粗糙, 有麻点。有的有突起的筒状宿萼, 粗短果梗或果梗痕。内面果瓤黄色或红棕色, 有种子脱落后的小凹窝及隔瓤残迹。质硬而脆, 断面黄色, 略显颗粒

状。气无,味苦涩。主产于江苏、湖南、山东、四川、湖北及云南;其他各地亦产少量(除东北外)。酸、涩,温。归胃、大肠经。涩肠止泻,杀虫。用于久泻、久痢、脱肛、虫积腹痛等症。3~10克。内服:煎汤,或入丸、散。外用:适量,研末敷或煎水洗。

石榴皮

龙眼肉

又名龙眼干、益智、桂圆肉、蜜脾。为无患子科常绿乔木植物龙眼的假种皮。为由顶端纵向裂开的不规则块片,长约1.5厘米,宽1.5~2.5厘米,厚不足1毫米。表面黄棕色,半透明;靠近果皮的一面皱缩不平,粗糙;靠近种皮的一面光亮而有纵皱纹。质柔韧而微有黏性,常黏结呈块状。主产广西、福建、广东、四川及台湾;云南及贵州亦有分布。甘,温。归心、脾经。补心脾、益气血。用于惊悸失眠、面色萎黄、少气乏力等症。10~15克,大剂量30克。

合欢皮

又名马樱花、合昏皮、芙蓉花树、夜合皮、青裳衣、合欢木皮、绒花树皮、萌葛。为豆科落叶乔木植物合欢的干燥树皮。呈卷曲筒状或半筒状,长35~85厘米,厚1~3毫米。外表皮灰褐色至灰棕色,显粗糙,稍有纵皱纹,有的呈浅裂纹,密生明显棕红色或棕色的椭圆形横向皮孔,偶有突起的横棱或较大的圆形枝痕,常附有地衣斑;内表面淡黄色或淡棕色,平滑,有细密纵纹。质硬而脆,易折断,断面呈纤维性片状,淡黄棕色。全国大部分地区都有分布,主产于长江流域,如江苏、浙江、安徽等地。甘,平。归心、肝经。安神解郁,活血消肿。用于忧郁失眠、虚烦不眠、跌打骨折、痈肿疮毒等症。10~15克。内服:煎汤。外用:适量。本品药性平和,气缓力微,必多服久服始可取效。

地肤子

又名鸭舌草、地葵、白地草、地麦、涎衣草、落帚子、益明、王帚、扫帚。为藜科一年生草本植物地肤的果实。胞果扁球状五角形,直径1~3毫米,厚约1毫米,外面包有宿存花被。表面浅棕色或灰绿色,周围有三角形膜质小翅5枚,先端具缺刻状浅裂,背面中心有微突起的点状果柄痕及放射状脉纹5~10条;剥离花被,可见半透明的膜质果皮,质脆易剥离。种子褐棕色,扁卵圆形,长约1.5毫米,边缘稍隆起,中部稍下凹,表面有网状皱纹,内有马蹄形胚,绿黄色,油质,胚乳白色。主产于河北、山西、山东、河南、江苏等地。苦、寒。归膀胱经。清热利湿,利水通淋,祛风止痒。用于小便不利、淋沥涩痛、湿疮瘙痒等症。10~15克。内服:煎汤,外用:适量。

地骨皮

又名白葛针、杞根、红耳坠根、地骨、红榴根皮、枸杞根、山杞子根、枸杞根皮、狗奶子裸根。为茄科植物枸杞或宁夏枸杞的干燥根皮。枸杞:灌木,高1~2米。枝细长,常弯曲下垂,有棘刺。叶互生或簇生于短枝上,叶片长卵形或卵状披针形,长2~5厘米,宽0.5~1.7厘米,全缘,叶柄长2~10毫米。花1~4朵簇生于叶腋,花梗细,花萼钟状,3~5裂;花冠漏斗状,淡紫色,5裂,裂片与筒部几等长,裂片有缘毛;雄蕊5,子房2室。浆果卵形或椭圆状卵形,长0.5~1.5厘米,红色,内有多数种子,肾形,黄色。宁夏枸杞:灌木或小乔木状,高达2.5厘米。叶长椭圆状披针形;花萼杯状,2~3裂,稀4~5裂;花冠粉红色或紫红色,筒部较裂片稍长,裂片无缘毛。浆果宽椭圆形,长1~2厘米。根皮呈筒状、槽状,少数为卷片状。长3~10厘米,直径0.5~1.5厘米,厚1~3毫米。外表面灰黄色或土棕黄色,粗糙,具不规则裂纹,易成鳞片状剥落。内表面黄白色或灰黄色,有细纵纹。体轻,质松脆,易折断,断面分内外两层,外层黄棕色,内层灰白色。全国大部分地区均产,以山西、河南产量最大,以江苏、浙江产品质量最优。甘、淡,寒。归肺、肝、肾经。清热退蒸,凉血。用于阴虚发热、肺热咳嗽、血热出血、消渴等症。10~15克。生用。内服:煎汤,或入丸、散。外用:适量。脾虚便溏者慎服。

百合

又名卷丹、重箱、白百合、摩罗、白花百合、强瞿、夜合花、中逢花、中庭、重迈、山丹。为百合科三种植物的干燥肉质鳞片。卷丹鳞叶呈长椭圆形,顶端较尖,基部较宽,边缘薄,微波状,常向内卷曲,长2~3.5厘米,宽1~1.5厘米,厚1~3毫米。表面淡黄棕色或乳白色,光滑;半透明,有纵直的脉纹3~8条。质硬脆,易折断,断面较平坦,角质样。无臭,味微苦。百合鳞叶长1.5~3厘米,宽0.5~1厘米,厚约达4毫米,有脉纹3~5条,有的不明显。山丹鳞叶长约5.5厘米,宽约2.5厘米,厚约3.5毫米,色较黯,脉纹大多不明显。主产于湖南黔阳、邵阳、湘西苗族自治州,浙江吴兴、长兴、龙游,以及江苏、陕西、四川、安徽、河南等地。甘,微寒。归肺、心经。润肺止咳,清心安神。用于燥热咳嗽、劳嗽咯血、虚烦惊悸、失眠多梦等症。10~30克,内服,为煎剂或煮粥及伴蜜蒸食。脾肾虚寒便溏者忌用。

杜仲

又名乱银丝、思仙、玉丝皮、木棉、棉花、思仲、丝棉皮、扯丝皮、石思仙、丝棘树皮、丝连皮、鬼仙木。为杜仲科植物杜仲的干燥树皮。为落叶乔木，高可达20米，单叶互生，具短柄，叶片椭圆形或椭圆状卵形，边缘有锯齿；无托叶。花单性，雌雄异株，无花被，常先叶开放，生于小枝基部；雄花具短梗，基部有一苞片，雄蕊6~10枚，雌花亦具短梗，基部

杜仲

有一苞片，子房1室狭长，顶端2裂，翅果狭椭圆形，长约3厘米，翅革质。种子1枚。本品为扁平的板片状，少数两边稍向内卷曲；大小厚薄不一，一般厚0.3~0.7毫米。表面灰棕色，有纵裂槽纹及斜方形横裂皮孔；削去糙皮者，表面淡棕色，较平滑；有时可见淡灰色地衣斑，内表面光滑，呈暗紫褐色。质脆，易折断，断面有紧密的银白色橡胶丝相连。主产贵州、四川、湖北、云南、陕西。甘，温。归肝、肾经。补肝肾，强筋骨，安胎。用于腰膝酸痛、筋骨无力、胎动不安、头晕目眩等症。6~15克。生用或盐水炒用。内服：煎汤或入丸，散。

牡丹皮

又名丹根、牡丹、丹皮、牡丹根皮、粉丹皮。为毛茛科植物牡丹的干燥根皮。落叶小灌木,高1~2米,主根粗长。叶为2回3出复叶,小叶卵形或广卵形,顶生小叶片通常3裂。花大形,单生枝顶;萼片5;花瓣5至多数,白色、红色或浅紫色;雄蕊多数;心皮3~5枚,离生。聚合蓇葖果,表面密被黄褐色短毛。根皮呈圆筒状或槽状,外表灰棕色或紫褐色,有横长皮孔及支根痕。去栓皮的外表面粉红色,内表面深棕色,并有多数光亮细小结晶(牡丹酚)附着。质硬脆,易折断。主产于安徽、河南、四川、湖南、陕西、山东等地。苦、辛,微寒。归心、肝、胃经。清热凉血,活血散瘀,退蒸。用于血热吐衄、发斑、阴虚内热、无汗骨蒸、经闭痛经、跌打损伤、疮疡肿痛、肠痈腹痛等症。5~10克。内服:煎汤,或入丸、散。脾胃虚寒泄泻者禁服。孕妇忌服。

皂荚

又名天丁、皂角、小皂荚、猪牙皂角、眉皂、牙皂、小皂、乌犀、角针。豆科,落叶乔木。自生于山野,枝有锐刺。叶为羽状复叶,小叶金边,卵圆形或长椭圆形。夏日开淡黄色蝶形花,如长穗状。果实为褐色扁平之荚果,内有种子约10颗。荚果

皂荚

及核和木刺,都供药用。主产于山东、四川、云南、贵州、湖北、河南等地。辛,温。有小毒。归肺、大肠经。祛痰止咳,通窍开闭。用于咳喘胸闷、中风口噤、癫痫、喉痹等症。研末服,1~1.5克;亦可入汤剂,1.5~5克。外用适量。内服剂量不宜过大,大则引起呕吐、腹泻。孕妇、气虚阴亏及有出血倾向者忌用。

芜荑

又名火果榆糊、黄榆、白芜荑、无夷、山榆仁、芜荑仁、臭芜荑、山榆子。为榆科落叶小乔木或灌木植物大果榆果实的加工品。呈方块状,表面褐黄色,有多数小孔。体轻质松脆。断面黄黑色,易成鳞片状剥离。主产于黑龙江、吉林、辽宁、河北、山西等地。辛、苦,温。归脾、胃经。杀虫消积。用于虫积腹痛、小儿疳积、疥癣、皮肤瘙痒等症。煎服,3~10克。入丸散,每次2~3克。外用适量,研末调敷。脾胃虚弱者及肺及脾燥热者忌服。

苍耳子

又名苍耳蒺藜、菜耳实、苍楝子、牛虱子、饿虱子、胡寝子、胡苍子、苍郎种、苍子、棉螳螂、刺儿棵。为菊科一年生草本植物苍耳的果实。果实包在总苞内,呈纺锤形,长1~1.5厘米,直径4~7毫米。表面黄棕色或黄绿色,全体有钩刺,顶端有较粗的刺2枚,分离或相连,基部有果柄痕。质硬而韧,横切面可见中间有一纵向隔膜,分成2室,内各具一瘦果。瘦果纺锤形,一面较平坦,先端具突起的花柱基。主产于山东荣成、文登,江西宜春,湖北黄冈、孝感,江苏苏州。辛、苦,温。有小毒。归肺经。散风通窍,祛风湿。用于鼻渊头痛、风湿痹痛等症。生用。内服:煎汤,3~10克。外用:适量,多用鲜品或干燥后生用,均应打碎。本品有毒,服用不可过量。本品性偏燥,血虚患者禁服。

苏合香

又名帝油流、苏合油。为金缕梅科植物苏合香树的香树脂。苏合香树为乔木,高10~15米。叶互生,具长柄,叶片掌状,多为3~5裂,裂片卵形或长方卵形,边缘有锯齿;花单性,雌雄花序常并生于叶腋,小花多数集成圆头状花序,黄绿色;雄花的圆头状花序成总状排列,花有小苞片,无花被,雄蕊多数,花丝短;雌花序单生,总花梗下垂,花被细小,雌蕊由2心皮合成,子房半下位,2室。果实球形,直径约2.5厘米,由多数蒴果聚生,蒴果先端喙状,熟时顶端开裂,种子1粒或2粒。香树脂呈半流动极黏稠液体,挑起时则呈胶样,连绵不断;灰棕色,半透明;质细腻,较水为重。气芳香,味苦、辣,嚼之黏牙。精制苏合香为黄棕色半透明黏稠状香脂。产于索马里、土耳其、叙利亚、埃及、印度等地。现我国广西、云南有引种。辛,温。归心、脾经。开窍醒神,辟秽,止痛。多入丸、散用。内服:研末,0.3~1克,大剂量可用至3克。凡气虚及阴虚火旺者慎服。

补骨脂

又名破胡纸、胡韭子、破故芷、婆固脂、返古纸、破故纸、夭豆、补骨鸱和兰苋、黑故子、吉固子、胡故子、婆固纸。为豆科植物补骨脂的干燥成熟果实。一年生草本,全体被黄白色毛及黑褐色腺点。叶互生,叶片阔卵形或三角状卵形,长4~9厘米,宽3~6厘米,边缘具粗锯齿,具柄。花密集成头状的总状花序,腋生;花淡紫色或白色。荚果卵圆形,果皮黑色,与种子粘贴,呈肾形,略扁,长3.5厘米,宽1.5~3毫米,厚约1毫米。表面黑色或黑褐色,具细微网状皱纹。种子1枚,黄棕色,光滑,种脐位于凹侧的一端,呈突起的点状;另一端有果柄痕。质坚硬,子叶黄白色,富油质。主产于四川、河南。安徽、陕西等地多有栽培。苦、辛,大温。归肾、脾经。补肾壮阳,固精缩尿,温脾止泻。用于肾虚阳痿、腰膝冷痛、肾虚遗精、尿频遗尿、五更泄泻等症。6～15克，煎汤或入丸、散；外用适量。阴虚火动、梦遗、尿血、小便短涩、目赤口苦舌干、大便燥结、内热作渴、火升目赤、易饥嘈杂、湿热成痿以致骨乏无力者，皆不宜服用。

诃子

又名随风子、诃黎勒、涩翁、诃黎等。为使君子科植物诃子及绒毛诃子的干燥成熟果实。果实为卵圆形或长圆形，长2～4厘米，直径2～2.5厘米。表面黄棕色或暗棕色，略具光泽，有隆起的5～6条纵棱线及不规则皱纹，基部有圆形果梗痕，质坚实。果肉厚2～4毫米，黄棕色或黄褐色，不附着果核易剥离。果核长纺锤形，长1.5

诃子

～2.5厘米，直径1～1.5厘米，浅黄色，粗糙，坚硬，核壳厚3～4毫米；击破后可见膜质的内种皮，子叶2片，白色，重叠卷旋。主产于云南镇康、保山、龙陵、昌宁、滕冲，广东番昌、博罗、增城，广西邕宁等地。苦、酸、涩，平。归肺、大肠经。涩肠止泻，涩肠固脱。3～8克。煎服。本品性收敛，凡外有表邪、内有湿热积滞者不宜用。

刺蒺藜

又名白蒺藜、蒺藜、即藜、蒺藜子、升推、旁通、屈人、豺羽、止行、杜蒺藜。为蒺藜科一年生或多年生草本植物的果实。本品完整的果实由5个分果瓣组成，放射状排列呈五棱

状球形,直径 0.7~1.2 厘米。小分果斧状或橘瓣状,长 0.3~0.6 厘米,黄白色或淡黄绿色,背面呈弓形隆起,中间有纵棱及多数疙瘩状突起;上部两侧各有一粗硬刺,长 0.4~0.6 厘米,成八字分开,基部的两个粗硬刺稍短,亦成八字分开两侧面较薄,有网状花纹或数条斜向棱线。果皮木质,极坚硬。分果 1 室,靠腹面生有 3~4 粒种子,种子长卵圆形稍扁,有

刺蒺藜

油性。主产于河南、河北、山东、安徽、江苏、四川、山西、陕西等地。苦、辛,平。归肝经。平抑肝阳。用于肝阳上亢、头痛眩晕,常与钩藤、珍珠母、菊花等同用。用于风疹瘙痒,常与蝉蜕、荆芥、防风等同用。6~15 克。煎服,或入丸、散剂;外用适量。本品辛散,血虚气弱及孕妇慎用。

金樱子

又名蜂糖罐、刺榆子、黄刺果、刺梨子、糖果、金罂子、糖罐、山石榴、棠球、山鸡头子、槟榔糖莺子。为蔷薇科植物金樱子的干燥成熟假果。常绿攀援灌木。茎红褐色,有倒钩状皮刺和刺毛。叶互生,通常为 3 出复叶,有时 5 片小叶组成羽状复叶;叶柄具棕色腺点及细刺;托叶条形,早落;小叶片椭圆状卵形,长 2~7 厘米,宽 1.5~4.5 厘米,顶端小叶较大,先端尖,边缘有细齿,表面有光泽,革质。花单生于侧枝顶端,直径 5~9 厘米;萼片 5,卵状披针形;花瓣 5,倒广卵形,白色;雄蕊多数;雌蕊多数,被绒毛,藏于萼筒内。蔷薇果梨形或倒卵形,熟时黄红色至红色,外有直刺,顶端有长萼片宿存;内有多数骨质瘦果。果实呈倒卵形,略呈花瓶状,长 2~3.5 厘米,直径 1~2 厘米。外表黄红色到棕红色,略具

光泽,全身被有棕色突起小点(毛刺残基)。顶端宿存花萼呈盘状或喇叭口形,中央略隆起;基部渐细,间有残留果柄,中部膨大。质坚硬,切开后可见花萼筒壁厚1~2毫米,内壁呈淡红黄色,内有30~40粒淡黄的小瘦果,木质坚硬,外包裹有淡黄色的绒毛。主产于江苏、安徽、浙江、广东、江西、福建等省。酸、涩、平。归肾、膀胱、大肠经。酸涩收敛,功专固涩。用于肾虚不固所致的遗精、滑精,可单用熬膏服;用于遗精、遗尿、尿频、白浊、白带过多,可与芡实同用,即水陆二仙丹。5~15克。生用。内服:煎汤,或熬膏,或为丸服。有实火邪热者禁服。

厚朴

又名重皮、淡白、赤朴、烈朴、厚皮、川朴。为木兰科植物厚朴或凹叶厚朴的干燥干皮、根皮及枝皮。干皮呈卷筒状或双卷筒状,长30~35厘米,厚0.2~0.7厘米,习称"筒朴"。近根部的干皮一端展开如喇叭口,长13~25厘米,厚0.3~0.8厘米,习称"靴筒朴"。表面灰棕色或灰褐色,粗糙,有时呈鳞片状,较易剥落,有明显椭圆形皮孔和纵皱纹,刮去粗皮者显黄棕色;内表面紫棕色或深褐色。较平滑,具细密纵纹,划之显油痕。质坚硬,不易折断。断面呈颗粒性,外皮灰棕色,内层紫褐色或棕色,有油性,有的可见多数小亮星。气香,味辛辣,微苦。根朴(根皮):呈单筒状或不规则块片;有的弯曲似鸡肠,习称"鸡肠朴"。质硬,较易折断,断面呈纤维性。枝朴(朴皮):呈单筒状长10~20厘米,厚0.1~0.2厘米,质脆,易折断,断面呈纤维性。主产于四川、湖北、浙江、江西等省。苦、辛,温。归脾、胃、肺、大肠经。厚朴苦温辛香,既可苦燥湿浊,又可芳香化湿,又有较好的行气、消积作用。3~10克。内服:煎汤,或入丸、散。气虚津枯者及孕妇慎服。

益智仁

又名益智子、英华库、益智、益智粽。为姜科植物益智的干燥成熟果实。多年生草本,高1.5~3毫米,根茎横走,互相密结;茎丛生。叶2列,叶柄短;叶舌膜质,棕色,2裂,长1.5~3厘米,被柔毛;叶片披针形或狭披针形,长17~33厘米,宽3~6厘米,先端渐尖,基部阔楔形,叶缘具细锯齿,两面均无毛;花两性,总状花序顶生,在花蕾时包藏于鞘状的苞片内;花序柄在开花时稍弯曲,棕色,被短毛;花梗长1~2毫米;苞片膜质,棕色;花萼管状,萼筒外被短毛,先端3裂:花冠管长约1厘米,裂片3,长圆形;上方1片稍宽,先端略呈兜状;唇瓣倒卵形,先端3裂,粉白色,具淡红条纹;发育雄蕊1枚,花丝扁平线形,长约1.2厘米,药隔先端具圆形鸡冠状附属物;子房下位,3室。

益智仁

蒴果椭圆形或纺锤形,不开裂,直径1~1.5厘米,果皮上有明显的纵向维管束条纹,果熟时黄绿色。种子多数,多角形。成熟果实呈纺锤形或椭圆形,两端稍尖,长1~2厘米,径约1~1.2厘米。表面棕色或灰棕色,有维管束13~20条,形成纵向断续状棱线。花被残留痕短,果柄仅留痕迹。果皮薄而韧,与种子紧贴。种子团分3瓣,中有薄膜,每瓣有种子6~11粒,2~3行纵向排列于轴中胎座上。种子略呈扁圆形不规则块状,略有钝棱,长约3毫米,厚约2毫米,棕色至棕黑色。具淡黄色膜质假种皮。腹面中央有凹陷的种脐,合点位于背面中央,沟状的种脊经侧面而转向背面终于合点。主产于海南岛山区、广东雷州半岛,此外广西、云南等地亦产。辛,温。归脾、肾经。能暖肾助阳、固精缩尿,温脾,散寒,止泻。3~10克。入汤剂捣碎用,多生用,亦可炒用。内服:煎汤,或入丸、散。阴虚火旺或湿热所致遗精、尿频、崩漏等证患者禁服。

黄柏

又名关柏、檗木、黄檗、檗皮、川柏。为芸香料植物黄皮树及黄柏除去栓皮的干燥树皮。前者习称"川黄柏",后者习称"关黄柏"。黄皮树:落叶乔木,高 10~12 米。单数羽状复叶,对生;小叶 7~15,矩圆状披针形及矩圆状卵形,长 9~15 厘米,宽 3~15 厘米,顶端长渐尖,基部宽楔形或圆形,不对称,上面仅中脉密被短毛,下面密被长柔毛,花单性,雌雄异株,排成顶生圆锥花序,花序轴密被短毛;果轴及果枝粗大,常密被短毛;浆果状核果球形,熟时黑色,有核 5~6。黄柏:与上种类似,但树皮的木栓层厚,小叶 5~13 片,下表面仅中脉基部有长柔毛。川黄柏:为板片状或浅槽状,厚 3~7 毫米。外表面鲜黄色或黄棕色,有不规则裂纹,偶有残留灰棕色木栓。内表面暗黄色或棕黄色,有细密纵线纹,质坚,断面深黄色,层状,纤维性。气微、味苦,黏液性,使唾液染成黄色。关黄柏:较上略薄,厚 2~4 毫米,表面较上色浅,为棕黄色或灰黄色,栓皮厚,往往残留于外表面。黄皮树主产于四川、贵州等省,陕西、湖北、云南、湖南、甘肃、广西等省区亦产。黄柏主产于吉林、辽宁等省。内蒙古、河北、黑龙江等省区亦产。苦,寒。归肾、膀胱、大肠经。5~10克。煎服,外用适量。脾胃虚寒者忌用。

棕榈

又名棕皮、棕良树、棕骨、棕树、陈棕。为棕榈科植物棕榈的干燥叶鞘纤维(棕榈皮)。宗榈皮的陈久者,名"陈棕皮"。商品中有用叶柄部分或废棕绳。将叶柄削去外面纤维,晒干,名为"棕骨";废棕绳多取自破旧的棕床,名为"陈棕"。陈棕皮:为粗长的纤维,成束状或片状,长 20~40 厘米,大小不等。棕褐色,质韧,不易撕断。气无,味淡。棕骨(棕板):呈长条形,长短不一,红棕色,基部较宽而扁平,或略向内弯曲,向上则渐窄而厚,背面中央隆起成三角形,背面两侧平坦,上有厚密的红棕色毛茸,腹面平坦,或略向内凹,有左右交叉的纹理。撕去表皮后,可见坚韧的纤维。

陈棕:呈破碎的网状。深棕色,粗糙。长江流域以南各省区均产。味苦、涩,性平。归肺、肝、大肠经。收涩止血。治吐血、衄血、便血、血淋、尿血,崩漏、带下等症。内服:煎汤,3~10克;或入丸、散;研末服,每次1.5~3克。外用:适量,研末吹鼻,或敷创面。

棕榈

楮实子

又名角树子、楮实米、柘树子、构树子、野杨梅、楮实、谷实。为桑科植物构树的干燥成熟果实。果实呈扁圆形或扁卵圆形,长2~2.5毫米,直径1.5~2毫米,厚至1毫米。表面红棕色或棕色,有网状皱纹或颗粒状突起,一侧有纵棱脊隆起,另侧略平或有凹槽,有的具果梗,偶有未除净的灰白膜质花被。果皮坚脆,易压碎,膜质种皮紧贴于果皮内面;胚乳类白色,富油质;胚弯曲。产于黄河、长江和珠江流域各省区。甘、寒。归肝、肾经。能清热,清肝明目。6~9克。煎服或入丸、散。外用:捣敷。虚寒证患者慎用。

蔓荆子

又名万荆子、蔓荆实、蔓青子、荆子。为马鞭草科牡荆属两种植物的干燥带宿萼的果实。果实圆球形,径4~6毫米。表面灰黑色或棕褐色,被灰白色粉霜,有细纵沟4条。用放大镜观察可见密布淡黄色小点，顶端微凹，有脱落花柱痕，下部有薄膜状宿萼及短果柄，宿萼包被果实的 1/3～2/3，先端 5 齿裂，常在一侧撕裂成两瓣，灰白色，密生细绒毛。体轻，质坚实，不易破碎，横断面果皮为灰黄色，有棕褐色油点排列成环，分为 4 室，每室有种子 1 枚或不育。种仁黄白色，有油性。气特异而芳香，味淡，微辛，略苦。主产于山东牟平、文登、蓬莱、荣成、威海，江西都昌、新建、永修，浙江青田、象山，福建莆田、晋江、漳浦、长东，河南南阳、新乡等地，以山东产量最大。辛、苦，微寒。归膀胱、肝、胃经。蔓荆子辛能散风，微寒清热，轻浮上行，主散头面风热而能止痛。4.5～9 克。生药入煎时须打碎。内服：煎汤。青光眼患者禁服。

千金子

又名联步、千两金、续随子、菩萨豆、滩板救。为大戟科植物续随子的干燥成熟种子。二年生草木；高达 1 米，全株表面微被白粉，含白色乳汁；茎直立，粗壮，无毛，多分枝。单叶对生，茎下部叶较密而狭小，线状披针形，无柄；往上逐渐增大，茎上部叶具短柄，叶片广披针形，长 5～15 厘米，基部略呈心形而多少抱茎，全缘。花单性，成圆球形杯状聚伞花序，再排成聚伞花序，各小聚伞花序有卵状披针形苞片 2 枚，总苞杯状，4～5 裂：裂片三角状披针形，腺体 4，黄绿色，肉质，略成新月形；雄花多数，无花被，每花有雄蕊 1 枚，略长于总苞，药黄白色；雌花 1 朵，子房三角形，3 室，每室具一胚珠，花柱 3 裂。蒴果近球形。种子呈椭圆形或倒卵形，长 5～6 毫米，直径约 4 毫米。表面灰褐色或灰棕色，有不规则网状皱纹及褐色斑点，一侧有纵沟状种脐，上端有圆形突起的合点，基部偏向种脊处有类白色突起的种阜，常已脱落，留下圆形点状疤痕。质坚脆，皮薄，内有白色油质的胚乳及 2 片子叶。主产于河南、浙江、河北、四川、辽宁、吉林等省亦产。辛、温；有毒。归肝、肾、大肠经。泻下逐水，破血消癥。制霜用。本品不入汤剂。内服：入丸、散；或研末，每次 0.3～0.45 克。外用：适量，研末涂或捣烂敷。体质虚弱、孕妇及有严重消化性溃疡、心脏病患者均禁服。

马钱子

又名马前、番木鳖、苦实、苦实把豆儿、牛银、火失刻把都。为马钱科植物马钱的干燥成熟种子。乔木,高 10~13 米。叶对生,革质,广卵形或近于圆形,长 6~15 厘米,宽 3~8. 5 厘米,全缘、主脉 5 条,罕 3 条,有柄。聚伞花序顶生;总苞片及小苞片均小;花萼先端 5 裂;花冠筒状,白色、先端 5 裂;雄蕊 5 枚,无花丝。浆果球形,成熟时橙色,表面光滑;种子呈圆盘形。种子扁圆纽扣状。通常一面微凹,另一面微隆起,直径 1~3 厘米,厚 3~5 毫米,表面灰黄色或灰绿色,密生匍匐的丝状毛,自中央向四周射出。底面中心有圆点状突起的种脐,边缘有微尖凸的珠孔,有时种脐与珠孔间隐约可见一

马钱子

条隆起的线条。质坚硬,难破碎,沿边缘削开,胚乳肥厚,淡黄白色,角质,近珠孔处小凹窝内有细小菲薄子叶两片,有叶脉 5~7 条,及短小的胚根。主产于印度、越南、缅甸、泰国等地,及我国云南、广东、海南。苦,寒。有毒。归肝、脾经。通络散结,消肿止痛。0.3~1 克。外用适量,研末调涂。内服或作丸散服。孕妇忌服。

木蝴蝶

又名云故纸、千张纸、白玉纸、玉蝴蝶。为紫葳科植物木蝴蝶的干燥成熟种子。种子呈蝶形薄片状,种皮三面延长成宽大菲薄的翅。长 5~8 厘米,宽 3.5~4.5 厘米。表面浅

黄白色,翅半透明,薄膜状有绢丝样光泽,且有放射状纹理,边缘多破裂。体轻,剥去种皮后可见一层薄膜状的胚乳,紧缠裹于胚外。子叶 2 枚,蝶形,浅黄色或黄绿色,长 1~1.5 厘米,胚根明显。种柄线形,黑棕色,位于基部。主产于云南、广西、贵州等省,福建、广东、四川也有分布。苦、甘,凉。归肺、肝、胃经。清肺利咽,疏肝和胃。用于肺热咳嗽、喉痹音哑、肝胃气痛等症。用于肺热咳嗽或小儿百日咳,常与桔梗、桑白皮、款冬花等同用,每次 1.5~3 克。

第八章　环境植物

花草与室内环境

1.花草的存在价值

佛家说:"一花一世界,一草一天堂。"每朵花都有自己的世界,每棵草都有自己的绿意。世界万物都有其存在的意义和价值。花草长于天地间,与大自然亲密接触,每天接受阳光雨露的滋养,自然而然地散发出能量,借由形态、气味、色彩等刺激人的大脑。人的感官接受到刺激后,传至中枢神经,进一步与环境和谐互动,这种互动会影响人的情绪及环境的氛围。

2.花草让人心情好

植物的外形、色彩和气味,都能通过我们的感官接受、转化而影响我们的心理和情绪。如心情浮躁的时候,看看鹅掌柴、常春藤、山苏、巴西铁树等绿色观叶植物,心情就会平静下来。红色的花卉,则能让人心中自然而然充满了热情、喜气和无穷的希望。粉红色充满浪漫的气息,让人有一种如同初恋般的甜甜的感觉。黄色的花朵能让人产生眼前一亮的感觉,它还是象征财运的首选颜色! 同样的道理,如果能在家中种植玉兰花、薄荷、玫瑰等植物,感觉累的时候,静下心来闻闻自然的香气,顿时感觉头脑清醒、神清气爽,这不就是最原始、最天然的芳香疗法吗?

3.充满玄机的植物

室内植物看起来很平常,很多人买来就是为了增添点绿色,装饰一下自己的家,让家更美丽、温馨。植物除了具有装饰作用外,还有没有其他功能呢? 其实植物充满了玄机,它们体内蕴含着惊人的保健功能。那些碧绿的叶子不仅能稳定我们的情绪,给我们美的感受,还能调节室内空气的温度,吸收有毒气体。它们绚丽多姿的花朵能陶冶我们的情操,带给我们美的享受,还能消灭室内细菌,缓解我们身体的疲劳。

不断发展的科学技术极大地改变了我们的生活方式。过去人们大多数时间都在户外工作,而现在,随着电脑网络、无线通信的飞速发展,人们大多数工作都能在办公桌前轻松地完成,因此,人们待在室内的时间越来越长。室内空气质量的好坏对我们的身体产生了重要影响,且受到了人们越来越多的关注。

现代家居房屋和办公楼的豪华装修,办公设备和家用电器的大量使用,在给我们带来了快捷和方便的同时,非天然的合成材料的大量使用,家用电器和办公设备工作时所产生的电磁污染,室内通风不足等因素使室内环境污染越来越严重,严重危害了我们的身体健康。

为了消除种种不良影响,人们绞尽脑汁,安装加湿器、空气净化器、除菌器等,但是昂贵的价格、麻烦的维护、明显的副作用让人们感到沮丧。

其实,不用这样费劲,只要在居室内科学地摆放一些植物,就能消除危害我们身体健康的"不良因素"。植物能吸收有毒气体,分解有害物质,消灭细菌,在居室内营造一种蓬勃向上、生机益然的氛围。

4.自然的空气加湿器

室内绿化可以根据个人的情趣、条件、爱好等因素去选择。室内的绿化植物能够净化室内空气,花草的光合作用能释放出水蒸气和氧气,减少空气中的尘埃,是自然的空气加湿器和净化器。特别是在冬季,开窗比较少,室内花草对空气的净化作用显得更加重

要。在新装修的居室中,花草还能吸附有害物质和辐射。

在室内摆放一些抗污染的花草,能够净化室内的空气。如天南星的苞叶能吸收50%的三氯乙烯、80%的苯。如果在8~10平方米的居室内摆放一种抗污染的植物,就能起到"负离子发生器"的作用,大大有利于空气的净化。

天南星

5.最自然的"空气滤净机"

植物在白天吸收二氧化碳,释放出我们需要的氧气、芬多精、阴离子及水汽等各种有益人体健康的物质,不仅可以净化室内空气,也营造出了好的气场。植物所散发的芬多精,具有杀死空气中真菌、细菌的功能。阴离子则有改善自律神经失调、改善睡眠、增强体质、促进新陈代谢等好处。此外,植物还可以净化热气、噪音、灰尘及氨、甲苯、二氧化硫等有毒气体,是最自然的"空气滤净机"。

所以,除了要多到公园、乡村、海边、山林等自然环境中享受绿意,呼吸新鲜空气外,平日的生活里也要多种植花草树木,或者摆放一些盆栽,一样能舒缓心情、释放压力,还能起到净化空气的作用。

6.释放水分的室内植物

世界上的很多东西都能找到它的替代品,但是到现在为止,却没有一种物质可以代替水。水是万物之源,没有水,就没有生命。

人体需要补充水分,因为没有了水分,生命就无法进行。其实我们每天出入的居室也需要补充水分,这样才能保证室内合适的湿度,人体才能保持健康。怎样做才能让室内湿度合适呢? 很多人用空气加湿器来解决湿度问题。加湿器虽然能缓解秋冬空气干燥的问题,但是用的时间长了,它的内部就会滋生很多细菌,反而会危害身体健康。

有没有一种办法,既能让室内空气变得湿润,又不会危害身体健康,让人感觉很舒服呢?有,而且还很简单,只要在室内放几盆植物就可以了。植物能调节室内湿度,改善空气质量。

植物是如何做到释放出水分,调节室内湿度的呢?原来,植物通过根部吸收水分,其中只用1%来维持自己的生命,剩下的99%都通过蒸腾作用释放到空气中。更让人惊奇的是,不管它吸收的是什么水,蒸发出去的都是100%的纯净水。

7.绿色植物可调节室温

人们常说:"大树底下好乘凉。"同样的道理,炎热的夏季,如果在室内摆放植物,也可以像空调一样制冷。不过在日常生活中,植物调节室内温度的功能,却往往被人们所忽视。

植物真的能像空调一一样调节温度吗?有人曾做过这样一个实验,在一公顷的土地上全部种上绿树,这块绿地一昼夜蒸发水分的调温效果,相当于500台空调连续工作20小时的效果。一个城市如果有很多林荫大道,那么,它就像一条条保温性能良好的"湿气输送管道",会使整个城市的温度趋于均衡。

现在,人们为了贪图一时的惬意,随手按下空调遥控器,以为这样就可以完全掌握室内温度,殊不知,空调对人体的危害已经超出了它带给人的舒适感觉。

研究表明,空调过多地吸附阴离子,室内阳离子越来越多,阴、阳离子失调,会导致人的大脑神经系统紊乱失衡。空气中的阴离子能缓解大脑疲劳,空调消耗大量阴离子,破坏了这一保健功能。而阳离子对人体有百害而无一利,可以称得上是人体的致命"杀手"。而空调却源源不断地制造它。

另外,空调所产生的冷气虽然能降低室内温度,但会刺激人体血管急剧收缩,血液流通不畅,导致关节受冷、受损、疼痛,出现像后背和脖子僵硬、四肢和腰疼痛、手脚冰凉麻木等病症。空调的冷气还会让空气干燥、湿度降低,这无疑会对人们鼻、眼的黏膜造成不利影响,从而导致呼吸道疾病的发生,严重损害人体健康。

因此,完全靠空调改变室内温度并不是最好的办法。绿色植物在吸收养分的同时,会在蒸腾作用和光合作用的过程中释放出大量的水分,可以增加空气湿度,起到调节室内温度的作用,可以用室内植物来代替空调。即使房间里安了空调,也要摆放几盆室内植物,这样不仅可以缓解干燥,还能让室内环境变得更自然、更和谐。

8.绿色植物吸收二氧化碳

在人的一生中,80%以上的时间都是在室内度过的。可想而知,在人员比较多的家庭或单位,室内的二氧化碳含量该有多高。

虽然二氧化碳本身没有毒,但是当空气中的二氧化碳超过正常含量时,就会对人体造成巨大的伤害。它会刺激人的呼吸中枢,导致呼吸急促。随着吸入量的增加,还会引起头晕、头痛、神志不清等症状。

那该如何解决室内二氧化碳过量的问题呢？解决这个问题的方法有很多,只是不同的方法会带来不同的效果。有的方法很简便,有的却很复杂;有的方法见效快,而有的却很慢;有的方法很健康,有的却会带来副作用……那有没有一种既简单、快捷又不会带来副作用的方法呢？ 有,那就是在室内种植植物。

植物为了汲取养分,会利用阳光、土壤中的水分和矿物质以及空气中的二氧化碳来为自己制造"食物",整个过程就是所谓的"光合作用"。在光合作用过程中,被称为"绿色工厂"的植物叶片,能吸收空气中的二氧化碳,使它和水分化合,形成植物供给营养的物质,比如淀粉、葡萄糖等,同时还能释放出人体呼吸所必需的氧气。

更让人吃惊的是,绿色植物"吞吃"二氧化碳的胃口大得惊人。每形成1克葡萄糖,就要消耗2500升空气中所含的二氧化碳。因此,对绿色植物来说,二氧化碳简直就是炙手可热的"超级营养物"。研究表明,在8～10平方米的房间里,只要摆放两盆绿色植物,如芦荟、凤梨、仙人掌等,就能吸尽一个人排出的全部二氧化碳。

既然知道了绿色植物的特别功能,那就要充分利用。但是需要注意,植物叶子的气孔闭合受多种因素的制约,因此,不同的植物进行光合作用的模式也不同。

大部分植物会在白天打开气孔进行光合作用,吸收二氧化碳,释放出氧气,但到了晚上就会停止,因此,这些植物不能在卧室里过多地摆放,夜晚的时候它们不但不会为人提供氧气,反而还会跟人"争夺"氧气。而仙人掌类植物就能在晚上吸收二氧化碳,释放出氧气。因此,可以在卧室内放置几盆,以供应夜间的氧气需求量。

9.选择适合自己的植物

长期在电脑前工作的设计师,可以在室内摆放葱郁的柏树,在享受一片绿色带来的活力的同时,还能减少噪音对工作的干扰。

置身于繁忙都市的年轻白领,可以在窗前摆放素雅的吊兰,不但可以去除室内85%以上的甲醛和90%以上的一氧化碳,还可以缓解工作紧张造成的压力。

对于生病的人来说,在室内摆放一盆美丽的茉莉,它散发出的淡淡清香,既能缓解郁闷的心情,让心情变得舒畅,还能抑制病菌的滋生。

一株万年青,不但可以让居室生机盎然,还能改善室内的空气,让家人神清气爽,心情舒畅。一盆君子兰,不但可以让居室显得高雅,还能消除烟雾给家人带来的危害。由此可以看出,健康惬意的生活离不开室内植物的帮助。植物不再是居室中可有可无的点缀,它不仅满足了我们对大自然的向往与亲近,带给我们自然的美感与风韵,也在保护着我们的健康,保证了我们优良的生活品质。我们可以通过科学的养护和合理的摆放,来充分激发室内植物的健康潜力,营造出一个清新自然、绚丽多彩的室内环境。

10.正确认识植物的作用

很多人以为绿色植物能把室内所有的有害气体全部吸收并转化,其实这种观点是错误的。大多数植物对室内的有害气体有一定的抗性和吸收能力,植物将污染物吸收后可分解为无害的物质,然后通过根排出体外或被自身利用。但是,如果室内污染物浓度过高,超过了植物吸收、分解的能力,植物就会受到伤害,甚至可能会因吸入大量的有害物质而死亡。

还有些植物对有害气体相当敏感,如木棉、泡桐等对二氧化硫敏感,唐菖蒲对硫化氢敏感,在污染物浓度不是太高时,它们可以作为净化污染物的植物。但是如果污染物浓度严重超标时,这些植物也会被伤害致死。

绿色植物还会与人争氧。大部分植物在新陈代谢的过程中,白天进行光合作用吸进二氧化碳,呼出氧气,晚上进行呼吸作用,吸入氧气,呼出二氧化碳。因此,在不经常通风的室内,如果摆放太多的植物,会造成室内缺氧,而严重影响人的正常呼吸。但也有少数植物会在夜间吸入二氧化碳,呼出氧气,如仙人掌类植物。而在养护绿色植物时,也可能造成新的污染,如杀虫、施肥、农事操作等,因此,使用绿色植物净化空气时,有时也会带来一些负面影响。

解决室内污染,除了摆放植物,还有没有别的办法呢?据试验,一个80平方米的房间,在室内外温差为20℃时,打开窗户9分钟就能把室内外空气置换,自然通风是排出空气污染物的重要方法。所以,开窗通风也是解决室内污染最简单、最重要的方法。

客厅的健康植物

客厅的采光和通风条件都很好,这使我们在选择花草上有了更大的空间,不管是喜阴植物,还是喜阳植物,都能在这里找到适合自己的位置。一般情况下,客厅的空间较其他房间大,是一些高大花草的"安乐窝"。

1.客厅花草的摆放

客厅是家人团聚、接待客人的地方,这里的花卉不要摆放太多,三盆以内就可以了,主要是要营造出大方、温馨、热情好客的气氛。

摆放花草时应尽量靠边,还要注意大、中、小的搭配。如果客厅的空间比较大,可以摆放挺拔舒展、造型生动的植株,如发财树、散尾葵、橡皮树、大株龟背竹等;如果客厅空间小,可以摆放蔓藤类植物或小型植物,如万年青、鸭跖草、常青藤等。茶几上可以放置一些小型植物盆栽或鲜艳的盆花。

大型花草可以摆放在沙发旁边或墙角;中型花草可以摆放在窗台上或制作较高的花架上;蔓藤类的花卉可以采用壁挂式或悬挂于顶面。

客厅常见污染

◎装修带来的有毒气体;

◎厨房的油烟;

◎灰尘;

◎电视、电脑的辐射;

◎衣物、鞋子带来的异味;

◎噪音。

2.万年青

万年青喜欢温暖潮湿和半阴的环境,夏天天气炎热、日照强烈的时候,要避免强光照射,否则,会造成叶子干尖焦边,严重时会枯黄。但光线也不能太暗,如果光线太暗,就会导致叶片褪色,一样会影响观赏效果。它的生长期为3~8月,在生长期的每个月都要施肥,还要多浇水。夏天的时候要常常洒水,以增加空气湿度。

中国栽培万年青的历史悠久,其名称和红色的果实常作为吉祥、富有、平安、健康、长寿的象征,深受人们的喜爱。

万年青具有独特的空气净化能力,可以去除尼古丁、甲醛等,空气中污染物的浓度越高,它的净化能力就越强。

万年青叶姿秀丽高雅,秋冬时节,结出红色的果实,更能为居室增添色彩。小盆栽常放在书房、厅堂的条案上或窗台、案头,用来观赏;中型盆栽,放在客厅的墙角或沙发的旁边作为装饰,可以令室内顿时生机盎然!

3.发财树

发财树又叫马拉巴栗、瓜栗、中美木棉。喜欢高温湿润的环境,喜欢阳光照射,不能长时间的荫蔽,因此,要放在室内阳光充足的地方。摆放的时候,要让叶面朝向阳光,不然会使整个枝叶扭曲。3~5 天用喷壶喷一次水。

发财树对肥料的需求高于其他花草,在它的生长期5~9月,每隔半个月就要施用一次混合型育花肥。

广东的很多私家庭院都种有发财树,它有财源滚滚、发财之意。在节庆、公司开张的日子里,人们喜欢用它的盆栽作为礼仪植物赠送友人。

发财树对一氧化碳和二氧化碳有很强的净化作用,清除甲醛、氨气、氟化氢等有害气体的能力也很强。发财树能使空气中负离子的浓度增加,提高空气湿度,降低温度,是联合国推荐的国际环保树种之一。据测定,每平方米的发财树植物叶面积,在 24 小时内可以清除 2.37 毫克的氨、0.48 毫克的甲醛。

4.滴水观音

滴水观音又叫滴水莲、佛手莲。喜欢半阴的环境,应放在能遮阴、通风的地方,不能在烈日下暴晒,否则植株会出现大面积灼伤。夏季高温的时候,要把它放在一个相对湿润、凉爽的环境中,在保证盆土湿润的同时,还要不时给叶面喷水。冬季的时候,一周喷一次水就能保证其叶色翠绿。

滴水观音长得很快,因此,要经常施肥,每月施1~2次含氮素比例高一些的复合肥。当温度降低时,可减少施肥或不施肥。如果饲养不当,叶片会出现发黄甚至干枯的状况,这个时候,要将发黄叶片连同茎部一起用刀削掉,这样就不会影响其他叶片生长。

如果你不想让养在室内的滴水观音长得太高,想让它保持小巧玲珑的株型,这很简单,只要在它的幼苗长到适合摆放的时候,用2%的多效唑溶液喷洒全株即可。喷洒以后再长出的茎叶都不会高过40厘米,而且叶片肥厚,观赏性很强。半年左右喷一次就能起到控高的效果。

滴水观音在温暖潮湿、土壤水分充足的条件下,就会从叶子的边缘或叶尖向下滴水,而且开的花很像观音,故名"滴水观音"。

滴水观音叶色翠绿,株型优美,有很好的净化空气的功效,是大堂、客厅、办公室、会议室的上好装饰植物。

5.平安树

平安树耐阴,喜散光。不同的生长阶段,对光有不同的要求。3~5年的耐阴,要有遮挡,6~10年的要充分光照。对土壤的要求不高,只要疏松肥沃、排水良好、偏酸性即可。一般不用浇水,每隔2~3天给叶子喷一次水,一周左右浇透一次水。特别是入秋以后,更要少浇水,多喷水。积水会导致叶片脱落、植株枯黄,严重的还会烂根。

平安树有平安、吉祥、合家幸福、万事如意的寓意,因此,人们多用它来表达祝福。它能释放一种清新的气体,去除异味,净化空气,让人精神愉悦、心情放松。大型的平安树可以摆放在客厅、卧室、办公室等的角落处。小型的可以摆放在案几、办公桌、餐桌等处。

6.酒瓶兰

酒瓶兰喜温暖干燥、阳光充足的环境,在室内要放在光线明亮的地方,每隔几天就要搬到室外晒晒太阳,即使夏季也一样,它不怕强光直射,不用担心叶尖会被灼伤。生长的适宜温度为18℃~26℃,不耐寒,冬季温度要保持在3℃以上,否则会受到冻害。有较强的耐旱能力,浇水要坚持"宁干勿湿"的原则,生长期要增加浇水次数,保持盆土湿润,但不能积水,否则易烂根。每7~10天施肥一次,冬季停止施肥。对土壤的要求不严,以肥沃的沙质壤土为佳。要经常修剪老叶,以促进植株长高。

酒瓶兰茎秆苍劲,基部膨大,酷似酒瓶,叶片婆娑而优雅,是良好的观茎赏叶花卉。

酒瓶兰能在夜间吸收二氧化碳,释放出氧气,净化空气的能力较强,对人体健康非常有益。

小型盆栽置于台面、案头,显得清秀典雅。中型盆栽点缀客厅、书房,新颖别致。大型盆栽装饰宾馆、会场、商场等公共场所,气派非凡,而且极富热带风情。

7.铁树

铁树喜欢温暖湿润的环境,盆土要保持湿润,但是不能积水。夏天天气炎热,每天要浇一次水,秋天要减少浇水量,冬天的时候,可以5~6天浇一次水。夏季要施稀释的液体肥,如果加入硫酸亚铁溶液,叶色就会更加浓绿。铁树的生长速度比较慢,但是寿命很长,一般可达200年以上。

有诗人曾经这样描写铁树开花:"花是一把剑,剑是一朵花。"花是娇弱的,剑是锋利的,好像二者没什么关系,其实细想一下就会明白铁树有英雄的品格,像剑一样的花和具有铮铮铁骨的铁树搭配是再适合不过的了。

新装修的房屋、新买的家具,甚至连吸烟产生的烟雾中都含有苯,铁树可以有效地吸收苯和苯的有机物。在新装修的房子里或办公大厅里摆放铁树,可以有效净化空气、美化环境。据测定,铁树一天可以去除人造纤维、香烟中释放的80%的苯。如果家中有人吸烟,一定要摆上铁树,这对健康有好处。此外,铁树还是一种吉祥植物,有很多美好的寓意。

8.蝴蝶兰

蝴蝶兰喜欢半阴和潮湿的环境,但是不能浇太多的水。长期处于潮湿状态,它的根会腐烂,叶子会慢慢变黄,严重的还会死亡。可以用喷雾器喷洒叶面,但不能将水雾喷到花朵上。夏秋季节要避免阳光直射,为了让它接受光照,可以放在室内的窗台上,用纱窗遮光。越冬的温度不能低于18℃。盆栽的土壤不要用泥土,可以采用水苔、木炭碎末等。

蝴蝶兰除了需要磷、钾、氮外,还需要其他元素,因此,要选用养分全面的肥料,如兰花专用肥料、复合肥、鱼肥等。

它大多采用细胞组织培养进行繁殖,试管育成幼苗然后移栽,大约两年的时间就能开花。有些母株在花期过后,花梗上的腋芽也会生长发育为子株,当它长出根时,再从花梗上切下进行分株繁殖。

蝴蝶兰颜色华丽,花姿优美,有"兰中皇后"的美誉,象征着丰盛、长久、幸福。一般以单数摆放,两单便成双,隐喻好事成双。在国外象征着纯洁、爱情、美丽等吉祥之意。

它的学名按希腊文的原意为"好像蝴蝶般的兰花"。植株十分奇特,没有匍匐茎,也没有假球茎。每棵只长出像汤匙般的阔叶,交互叠列在基部之上。花色鲜艳夺目,有鹅黄、纯白、橙赤、淡紫和蔚蓝等色。一般每枝开花 7~8 朵,花期较长,可以连续观赏 60~70 天。等到花全部开放的时候,就像一群蝴蝶列队飞翔,那飘逸的姿态,让人产生一种如诗如画般的感觉。

蝴蝶兰具有极高的观赏价值,还能吸收室内有害气体,是净化空气、美化环境的上好花卉。家里放上两盆蝴蝶兰,既美丽又健康。

9.垂叶榕

垂叶榕对光线要求不高,喜温暖湿润,忌低温干燥,耐贫瘠、耐湿、抗风耐潮。在夏季,盆栽要遮阴,并及时浇水。25℃~30℃时生长较快,空气湿度80%以上时容易长出气生根。经常向叶面喷水,增加叶片光泽度,可促进生长。干燥会造成落叶及顶芽发黑干枯。冬季的时候要控制浇水,过湿会烂根。垂叶榕病虫害少,耐修剪,易塑形,尤以耐空调、耐阴著称。

在热带雨林里,垂叶榕常常以寄生并绞死其他植物的方式获得空间。在西双版纳,人们常可看到垂叶榕绞死油棕树的情景。被绞死的油棕树腐朽以后,就成了一件天然的艺术品。外部奇形怪状,内部完全中空。锯下树干,经过打磨后,可以直接放在客厅作装饰,也可以作圆桌架或花盆架。

垂叶榕是非常有效的空气净化器,可以提高房间的湿度,有益于我们的皮肤和呼吸。它还可以吸收甲醛、甲苯、二甲苯及氨气等,叶面较宽,能大量吸收二氧化碳,净化混浊的空气。

垂叶榕美丽的小型叶片,可成为房间里的漂亮装饰,室内设计师常用它来营造欢快的氛围。放在室内的垂叶榕最好不要来回搬动,否则容易掉叶子。

10.鹅掌柴

鹅掌柴叶色浓绿,外形似鹅掌,故而得名。喜温暖、湿润及半阴的环境。日照不同,叶子的颜色也不同,如果日照太强,叶子无法呈现有光泽的浓绿色,而半阴和半日照,叶子则亮绿有光泽。在明亮通风的室内,可以长时间的观赏。

鹅掌柴

16℃~26℃的环境,最适合鹅掌柴生长。它的越冬温度为12℃,最低不低于5℃,否则会落叶。空气湿度高、土壤水分充足,有利于鹅掌柴的生长。鹅掌柴不能缺水,夏天每天要浇一次水,春秋每隔3~4天浇一次水。冬季在低温条件下要适当控水。每年春季要换一次盆,盆土要用腐叶土、泥炭土、珍珠岩加少量基肥配制。也可以用细沙土栽培。鹅掌柴的生长速度比较慢,又容易萌发徒长枝,因此,平时要进行适当修剪。

鹅掌柴可以从烟雾弥漫的空气中吸收尼古丁和其他有害物质,并通过光合作用转换为无害的物质,给那些有烟民的家庭带来新鲜的空气。此外,鹅掌柴还能吸收甲醛,每小时大约能吸收9毫克。

鹅掌柴株型优美、丰满,而且适应能力强,是优良的盆栽植物。适宜摆放在客厅的角落。春秋季节也可以放在楼房阳台和庭院的庇荫处观赏,还可以种植在庭院中,是南方冬季的蜜源植物。

11.千年木

千年木对光照的适应性比较强,在半阴或阳光充足的情况下,叶、茎均能正常发育。喜潮湿,也耐旱,生长期要保持盆土湿润,但是不能积水,否则会造成根烂叶落。生长的适宜温度为20℃~30℃。对土壤要求不高,以肥沃、疏松和排水良好的沙质土为佳。盆土以培养土、腐叶土和粗沙的混合土最好。长到一定程度后,要进行截顶,以促进分枝,让株型茂盛。

千年木一般采用扦插法繁殖。将茎切成3~4厘米的段,带少量的切片,然后插在已经消毒的介质中,夏、秋均可扦插。

千年木的花语是清新悦目、青春永驻,适合送给公司和个,恭祝对方事业长青。

千年木拥有魅力的外形,而且对昏暗干燥的环境有很强的适应性,只要稍加照料,它就能长时间生长。最重要的是它还能带来优质的空气,它的根部和叶片能吸收甲苯、二甲苯、苯、三氯乙烯和甲醛,并将其分解为无毒的物质。

千年木外观时尚,是桌案、室内、窗台上陈设的观叶佳品。盆栽时最好选择长形较高的花盆,这样与千年木的整体形态更搭配了。

12.橡皮树

橡皮树喜高温湿润、阳光充足的环境,炎热的夏季,每天都要浇水,并经常向叶面上洒水,保持叶面湿润。冬季浇水的次数要减少,5天左右浇一次水。盆土干一点有利于安全过冬。橡皮树对光线的适应性较强,每周要放在阳光下晒1~2天,同时注意通风。它生长的适宜温度为15℃~25℃,越冬温度不低于5℃。橡皮树喜肥沃的沙壤土。每半个月要施一次低浓度的液体肥,施肥最好选择盆土较干时进行,这样有利于吸收。

当植株长到1米左右时,要进行截顶,以促进分枝萌发。侧枝长成以后,每半年修剪一次,2~3年后,你就可以看到拥有完美外形的橡皮树了。

橡皮树象征招财添喜,常用做商务礼仪花卉。

橡皮树对氟化氢、一氧化碳、二氧化碳等有害气体有一定的抗性,可清除室内可吸入颗粒物,有良好的吸附滞尘作用,使室内空气清新自然。

橡皮树叶片绮丽而肥厚,宽大美观而且有光泽,红色的顶芽状似浮云,托叶裂开后恰似红缨倒垂,观赏价值很高。

中小植株常放在客厅的窗边,可以抵挡有害粉尘的侵袭,净化空气。中大型的植株适合布置在大型建筑物的门厅两侧及大堂中央,既显得雄伟壮观,又能体现热带风情。

13.七里香

七里香喜充足的阳光,不怕阳光直射,也耐半阴或全阴,但不能长期放在全阴的环境中,否则会生长不良。春、夏要保持盆土湿润,夏季气候干燥时,还要向叶面喷水,增加湿度。冬季盆土要稍干,控制浇水量。春季要及时修剪整形,夏季要摘心,否则会徒长。

七里香

七里香的种子发芽能力强,因此,多采用播种法繁殖。每年10月采种,种子外面有黏液,因此,要用草木炭拌种脱粒后播种,播种后盖上草,第二年春天即可发芽。

七里香四季常青,而且具有光泽,花、叶、果均具有较高的观赏性。春季叶色淡绿,夏季开花清雅秀丽,花香袭人,秋季硕果累累,果实开裂露出鲜红的种子,晶莹可爱。冬季它的叶凌寒抗霜、经久不凋。因此,它被看作梅花的兄弟,深受人们的喜爱。

七里香对氯气、氟化氢、二氧化硫有较强的抗性,对汞蒸气有较强的抗毒性和吸收富集能力。此外，还有吸收粉尘和隔音的功能。它有一种特殊的清香气味，能调节神经系统，使人精神愉悦、心情舒畅。

选择深盆浅栽七里香，逐渐提根，随着它的不断生长，会出现悬根露爪、苍古奇特的造型，看起来非常有艺术感。

14.花叶芋

花叶芋喜欢阳光，但是不能暴晒，否则会灼伤叶片，但是如果阳光不足，叶片就会变暗，细长而软弱，失去绚丽的色彩，因此，要在早晚让它接受阳光的照射。春、夏季节要大量浇水，保持盆土湿润，如果干燥会使叶子枯萎。夏季还要向叶片喷水。入秋以后，花叶芋的叶子慢慢开始枯萎，进入休眠期，这时要减少浇水量。花叶芋要求土壤肥沃、疏松、排水良好。

花叶芋多采用分株繁殖。秋天，它的叶子枯萎以后，保留其块茎，到第二年的春天块茎开始发芽长叶的时候，用刀切割带芽块茎，等到切面干燥愈合就可以入盆栽植。

花叶芋叶形美丽，叶片色彩斑斓、绚丽，就像由高明的画师彩绘而成，给家居带来了灿烂斑斓的感觉，意寓着家庭兴旺，事业红火。

花叶芋是天然的空气加湿器，能增加室内的空气温度，还能通过叶面纤毛吸附空气中飘浮的微粒和灰尘。此外，它还是一种很好的装饰品，让你在享受清新、湿润空气的同时，还能感受蓬勃的生机和美感。花叶芋为新近流行的室内观叶植物，小型盆栽可以摆放在桌面、案头、窗台上，配以白瓷套盆或白色塑料套盆更显高雅。

15.龙血树

龙血树喜高温多湿的环境，光照充足，叶片色彩艳丽。夏季要保持土壤湿润，每月施1~2次复合肥。经常往叶面上喷水，可以提高空气的湿度，叶色会更加亮丽，叶质也会更加肥厚。冬季要注意防寒，温度要保持在15℃左右。如果低于8℃，根吸水不足，叶缘及叶尖会出现黄褐色的斑块，影响观赏效果。冬季要减少往叶面喷水，但是要经常往地板上洒水,这样可以增加湿度,有利于保持叶片色彩,防止出现干尖现象。龙血树喜排水良好、疏松、腐殖质丰富的土壤。

龙血树可采用播种和扦插法繁殖,园艺品种通常采用扦插法。插穗可以选用嫩枝,也可以是多年生茎秆,将插穗插在以粗沙为介质的插床上,插床的适宜温度为21℃~24℃。嫩枝在2~4周内就能生根发芽,茎秆生根比较慢,需要2~3个月。生根后移入盆中。

龙血树受伤后会流出暗红色的"血液",当地人传说是巨龙的血,故名龙血树。这种红色的汁液是非常有名的防腐剂,是古代人用它来保存人类尸体的高级材料,现在人们用它作为油漆的原料。

龙血树能吸收苯、甲苯、二甲苯、三氯乙烯和甲醛,在抑制有害物质方面,其他植物很难与龙血树相提并论。

龙血树的株型优美,叶色、叶形多姿多彩,是室内装饰的优良观赏植物,中小盆可以放置在客厅和卧室,大中型植株可以布置厅堂。

16.非洲菊

非洲菊在生长期需水量大,应保持供水充足,夏季每3~4天浇一次水,冬天约15天浇一次水。花期浇水需要注意的是,不能让叶丛中心沾水,否则花芽会腐烂。浇水时可结合施肥,非洲菊的需肥量比较大,可根据长势施用以磷、钾为主的复合肥,并施用两次镁、钙肥。

非洲菊属喜光植物,冬季需全光照,但夏季要适当庇荫,还要加强通风,防止高温引起休眠。它对土壤要求不高,以肥沃、疏松、土层深厚、富含腐殖质、排水良好、微酸性的沙质壤土为佳。如果其叶丛下部有黄色的叶片,要及时清除,否则会影响新叶及花的萌发。花凋谢以后也要及时地剪除,防止消耗养分。

非洲菊又称扶郎花,象征互敬互爱。有些地方喜欢用扶郎花扎成花束布置新房,取其寓意,体现新婚夫妇互敬互爱之意。同时,它也代表着兴奋、神秘、清雅、高洁、隐逸、不畏艰难、有毅力。它的花语是永远快乐。

非洲菊可有效地吸收甲醛、氯气等有毒气体,能通过新陈代谢把致癌的甲醛转化成天然的物质。还能吸收打印机、复印机排放的苯,并将其分解为无害的物质,让室内空气洁净,令人心情舒畅。非洲菊花枝挺拔,花色艳丽,水插时间长,可达15~20天,为世界著名切花之一。花形呈放射状,常作为插花主体,多与文竹、肾蕨相配。

17.万寿菊

万寿菊生命力极强,喜湿又耐干旱,但是夏季不能浇太多的水,因为水分过多,茎叶生长旺盛,会影响株型和开花。对土壤要求很低,几乎所有的土壤都可栽培。简单地说,万寿菊很好养,非常适合养花新手。只要保证盆土不太潮湿,多给它点阳光,它就会开出金灿灿的菊花。

万寿菊容易栽种,生命力顽强,常代表长寿延年的意思。每年6~10月开花,花期很长,达5个月之久。花盛开的时候,金黄、鲜黄缤纷灿烂,被认为是能带来"满盆金"的吉祥花。

万寿菊能充分吸收空气中的氯气、氟化氢、二氧化硫等有害气体,给我们带来清新宜人的空气,提高空气的质量。其散发的味道还有驱除蚊虫的功效。很适合摆放在室内,既能欣赏又有利于健康。

万寿菊分枝性强,花多株密,生长整齐,非常美观,适合摆放在客厅、书桌、案几等处。另外,还可以把花连带茎剪下来,插在花瓶里,令室内充满朝气。

18.大花蕙兰

大花蕙兰怕干不怕湿,而且对水质要求比较高,喜酸性水,对水中的镁、钙离子比较敏感,以雨水灌溉最佳。在生长期需较高的空气湿度,如果湿度不够,会影响植株生长发育,导致根系生长缓慢而细小,叶色偏黄,叶片变得厚而窄。

在兰科植物中,大花蕙兰属于喜光的一类,光照充足有利于叶片生长,形成花茎并开花。如果光照不足,叶片会变得细长而薄,假鳞茎变小,影响开花,还容易生病。炎热的夏季,要遮光50%~60%,秋季要多见阳光,这样有利于花芽的形成与分化。冬季的时候,增加辅助光,对开花非常有利。肥沃、疏松和和透气的腐叶土,比较适宜栽种大花蕙兰。

古语有云:"一茎一花者为兰,一茎五花者为蕙。"大花蕙兰可以说是兰与蕙最完美的结合。它花朵艳丽,叶片舒展飘逸,幽香典雅,丰富多彩。大花蕙兰的寓意是福泰安康。

大花蕙兰花香浓郁、身姿挺拔,作为盆栽来装饰居室环境非常雅洁。还能吸收空气中的甲醛和一氧化碳,起到净化室内空气的作用。在家中放一盆大花蕙兰,在享受美的同时,还能获得新鲜空气,真是一举两得。

大花蕙兰花大,花多,花形规整丰满,花茎直立,色泽艳丽,花期长,小型植株常做盆栽,大型植株常做切花。

19.山茶花

山茶花喜半阴环境,夏、秋季节要遮阴,避免烈日直射,否则会灼伤叶片。但也不能过阴,过阴会使叶片变薄,开花少。山茶花对光线比较敏感,夏、秋季节不要挪动花盆的位置,以免造成光线紊乱。忌干,春、夏、秋季都要向叶面喷水,夏季高温时,还要向花周围洒水,以提高空气湿度。每周都要用清水洗叶片。山茶花喜欢温暖,太冷和太热它都会停止生长。不用每年都换盆,2~3年换一次就可以,6月换盆比较合适。如果春节换盆,一定要小心,不要伤根。花蕾多时要及时疏除一部分,不要保留太多,以使营养集中。

山茶花的花期很长,在红梅之前开放,在桃李之后凋零,历经冰雪风霜之季,依然繁花朵朵,寓意持久、坚贞。在古代,山茶花还被人们用来表达爱国之情。

山茶花对氟化氢、二氧化硫、硫化氢、氯气等有害气体有很好的吸收作用,能起到净化空气的作用,花朵散发的味道,还能驱蚊虫。

地栽可散植、丛植在庭院,盆栽可以放在窗台、阳台等阳光充足之处。

20.一叶兰

一叶兰有极强的耐阴性,即使在阴暗的室内也能观赏很长时间,但是长期放在暗室会阻碍叶的萌发和生长。夏季要避免阳光直射,否则会灼伤叶片。春末可放在荫棚下的通风处,秋末的时候再搬回室内。喜湿润的环境,盆土要保持湿润,可经常向叶面洒水。对土壤要求不高,耐贫瘠,喜疏松、肥沃、排水良好的沙质土壤。对肥料要求也不严格,15天施一次肥,冬季不需要施肥。生长的适宜温度为15℃左右,不耐寒。

通常采用分株法繁殖,在春天的时候将地下的根茎连同叶片分成数丛,每丛带3~5片叶子,然后栽到盆中,放在半阴的环境中就可以了,成活率非常高。

一叶兰象征不老的青春。年轻人如果在室内摆放一盆一叶兰,更能烘托出蓬勃奋发的朝气。

一叶兰叶形漂亮,摆放在客厅显得大气、美观。还能清除甲醛污染,吸收氟化氢、二氧化碳,让你拥有清新的空气。

一叶兰还是理想的水培植物,可以花鱼共养,真是一举多得。也可以作为插花的配叶材料,装扮居室。

21.棕竹

棕竹是比较好养的植物,只要稍微呵护,就能茂盛的生长。耐阴,适合放在散光下或半阴处,夏季高温时要遮阴,但也要保持60%的透光率,还要注意通风。喜欢温暖潮湿的环境,要保持盆土湿润,定期浇水,空气干燥时,要经常喷水,增加空气湿度。同时要用软布蘸清水擦拭叶面,保持清洁。

棕竹不耐寒,春天的时候有的叶梢变黄,是因为冬天受冻。如果有黄色的叶片,要及时剪去,避免影响其他部分。生长期时每月施氮肥1~2次。一般采用分株法繁殖,分出的株丛不少于10秆,栽入盆中要放在半阴处,不能浇太多的水,等到萌发新枝后进行正常养护。

棕竹又称观音竹,显得有仙气和灵气,波认为能给养花的人带来福气和运气。

棕竹具有良好的空气净化作用,放在室内能吸收二氧化碳并制造氧气,对二氧化硫的污染有一定的抵抗作用。

棕竹长成一大片时,很有热带风味,有较高的观赏价值,适合放在客厅。棕竹也可以水培,但是生长速度较慢,需要耐心护理。

22.蔷薇

蔷薇为喜光花木,需要充足的阳光。喜湿,要保持盆土湿润,但是忌积水,蔷薇怕水涝,水涝会烂根。它的根系比较发达,抗病能力和生命力都很强,能在贫瘠的土壤中生长。植株蔓生的越长,开花越多,需要的养分也越多,每年冬季的时候,施一次肥,可以保持花芽繁茂,花色艳丽。因产花量大,产花季需要更多的养分,每周应施肥1~2次。还要注意剪去弱枝上的花蕾,培育采花母枝。

蔷薇多采用当年的嫩枝扦插育苗,成活率高。有些名贵品种,很难扦插,可用嫁接或压条的方法繁殖。盆花蔷薇科的月季一般都是采用压条法育苗。

修剪是蔷薇整形中不可缺少的工序,如果修剪得不好,蔷薇长成刺蓬一堆,参差不齐,不仅外形不雅观,还容易生病虫害。蔷薇一般都是每年修剪一次,在春季萌芽前进行。主枝保留在1.5米以内,其余部分剪除。每个侧枝保留基部3~5个芽即可。同时,将细弱枝、枯枝及病虫枝疏除,促进新枝萌发。

蔷薇可以吸收苯、乙醚、苯酚、硫化氢等有害气体,还可以清除锑剂中毒,非常适合放在刚刚装修好的房子里。花朵还能产生挥发油,具有明显的杀菌效果。

在欧美国家,蔷薇总是和爱情联系在一起,白蔷薇代表纯洁的爱情,黑蔷薇代表绝望的爱,红蔷薇代表热恋,粉蔷薇代表爱的誓言,粉红蔷薇代表一生相随,深红蔷薇代表只想和你在一起,黄蔷薇代表永恒的微笑,蓝蔷薇代表梦幻美丽。而在我国古代,人们常常把蔷薇比喻成美女。

蔷薇花还可以布置成花格、花架，夏天枝繁叶茂，有"密叶翠幄重，浓花红锦张"的景色。不过需要注意的是，它身上有刺，不要被扎到。

23.百合

百合喜光，如果光照不足，会影响开花。百合较耐寒，生长的适宜温度为12℃～18℃，冬天即使气温降到3℃～5℃也不会冻死。一般不需要太多的水，保持盆土潮润即可，但是在天气干旱和百合生长期时，要适当勤浇水，并在花盆周围洒水，以提高空气湿度。但不能积水，否则鳞茎易腐烂。百合对钾、氮肥的需求量相对大一些，生长期每10～15天施一次，要限制磷肥的供给，因为磷肥过量，叶子会变黄。百合花期可以适当增施1～2次磷肥。百合喜肥沃、疏松的沙质壤土。

百合开花后要及时将残花剪掉，以减少养分消耗。每年换一次盆，换上新的培养土和基肥。此外，在其生长期每7天左右转动一次花盆，否则植株会偏长，影响美观。

百合有"百事合意、百年好合"的寓意，是婚礼必不可少的吉祥花卉。由于外表纯洁高雅，有"云裳仙子"之称。天主教以百合为圣母玛丽亚的象征，梵蒂冈把百合作为国花。

百合能吸收空气中的一氧化碳和二氧化硫，净化空气的效果明显。其花期很长，花朵大而美丽，花瓣有向外翻卷的，有平展的，能散发出淡淡的幽香。剪下带茎的花朵，插在绿色的花瓶中，摆放在客厅里，看上去非常端庄、优雅。

24.蜀葵

蜀葵耐半阴，喜欢凉爽的气候、充足的阳光，但是忌强光直射。生长期最好放在日照充足及通风良好的地方。蜀葵喜湿润，较耐干旱。早春老根发芽时，要及时浇水，但是要控制水量，不能浇太多。叶片水分的蒸发量比较大，因此，在生长期要及时补充水分，保持土壤湿润。如果太干，花苞会过早开裂。冬季的时候要少浇水。蜀葵喜欢肥沃、土层深厚、排水良好的土壤。盆栽可选用腐叶土，在开花前，要施肥1～2次。

蜀葵一般采用播种法繁殖，北方春种，当年就开花，南方则到第二年开花。也可以采用扦插和分株法繁殖，优良品种一般采用分株、扦插法繁殖。

自古以来，基督教在纪念圣人时，都会选择用盛开的花朵来点缀祭坛，这样圣人就与特定的花联系在一起了。圣斯塔法诺在耶稣受钉十字架后，在巴勒斯坦发表演说，向众人讲解耶稣遭杀害的经过，结果不幸被犹太人以乱石击死。人们选择蜀葵来祭祀圣斯塔法诺。后来圣斯塔法诺托梦给主教，人们才在公元415年找到他的遗骸。因此，蜀葵的花语就是"梦"。凡是在找到圣斯塔法诺遗骸这天出生的孩子，都是爱做梦的孩子。

蜀葵花大色艳，对二氧化硫、三氧化硫、硫化氢及氯化氢有较强的抗性。叶片宽大，能吸收部分有害气体，是良好的室内绿化植物。

卧室的健康植物

卧室是睡眠、休息的地方，要经常打开门窗，使房间通风，排队屋内的污浊空气。还要适当放些植物，让卧室充满田园气息，并且净化空气。

卧室植物的摆放应该创造安逸、舒畅、清净的环境，让人一天的疲劳在这里消失得无影无踪。最好选用冷色调的花卉来点缀，以小型植物为主，可以摆放仙人掌、仙人球等。但不宜摆放过多，也不要摆放香气浓烈的植物，因为它们不利于夜间睡眠。

卧室花草的摆放

卧室花草要根据花草的形状、大小的不同来摆放。如卧室的写字台、书桌、床头柜和穿衣柜等，应该摆放小型花草，可以在床头柜上摆放一盆文竹，在穿衣柜上摆吊兰。窗台上可以摆放一些中小型花草。

卧室的常见污染

◎装修带来的有毒气体；

◎室内不通风，造成有害气体集聚；

◎灰尘；

◎电视辐射。

1.文竹

文竹喜欢半阴的环境，要避免阳光直射，受散光即可。夏、秋季可放在阴凉处，冬季放在向阳处。喜湿润，不耐干旱，要经常保持盆土湿润，如果浇水太少，叶尖会发黄，叶片会脱落。夏、秋可以偏湿一点，但是要注意不能积水。炎热的夏天除了要经常浇水外，还要往叶面上喷水，提高空气湿度，让文竹更加新鲜翠绿。对土壤的要求严格，排水良好、富含腐殖质的沙质土壤为佳。

一般在春季对文竹进行分株繁殖，将丛生的根和茎分成 2~3 丛，每丛含有 3~5 枝芽，然后分别栽入盆中，要注意遮阴和保湿。

修剪文竹主要是剪去老茎，这样就能从上面发出新枝，有层次感。在文竹的生长期，还要将枯枝、过密枝、弱枝剪去，这样能使文竹更好地生长。

文竹的意思是"文雅之竹"，其实它不是竹，但是枝干有节似竹，常年翠绿，且姿态文雅潇洒，不乏竹的青翠劲拔，更彰显文雅风采，常能激起人们淡定自若的心态。

文竹象征永恒，在婚礼用花中，它代表爱情地久天长、婚姻幸福甜蜜。

文竹在夜间可以吸收二氧化硫、二氧化碳等有害物质。此外，它还是人们躲避病毒和细菌的保护伞，它的植物芳香能分泌杀灭细菌的气体，清除空气中的病毒和细菌，减少伤寒、感冒的发生，降低室内二次污染的发生率。如果家里养了宠物，难免会滋生细菌，可以养两盆文竹，既可以杀菌、杀毒，还能美化环境。

文竹也适合放在书房，其文静气息和书卷气息相得益彰。文竹还可以水培，水培文竹比土培容易，夏季的时候每周换一次水，冬季半个月左右，换水的时候记得加入文竹营养液就可以了。

2.吊兰

吊兰是极易栽养的植物品种之一,适应能力强,生性强韧。随便摘下一个分杈插在水里或潮湿的土里就能成活。平时也不需要太多的照顾,只要保持盆土湿润,它就能茂盛地生长。如果你没有养花经验,可以试试吊兰。

吊兰

吊兰的叶尖容易枯萎,会影响观赏效果,因此,要根据情况进行养护。吊兰需要适量的光照,但是要避免阳光直射。吊兰的叶片比较多,因此,需水量大,要经常浇水、喷水。冬季和春季4~5天浇一次水,冬季少量浇,春季量要稍大。夏季和秋季每天早晚各浇一次,还要向叶面和盆周围喷水,这样才能保持盆土湿润、空气潮湿。同时要及时清洗吊兰叶片上的灰尘,这样可以增强其观赏性。

栽培吊兰最好是盆大株小,株数多,需水量也多,如果盆小,土壤含水量供应不足,会使叶片枯萎。每年春季或秋季换盆时,要结合株数将小盆换为大盆,同时还要剪掉枯萎的败叶。

吊兰四季常青,自然下垂的枝叶非常美观,形似展翅跳跃的仙鹤,古有"折鹤兰"之称,给人优雅淡泊、宁静致远的感觉。

俗话说"家种吊兰,污鬼胆寒"。吊兰是净化室内空气最好的植物之一,有"绿色净化器"之称。它能吸收空气中的甲醛,苯乙烯、二氧化碳,分解打印机、复印机所排放的苯,还能"吞噬"尼古丁等,因此,在8~10平方米的房间里放一盆吊兰,就相当于设置了一台空气净化器,在24小时内,可以祛除房间里80%的有害物质。吊兰还能吸收空气中95%的一氧化碳。能将塑料制品、电器散发的一氧化碳、过氧化氮吸收殆尽。

吊兰既别致美观,又能净化空气,非常适合放在刚装修好的房间里。一般放在高处的隔架上或是狭窄的空间,悬挂起来更有立体的美感。

3.富贵竹

富贵竹是非常好养的植物之一,不需要过多的照顾,只要有充足的水分,就能旺盛地生长。属于耐阴植物,即使在弱光的条件下,也能生长良好,可以长期摆在室内观叶。如果光照过强,叶片会变黄,生长速度会变慢。炎热的夏季,要经常向叶面喷水,不能过于干燥,否则会使叶尖、叶片干枯。水培也非常容易,把富贵竹的茎秆剪成10~20厘米的小段,插入水中,要露出一部分,有1/3能浸入水中就可以了。在25℃的环境下,15天左右就可生根成活。水培的富贵竹更加清新翠绿、生机盎然,3~4天换一次水。

送富贵竹给亲朋好友或店家、商家开业,表示开运聚财和竹报平安。

富贵竹能提高室内空气的湿度,具有消毒功能,可以有效吸收废气,制造氧气,改善空气质量,非常适合放在卧室或者不经常开窗通风的房间里。

把富贵竹切成10~15厘米的小段,然后去除叶片,组成塔的形状,放在浅水盆中,就是富贵宝塔。它高贵典雅,有旺上加旺、节节高升的寓意,摆在家中,看着它心情会格外舒畅。

4.金鱼草

金鱼草喜光,也耐半阴。较耐寒,能抵抗-5℃以上的低温,如果低于-5℃,容易冻死。生长、开花的适宜温度为15℃~16℃,温度过高,不利于金鱼草的生长发育。金鱼草对水很敏感,盆土必须保持湿润。浇水要均匀,不能过干或过湿,过湿会导致根系腐烂,茎叶枯黄凋落。在定植前20天施基肥,常用富含磷、钾、氨的粉料。

金鱼草主要采用播种法繁殖,不过一些优良品种常采用扦插繁殖,扦插一般在6~7月进行。

金鱼草的花形很美丽、可爱,看起来像是金鱼在水里一扭一扭的游动,故名"金鱼草"，在自己的卧室里，放置一盆金鱼草，整个房间的气氛就会变得生动起来。

金鱼草对氟化氢有很强的抗性，能起到净化空气、保护环境的作用。

金鱼草花期长，花形奇特，花色浓艳丰富，非常适合作室内插花，而且观赏期长。

5.仙人掌

仙人掌是喜光植物，阳光充足有利于其生长，尤其是冬季，更要保证充足的阳光。一般呈高大柱形及扁平状的仙人掌不怕强烈的光照，因此，夏季的时候可以放在室外，不用避阳。耐干旱，适应能力强，新栽植的仙人掌不要浇水，每天喷雾几次即可。15 天以后可以浇少量的水，一个月后，仙人掌的新根已经长出来了，可以正常浇水。不干不要浇水，浇水要浇透，浇水量以花盆内不存水，都渗透到土壤里为佳。如果浇水过多，容易引起烂根。冬季气温变低，仙人掌开始进入休眠期，要控制浇水。开春以后，浇水量可逐渐增加。仙人掌对肥料的需求量较少，在春节和秋季，2~3 个月施一次肥就可以，冬季不用施肥。

仙人掌很容易成活，把老株旁边的幼株掰下，适当修剪根系，栽入土中即可成活。

传说在造物之初，世界上最柔软的东西就是仙人掌，它像水一样娇嫩，稍微一碰就会失去生命。上帝不忍心它这样死去，于是在它的心上加了一套盔甲，上面还带有能够伤人的刺。从此以后，没有人能够看到仙人掌的心了，谁要是接近它就会鲜血淋漓。一天，一位勇士决定铲除这伤人的恶物，把仙人掌劈成了两半，却没有看到仙人掌的心，只有绿色的液体从中流出。原来被盔甲封存的仙人掌之心，由于没有人了解它的寂寞，早已化成了滴滴泪水。因此，仙人掌的花语是坚强。

仙人掌以它顽强的生命力，奇妙的结构以及对空气的净化作用，深受人们的喜爱。其肉质茎上的气孔白天是关闭的，夜间的时候会打开，吸收二氧化碳，释放氧气使空气中负离子浓度增加。因此，仙人掌类植物有"夜间氧吧"的美称，非常适合摆放在卧室。仙人掌还可以吸收乙醚、甲醛和电脑辐射，并对空气中的细菌有良好的抑制作用。

仙人掌在辐射源附近可以很好地生长，能减少电磁辐射给人体带来的伤害，因此，在电脑显示器附近，特别是键盘附近放上一盆仙人掌，既能防辐射，还有助于消除疲劳，带给人美的享受。

虽然仙人掌的形状很怪，还带有尖刺，让人望而生畏。但是它的花朵非常娇艳，花色丰富多彩，以花取胜是人们喜爱它的一个重要原因。而它的颜色、形状各不相同的绒毛与刺丛也受到人们的宠爱，特别是一些金黄、鲜红的刺丛与雪白的绒毛品种，更是千姿百态。

6.常春藤

常春藤生命力强，耐寒，是非常好养的植物。属于阴性植物，适合放在弱光下，不能受强光直射。夏季应保持盆土湿润，要经常向叶面喷水，冬季3~4天浇一次水。对土壤的要求不严，在湿润、肥沃的沙质土壤中生长良好。

常春藤生长迅速，栽培很容易成活，只要切下一根枝条，插在湿润的土里，2~3周就能成活。总之，只要放在阴凉的地方，保持通风，浇足够的水，常春藤就会茂盛地生长。

常春藤寓意情意长存，青春永驻，象征爱情坚贞和信守不渝。送给亲友或恋人，非常得体。

常春藤是吸收甲醛的冠军，据测定，在24小时的照明下，每平方米的叶片能够吸收1.48毫克的甲醛。常春藤能吸收苯，在8~10平方米的房间里放一盆常春藤，能消灭90%的苯。它还能有效抑制尼古丁中的致癌物质。它的气味有抑菌、杀菌功效，不仅能对付细菌，还能吸收灰尘。据测定，在10平方米的房间里放1~2盆常春藤就能起到净化空气的作用。常春藤能通过叶片上的微小气孔，吸收有害物质，并将之转化为无害的氨基酸和糖分。

常春藤终年常绿，枫叶形状的叶片和不断伸长的枝蔓都别具特色，利于造型。适合放在书柜、阳台等处，还可以悬挂摆放。平衡感、立体感强，是装饰室内环境的最佳植物。

7.薰衣草

薰衣草喜充足的阳光,如果光照不足,会开花少。但它也无法忍受炎热,因此,夏季要适当遮阴,避免强光直射。薰衣草喜冬暖夏凉的环境,生长的适宜温度为15℃~25℃,在5℃~30℃均可生长。但是不能高于35℃,长期处在38℃~40℃的高温中,顶部的茎叶会变黄。温度低于0℃就会停止生长。薰衣草喜潮湿,但不能长期潮湿,否则会使根部没有足够的空气呼吸而生长不良,严重的会导致植株突然死亡。

一次浇水后,要等到土壤表面干燥了,内部还湿润,叶子轻微萎蔫了再浇水。一般在早晨浇水,避开阳光,水不能溅到叶子和花上,否则叶和花容易腐烂,从而导致抵抗力下降,滋生病虫害。喜肥沃、疏松、排水良好的微碱性或中性沙质土。薰衣草的花语是等待爱情。传说,在很久以前,天使爱上了凡间一个叫薰衣的女孩。为了她,天使流下了第一滴眼泪,为了她,天使的翅膀脱落了。虽然天使每天都忍受着剧痛,但他认为只要能和女孩在一起,不管多痛苦都是快乐的。幸福总是短暂的,天使被抓回了天国,删除了他和女孩在一起的那段美好记忆,并被贬下凡间。在贬下凡间前他又流下一滴泪,泪水化作一只蝴蝶飞到了女孩的身边。痴情的薰衣日日夜夜待在天使离开的地方,等待天使归来,最后,化作一株植物。这株植物每年都会开出淡紫色的花,人们称它为"薰衣草"。

薰衣草具有杀虫的功效,能除蚁、蟑、螨等,它散发出的略带甜味的香气能祛除异味、净化空气。此外,它还有提神醒脑、增强记忆、怡情养性、促进睡眠等功效。

将薰衣草的花穗做成干燥花,然后放入洁白、光滑的瓷器中,光亮照人,摆在古色古香的桌子上,既高贵典雅,又显祝运之势。

8.芦荟

芦荟浑身都是宝,居家生活不能少。它不仅实用价值高,而且生命力顽强,很好养。芦荟喜光照,光照充足,叶子就会生长得很美,但是夏季不能放在阳光下暴晒。也不能过阴,过阴叶片会腐烂。芦荟耐干旱,叶片具有贮水功能,夏天每隔1~2天浇一次水;但忌积水,若盆土过湿,根叶会腐烂。秋后要减少浇水,盆稍干即可。对土壤要求不高,盆栽基质可用腐叶土、塘泥、泥炭土等加部分粗沙土及有机肥混合而成。每年施2~3次复合肥即可。

家庭盆栽的芦荟多用分株法繁育,用利刀把分蘖苗带根切下,然后涂上草木灰移植养护。而生产用的芦荟,多采用组织法繁育。

芦荟有朴实无华、洁身自爱的寓意。

芦荟能吸收甲醛、一氧化碳、二氧化硫、二氧化碳,尤其对甲醛的吸收能力较强,在24小时照明的条件下,可以消除1立方米空气中所含的90%的甲醛。如果芦荟的叶片出现褐色的斑点,说明这些气体超标了。芦荟还能吸收三氯乙烯、氟化氢、硫化氢、苯、乙醚和苯酚等有害物质,并把这些有害物质分解为无害物质。另外,芦荟还能吸附灰尘、除异味、吸收电脑辐射、杀灭细菌等功效。

芦荟适合摆放在卧室、餐厅、客厅、书房等光线明亮而无强光直射的地方。

9.姬凤梨

姬凤梨喜半阴的环境,可以摆放在室内有散射光的地方,怕阳光直射,如果直射太厉害,会生长缓慢,甚至停止生长。生长期要经常浇水,还要向地面喷水,增加湿度,不能向叶簇喷水,否则会烂叶。生长的适宜温度为20℃~30℃,越冬温度不能低于12℃。喜深厚、肥沃、排水良好的腐叶土或煤烟灰、河沙、锯末、园土的混合土。

常采用分株法繁殖,也可采用扦插法和播种法。分株在春季换盆时进行,将开花母株叶间的萌蘖分离,带根茎切割后栽植,放在阴凉的环境下,非常容易成活。扦插是将母株旁生的叶轴自基部剪下,然后插入沙质土壤中,遮阴养护,在30℃左右的温度下,20天左右就能生根,40~50天左右就可以栽植。播种在春季进行。温度保持在25℃左右,7~15天就能发芽,但是播种苗长得非常慢,3年后才能成株。

姬凤梨被认为能给人带来财运。

姬凤梨能吸收二氧化碳，释放出氧气，还能有效增加负离子，使室内空气清新。

姬凤梨株形美丽，色彩绚丽，是优良的室内观赏植物，可以摆放在窗台、桌面等处，也可以吊挂在室内。

10.驱蚊草

驱蚊草喜光，除夏季需要适当避荫外，春、秋、冬三季都需要充足的光照，如果光照不足，会在短期内突然落叶。喜温暖的环境，生长适宜温度为 $10℃ \sim 25℃$，稍耐寒，在 $-3℃$ 以上能生存，但是气温在 $7℃$ 以下、$32℃$ 以上对生长不利。$3 \sim 6$ 天浇一次水，但不能积水，否则叶片会变黄，不久后就会脱落。但是也不能过于干燥，否则会导致干尖或叶片边缘枯焦。

一般 $15 \sim 20$ 天施一次肥。喜偏酸性的土壤。在养护过程中，要及时将黄叶去掉。

驱蚊草有个特点：温度越高，挥发的香分子就越多。夏季蚊虫大量繁殖，温度也高，这时候驱蚊草挥发的香分子也多，蚊虫在很远的地方就能闻到它的味道，会立刻躲到更远的地方。在驱蚊草的生长期，可以随意改变它的枝叶造型，具有较高的观赏价值。

驱蚊草散发的浓郁的柠檬香味，具有驱赶蚊虫的作用。驱蚊草在 30 厘米高 40 片叶时，驱蚊效果最好，有效驱蚊范围可达 $15 \sim 20$ 平方米。此外，它还能净化空气，环保特点非常突出。

11.仙人球

仙人球是耐寒、喜干的植物，但是不能在烈日下暴晒。夏季是仙人球的生长期，也是盛花期，要适量浇水，冬天的时候仙人球处于休眠期，盆土要相对干一些，少浇水，或者不浇水，否则会烂根。浇水时水温要与土温接近，掌握"干透浇透，不干不浇"的原则。春、夏季节，最好每隔 15 天施一次氮、磷、钾混合肥。

如果能给仙人球创造一个高湿、适温的局部环境，它会生长得更好，可以在窗台上用塑料膜做个封闭棚，将仙人球放在里面养护，这样不仅生长得快，而且色泽会变得更鲜艳,比较容易开花。

仙人球多在夜晚空气比较凉爽、潮湿时进行呼吸,呼吸时会吸收二氧化碳,释放出氧气。在室内放一盆仙人球就如同增添了一个空气清新器,能净化室内空气,是夜间放在室内的理想植物。仙人球还能吸收乙醚、甲醛等装修产生的有毒、有害气体,刚装修完的房子,放几盆仙人球是再好不过的了。此外,仙人球还能吸附灰尘,在室内放置仙人球能起到净化环境的作用。

仙人球成活率高、适应性强,是良好的盆景材料。如果在盆景里放一些大小不等的卵石,看起来会更有美感,而且比较有真实感。

12.合果芋

合果芋生性强健,对光的适应性强,能适应不同的光照环境,强光处叶片较大,茎叶略成淡紫色;弱光处叶片狭小,色浓而暗;在明亮的散光处生长得最好。阳光太强会灼伤叶片,光线太暗,叶片会变小且无光。夏季遮光50%,冬季不遮光,因为长期光照不足,会导致叶片疯长,叶色变淡,花纹也会慢慢褪去。夏季要多浇水,保持盆土湿润,这样茎叶能更快地生长,冬季合果芋进入冬眠期,要少浇水,盆土不能太湿,否则在低温环境下很容易叶枯根烂。最适宜合果芋生长的温度为22℃~30℃,低于16℃则生长缓慢,越冬温度不低于10℃。主要采用扦插法繁殖。

合果芋株态优美,色彩清雅,叶形多变,给人悠闲素雅、恬静宜人的感觉。

常见栽培品种有箭头叶合果芋、白纹合果芋、白蝴蝶合果芋、翠玉合果芋、银叶合果芋和粉蝶合果芋等。

合果芋与蔓绿绒、绿萝被誉为天南星科的代表性室内观叶植物。它用漂亮宽大的叶片提高空气湿度,并吸收大量的甲醛和氨气、苯、二甲苯等气体。叶片越多,净化空气和保湿功能就越强。

合果芋适合盆栽于卧室、客厅、书房等处,还可以壁挂栽种,挂在墙上或吊于窗前。

13.龙舌兰

龙舌兰喜光线充足的环境,夏季要稍遮阴。比较耐旱,干透浇透,每隔1~3周浇一次水即可。夏季要增加浇水量,还要多向叶面喷水,以保持叶片鲜绿柔嫩。秋后,龙舌兰生长缓慢,应控制浇水量,力求干燥,浇水时要注意不能积水,否则会烂根。生长期每月施肥一次,秋后停止施肥。在疏松、透气、排水良好、肥沃的土壤中生长良好,盆栽常用腐叶土、粗沙的混合土。在早春3~4月换盆时,采用分株法繁殖,将母株托出,把母株旁的脚芽剥下另行栽植即可。也可采用播种法,只是这种方法难度较大,不适合家庭使用。注意及时修剪,去除旁生的蘖芽,以使株型美观。

在中国,由于龙舌兰这名字中有"龙"字,因此,有不畏逆境的含义。印第安人非常喜欢龙舌兰,因为在印第安传说中它是神赐之物。

龙舌兰非常适合家庭栽养,因为它能吸收甲醛、苯和三氯乙烯,在夜间能净化空气,过滤空气中的尘埃和污染,带来一片清新和洁净。据测定,在24小时照明的条件下,在8~10平方米的房间里,一盆龙舌兰能消灭70%的苯、50%的甲醛和24%的三氯乙烯。

龙舌兰花色黄绿相间,叶片青翠挺拔,盆栽有较高的观赏价值,放在窗台、阳台或客厅能增添许多别样的景色。花朵膨大,种在粗陶器或彩度低的器皿中会更好看。

14.落地生根

落地生根喜阳光充足的环境,但是盛夏要遮阴,避免强光直射,以免叶缘的色彩消失。比较耐干旱,土壤不干不浇,不用担心会干死。夏季浇水稍多,保持盆土湿润,但不能积水。秋季气温开始下降,要减少浇水量。冬季开花要少浇水。生长期每月施肥1~2次,不能过勤,否则会旺长,甚至造成植株腐烂。越冬温度不能低于0℃。对土壤的要求很低,以富含腐殖质、排水良好的土壤为佳。当茎叶生长过高时,要及时摘心压低株型,促其多生枝。落地生根的繁殖力很强,因此,要注意拔除多余的小芽,以保证大株的生长。

落地生根常采用不定芽、扦插和播种法繁殖。不定芽繁殖非常简便,直接将叶缘生长的不定芽剥下来,栽植在盆中就可以了。扦插在5~6月进行,将叶片平放在沙床上,紧贴着沙,保持湿度。插后7天左右就能长出小植株;长出后切割移入盆中;它的种子比较小,播后不覆土,15天左右就能发芽,而且发芽率很高。

落地生根生命力顽强,象征着家庭繁衍不息,能给人生生不息的感觉。

落地生根能在夜间释放出氧气,净化空气。

15.散尾葵

散尾葵喜光,也耐阴,置于室内散光处最有利于其生长。冬季要有充足的阳光,夏季要避免强光直射,否则会使叶尖干枯。生长期需要充足的水分,盆土要保持湿润。夏季要及时补水,一天要浇两次水,还要经常向叶片喷水。春、夏、秋三季用加有白糖或啤酒的水喷洒叶片,会使叶片更亮。盆栽土壤常用泥炭土、腐叶土、塘泥加少量有机肥及河沙配制。在生长期要每隔15天施一次肥。越冬温度不能低于5℃,否则叶片容易枯黄。如果散尾葵的叶片发黄,可将植株从花盆中脱出,观察是否有腐烂的部分,如果有,要用剪刀剪掉,然后再用营养土重新栽培。在生产上,散尾葵多采用播种繁殖,家庭多采用分株法繁殖。

散尾葵的外形很像椰子树,因此,又被称为"黄椰子"。它的枝叶细长下垂,株型婆娑优美,姿态潇洒自如,富有挺拔的气势和异国情趣,有"绿衣美男子"之称。

散尾葵终年常绿,是我国重要的室内盆栽观叶植物。散尾葵每天可以蒸发一升水,是室内最好的天然"增湿器",能清除甲醛、氨等有害气体。据测算,每平方米叶面积在24小时内,能清除1.57毫克的氨、0.38毫克的甲醛。此外,散尾葵对二甲苯有吸收净化作用。

16.龟背竹

龟背竹耐阴,适宜半阴的环境,要避免阳光直射。喜欢湿润的环境,春、秋季每隔2~3天浇一次水,夏天每天都要浇水,还要经常喷水,以保持较高的空气湿度。对土壤的要

求是疏松肥沃、吸水量大、保水性好的微酸性土壤，如泥炭土或腐叶土。生长期每15天施一次稀释的薄肥。一般采用扦插法繁殖，清明过后，剪取带有两个节的茎，约10厘米，下部留一个或一段气根，横卧在盆土中，露出茎段上的芽眼，放在半阴、温暖处，保持湿润即可。这种方法用时短，而且成活率很高。

龟背竹

龟背竹象征健康长寿（多针对男性而言），有"神龟天寿"之语，此外，典雅大方的风度也令人欣赏。

花谚说："龟背竹本领强，二氧化碳一扫光。"它在夜间有很强的吸收二氧化碳的能力，比其他花卉高6倍以上。白天、晚上都会释放氧气，可以有效提高室内空气中氧气的含量，改善空气质量。此外，龟背竹清除空气中甲醛的效果也十分明显。

龟背竹常以中小盆种植，放在卧室、客厅或书房的一角。其实也可用大盆栽培，放在饭店大厅及室内花园的水池边，颇具热带风光。

17.孔雀竹芋

孔雀竹芋喜半阴的生长环境，放在室内明光、散光充分的地方生长最好。要避免阳光直射，否则会引起叶缘枯焦。但也不能长期光线暗淡，否则叶片会失去光泽。孔雀竹芋适宜在温暖、湿润的环境中生长，盆土要保持湿润，不能发干，但也不能使盆内积水，可经常进行喷雾。对土壤的要求不严格，以疏松、肥沃的土壤为佳，不要用黏重的园土。多采用分根的方法繁殖，一般在初夏进行，也可以采用扦插的方法。

孔雀竹芋终年常绿，又具有独特的金属光泽，褐色斑块犹如开屏的孔雀，因此得名。它的花语是"美的光辉"，既寓意环境的美，也意味着爱花人、养花人的美。

孔雀竹芋能有效清除空气中的有害物质,据测定,每平方米植物叶面积24小时可以清除2.91毫克的氨和0.86毫克的甲醛。

孔雀竹芋色彩清新、柔和、华丽,具有较高的观赏价值。如果能提供良好的背景加以衬托,会更加美丽动人。

书房的健康植物

书房是人们工作、学习的地方,在这里长时间的阅读容易造成眼睛疲劳。因此,在书房里摆放几盆花草,既能缓解疲劳,提高工作、学习的效率,还能使书房充满生机,让人在伏案时也能感受到自然之美。

另外,书房还是文化品位的象征,摆放的花草最好也是脱俗、文雅的,从而营造出一种优雅而宁静的气氛。

书房花草的摆放

书房里一般不摆放大型的花卉,可以在书桌上摆放中小型的花草,如君子兰、红掌等。也可以在窗台边摆放时令花卉,如冬季水仙、春季春兰等。还可以在书架顶部摆放悬垂式或半悬垂式花草,如常春藤、吊兰等。

需要注意的是不要摆放香味过浓的花卉,如夜来香、郁金香等,因为人与它们接触久了会头晕,影响看书效果。

书房常见污染

◎装修带来的有害气体;

◎室内不通风,造成有害气体的积聚;

◎灰尘;

◎电脑的辐射;

◎打印机、复印机排出的有害气体。

1.君子兰

君子兰喜半阴的生长环境,要避免阳光直射。没有光也不行,因为光线不足,叶片会徒长,花色暗淡,甚至不开花。叶子伸展方向要与光照方向平行,每周都要转换一次花盆的方向,转动180度。使叶片均匀受光,可保持植株匀称丰满,叶片排列整齐美观,侧视一条线,正视如开扇。

君子兰喜温暖、湿润,怕炎热、干燥。浇水要适量,太少会影响其生长,太多会导致烂根。夏季要经常喷水,既除尘又降温,还能增加空气湿度。在15℃~25℃的温度条件下生长良好,超过30℃植株就会处于半休眠状态,生长缓慢。在疏松肥沃、富含腐殖质的土壤中生长良好。选用80%的腐叶土加20%左右的河沙配成疏松透气、渗水陛能好的培养土,利于养根。一般采用播种法繁殖,也可采用分株法。

君子兰的拉丁文名字含有美好、高尚、富贵、壮丽的意思。我国《辞源》称"有才德的人为君子"。君子兰的命名,代表着它君子般的品质和风采。它丰满的花朵、艳丽的色彩,象征着繁荣昌盛、富贵吉祥和幸福美满。光滑、厚实的叶片直立似剑,象征着威武不屈、坚强刚毅的高贵品质。

君子兰宽大肥厚的叶片,有很多绒毛和气孔,能分泌许多黏液,经过空气流通,能吸收大量的灰尘、粉尘和一氧化碳、二氧化碳、硫化氢等有害气体,过滤室内混浊的空气,使空气洁净。因而君子兰被誉为理想的"除尘器"和"吸收机"。

君子兰还被人们誉为"金钱花""有生命的艺术品",用它来美化居室是物质富有和精神文明的美好象征。

将君子兰陈设在书房,摆放在茶几、书案之上,阳台,窗台之前,它的叶片在灯光或阳光的照射下,闪闪发光,让人油然生情。好花要配好盆才行。君子兰是肉质根,喜欢通透性好的土陶瓦盆,但是瓦盆比较粗糙,不够美观。可用紫砂盆或瓷质盆,选择通透性好的泥炭土或腐叶土，君子兰也能很好地生长。在君子兰盆旁适当放一些观赏价值较高的工艺品，可以为你的居室增添一份自然和艺术的美感。

2.玫瑰

玫瑰喜光，应该放在阳光充足的地方。全日照或每日 6 小时以上，有利于生长、开花。耐旱，可两天浇一次水，春旱和盛夏时，一天浇一次。浇到土壤湿透，水从盆底流出。对土壤要求不高，喜肥沃、排水良好的沙质土。在生长期每隔 10~15 天施一次稀薄肥水。生长的适宜温度为 12℃~28℃，耐寒，在-20℃的低温下能安全过冬。一般采用分株法繁殖，非常容易成活，因此，有"离娘草"之称。也可以采用播种、扦插等方法繁殖。

玫瑰是爱情的象征，是情侣的最爱，具有成熟而不艳俗、自信兼具娇柔的气质。

不同颜色的玫瑰代表不同的花语：白玫瑰代表纯洁天真；红玫瑰代表热情真爱；黄玫瑰代表歉意；粉玫瑰有青春亮丽；蓝玫瑰代表善良忧郁；紫玫瑰代表浪漫真情；黑玫瑰代表温柔真心。

玫瑰的叶子能吸收氟化氢、氯气等有害气体。玫瑰花产生的挥发性油类具有显著的杀菌功效。

花开了七八分可剪下插在花瓶中，摘除水下叶片，往水中滴入 1~2 滴白醋，既能杀菌，还有利于保存。放在通风处，避免阳光直射，每天换一次水，观赏期可达 7 天。

3.罗汉松

罗汉松在半阴的环境下生长良好，夏季要避免强光直射。耐寒性差，冬季要注意防寒。生长期要保持盆土湿润，冬季减少浇水。每两个月施一次肥。喜肥沃、排水良好的沙壤土。

罗汉松常用扦插法和播种法繁殖。扦插在春、秋两季进行，春季要选择休眠枝，秋季选择半木质化嫩枝，剪下 12~15 厘米插入沙土中，两个月左右即可生根。如果播种的话，应在 8 月采种后即播，10 天左右发芽。

相传在明朝,一位自幼在少林寺习武的僧人为了精进武艺,便云游四海。一天他来到紫云山,看到崖边有一棵松树,它孤绝而立、云气缥缈,于是便就地苦思,十年过去了,僧人终有所成,造诣更上一层楼,再次回到少林寺被尊为"护寺罗汉",后来人们就将那棵松树称为"罗汉松"。

罗汉松寿命很长,生长极慢,"路遥知马力"是它的最佳写照。因此,有净心修炼、刻苦精进的寓意。求学的道路上难免会遇到瓶颈,如果急于成功而心浮气躁、性情紊乱,容易误入歧途。沉着稳健的罗汉松,会适时地提醒你静下心来,注重点滴累积。

罗汉松能净化空气、精心养神。

小棵罗汉松直挺有劲,配以简单素雅的花盆摆放在书桌上,工作、学习感到累了,需要喘口气歇息时,罗汉松会随时给你清新的空气,让你顿时感觉特别清爽,再次投入工作、学习效率会更高。

4.蟹爪兰

蟹爪兰是典型的短日照植物,喜半阴环境,夏季要避免强光直射,以免灼伤叶片,使茎叶枯黄。夜间不适合放在灯光下,否则会影响孕蕾。生长期要保持盆土湿润,如果环境比较干燥,可每天早晨向叶面喷水。冬季每月浇水一次即可,但是要浇透。喜肥沃、排水良好的土壤,适宜生长在泥炭土和腐叶土中,怕煤灰、生煤土。坚持"薄肥勤施"的原则。蟹爪兰不耐寒,越冬温度不低于10℃。开花后放在凉爽的环境中,能延长花期。

蟹爪兰向光性很强,在养护过程中,不要频繁改变它的向光位置,否则会影响其长势,特别是在孕蕾期间,如果改变了向光位置,容易引起哑蕾和落蕾现象。

蟹爪兰常采用扦插和嫁接法培植,全年均可进行扦插,以春、秋季为佳。嫁接最好在5~6月和9~10月进行。砧木用虎刺或量天尺,嫁接后放在阴凉的地方,如果嫁接后10天接穗仍然保持新鲜,说明已愈合成活。嫁接后的蟹爪兰有株型大、寿命长、抗病能力强的特点。当年嫁接新枝,能开20~30朵花,培养2~3年,一株能开上百朵。

蟹爪兰姿态高雅,因节径连接形状很像螃蟹的副爪,故而得名。被人们赋予坚强、刚毅、运转乾坤,红运当头等含义。摆在室内显得热烈、喜庆,开花正值冬末初春,又给人们增加了节日的欢快气氛。在欧洲等国正值圣诞开花,故又被称为"圣诞仙人掌"。

蟹爪兰对氯化氢、二氧化硫等气体有较强的抗性,在夜间能吸收二氧化碳,并释放出氧气,净化空气,提高空气质量,带给人清新的感觉。此外,蟹爪兰还能吸收大理石释放出的汞。

蟹爪兰株型垂挂,花色鲜艳可爱,花期较长,造型容易,可制作成吊兰悬挂在门廊入口处,热闹非凡,顿时满室生辉。

5.水仙

水仙多为水养。将经催芽处理后的水仙直立放入浅盆中,加入清水,水淹没鳞茎1/3即可。为了防止鳞茎移动,可以用鹅卵石、石英砂等将其固定。需要充足的光照,白天要放在向阳的地方,夜间要放在灯光下。为防止叶片徒长,晚上要将盆内的水倒掉,第二天早晨再加入清水,不要随便移动鳞茎的方向。刚上盆的时候,每天都要换一次水,以后可2~3天换一次。花苞形成后,7天换一次。生长适宜温度为12℃~15℃,一个半月左右即可开花,花期可保持一个月之久。不需要任何花肥,只用清水即可。

水仙根如银丝,纤尘不染;叶姿秀美,碧绿葱翠;花朵秀丽,花香浓郁,清秀典雅,婀娜多姿,格外动人。亭亭玉立于清波之上,宛如仙子踏水而来,故有"凌波仙子"的雅号。

水仙对氯气、氯化氢、二氧化硫等有害气体有较强抗性。能在夜间吸收二氧化碳,释放出新鲜的氧气。

水仙所求的很少,只有清水一盆,它不害怕严寒,始终生机盎然。新年的时候,在室内摆上一盆,不仅能为节日增添光彩,还能给人带来一份绿意和温馨。

6.绯牡丹

绯牡丹喜阳光充足的环境。光照充足,则球体鲜红,但夏季要注意适当遮阴,避免强

光直射。不耐寒,生长的适宜温度为15℃～26℃,冬季温度不能低于15℃。耐干旱,即使在生长期间也不能浇太多水,但长期缺水或供水不足也会影响其生长,一般情况下,每1～2天往球体喷水一次,这样可使球体更加鲜艳、清新。每15天左右施肥一次,冬季不用施肥。对土壤的要求不严,在富含腐殖质、排水良好的土壤中生长良好。

绯牡丹又名红球,为仙人掌科多年生肉质植物。因其球体鲜红,鲜艳夺目,形似牡丹而得名。

绯牡丹球体上的气孔白天是闭合的,夜间打开,能吸收二氧化碳,制造出氧气,净化空气的能力强,使室内空气中的负离子浓度增加,对人体健康非常有利。

绯牡丹球体美观,光彩夺目,非常诱人,夏季开出粉红色花朵,美不胜收。可以用来点缀阳台、书桌、书柜、案头。

7.薄荷

薄荷适应性强,不需要太多的呵护就能很好地生长,非常适合养花新手栽培。喜阳光充足的环境,生长适宜温度为20℃～30℃,耐寒能力强。需要丰润的水分,要保持盆土湿润,尤其在生长期的水分对其影响比较大,需要的水分相对多一些,开花期不需要太多的水分,土壤要干燥些。喜疏松、肥沃、排水良好的沙质土壤。可采用扦插法和分株法繁殖。

在希腊神话中,冥王爱上了美丽、善良的精灵曼茜,冥王的妻子知道后非常生气,就将曼茜变成了一株长在路边的小草,这株小草非常不起眼,经常受人踩踏。可是坚强的曼茜自从变成小草后,身上就拥有了一股迷人的芬芳,越是被摧折踩踏,香味就越浓烈,因此,受到了人们的尊重和喜爱。这种草就是薄荷。

薄荷带有清凉的香味,低调而不张扬,却充满希望。在人的一生中,难免会错过一些人,但遗憾的是,一旦错过,就很难再次相遇、相爱,越得不到就越是思念,让人痛苦不堪。薄荷虽然看起来很平淡,但是它的香味沁人心脾,清爽从每个毛孔渗入肌肤,让人有一种淡淡的幸福感,曾经失去的变得不重要,心灵得到了一丝安慰。因此,薄荷的花语为"愿与你再次相遇"。

薄荷有极强的抗菌、杀菌作用,还能缓解疲劳,在累的时候闻闻薄荷的香味,顿时就能感觉头脑清醒,神清气爽,心情愉快。

8.吊竹梅

吊竹梅喜半阴的环境,要避免强光,受散光即可。喜温暖湿润,生长期要保持盆土湿润,每天都要浇水一次,还要经常往叶面喷水。冬季减少浇水量。对土壤要求不高,生长期每月施一次肥即可。为了使植株的造型更加美观,要经常修剪过长的枝条。茎长到20~30厘米时,要进行摘心,以促使分枝。一般采用扦插法繁殖,摘取粗壮的茎插在湿沙中,成活率很高。

吊竹梅叶色美丽,叶面斑纹明快,显得美丽、大方,深受人们喜爱。吊竹梅的花语是"舒服",非常适合送给亲朋好友。

吊竹梅能在6小时内,吸收掉室内地板、天花板和家具散发出的甲醛,还有较强的抗污染能力,吸附室内的灰尘,保持空气清新,让你生活的环境清爽宜人。

吊竹梅叶片小巧玲珑,非常可爱,可以悬挂摆放,占用的空间很小,非常适合美化书房、卧室、客厅。养一盆吊竹梅,能给你的生活增添很多情趣。

吊竹梅也可以水培,操作简单,容易成活,一年左右就可以长成一大盆,如果及时修剪,则会成为一道独特的风景。

9.石莲花

石莲花喜温暖干燥、阳光充足的环境,光照不足,会出现植株徒长,叶片稀疏的现象,影响观赏价值。夏季高温时,要适当遮阴,避免强光直射。浇水坚持"不干不浇"的原则,夏季高温时,也不要多浇水,可以向植株四周洒水,以降低温度,增加湿度。但不要往叶丛中心洒水,否则会烂心。冬季更要少浇水,要保持盆土干燥,如果盆土过湿,根部易腐烂。生长期每月施肥一次。对土壤的适应性强,在疏松、肥沃、排水良好的沙质壤土中生长良好。

石莲花的叶片肥厚,色彩粉蓝略带红色,温润晶莹,莲座状排列,酷似池中盛开的一朵莲花,因此得名。又因莲花为佛教界之莲台佛座,又被称为"神明草"。石莲花还被誉为"永不凋谢的花朵"。

石莲花的气孔白天关闭,夜晚打开,能吸收二氧化碳,并释放出氧气,有净化空气的作用,在室内摆放 1~2 盆,对身体健康非常有益。

石莲花终年碧绿,形状典雅别致,深受人们的喜爱,而且它不需要太多的呵护,就能旺盛地生长,非常适合家庭栽培。用它来点缀阳台、书桌、茶几,清新悦目,充满趣味。

10.马蹄莲

马蹄莲喜阳光充足的环境,稍耐阴。如果光线不足则开花少。在养护期间,为了避免叶片过多而影响采光,可适当去除一些叶片,这样也有利于花梗伸出。夏季阳光过于强烈时,要适当遮阴。马蹄莲不耐寒也不耐高温,生长适宜温度为 20℃左右,冬季室温应保持在 10℃以上。如果温度低于 0℃,根茎就会死亡。

马蹄莲喜水分充足的生长环境,不耐干旱,稍有积水也不太影响生长。生长期要经常浇水,保持盆土湿润。还要往叶面、地面洒水,以增加空气湿度、降低温度。开花后逐渐停止浇水。每 15 天左右施肥一次,开花前最好施以磷肥为主的肥料,能控制茎叶生长,促进花芽分化。还要注意的是,不要让肥水沾到叶面或流入叶柄内,以免引起腐烂。为了防止意外发生,施肥后最好马上用清水冲洗。喜肥沃、疏松、富含腐殖质的黏壤土。主要采用分球法繁殖,也可播种繁殖。

马蹄莲清雅美丽,花苞片洁白硕大,而且形状很奇特,很像马蹄,故而得名。它的花语是纯洁、永恒,象征着高贵、高洁、忠贞不渝、永结同心、吉祥如意。

马蹄莲对烟比较敏感,油烟、煤烟都会使它生长不良,会使叶子变黄,严重的还会落花,因此,可以用它来检测空气的质量。

马蹄莲春、秋两季开花,花朵美丽,是装饰书房、客厅的良好盆栽花卉。也可以用作切花,插入瓶中,经久不衰,放在书桌上,看上去非常高雅。

11.扶桑花

扶桑花喜光,如果光照不足,花蕾容易脱落,花朵变小,花色变得暗淡。喜温暖,越冬的适宜温度为8℃～10℃,不耐寒,即使是短期的低温,也容易受冻。喜水分充足的湿润环境,特别是夏季要经常向叶面喷水。扶桑花对土壤的要求不严格,在排水良好和肥沃的土壤中生长旺盛。生长期每月施一次肥,花期增施2～3次磷钾肥。每年春季都要换盆,换盆时要进行修剪整形。

不要听到"扶桑"这个名字,就认为它产自日本,其实它是马来西亚的国花,也是夏威夷的州花。看到扶桑花就会令人想到腰挂草裙的美女和碧海蓝天的沙滩,它象征着新鲜的恋情、微妙的美。据说,如果土著女郎把扶桑花插在右耳上方,表示"我已经有爱人了",在左耳上方表示"我希望有爱人",有人会迫不及待地问,如果有人两边都插了呢?那大概表示"我已经有爱人了,但是希望再多一个"吧!

扶桑花的外表看起来非常热情豪放,但是花心却很独特,是由多数小蕊联结起来,包在大蕊外面所形成的,结构非常细致,有"热情的外表下隐藏了一颗纤细的心"之意。

扶桑花能够吸收空气中有毒的苯和氯气,非常适合放置在有打印机和复印机的房间里。

12.雏菊

雏菊生性强健,喜阳光充足的环境,不耐阴。喜冷凉环境,耐寒,可耐-4℃的低温。但不耐高温,天气炎热时开花不良,易枯死。浇水不必过勤,每7～10天浇一次水,生长期要适当增加浇水量。一个月左右施一次薄肥,开花后停止施肥。用播种法繁殖。一般在秋季播种,一周左右出苗。

雏菊又称"玛格丽特",在16世纪时,挪威的公主玛格丽特非常喜欢这种清新脱俗的小白花,就用自己的名字为此花命名。玛格丽特也因此有了"少女花"的别称,象征着少女情窦初开般的梦幻恋情,深受少女喜爱。

玛格丽特花期长,花朵数量多,有青春年华活力充沛之意。

花谚说:"雏菊万年青,除污染打先锋。"雏菊能吸收家电、塑料等散发出来的有害气体,还能有效去除干洗机所散发出来的三氟乙烯。

将多种花色的雏菊以组合盆栽的方式种植,可表现整片缤纷的原野风情。将带茎剪下的花朵,插在花瓶中,能为你的居室带来舒爽可人的梦幻气息。

13.红掌

红掌耐阴,但是也需要阳光。调查显示,如果光照增加1%,红掌的产花量也随着增加1%。阳光充足有利于它生长和开花,但是要避免阳光直射。夏天,如果将红掌放在室内,要放在房间的阴面,或者是有反射光的地方。如果是放在室外,则要放在阳光直射不到的地方,如树荫下或阴凉的地方。冬天可以放在房间的阳面。要保持盆土湿润,干燥季节要经常往叶面喷水。红掌对温度比较敏感,喜温暖,最适宜的生长温度为19℃~25℃。如果温度高于35℃,叶面会出现灼伤。如果低于13℃,植株就会停止生长。一般采用分株法繁殖。

在希腊文中,红掌名为"安世莲",译为"有尾的花"。它像一只伸开的手掌,而且是红色的,故名红掌。更奇特的是它的掌心有一条金黄色的肉穗,专业叫法为"佛焰苞",非常美丽。红掌颜色鲜红,给人红红火火的感觉,非常吉利,人们认为它会给养花人带来好运。

红掌对甲苯、二甲苯、甲醛等有较强的吸收能力,对氨有一定的吸收能力。用低浅的花瓶,把红掌和紫色或白色的小花一起插养,放在居室里,会使你的居室尽现雍容华贵的气派,为人们的生活增添魅力和光彩。

14.长寿花

长寿花对光照的要求不高,在全日照、半日照和散射光的条件下都能正常生长、以阳光充足为佳,但夏季中午要适当遮阴,避免强光直射,否则会导致叶色发黄。但也不能过阴,因为光照不足,不仅枝条细弱,叶面薄,而且开花少,花色不鲜艳,还会引起叶片脱落,影响观赏价值。长寿花具有向光性,因此,在生长期要经常调换花盆的方向,调整光照,使植株均匀受光。长寿花不耐寒,生长的适宜温度为15℃~25℃。夏季温度超过30℃,会阻碍生长;冬季温度低于5℃,叶片容易发红,导致花期推迟。

长寿花为肉质植物,体内含有大量水分,耐干旱,因此,不需要大量浇水,春季每3~4天浇水一次,保持盆土湿润即可。如果过湿,容易烂根。夏季每天浇水两次,冬季低温时要控制浇水,等土壤干燥后再浇,浇到水从盆里流出为止。生长期每15天左右施一次富含磷的稀薄液肥,冬季停止施肥。长寿花对土壤的要求不高,以肥沃的沙壤土为佳。生长期要及时摘心,促使分枝。花谢以后及时摘掉残花,以免浪费养料。

常采用扦插法繁殖,扦插在每年的5~6月或9~10月进行。选择成熟的肉质茎,剪下5~6厘米长,插在沙壤土中,浇水后用塑料薄膜覆盖,温度保持在15℃~20℃,15天左右就能生根,30天后即可进行盆栽。

长寿花极具观赏价值,是冬季理想的室内盆栽花卉。顾名思义,有长寿、福气、大吉大利和保佑家庭平安的意思,在节日里送给亲朋好友,尤其是老年人,非常合适。

长寿花植株小巧玲珑,小花繁密、素雅,叶片翠绿,惹人怜爱。花期正值圣诞、元旦和春节,非常适合布置在书桌、案头,和外面荒凉的冬季形成对比,能给室内增添几分春色和温馨。

15.杜鹃

杜鹃喜半阴的环境,在散光下生长良好,要避免强光直射,否则嫩叶易被灼伤,新叶和老叶会焦边,严重的还会导致植株死亡。杜鹃生长的适宜温度为12℃~25℃,既不耐

热也不耐寒,夏季如果气温超过35℃,叶子就会生长缓慢,处于半休眠状态。冬季如果温度低于5℃,就会停止生长,低于0℃,就容易发生冻害。

杜鹃

从3月份开始,要逐渐增加浇水的次数,尤其是夏季,更不能缺水,要保持盆土湿润,但是不能积水,否则会影响植株的正常生长。9月以后减少浇水。能否养好杜鹃,关键要看施肥是否合理。它喜肥,但是不喜浓肥。在生长期每10天左右施一次薄肥。喜肥沃、疏松,富含腐殖质的酸性沙质壤土。

蕾期要及时摘蕾,这样能使养分集中供应。在春、秋季要修剪枝条,将过密枝、交叉枝、重叠枝、病弱枝剪掉,及时摘除残花。多采用扦插法繁殖。这种方法具有操作简单、成活率高、生长迅速等优点。

杜鹃花很美丽,有淡红、深红、玫瑰、白、紫等多种颜色。五彩缤纷的杜鹃花,象征着国家的繁荣富强和人民的幸福生活,也唤起了人们对美好生活的向往,深受人们喜爱。

杜鹃的叶片长满了绒毛,能吸附灰尘,它还是天然的加湿器,能使室内的湿度以自然的方式增加。

16.红背桂

红背桂喜湿润,不耐干旱,要保持盆土湿润,生长期要经常浇水,还要往花盆周围喷水,以增加空气的湿度而使温度降低。冬季要减少浇水的次数,7~10天浇一次即可,以偏干一些为好,过湿会烂根。但也不能过干,否则叶子会变黄,严重的会导致植株死亡。生长期每月施1~2次含氮磷钾的复合肥,花期可加喷两次0.2%的磷酸二氢钾溶液。冬季不需要施肥。喜半阴的生长环境,放在散射光下可保持叶色浓绿,夏季要避免强光直射。生长的适宜温度为15℃~25℃,不耐寒,越冬温度要保持在0℃以上。

红背桂主要采用扦插法繁殖,在春、秋两季进行,剪取 10 厘米左右的一年生健壮枝条,然后除去一些叶片,插入粗沙中,保持湿润,一个月左右即可生根,成活率很高。两年换一次盆,根据植株的大小来选择盆,千万不要用大盆种小苗,这样不仅长不好,还容易烂根。

红背桂的叶子非常奇特,表面为绿色,背面为紫红色,观赏价值很高。

红背桂是天然的除尘器,其植株上的纤毛能截留并吸附空气中飘浮的微粒及烟尘。如果在房间里摆放两盆,那么,房间中的细菌和浮尘的含量会大大减少。

红背桂植株矮小,枝条非常柔软,自然的弯曲成一弧度,配以瓷盆,看上去清新自然,非常美观。

17.紫罗兰

紫罗兰稍耐阴,阳光要充足,否则易生虫害,但要避免强光照射。较抗旱,不要往叶面喷水,特别是在傍晚。花期需水量相对大些,长出花苞后不要缺水,否则会影响开花。耐寒,冬季能耐短暂的-5℃低温。喜欢凉爽、通风良好的环境。需疏松肥沃、排水良好的土壤,施肥不能太多,否则开花少。一般采用播种法繁殖,不过需要注意的是栽植或移植时要带土,少伤根,这样有利于成活。

紫罗兰是欧洲名花,象征永恒的美丽。法国人外出旅行前要送亲人一束紫罗兰,意思是"我会回来"或"请等我"。在希腊神话中,紫罗兰是"爱情花"。传说女神维纳斯因爱人远行而落泪,在第二年,泪珠散落的地方长出了美丽芬芳的花,那就是紫罗兰。

紫罗兰能吸收二氧化碳,对硫化氢、二氧化硫等有害气体有较强的抗性。对氯气敏感,可作监测植物。花朵散发的挥发性油类具有显著的杀菌作用能保护呼吸系统。

紫罗兰的香气可使人身心放松,给人愉快的感觉,有利于提高睡眠质量和工作效率。

紫罗兰在 5~6 月间盛开,花朵茂盛,花色艳丽。它香气芬芳,把它种植在窗台下,芬芳的香气就会飘到屋子里。

18.虎尾兰

虎尾兰有很强的适应性,既喜欢阳光,又耐阴,但夏季要避免阳光直射,也不能长时间置于暗处,否则叶子会变得暗淡。耐旱,不用总浇水,否则叶子会变白,干透后浇水为佳。春、夏、秋三季生长旺盛,要充分浇水。冬季要控制浇水,保持土壤干燥,但一定不要积水,否则叶片会腐烂。

一般使用分株法繁殖,在每年春季换盆时,将过密的叶丛分成若干丛,每丛除带叶片外,还要有一段根状茎和吸芽,然后分别栽种。也可以采用扦插法,将老熟的叶片剪成10厘米左右的小段,然后插于沙土中,一个月后可长出不定根及不定芽,但注意金边虎尾兰不能用扦插法,以免金边消失。

虎尾兰叶形似箭,叶片浅绿,正反叶面上有白色和深绿相间的"虎尾"状横向斑纹,表面有很厚的蜡质层,故名"虎尾兰"。虎尾兰是最抗辐射的植物,培育虎尾兰的人在和它接触的过程中,常常能感受到一种振奋的精神。喜欢在办公室摆放虎尾兰的人,通常也是一个热情、敢于迎接挑战的人。

虎尾兰被称为"居室治污能手",一盆虎尾兰能吸收8~10平方米房间内80%以上的有害气体,在15平方米的房间里放两盆虎尾兰,就能有效地吸收房间里释放的甲醛气体。开启电脑和电视机时,室内的负离子会快速减少,如果室内有虎尾兰,它会吸收二氧化碳,释放大量的氧气,使室内氧气中的负离子浓度增加。它还能吸收大量的铀等放射性元素,清除硫化氢、三氯乙烯、苯酚、苯、乙醚、氟化氢和重金属微粒等。

虎尾兰外形非常优美,放在卧室的桌子上,造型感强。还可以在会议室或办公室里摆放几盆虎尾兰,会显得高贵典雅,尤其是金边虎尾兰,有较高的观赏价值。

厨房的健康植物

一般来说,中国人比较喜欢炸、煎、炒的食物,所以厨房油烟比较大,再加上厨房里温度、湿度的变化比较大，因此，不适合栽种较贵的花草，应选择一些耐油烟、对环境要求比较简单的花草，以及一些小型环保花草，如冷水花、鸭跖草。需要特别注意的是，不要将花粉太多的花放在厨房。

厨房花草的摆放

厨房里的花草可以摆放在食品柜、冰箱、碗柜等上面，也可以采用壁挂式、悬垂式摆放花草的方法。除了摆放花草，也可以利用厨房内一些小型蔬菜，如西红柿、辣椒、绿叶蔬菜等，拼成简单图形，以增加生气。

厨房常见污染

◎油烟；

◎煤气、液化石油气产生的有害气体。

◎家庭用火炉产生的有害气体。

1.铃兰

铃兰喜半阴的生长环境，适宜放在散射光下，要避免强光直射。耐寒性强，在温度较低的条件下，生长良好，生长的适宜温度为18℃~20℃，怕炎热干燥，如果气温超过30℃，植株叶片会过早的枯黄。平时要保持盆土湿润，天气干旱时要增加浇水量，每15天施肥一次。花茎抽出后停止施肥。铃兰喜肥沃、富含腐殖质、排水良好的沙质壤土。每年换一次盆，花凋谢后要及时剪去花梗，避免消耗养分。铃兰多采用分株法繁殖。

传说，在森林守护神圣雷欧纳德死亡的地方，长出了一株植物，它那白色的小花绽放在冰凉的土地上，人们认为它就是圣雷欧纳德的化身，这种植物就是铃兰。

在法国的婚礼上，常常可以看到带有香味的小花——铃兰。把它送给新娘，表达对新娘的美好祝福。为什么会有这层寓意呢？也许是因为这种小花的形状像小钟，能让人联想到唤响幸福的小铃铛。浪漫的法国人还会在5月过"铃兰节"，在节日这天，他们互相赠送铃兰花，象征着好运和吉祥。

铃兰散发的香味对葡萄球菌、肺炎球菌、结核杆菌的生长繁殖具有明显的抑制作用。

2.袖珍椰子

袖珍椰子喜欢半阴的环境,夏季高温时,要避免强光直射。在烈日照射下,叶片的颜色会变淡或发黄,严重时会产生焦叶及黑斑。袖珍椰子喜湿润,吸水能力很强,但要等干透以后再浇。夏季浇水要充足,还要经常往叶面喷水,来提高环境空气的湿度,以保持叶面深绿,有光泽。冬季时要控制浇水。生长的适宜温度为 20℃~30℃,越冬气温最好不要低于 10℃。喜欢肥沃、湿润、排水良好的土壤。对肥料的要求不高,通常情况下,在 4~9 月的生长期,每月施 1~2 次液肥,秋末及冬季可以不施肥。播种繁殖,种子需要 3~6 个月才出苗。

袖珍椰子形态小巧别致,很像热带的椰子树,放在室内颇具热带风韵。

袖珍椰子是植物中的"高效空气净化器",能同时吸收空气中的甲醛、苯和三氯乙烯。非常适合摆放在新装修的居室内。

3.鸭跖草

鸭跖草喜半阴的生长环境,春、秋、冬季可置于阳光充足、通风良好的地方。夏季应避免阳光直射,否则会灼伤叶片。但也不能长期放在阴暗处,否则茎叶会变得细弱瘦小,叶色会变浅。

鸭跖草喜湿润,但冬季要控制浇水,常喷洒即可。要经常擦洗叶片,以免灰尘弄脏叶面,影响观赏价值。鸭跖草对土壤要求不严格,以疏松肥沃、排水良好的土壤为佳。在生长期,每隔 15 天施一次以氮肥为主的复合化肥。常采用分株、压条、扦插的方法繁殖。

鸭跖草开蓝色的花,上面两瓣下面一瓣,犹如飞舞的蝴蝶。花的寿命很短,只有一天,但它却依然开得美丽大方,有敢爱敢恨之意。

鸭跖草是良好的室内观叶植物,一般摆放在阴凉的窗台或茶几上,能为居室起到很好的点缀作用。它还是吸收甲醛的好手,能有效清除有害气体,起到净化空气的作用。

鸭跖草非常适应水培,能在水中迅速生根。在居室放上几株,会显得更加干净清爽。

4.冷水花

冷水花比较耐阴,喜欢散射光,怕阳光直射。阳光太强叶边会枯焦,叶面上的白色斑纹也不明显。光线太暗,叶片会失去光泽,影响观赏效果。喜欢湿润的环境,盆土要保持湿润。夏天的时候,除了浇水,还要经常往叶面上喷水。冬季不要给叶面喷水,否则会出现黑色的斑点。冷水花比较耐寒,只要温度不低于6℃,就不会受冻,14℃以上冷水花开始生长,最适宜的生长温度为15℃~25℃。对土壤要求不严格,喜欢疏松肥沃、排水良好的土壤,可以用壤土、腐叶土、河沙混合配制。4~9月份,每隔15天施一次肥。

一般采用扦插法繁殖,在春季,剪取带有叶子的茎5厘米左右,扦插在盆土中,放在半阴处,土壤干燥的时候,用喷壶喷水,一两个月后就可以移植了。

冷水花株丛小巧,看起来非常优雅,是时尚的小型观叶植物。绿色的叶片上有银白色的条纹,像片片雪花,所以又叫"白雪草"。

烹饪时散发出的油烟可引起肺癌,特别是对于吸烟的女性,致癌概率更高,冷水花能吸收油烟。并对有害气体有一定的抵抗能力,还能吸收室内的二氧化硫、甲醛等有害气体,并转化为无害的盐类。

冷水花叶子颜色绿白分明、纹样美丽,给人一种素雅的感觉。摆放在厨房、餐厅、卧室,清雅宜人。如果配上白色的浅盆,更显雅致。也可以悬吊在窗前,绿色的叶子垂下来,显得很妩媚。

卫生间的健康植物

卫生间是洗浴的地方,花草布置要干净、清洁且舒适。由于卫生间通风性能不好,加上采光也不好,里面有大量的水蒸气,适合干性的花草,容易引起花草腐烂。即便是耐阴湿的花草,也要每隔两三天把它拿出去"透透气"。

卫生间花草的摆放

卫生间的面积比较小,花草不宜多放,可以摆放绿萝、蕨类等耐潮湿的植物。如在洗漱台上摆放一小盆花卉。

卫生间常见污染

◎异味;

◎潮湿的空气。

1.绿萝

绿萝非常好照料,比较耐阴,即使在阴暗的环境中也能生长得很好。能适应室内温和的光线,但不能接受强烈的直射阳光。炎热的夏季是绿萝的生长高峰期,每天都要浇水,保持盆土湿润,同时还要向叶面和气根喷水,既可以提高空气湿度,又能清洗叶片,使叶色碧绿青翠。温度较低的冬季,要控制浇水。对土壤的要求不高,宜选择疏松、肥沃、排水性好的腐叶土。

主要采用扦插法繁殖,在春末夏初的时候,剪下绿萝的枝条,以 15~30 厘米为宜,将基部 1~2 节的叶片去掉,直接栽种,浇透水,放在阴凉通风的地方,一个月左右就会生根发芽。或者是剪下绿萝顶端的嫩芽,把节放在水里就能长出根,而且长得很快,不久后,一株新的绿萝就会诞生了。

绿萝叶片娇秀,呈心形,翠绿有光泽,夹杂有黄色斑块,蔓茎细软有气根,人们常将它做成壁挂、绿萝柱、悬吊,或者水养、装饰假山石等,被誉为"海陆空植物"。

绿萝可以祛除苯、氨、甲醛、一氧化碳、尼古丁,其中祛除氨和甲醛的能力比较强,每平方米植物叶面积 24 小时可以清除 2.48 毫克的氨、0.59 毫克的甲醛。可以把墙面、织物和烟雾中释放的有毒物质分解为自有的物质。还可以有效地调节室内空气的湿度,使室内环境清新自然。

绿萝是优良的室内装饰植物,在家具的顶部摆放一盆,任柔软的蔓茎自然下垂,如果蔓茎垂吊得比较长,可以圈吊成圆环,宛如翠色浮雕。这样既充分利用了空间,又为家具增添了色彩明快、线条活泼的装饰,让居室生机盎然。

2.白鹤芋

白鹤芋喜半阴和高温多湿的环境,夏季高温和秋季干燥时,要多喷水,保证空气湿度超过50%,否则会导致叶片变小,甚至枯萎脱落。白鹤芋害怕强光照射,夏季的时候要遮阴60%~70%,但是也不能不让它见阳光,如果光照不足,则很难开花。其生长的适宜温度为22℃~28℃,越冬温度不能低于14℃,否则植株的生长就会受阻,叶片会被冻坏。盆栽白鹤芋在贮运的过程中,若温度控制在13℃~16℃,相对湿度在80%~90%,能在黑暗环境中坚持30天之久。

白鹤芋有"一帆风顺"的吉祥寓意,常作为节日、开业等活动的商务礼仪用花。20世纪80年代在欧洲已非常流行,被视为"清白之花",具有祥和安泰、春节平静之意。

白鹤芋能够清除室内的甲醛和氨,据测定,每平方米植物叶面积在24小时内能清除3.53毫克的氨和1.09毫克的甲醛。

白鹤芋花茎秀美,赏心悦目。盆栽点缀书房、客厅非常别致。在南方,配置池畔,小庭院、墙角处,别具一格。

3.波士顿蕨

波士顿蕨有较强的耐阴性,在光照不良的地方依然能够茂盛地生长。波士顿蕨喜欢明亮的散射光,但怕直射的阳光,阳光直射时叶片会变黄,叶缘产生枯焦。但也不能长时间的过阴,过阴会造成叶片大量脱落。波士顿蕨喜湿润的生长环境,夏天每隔1~2天浇一次水,秋季要减少浇水量,等泥土半干时再浇水。如果植株因缺水而凋萎了,可以将整盆放入水中浸泡,让根充分吸收水分。如果浸泡24小时后植株仍然没有挺立,那就将所有的叶片剪除,以促进新叶生长。

波士顿蕨的根比较敏感,因此,不能施浓度太高的肥,否则容易伤根。但是它又喜欢肥沃的土壤,因此,最好在装盆时先加入腐熟的厩肥,然后再用稀薄的肥料追肥。

早在 4 亿年前,地球上就已经出现了蕨类。蕨类遍布世界各地,种类繁多,约有 1.2 万种。中国是世界上蕨类植物分布最多的国家之一。

波士顿蕨能抑制电脑显示器、打印机和复印机中释放的甲苯和二甲苯,同时还能增加空气的湿度,保护人的呼吸系统。经常与涂料、油漆打交道,或者身边有吸烟的人,最好在工作的地方放一盆波士顿蕨,这样非常有利于身体健康。

波士顿蕨等蕨类非常容易栽培和管理,不需要太多的呵护就能茁壮成长。阴温的环境是它们最好的选择,可放在厨房、卫生间等利于它们生长的环境中。

庭院的健康植物

1.棕榈

棕榈是我国栽培历史最早、分布最广的棕榈类植物之一,属常绿乔木,高 10~15 米。树干圆柱形,表面粗糙。开黄色的小花,没有开花的花苞可以作为蔬菜食用。核果蓝褐色,肾状球形,在 11 月成熟。棕榈的生命力顽强,树干挺拔,叶片终年常绿,富有热带浪漫气息。

棕榈对光照的要求不高,在全光照下能良好地生长,也有耐阴力,尤其是幼树,耐阴能力很强。喜温暖湿润的气候,生长的适宜温度为 20℃~30℃。耐寒性非常强,成年树可忍受-14℃的低温。耐旱能力很强,也具有一定的耐水湿能力。每 1~2 个月施一次氮磷钾复合肥,氮磷钾的混合比例为 2∶1∶1,冬季停止施肥。

棕榈对二氧化硫、氟化氢、氯气有较好的吸收作用,并且对汞蒸气等多种有害气体有一定的抗性。除作为庭院树外,还可作为行道树和园景观树。棕榈有护财、生财之意。

2.榆树

榆树属落叶乔木,高可达 25 米,树干直立,树枝开展,树冠卵圆形或球形,树皮很粗糙,呈深灰色。早春先开花,后长叶,也有的是花叶同放。榆树的适应性强,生长快。姿态洒脱,树形优美,叶子嫩绿可人,具有较高的观赏价值。

榆树

榆树属于阳性植物,只有在阳光充足的地方才能茂盛地生长。如果光照不足,就会出现叶色变黄的现象,严重的还会落叶。适应性强,在寒温带、温带及亚热带地区都能正常生长,生长的适宜温度为 22℃～30℃。耐旱不耐涝,一般不需要浇水。每月施一次氮磷钾混合肥,氮磷钾的混合比例为 2∶1∶1,冬季不用施肥。对土壤要求不高,以肥沃、深厚、湿润、排水良好的轻壤土、沙壤土为佳。常采用播种繁殖,也可选择扦插、分蘖法繁殖。

榆树能吸收二氧化硫、氯气等有害气体,对氟化氢有较强的抗性。叶子表面滞尘能力强,是优质的"天然吸尘器"。在庭院丛植、孤植,与山石、亭榭配植观赏价值更高,也是良好的盆景植物。

榆树钱是榆树的种子,形状如同古代的铜钱,寓意钱多,招财进宝。我国民间有食用榆树钱的习惯。

传说,在很久以前,有一对夫妇,他们的日子过得很苦,但是他们很善良,只要看到别人有困难,都会尽自己最大的努力来帮助。一天,丈夫出去砍柴,看到路上躺着一位老者,老者衣衫褴褛,快要饿死了,丈夫于是就把老者背回了家,老伴赶紧把家里仅有的一碗米煮给老者吃,老者吃完后有了精神,把屋子打量了一遍说:"你们日子这么苦,还要帮助我,也不知该怎么感谢你们。我这里有一粒榆树的种子,种下它,等它长大后,如果需要钱,晃一下树就会掉下钱,但是要记住,千万不能贪心。"

这对夫妇种下这粒种子,几年后树上还真的结出了串串铜钱。在别人有困难的时候,夫妇二人就晃几个铜钱帮助他们。后来这棵大树被一个地主霸占了,他从早晨晃到了下午,最后竟被越积越多的铜钱压死了,从此榆树再也不结铜钱了。

几年后,天气大旱,寸草不生,人们都快饿死了,他们突然发现榆树又结出了一串串像铜钱一样的绿东西,人们摘下来吃,有一种甜甜的味道。很多人靠它度过了饥荒。人们为了表示感谢,给它起了个好听的名字"榆钱树"。

3.幌伞枫

幌伞枫属常绿乔木,树高达30米。树皮呈淡褐色,树冠近球形。在10月份开黄色的小花,果扁球形。可观叶、观茎、观姿,是良好的观赏树种。

幌伞枫对光线的适应能力强,喜阳光充足,也有一定的耐阴力。喜温暖湿润的气候,不耐寒,如果冬季温度低于8℃,就会停止生长,低于0℃就会被冻死。较耐干旱,但不能过干,否则下部叶片会变黄、脱落,上部叶片也会失去光泽。每月施一次氮磷钾复合肥,氮磷钾的混合比例为2:1:1,冬季不用施肥。

以播种繁殖为主,也可采用扦插法繁殖。种子没有休眠期,可以随采随播。

幌伞枫对二氧化硫和氟化物有良好的吸收能力,对其他一些有害气体有一定的抗性,可以用来绿化大气污染严重的地区。

大树可作庭院树及行道树,幼年植株可以作为盆栽,摆放在大厅,能显示出热带风情。

幌伞枫树形奇特,巨大的叶集中在茎干顶部,树冠圆整,很像古代皇帝出游时用的罗伞,因此,有吉祥、富贵、辟邪之意,人们还称它为招财树、富贵树,在广东私家庭院中很常见。

4.刺桐

刺桐树身挺拔,枝叶繁茂。每年3月份开鲜红色的花,花形奇特别致,像辣椒,花序长达50厘米,远看,每一只花序都像是一串熟透了的红辣椒。

刺桐喜阳光充足的环境,不耐阴,阴处会开花不良。喜温暖湿润的气候,耐热,不过它的耐旱性也比较强。春季至秋季是其生长旺盛期,每个月施1次氮磷钾复合肥,复合肥的比例为2∶1∶1。对土壤的要求不高,以肥沃、排水良好的沙壤土为佳。

刺桐抗污染的能力较强,能很好地净化空气。使空气中的负离子浓度增加,提高空气湿度,降低环境温度。此外,它还有滞留灰尘、减弱噪音的功能。在庭院适合单植干草地或建筑物旁的向阳处。

刺桐象征着吉瑞。我国一些地方的人们,常以刺桐开花的情况来预测来年的收成。若刺桐的花期偏晚,而且花开得繁盛,那么,来年一定是五谷丰登、六畜兴旺。如果花期较早,花开得不繁盛,人们就认为来年收成一定不好。阿根廷人很喜欢刺桐,把它看作是神的化身,广为栽培,并将其推举为国花。

5.龙吐珠

龙吐珠为多年生常绿藤本植物,株高2～5米,叶为深绿色,长6～10厘米,呈长圆形。春、夏开花,红色的花冠从白色的萼片中伸出,宛如游龙吐珠,非常优美。结蓝色的球形果实。

龙吐珠喜阳光充足的环境,如果光线不足,会蔓生很多徒长枝,不开花。但盛夏要适当遮阴,避免烈日直射,否则叶子会变黄。喜高温,耐热性强,30℃以上的高温,只要供水充足,仍能正常生长。生长的适宜温度为18℃～30℃,不耐寒,越冬温度不能低于8℃,否则会出现落叶现象。

龙吐珠对水分比较敏感,要保持土壤湿润,但是不能过量浇水,水量过大会造成只长蔓不开花的现象,甚至叶子变黄,根部腐烂。夏季温度较高,要适当增加浇水量。冬季要控制浇水。生长期每月施肥一次,冬季停止施肥。喜深厚、肥沃、疏松的沙质壤土。常采用分株、扦插和播种法繁殖。

龙吐珠能吸收氯气、二氧化硫等有害气体;能使空气中的负离子浓度增加,提高空气湿度,降低温度,调节小气候。此外,还有很好的滞尘能力。在庭院适合作为花架、花墙、花廊、绿篱等栽培,也可以丛植于绿地中。

传说中的龙很神奇,长着鹿一样的角,骆驼一样的头,鬼一样的眼睛,蛇一样的颈,鲤鱼一样的鳞,鹰一样的爪,老虎一样的爪子,牛一样的耳朵。传说宝珠是从龙的口中吐出的,因此,龙吐珠寓意吉祥如意、财源滚滚、幸福安康、事事顺心。

6.垂柳

垂柳为落叶乔木,高可达 18 米,胸径 1 米。种子外披白色柳絮,成熟后随风飞散。通常是先开花,后长叶,也有花叶齐发的情况。叶子披针形,长 8~15 厘米,具细锯齿。枝条细长,柔软下垂,春天"翠条金穗舞娉婷";夏天"柳渐成阴万缕斜";秋天"叶叶含烟树树垂"。

垂柳萌芽力强,根系发达,生长迅速,15 年就能长 13 米高,而且适应性非常强,不需要太多的照料。喜光,不耐阴。喜温暖湿润的气候,耐寒、耐水湿。除冬季不需要施肥外,其他季节每月施一次复合肥。

垂柳有"勤劳的大气清洁工"的美誉,对空气污染及尘埃的抵抗力强,可以吸收二氧化硫、氟化氢等有害气体。能使空气中的负离子浓度增加,提高空气湿度,降低环境温度,调节小气候。此外,它还有减弱噪音的功能。

垂柳枝条随风飘舞,姿态优美潇洒,置于庭院中池边,点缀园景,柔条依依拂水,倒映叠叠,别具情趣。

垂柳是吉祥富贵的象征,在古代的青瓷上,曾经出现过鹤、云、莲花池和垂柳在一起的图案。一些地方的民间,会在清明节时将柳条插在门户上,人们认为柳能驱邪。

7.秋枫

秋枫为常绿或半常绿乔木,高达40米,树冠伞形。初春时会换叶,老叶掉落以后,会开黄绿色的花并长出新叶,因此,又称"重阳木"。树皮呈灰褐色;叶为长椭圆形,绿色,两面光滑无毛,叶缘有明显的锯齿状;成熟的果实为深褐色,能食用,但是具有涩味,是小鸟喜爱啄食的果子;种子为黑褐色。

秋枫为阳性植物,喜阳光充足的环境,也耐阴。秋枫耐高温,生长的适宜温度为20℃~32℃。耐旱性较差。比较耐水湿,幼株需要水相对多一些。对土壤的要求不高,以肥沃的沙质壤土为宜。根系发达,抗风力强。采用播种法繁殖,播种最好在春、秋季节进行。

秋枫树冠圆整,树姿优美,春天叶子嫩绿,秋天变为红色,枝叶繁茂,遮阴性好,是优良的庭院树和行道树。

秋枫的枝干受伤后会流出像"血"一样的红色汁液,而且寿命长,有的秋枫已经在地球上生存了1000多年,一些地方的人们认为它是神树,因此,常被当神一样供奉。在广东很多别墅里,尤其是台湾人购买的别墅,常常会种有秋枫,作为守护神以辟邪。

观叶植物的养护

1.栽培养护的基本常识

(1)植物与人

人类身边有成千上万种益于身心健康的植物,它们有的开花结果、有的四季常青。自古以来,植物就是人类生存不可或缺的物质,难以想象没有植物的人类世界是否还能继续发展。因为有了植物,我们的生活充满希望、妙趣横生。

①你身边的污染

空气污染(或大气污染)指一些危害人体健康和周边环境的物质对大气层所造成的污染,这些物质可能是气体、固体或液体悬浮物等。人需要呼吸空气来维持生命,一个成年人每天呼吸的次数为2万多次,吸入空气达 $15\sim20m^3$。可见,被污染的空气对人类健康有着直接的影响。空气污染物对人体的危害是多方面的,主要表现是呼吸道疾病与生理机能障碍,以及因眼鼻等黏膜组织受到刺激而引发的疾病。

我们身边有各式各样的污染,与我们息息相关的就是因家庭装修而产生的室内污染。家庭装修污染的问题已经成为严重危害人类健康安全的"隐形杀手",是继"煤烟污染"和"光化学污染"之后的全球第三大空气污染问题。装修污染的主要污染物是甲醛、氨、苯系物及总挥发性有机物。

甲醛是一种无色、具有刺激性气味且易溶于水的气体,其污染物的主要来源是建筑装饰材料、大芯板、复合木地板以及家用化学用品等。长期接触甲醛会增加人们患癌的几率。

氨是无色气体,当环境空气中的氨达到一定浓度时,就会出现刺激性气味。室内空气中的氨往往来自室内装饰材料,比如家具涂刷饰面时常用的添加剂和增白剂。吸入低浓度的氨会使人恶心、头痛,吸入高浓度的氨则会使人呼吸困难并呕吐。

苯系物主要是指苯、甲苯、二甲苯。在这三种物质当中苯的毒性最大。苯是一种无色、具有特殊芳香气味的液体,能与醇、醚、丙酮和四氯化碳互溶,并微溶于水。

总挥发性有机化合物(TVOC)的组成极其复杂,其中除醛类外,常见的还有苯、甲苯、二甲苯、三氯乙烯、三氯甲烷、萘、二异氰酸酯类等。TVOC主要来源于各种涂料、黏合剂以及各种人造材料等。TVOC能引起人体免疫系统失调,影响中枢神经,使人出现头晕、乏力、胸闷等症状。

"污染"不得不说是现代人每天接触最多的词汇之一,在人们的日常生活和工作中,身体无一不正在遭受污染,但是世界就是那么奇妙,人类身边总会有很多好朋友能帮助人类抵御有害物质的侵袭。植物就是这类朋友中最天然、最重要的一个。

②绿色植物对人体有哪些益处

世界卫生组织（WHO）将人类的健康定义为"人在生理、心理、社会活动三个方面都能保持良好状态，而不仅仅是无疾病无障碍"。绿色植物对人类健康起到了举足轻重的作用。

天然净化器

植物对空气的净化效果是非常显著的，据检测，一盆吊兰能够吸收 $1m^3$ 空气中96%的一氧化碳和86%的甲醛，如果在1间 $10m^2$ 的居室内摆放两盆吊兰，基本上就能吸收掉空气中的一氧化碳、过氧化物等有害气体，还能分解由复印机等排放的苯。值得一提的是，吊兰在微弱的光线下也能进行光合作用，吸收有毒物质，这是其他植物不具有的特性。在24h的照明条件下，一盆芦荟可以吸收 $1m^3$ 空气中90%的甲醛，$1m^2$ 的常春藤叶片可以吸收甲醛1.48mg、苯0.91mg，其吸收三氯乙烯和二氧化碳的能力也很强；一盆虎尾兰平均24h可以吸收甲醛约30mg，此外虎尾兰还能分泌杀菌素，减少感冒的发生。类似这样的植物净化空气的例子数不胜数。

天然消噪器

噪声污染也是都市生活中日趋严重的一种环境污染。花卉、树木表面的气孔和粗糙的纤毛能有效地吸收各种噪声，因此，它们自身就能有效地吸收和抵挡噪声的反射。

天然灭菌器

植物能滞留大量的灰尘，可以减少空气中细菌的数量。比如铁十字秋海棠、菊花等叶面粗糙的植物具有很强的吸附粉尘的能力。而茉莉花、丁香、金银花、矮牵牛花等花卉分泌出来的杀菌素能够有效地杀死空气中的某些细菌，抑制结核、痢疾病原体和伤寒病菌的生长，使室内空气清洁。

天然空调器

炎炎夏日，人们难免心绪烦躁，这容易影响人们的生活和工作。植物可以通过叶片蒸发水分来降低自身和周围环境的温度，同时提高空气的湿度，使人们身心畅快。

天然氧工厂

很多人曾经有过这样的担心：植物白天进行光合作用，吸收二氧化碳，释放氧气。夜间却要进行呼吸作用，吸收氧气，释放二氧化碳，这样会不会出现人和植物争夺氧气的情况呢？其实这种担心大可不必，因为植物在白天进行光合作用所释放的氧气数量远远大于呼吸作用所排放的二氧化碳数量。还有些植物非常有趣，它们会在白天释放二氧化碳，而在夜间吸收二氧化碳并释放氧气，这类植物十分常见，其中包括仙人掌、凤梨、龙舌兰等，在居室内摆放此类植物就可以在夜间补充氧气，提高室内空气质量，更好地促进人们的睡眠，并使人们放松精神。

天然净味器

有些植物本身就可以散发香气，如香草植物薰衣草、迷迭香、栀子花、茉莉花、荷花等；有些植物本身不散发气味，却能吸收空气中的有害气体和异味，如洋梨、金橘、香瓜、柠檬等。将这些植物放在室内，既能散发迷人的芳香，又能迅速消除室内的异味，有益人们的身心健康。

（2）植物种植常识

热爱园艺的人不仅仅关心植物本身给人类生活带来的益处，更看重的是在种植养护植物过程中享受到的乐趣——这是一个快乐的、充满收获的过程。

①花盆

选择花盆不是简单地使其外观装饰与植物搭配，而是为植物选择合适的成长环境，花盆是植物与外界的隔断，但更是一种联系。按照花盆的制作材料来分类，现在市场上常见的花盆有以下几种：塑料盆、瓦盆、瓷盆、陶盆和麦秆压缩盆。

塑料盆　目前花卉市场的植物大多采用塑料盆种植植物，但是塑料盆会限制植物根部呼吸，从而导致植株生长不良甚至死亡。塑料盆长期在阳光暴晒下会变脆进而炸裂，再加上塑料容易散发有毒物质，危害植物和人体健康，不利于环保。因此，在购买植物之后，不宜将植物长期放置在塑料盆中，而是应该将植物重新移栽到其他合适材质的花盆中,以利于植物的发育和生长。

瓦盆　瓦盆是传统的养护家居植物常用的花盆。瓦盆透气性好、渗水能力强,但是由于这种材质不易于塑形,因此瓦盆外形笨拙、颜色灰暗,从而使植物的观赏性大打折扣。瓦盆质感粗糙,容易沾染泥土,很难清洗,违背了现代人的审美要求,因此,瓦盆已经逐渐不被园艺爱好者使用了。

瓷盆　瓷盆是最具有中国风格的花盆,美观大方,具有极高的观赏价值。瓷盆外面的釉面阻隔了空气的进出,因此,瓷盆的透气性能不太理想。但这一缺点是可以被弥补的,可以在瓷盆底部铺上一些小石块或者铺上大颗的陶粒(水培材料,花卉市场上有售)等透气性好的材料,形成一个简单的排水层。盆壁周围也需要做一个特殊的排水层,具体方法是:先用一定厚度的纸(卡纸或是牛皮纸等)卷成一个比花盆直径稍小的圆筒放入花盆中,在圆筒与花盆内壁之间的缝隙里面填入蛭石或者粗粒河沙,在圆筒里面填入种植所需土壤之后,抽出圆纸筒,这样就能保证盆的底部和四壁都具有良好的透气性了。

陶盆　陶盆是美观性、透气性都较理想的花盆,并具有中国古典风韵,最适合种植兰花和一些株形苍劲、古朴的植物。陶盆需用水养。如果陶盆长期处于干燥的环境则会暗淡无光。同时陶盆对水质比较挑剔,如果水质不够纯净,那么陶盆外表就会出现白色的斑纹,从而影响植物的观赏性。

麦秆压缩盆　麦秆压缩盆是近两年来市场上出现的一种新型花盆,具有盆壁轻薄、材质环保的优点。因为,这种花盆是用麦秆压缩制成的,所以透气性非常好。由于压缩的麦秆不易塑形,因此,目前这种花盆的形状还比较单一。由于麦秆之间的缝隙较大,因此在浇水的时候很容易渗出水分,甚至托盘下面也会渗出水珠,影响花盆外部的整洁。由于这种花盆价格低廉,因此它是很多年轻人不错的选择。

②土壤

土壤是植物赖以生存的主要环境,按照地质指标来分类,土壤可以分为:壤土、砂土、黏土三大类。

壤土　壤土表面上看是松散的粉尘结合状,摸起来手感细滑、均匀,将壤土碾碎后手上会留有粉尘。壤土土团比较松散、表面粗糙,与水混合后成浆,澄清后有沉淀、水面有悬浮物。

砂土　砂土表面呈散粒状,有明显的不均匀的沙粒感,很难成团。砂土与水混合后类似流沙,其表层变得均匀、光滑。

黏土　黏土表面呈坚硬土块状,摸起来有均匀感,又滑又黏。土团紧致、表面光滑,与水混合后变成泥浆,澄清后有沉淀,表面无悬浮物。

所有植物都需要一定的基质来培育,以促进植物幼苗健康成长。种植植物时,应该首先在种植器皿中铺上一层基质再铺上相应的土壤,以保证植物最基本的生长营养,最常见的基质有以下四种。

河沙　河沙也称素沙,排水和透气性能较好,与别的土壤搭配可以改善透水性和透气性。缺点是毫无肥力,一般不被单独使用,只作为培养土的辅助材料,偶尔也可以作为扦插或播种基质。如果选择使用海沙作为基质,则必须用大量淡水冲洗,否则盐分过高,易使植物的根系受到伤害。

蛭石和珍珠岩　蛭石和珍珠岩属于人工无土介质,质轻、无须消毒,是适合家庭种植采用的优良基质材料。

木屑　木屑具有透气、透水、轻便、保温、卫生等优点。是一种中性介质,可以单独作为培养土使用。木屑的缺点是难以使植株固定,因此一般不会单独使用。

草木灰　草木灰是植物根茎叶烧制而成的灰质,一般呈碱性,富含钾肥,加入培养土中可以为植物增加养料,也能改善土壤的排水和透气性能。

基质上需要铺上适合不同植物的培养土,适宜的培养土能让植物苗壮生长。在为植物搭配培养土时,要选择具有良好团粒性的培养土,这样的培养土持肥、持水力强,透气、排水性好,不开裂、不板结,养分充足而全面,并且已经经过消毒,酸碱度适中,无潜伏病虫害。常见的培养土大约有以下五种。

园土　园土是普通的栽培土。园土的肥力较高,团粒结构好,是盆栽土的主要原料之一,缺点是表层在干燥时容易板结,潮湿时透水性差,因此不能单独使用。

腐殖土　腐殖土由腐殖质组成的酸性土。腐殖土养分充足、质轻、吸水和吸收肥料的能力强,但是排水性能较差,一般要与其他品种的土壤混合使用,腐殖土与腐草土是较为常见的搭配方式。

腐叶土　腐叶土由植物的叶子与草腐烂变质后混合园土或者农家肥,经过一段时间的堆积发酵而形成的酸性土。腐叶土使用前必须经过暴晒和筛选,质轻,多被用作黏重土壤的疏松剂。

泥炭土　泥炭土是古代植物未完全分解所剩下的炭化部分。泥炭土呈酸性,富含有机质,可以改善土壤的物理性质,具有较强的持水和持肥能力,是非常理想的培养土。其与黏土混合使用可以让植物根系呼吸畅通,与砂土混合使用则可以降低其黏性,并改善其持水性。

黑山土　黑山土以色黑而质轻的为佳,使用前必须摊开暴晒数日,挑拣、去除枝梗等杂质。黑山土排水性能好,特别适合栽种兰花、杜鹃、山茶等。

③温度

温度在很大程度上会影响植物的生长,适宜的温度才能让植物健康生长。环境温度并不能随意调控,但是人们可以辅助植物调节其自身周边小范围内的温度。植物在从休眠期到完全苏醒再到生长期的过程中是逐渐适应温度变化的。休眠期的植物通常较为虚弱,生理机能也相应减退,因此,如果天气一暖就马上把植物搬出室外,让它接受阳光的照射,那么当植物在夜里回到相对低温的室内时,就很容易"感冒",甚至冻伤。人们应该逐渐增加植物被阳光照射的面积,或者不要在中午气温最高的时候将植物摆放在室外。在炎夏,高温对植物生长同样存在很大的影响,虽然高温不一定能造成植物的死亡,但是会让植株的长势减缓甚至停止生长。当温度超过一般植物所能承受的极限时,植物就会被灼伤,而当温度超过42℃时,几乎没有植物可以存活。高温会破坏植物的生理活动,使呼吸作用不断加强,光合作用不断减弱,营养物质和水分急剧消耗,植物会长期处于一种"饥渴"状态;高温还会影响植物根系的发育、生长和吸收,从而加强蒸腾作用,使植株枯萎。

据研究发现,植株中的叶片部分对温度最为敏感。高温时,叶片常最先有发黄、卷曲等现象。花果时期的植物更是难以应对温差的剧烈变化。高温下,花期会明显缩短,果实干裂、脱落。由于温度对植物的生长有影响,因此,在冬季低温时,我们可以采取调整放置位置和为植物"穿衣盖被"的方式来达到保温的目的;在夏季高温时,我们可以通过喷洒清水、增加通风和遮阴等措施为植物降温。

④光照

太阳是万物生长之源,因此,光照是影响植株发育、成长的重要原因。一般植物花卉的发育过程都是要在全光谱的日光下进行的。植物吸收的光线主要有紫外线、红外线和其他可见光。其中紫外线不但是植物色素形成的主要光源,还可以抑制植物茎秆抽条,保持植株矮壮的形态。红外线和红、橙色光则可以促进枝干长高。

目前,家庭栽植的植物一般都是让植物透过玻璃接受阳光的照射,玻璃在很大程度上阻隔了紫外线和紫、蓝光的进入,因此,室外植物比室内植物的颜色更加艳丽,叶面更加光亮,植株也比较矮壮。

有些植物具有趋光性,如向日葵,不能长期只照射向日葵的同一个部位,必须使植物均匀地接受阳光,这样才不会生长失衡、高矮不一、影响美观。植物的花果也会因光照的不同而产生很大的差别,背光的一面花色暗淡,数量较少,果实柔弱、干瘪。因此,无论在什么季节,都要适时转动植物,均匀受光,我们无须每天变化植物的受光面,可以确定一个周期来改变植物的受光面,比如 7 天左右转动 1 次花盆,转动时以原地将花盆旋转180°为佳。均匀的光照有利于植物叶片分布均匀,花冠端正。

居家栽植养护植物时,应该首先了解和掌握植物的生态习性,再根据植物的向光性来选择放置的方位和地点。比如东向的窗户在上午有 3~4h 照射不到太强烈的阳光,西向的窗户的光照时间基本与东向窗户差不多,南向的窗户是一天中接受光照时间最长、光线最充足的地方,极适合放置各类观花植物,从而使这些植物生长良好、花叶繁茂。相比之下,北向的窗户在一天当中仅能被照射到一些散射光,几乎没有阳光直射,适合摆放耐阴性强的植物。

⑤水分和湿度

众所周知,水是生命最主要的构成,水分子参与植物的蒸腾作用、光合作用、呼吸作用和新陈代谢作用。因此,使植物保持合适的水分和湿度是植物种植养护过程中关键的内容。植物因原产地的不同,对水分的要求也不相同,如水生植物荷花、睡莲、碗莲等必须生长于水中。此类植物没有耐旱能力或者耐旱能力较差,可以将这类植物栽种在湖塘内,家庭种植时,可在小水缸和小水池中栽植这类植物。耐湿植物原产于热带雨林,如龟背竹、喜林芋、海芋、马蹄莲等。这类植物喜欢湿润的环境,需要较高的空气湿度和土壤湿度,在日常养护中我们要本着宁湿毋干的原则。中性植物一般为露地花卉,如茉莉、月季、米兰、苏铁、万年青、橡皮树等,这类植物对水分的要求属于常规范围,浇水要遵循见干见湿的原则,即栽培介质表层发白时就浇水,浇水要浇透,浇到盆底排水孔有水渗出为止,要做到盆土不可长时间过干或过湿,保持表土稍稍湿润即可。半耐旱植物,如山茶、杜鹃、橡皮树、天竺葵、大丽花等,此类植物的叶片是革质或者蜡质,叶片上常有茸毛,给这类植物浇水的原则是见干见湿,切忌只浇半截水或者水浇的过多使盆底溢出大量水,注意观察盆底的干燥度可以有效地控制浇水量。耐旱植物一般原产于沙漠或半荒漠等干旱、高温的地区,如仙人掌、令箭荷花、蟹爪兰、石莲花等。此类植物非常耐旱,它们多浆的枝茎可以贮藏水分,保证植物在恶劣条件下仍然能够正常生长。此类植物如果供水过多反而容易使其烂根死亡,浇水时要遵循宁干毋湿的原则,要等盆土完全干燥后再浇水,浇水不能浇透,一般保持盆内土壤25%的含水量即可。

日常浇水还应掌握“四忌”原则。

忌浇“半腰水”。浇水水量不能只湿润表土或者用水浸泡花盆底部的土壤。“半腰水"会造成土壤中间部分板结,导致植物根部难以下扎,影响植物健康发育。

忌浇"午水"。盛夏季节不能在中午太阳直晒时浇水,如果发现植株缺水,可将其移至庇荫处,等花盆温度降低后再浇水,否则植物的根部会受到伤害。

忌浇生活水。不能给植物浇灌含有油污或者肥皂粉等生活用水。植物与人一样,需要的是洁净的水。即使是牛奶和其他残渍也必须经过发酵以后才能浇灌。

忌喷毛叶。叶面有茸毛的植物,如大岩桐、蒲包花和秋海棠等,不能在它们的花朵和叶面上喷洒水分,以免造成叶面或花瓣积水而腐烂。

⑥修剪

修剪 是指对植株的某些器官,如茎、枝、叶、花、果芽、根等部分进行剪截或删除。整形是指对植株施行一定的修剪措施而形成某种树体形态,一般需要通过一定的修剪手段来完成,而修剪又是在一定的整形基础上,根据某种目的和要求来实施的。因此,修剪和整形是紧密相关的,是一定栽培管理目的和要求下的技术措施。

对居家植物进行修剪,通常是为了控制其生长、促进矮化,以达到美观的效果。修剪在植物生长初期实际上是以促进成形为主要目的,后期则是以度过寒冬或者美化造型为主要目的。

观赏树木经过整形后,树冠、枝条的分布基本合理,在此基础上应合理配置侧生枝,使其充分合理地利用空间。为了保持或形成良好的树形必须进行定期修剪。

根据修剪目的的不同修剪一般可分为短剪、疏剪和缩剪三种技术。短剪是指把一年生的枝条剪去一部分,短剪又可细分为轻剪、中剪、重剪、极重剪。应当注意对长势强的枝条要轻剪,对生长势弱的枝条要重剪,以调整一、二年生枝条的长势,平衡树势。疏剪指从枝条的基部起把整个枝条全部剪除,主要是剪去过密枝、枯枝、病虫害枝、徒长枝等,从而减少树冠内枝条的数量,使枝条均匀分布,为树冠创造良好的通风透光条件。缩剪则是指短截多年生的老枝,以降低植物顶端的高度,改善光照条件,使多年生枝的基部更新、复壮。

⑦施肥

肥料　是植物生长的营养剂,适当适量的肥料才能让植物枝繁叶茂、生机勃勃。

植物的生长过程中需要氮、磷、钾、钙、硫、镁等大量元素来维持生命代谢的基本所需,需要铁、锌、锰、铜等微量元素来支持营养的补给,两者相辅相成、缺一不可。

氮肥　氮肥是构成植物蛋白质的主要成分,能促进植物的成长。充足的氮可使叶片肥壮、鲜绿,促使植物的光合作用。

磷肥　磷肥是植物细胞核和原生质的重要组成部分,参与光合作用和各类代谢活动,促进植物生长,使其花果壮硕、颜色鲜艳。

钾肥　钾肥参与植物体内许多重要的生理活动,促进纤维素和木质素的合成,使茎秆粗壮,增强抵抗力和免疫力。

常规花肥应该包含三种重要元素和多种微量元素。花肥种类繁多,按照其性质可以分为有机肥和无机肥。有机肥是由动、植物体或者排泄物发酵后形成的,能促进植物的生长和改良土壤的结构,常被用作基肥和追肥,但是有机肥的肥性发挥较慢,在日常的种植过程中可以多次施放,不过,在使用时要注意卫生,避免微生物滋生。无机肥则是以化学方式合成的肥料,富含矿物质,可以快速溶解并被植物吸收,迅速改变植物生长状态,但是无机肥的养分单一,不宜长期使用。

2.常见观叶植物的栽培养护

(1)巴西木

适合土壤:用富含腐殖质、排水良好的肥沃土壤

生长高度:60~600cm

观赏特性:株形齐整,茎干挺拔,叶呈剑形,碧绿发亮

摆放位置:可摆放于客厅、卧室、厨房、书房等地,南向窗前3m能见阳光处可长期摆放,夏季则应将其摆放于北向阳台或树荫下,冬季应远离空调和暖气设施

栽培与养护

温度:喜高温.生长适温为 20～30℃。夏季高温时,需适当遮阴,冬季气温不可低于 8℃。冬季夜间低温时可为其套上塑料袋保温,等白天太阳出来,室温升高后,再去除塑料袋,或在袋端上剪出几个洞口,防止其被闷死。环境温度太低,叶尖和叶缘会出现黄褐斑。

光照:对光线适应性很强,在稍遮阴的环境下或在阳光下都能生长。如果光照充足则生长迅速,但如果光线太弱,则叶片上的斑纹会变绿,基部叶片黄化,失去观赏价值。春、秋、冬季宜多照射阳光,夏季宜遮阴或放到室内通风处。

巴西木

水分和湿度:喜高湿,但盆土应保持半干半湿的状态。在养护期间需保持水质清洁,每星期浇水 1～2 次。水量不宜过多.以防树干腐烂。夏季高温时,可向植株叶片及其四周喷水以保持植株湿润,提高空气湿度。

修剪:巴西木栽培数年后,植株可能会过于高大或茎干下部叶片脱落,此时株形较差,应进行修剪。四季均可修剪,剪去过长和过密的枝叶,以保持植株外形的美观性。

施肥:生长期内可适当进行根外追肥,每半个月用 100 倍稀释营养液喷洒叶片 1 次,冬季施肥量减半或停肥。金心巴西木叶片斑纹消失时应适当施磷钾肥,在生长期内每月可在根外喷施 0.2% 的磷酸二氢钾溶液 1 次。

注意事项

巴西木水插也能成活。将一段枝条插入水中 2～3cm,经常更换新水,并保持水质清洁,1 个月后即可生根并保持常绿。巴西木是天然的"空气加湿器",仅需吸收 1% 的水分,却能使 99% 的水分自然蒸腾到空气中,冬季干燥的北方适宜种植。

(2)发财树

适合土壤:肥沃疏松、透气保水的酸性砂质土壤(忌碱性土)

生长高度：50~120cm

观赏特性：树姿大方挺拔，叶片潇洒，叶色鲜艳，除可编辫造型外，还可嫁接做成各种动物造型

摆放位置：可摆放于居室客厅、门厅或商场、宾馆大堂等处

栽培与养护

温度：喜高温，生长适温为20~30℃，夏季最高可耐35℃高温，冬季当温度低于10℃时就进入休眠期，忌霜冻和冰冻环境。华南地区可露地越冬，华南以北地区则需移入温室内越冬。

光照：喜好阳光，适合全日照。光照充足时长势良好，略具耐阴性，也可半日照。但是不能正午将其放置于强光之下，夏季应该放在光线好但是阴凉处种植。

水分和湿度：生长期内需较多的水分，尤其春季新枝萌发与夏季花苞发育时必须水分充足，但盆土不能过湿，盆土发白时方可浇水，否则易长出青苔，影响枝叶的正常生长。夏季要将花盆置于阴凉处，并经常喷水，增加植株周围的空气湿度。

修剪：一般在生长旺盛期快要结束前进行修剪，修剪去除顶梢，以促进分枝萌发，保持株形的美观。

施肥：喜肥，但以多施薄肥为宜。生长旺期可以追肥1~3次，能促进枝叶繁茂，叶色浓绿光亮。春、秋两季，生长缓慢，每2~3周施薄液肥1次。入夏后，气温升高，生长渐旺盛，可7~10天施放液肥1次，也可以交替施放0.2%的硫酸亚铁水。

注意事项

发财树的株形美观，花、叶、果都具有很强的观赏价值。发财树的果皮在未成熟时是可以食用的，种子更可以炒食或榨油，味道像花生，因此又叫美国花生。发财树近年来多被培育为微型盆栽，造型可爱，深受白领一族的喜爱。发财树亦能水培，但是因为其对水分要求甚严，因此一般不宜采用水培的方式。

（3）铁线蕨

适合土壤：疏松透水、肥沃的石灰质土沙壤土

生长高度：20~80cm

观赏特性：枝条优雅飘逸、四季常青、挺拔清秀，叶丛密似云纹、雅嫩清秀、生机勃发、活泼潇洒

摆放位置：常置于客厅、书房、卧室、窗台等明亮的散射光处或盆景假山狭缝中

栽培与养护

温度：喜热耐寒，生长适温白天为 21~25℃，夜间为 12~15℃。一般情况下应在寒露前后移入室内，保持其基质呈湿润偏干的状态，并放置于屋内向阳处，开春气温回升后再移至室外。南方地区可以在室外过冬。

光照：喜半阴环境，喜明亮的散射光，切忌阳光直射，如果光线太强，会出现叶片枯黄甚至植株死亡的情况。

水分和湿度：喜湿润，注意经常保持盆土湿润和较高的空气湿度。在气候干燥的季节里，应经常向植株及其周围喷水，以提高空气湿度。生长期内要保证浇水量充足。如果植株缺水，叶片就会萎缩。浇水忌盆土时干时湿，这样易使叶片变黄。

修剪：不耐修剪，一般也不需修剪，但应该及时摘除病叶，以免相互感染。

施肥：生长期间 2~3 周施肥 1 次，稀薄饼肥水即可满足其生长需要。性喜钙质肥，若能施入少量钙质肥料效果更佳。施肥时要特别注意，不能让肥水沾到叶面上，否则叶片会因为灼伤而变黄甚至腐烂。

注意事项

铁线蕨叶片是良好的切叶材料及干花材料，同时可全株入药，主治流行性感冒、咳嗽、肝炎、痢疾、腰痛、尿道结石、瘰伤、跌打损伤、烧烫伤、蛇咬伤、疔毒等。

低湿度的空调环境对铁线蕨的生长十分不利，如果要将其放在空调环境中，那么一定要多向其叶片喷水，一天至少 3~5 次。

（4）橡皮树

适合土壤:腐叶土或疏松肥沃、排水好的中性土

生长高度:50~300cm

观赏特性:著名的观叶植物,四季常青,叶子大而丰厚,充满热带风情

摆放位置:可放置于宾馆大厅或者居室客厅、书房等处

栽培与养护

温度:喜高温环境,生长适温为 20~30℃。夏秋季生长最为迅速。当环境温度低于 10℃时,即进入休眠状态,越冬温度不能低于 5℃,否则容易产生冻害。

光照:喜强烈的直射光,适合全日照,属于阳性树种,可置于阳光充足、空气流通的地方,盛夏正午应庇荫。如果阳光不足,枝干容易徒长。亦耐阴,但是在其生长过程中,每天至少应该接受不少于 4h 的直射光照射。

水分和湿度:喜湿润。应长期保持土壤处于偏于或微潮的状态。盛夏高温干燥时,可早晚各浇水 1 次。冬季,需水量最少,可每隔 3~4 天浇水 1 次。典型的热带树种,在高温高湿的环境中生长良好,生长迅速时可每 5~8 天萌发 1 片新叶。

修剪:当植株长到 50cm 左右时,需要摘心,以促使侧枝萌发和株形矮化。侧枝也可根据造型需要剪除,侧根的修剪最好在早春时节进行。

施肥:喜肥,不耐瘠薄。生长期内每隔 15~20 天施稀薄液肥 1 次。夏季高温时生长较快,应"大肥大水",但要避免盆内积水,发现积水时要把积水倒掉;入秋后逐渐减少施肥和浇水,以促进植株生长。冬季不施肥。

注意事项

橡皮树叶片大而繁茂,呼吸蒸腾作用强。栽植时应经常用清水喷洒叶面,也可用啤酒擦洗叶面,能起到增肥作用,使叶片油绿有光泽。

橡皮树适应环境的能力极强,冬季天气转凉后,不用急于把橡皮树移入室内,可将其置于阳台内侧,并避开霜降时节,这样能够增强植株的抗寒能力

（5）孔雀竹芋

适合土壤：富含腐殖质、排水良好的砂质土壤

生长高度：30~60cm

观赏特性：既可观花也可观叶，叶片直立似剑、碧绿光亮，别致有趣

摆放位置：盆栽常放置于装点阳台、窗台和居室等处

栽培与养护

温度：喜温暖，最佳生长温度为22℃左右。当夏季温度高于35℃时，不仅植株生长停滞而且叶色会变黄失去观赏价值。当温度低于15℃时植株生长缓慢，低于10℃时叶片易卷缩，低于5℃时易受寒害，严重时会导致全株死亡。故冬季一定要注意防寒保温，将其移入室内栽培。

光照：喜光，忌暴晒，光照太强会灼伤叶片，但是长期不见阳光会使叶色发暗。

水分和湿度：喜温湿环境，对湿度很敏感，环境过于干燥就会使叶片卷曲或失去光泽。在生长季要保证充足的水分，贫土应保持60%~80%的湿度，但不可过湿，否则会损害根系的生长。

修剪：如无整形要求只需及时摘除病叶和枯黄变软的老叶即可。

施肥：对肥料需求较大，生长季可每月追施液肥1次，追肥以腐熟的饼肥为主。缺肥时植株会变得矮小，叶色暗淡。生长期内每20天需要施稀薄氮磷钾液肥1次，可使叶色光泽艳丽。平时每隔10天可以用0.2%的液肥直接喷洒叶面，以利于植株的萌芽和生长，冬、夏季应停止施肥。

注意事项

据检测发现24h内每平方米竹芋叶片可吸收0.86mg的甲醛和2.91mg的氨。竹芋品种繁多，叶面有美丽的花纹，足当今高档盆栽的植物，在居室内既有良好的装饰作用又可消除空气污染。

（6）芦荟

适合土壤：疏松、排水好的微酸性沙质土和泥炭土

生长高度：50～200cm

观赏特性：四季开花，花色艳丽、花香甜美、沁人心脾，被誉为"花中皇后"

摆放位置：可植于花坛、庭院中，也可在草坪、园林角隅、庭院、假山等处栽植，亦可作为家庭盆栽以及鲜切花材料使用

栽培与养护

温度：喜温暖，忌寒冷，生长适温为15～35℃。适宜生长在终年无霜的环境中。冬季气温在5℃左右时就会停止生长进入休眠状态，当气温低于0℃时，就会冻伤或者死亡。

光照：喜阳光又耐半阴，栽种于室内明亮处为佳。接受充足的阳光照射才能生长良好，但新苗刚上盆时不宜长时间照射阳光，最多只在早上照射不超过半小时的阳光，半月后新植株会逐渐适应阳光苗壮成长。

水分和湿度：喜稍干燥，忌积水，最适宜的湿度为45%～85%。在阴雨潮湿的季节或排水不好的情况下容易叶片萎缩、枝根腐烂而死亡。生长季可以增加浇水量，但是保持盆土表面湿润即可，即使夏季也无需向叶面喷水增湿。

修剪：一般不需修剪，如果叶片过密可以酌情疏叶，使养分能够集中供应。

施肥：生长期时需要氮磷钾和一些微量元素。应尽量使用发酵过的有机肥料，饼肥、鸡粪、堆肥等都可以施放，最好能施放蚯蚓的粪肥，这种有机肥更能促进植株良好生长。

注意事项

芦荟含有丰富的多糖、蛋白质、氨基酸、维生素、活性酶及对人体十分有益的微量元素。自古以来，芦荟在中国民间就被作为美容、护发和治疗皮肤疾病的天然药物。不是所有的芦荟都可以食用，可食用的品种只有6种，而其中具有药用价值的芦荟品种主要有：洋芦荟（又名巴巴多斯芦荟或翠叶芦荟）、库拉索芦荟（分布于非洲北部、西印度群岛）、好望角芦荟（分布于非洲南部）和元江芦荟等。

（7）一叶兰

适合土壤：疏松、排水好的沙质土和泥炭土

生长高度：30~200cm

观赏特性：理想的室内绿化植物，终年常绿，叶形优美，生长健壮

摆放位置：可放置于客厅、待客室、休息室、橱窗等处

栽培与养护

温度：喜温暖，生长适温为 10~25℃，冬季应入室越冬，白天气温要求保持在 10~15℃，最低越冬温度为 5℃。

光照：喜半阴环境，在 50%透光环境下植株叶片愈发碧绿。若一面长时间受光，会导致叶片朝向混乱，失去平衡，应不时转动花盆，使叶片均匀受光。常年在明亮的室内可以生长良好，忌阳光直射，即使短时间的暴晒也会造成叶片灼伤。

水分和湿度：生长季要充分浇水，保持盆土湿润，并经常向叶面喷水增湿，以利萌芽、抽长新叶。秋末后可适当减少浇水量，不宜多浇水，浇水遵循宁干毋湿的原则。

修剪：不需要进行特别的造型修剪，叶片越多越美观。生长旺盛期时如果盆内太满可进行分株，否则会因为植株根系的萌发力过强，而将塑料盆撑破。平时修剪一般只剪除黄叶或枯黄的叶片边缘即可。

施肥：对土壤要求不严，耐瘠薄，上盆时可用腐叶土、泥炭土和园土等量混合作为基质。春、夏季生长旺盛期时可每月施液肥 1~2 次，以保证叶片清秀、明亮。施肥以氮肥为主，可每月施稀薄液体肥 2 次，也可用腐熟的饼肥或复合肥，一般 10~15 天施 1 次。

注意事项

春季一叶兰长新叶时，植株要放置在阳光充足的地方，成活后可以逐渐增加光照。一叶兰即使在阴暗的室内也可生长，但长期处于阴暗的空间中会不利于新叶的萌发和生长，如米摆放在阴暗的室内，最好每隔一段时间将其移到有光线的地方养护，以利其生长与观赏。

（8）文竹

适合土壤：疏松、肥沃的微酸性土壤

生长高度：20~50cm

观赏特性：叶子纤细秀丽、密生如羽毛状、翠云层层，株形优雅、独具风韵，深受人们的喜爱，还能监测空气质量，是居家植物的好选择

摆放位置：可放置于书架、案头、茶几上、居室等处

栽培与养护

温度：生长适温为 15~25℃，不耐高温，当气温高于 32℃时就会停止生长，茎叶枯萎。冬季需入室养护，室温应保持在 10℃以上，5℃以下容易产生冻害。在我国的南方地区可以室外越冬。

光照：喜阴植物，应将其摆放在室内或遮阴篷下，但也不能长期使其处于阴暗的环境中。秋末和冬季应靠近南窗摆放，使其能多照射阳光。

水分和湿度：喜欢微湿的生长环境，土壤不能过干或过湿。生长期内要充分浇水，经常保持盆土湿润，忌积水，否则易烂根或落叶。秋后应减少浇水。浇水量应根据植株的大小灵活掌握，以见干见湿为原则。

修剪：除了在生长期剪除发黄枯萎的枝叶以外，为了降低植株高度，增加观赏性，应该在生长初期摘去生长点。具体做法是在新生芽长到 2~3cm 时，摘去生长点，促进茎上再生分枝和叶片，使枝叶水平伸出，株形不断丰满。

施肥：不喜肥、耐瘠薄，种植时可将少量腐熟畜粪作基肥。宜薄肥勤施，忌用浓肥。生长期内一般每 15~20 天施腐熟的有机液肥 1 次。喜微酸性土，可定期适当施少量的矾肥水，以逐渐改善土壤自身的酸碱度。

注意事项

盆栽文竹一般要在 4、5 年后才能开花结果，到时间没能开花结果，可能是因为种植盆太过于狭小导致文竹的根系吸收营养的面积过小，应该在文竹生长 3 年以后更换新

盆,或者直接购买 3 年以上的植株,将其种植在较大的盆中。当植株枝条长长时,应及时搭架绑缚,并适当整形修剪,保持植株整齐美观。

(9)常春藤

适合土壤:疏松、排水好的叶土与园土或少量河沙的混合土

生长高度:10~50cm

观赏特性:颇为流行的室内盆栽,枝叶稠密、柔长洒脱、叶色丰富、典雅秀丽

摆放位置:盆栽后放置在较宽阔的客厅、书房、起居室等,可以摆放在较高的花架上或者直接将盆栽挂于高处

栽培与养护

温度:喜温暖,生长适温为 15~26℃,冬季气温在 0℃ 以上时即可安全过冬,短时间内能耐-3℃的低温。夏季要注意通风、降温。

光照:喜光照也较耐阴,在半阴环境下生长,其节间的距离较短、叶形统一,但是叶片上的花纹会显得杂乱,最好放置在室内明亮处。春秋季节最好能将植株移至户外遮阴处,让其早晚多照射阳光;夏季要避开中午的直射光暴晒。

水分和湿度:生长旺盛期即 4~10 月,浇水需遵循见干见湿的原则。冬季需要控制浇水量,如果其下部叶片变黄脱落,多是由于基质黏重、排水不良所致,此时应该立即停止浇水,并将植株周围的基质扒松,让水分尽快蒸发。

修剪:不需修剪,植株长势较差、老枝过多时可以按照喜好适当整形。

施肥:盆栽成活后,每隔 10~15 天追施腐熟的有机肥 1 次,花蕾形成期增施富含磷钾的水肥。可以每季施肥,但是有些品种的常春藤耐热能力较差,夏季生长不佳,建议按照植物的实际情况施肥。

注意事项

$1m^2$ 常春藤叶片可以吸收甲醛 1.48mg,苯 0.91mg。据研究发现,其吸收三氯乙和二氧化碳的能力也很强。常春藤的气味有杀菌、抑菌的功能。当常春藤的枝条过长时,可

进行修剪,将剪下的枝条放置在各种器皿中,制作成插花小品,装饰餐桌、书架等,别有韵味。

（10）袖珍椰子

适合土壤:排水良好、湿润、富含腐殖质的肥沃壤土为佳

生长高度:50～200cm

观赏特性:外形似椰子,叶片终年翠绿,植株娇小可爱。能营造除具有热带风情的空间氛围

摆放位置:可放置于书房、洗手间化妆台、卧室、茶几等处

栽培与养护

温度:喜温暖,生长适温为20～30℃,越冬温度不宜低于18℃,13℃时即进入休眠期,气温低于5℃就容易冻死。因此,一入冬就要将其移入室内养护。

光照:喜欢散射光,忌阳光直射,否则叶片会变得枯黄。夏季以50%的遮光率为佳,冬季需要充足阳光,不必遮阴。

水分和湿度:浇水遵循宁干毋湿的原则,生长旺盛期时应该充分浇水,当气温降低到20℃以下时就应该减少浇水量。冬季休眠期时,更应该少浇水,但盆土也不能过于干燥,适当的控水可以增强植株对低温的适应能力。夏季高温时可向叶片喷洒清水以达到降温的目的。

修剪:一般只需剪除枯叶、干梢、凋谢的花序,可以先剪除枯叶,在新叶展开后再彻底拔出枯萎的老茎,以保护新叶的茎,促其生长。

施肥:生长期内每半个月施放稀释的液态氮肥1次,如果能在叶面上喷洒少量液态氮肥,则效果更佳。秋冬季节停止施肥。株高在60～80cm时为最佳观赏期,此时应逐渐减少施肥量,以便控制株形,维持最佳形态。

注意事项

袖珍椰子的叶片有时候会变黄、变软或倒伏,原因可能是盆底积水太多而导致烂根,

应及时更换土壤,可采用腐叶土、泥炭土加四分之一的河沙或珍珠岩以及少量的基肥配制成的培养土,还可以用晒干粉碎后的鱼塘淤泥掺入黑山泥作为基质。另外,有时候直射光和强光会不同程度地灼伤叶片,导致叶片变黄、变软,应将其放置在散射光充足的地方。

(11)白网纹草

适合土壤:富含腐殖、疏松、保水力强的土壤

生长高度:低矮品种(或匍匐)小于20cm

观赏特性:叶片清新美观、叶脉清晰、叶色淡雅、纹理匀称,深受人们喜爱,是目前十分流行的小盆栽品种

摆放位置:可放置于书桌、茶几、休息室、橱窗、电视柜或玻璃柜等处

栽培与养护

温度:喜温暖,生长适温为18~30℃。夏季高温时忌暴晒,冬季忌寒冷霜冻,越冬温度需要保持在10℃以上。冬季气温低于8℃时,植物就会冻伤从而导致叶片脱落。

光照:喜中等强度的光照,忌阳光直射,喜半阴环境,遮光率在50%左右为佳。夏季应该避免正午的强光直射。虽然其具有一定的耐阴性,但冬季应将其放置于光线充足的地方。

水分和湿度:喜湿润,要求生长环境的空气温度为60%~75%。白网纹草根系较浅,表土干时就可以进行浇水,但浇水量要稍加控制,表土稍微湿润即可。春、夏、秋季应该充分浇水,盆内忌积水。阴雨天可以减少浇水量。夏季由于植物叶片的蒸腾量变大,应该经常向叶片喷洒清水。

修剪:可以随时修剪。生长期内每次开花后都要进行适当修剪,冬季以后若叶片变黄,可以再进行一次重剪,以减少养分的消耗量,使其顺利越冬。

施肥:对于生长旺盛的植株,生长期内每1个月施以氮为主的复合肥或者稀薄液肥1次。由于其枝叶密生,因此,施肥时应避开叶片和枝干,以免灼伤。如果生长期能用0.

05%~0.1%浓度的硫酸锰溶液喷洒叶片 1~2 次,则叶面会变得鲜亮嫩绿。

注意事项

有时候白网纹草的叶片会突然开始大量脱落,那是因为其叶片薄且娇嫩,向叶面喷水过多,就容易引起叶片色泽暗白,久之,叶片就开始脱落。

（12）薄荷

适合土壤:土层深厚、疏松肥沃、富含有机质的土壤或半砂质土壤

生长高度:10~30cm

观赏特性:香气袭人、叶片翠绿、株形可爱

摆放位置:著名的芳香花灌木,盆栽适合放置于阳台、卧室,书房和庭院等处

薄荷

栽培与养护

温度:喜温暖,较耐寒,生长适温为 20~30℃,大多数品种能忍受-10℃左右的低温。

光照:喜阳光,但应避免阳光直射。夏季以 50%的遮光率为佳,避免长时间的阳光照射。

水分和湿度:喜欢湿润。水分对其发育和生长有较大的影响,无论什么季节都需要湿润的空气环境,尤其在植株的生长初期和中期要求水分充足,最好在土壤未完全干燥之前进行浇水。

修剪:一般不需修剪,在需要的时候可以随时采摘使用。作为医药用草常在生长期采收两次。

施肥:喜肥,施肥以氮肥为主,磷钾肥为辅,且遵循薄肥勤施的原则。生长期内每 1 个月施复合肥或者稀薄液肥 1 次,施肥时应避开叶片和枝干,以免灼伤。每次采摘后都要进行追肥,以促进枝梢的新发,一般将稀释后的尿素液作为追肥。

注意事项

全株可入药,有疏散风热、清利头目、理气解郁、止痒之功效,主治风热感冒、头痛目赤、咽喉肿痛、风湿、皮肤瘙痒、荨麻疹、口舌生疮等病症。用其加工制成的薄荷油、薄荷脑是医药、食品、香料等工业的重要原料。薄荷有极强的杀菌、抗菌的作用,将其作为茶饮可以预防病毒性感冒、口腔疾病,使口气清新。用薄荷茶汁漱口,可以预防口臭,用薄荷茶雾蒸面,还有缩细毛孔的作用。拿泡过的叶片敷在眼睛上,会感觉清凉舒爽,能解除眼睛的疲劳。

(13)白兰花

适合土壤:肥沃、排水性好的微酸性砂质土壤

生长高度:300~400cm

观赏特性:叶色黄嫩、姿态挺拔、花形优雅、气味芳香,是南方女孩钟爱的夏季小饰品

摆放位置:南方一般露地栽培,北方常见盆栽。可布置于庭院、厅堂、会议室等处

栽培与养护

温度:生长适温为25~35℃,冬季室温保持在10~12℃为佳,最低适应温度为5℃,适应低温的能力不强。

光照:在光照充足的条件下能长得很快,若光线不足,有可能不开花。夏季无须太多光照,但也不宜久放于庇荫处,否则会出现只长叶不开花的现象。霜降后必须放入室内养护。

水分和湿度:水分过多会使其生长过快而影响株形,叶片微微软垂时最适宜浇水。肉质根系,因此对水量反应灵敏,怕积水又不耐干。生长期生长迅速,要充分浇水,入冬后应停止浇水。

修剪:四季均可修剪,剪去太长和太密的枝叶,以保持植株造型美观。

施肥:讲究薄肥勤施,以施放饼肥为主。如果长期不施肥就会发生叶片变黄、脱落的情况。可在春季时施通用的综合型普通肥料1次,若希望植株长得快,则可以在夏、秋季节各施放1次。南方很多老人把鸡粪当作有机肥施用,因为鸡粪中富含氮元素,能促进

叶片生长。

注意事项

白兰花最忌烟气、台风和积水，呵护越细致，花叶越繁茂。白兰花如果出现不长高或者长速缓慢的情况，原因可能是土壤排水性不好，或者是土壤偏碱性。盆栽白兰花适宜种植在腐殖土中，并可以在种植盆底部铺上小颗粒碎瓦片或者两屋陶粒，这样可以促进植株根部顺利生长。

（14）冷水花

适合土壤：疏松、排水好的沙质土和泥炭土

生长高度：匍匐低于 20cm

观赏特性：叶片纹路分明、清新淡雅、妩媚可爱

摆放位置：典型的办公室植物，深受白领女性的喜爱，放置于书房、卧室、窗台、办公桌等处

栽培与养护

温度：喜温暖，生长适温为 18~25℃，较耐寒，冬季气温只要不低于 6℃ 就不会受冻，环境温度在 14℃ 以上就能生长良好。

光照：喜阳光充足，但应避免阳光暴晒，在半阴环境下叶色白绿分明，节间短而紧凑，叶面透亮并有光泽。在全阴的环境下生长会出现徒长、节间变长、倒伏、株形松散等症状。

水分和湿度：喜欢湿润的生长环境，要求生长环境的空气相对湿度为 60%~75%，夏季高温干燥时，除每天浇水外，早晚还应用清水淋洒叶面和附近的地面，以降温并增加空气湿度。植株应放于遮阴篷下，切勿长期放在强烈阳光下暴晒。入秋后逐渐控制浇水量，2~3 天浇水 1 次即可。

修剪：不需修剪，及时摘除腐烂和枯黄的叶片即可，必要时，可适当修剪，保持株形。

施肥：每年 4~9 月为生长旺季，在此期间可以每半月施放氮素液肥 1 次。秋后增施

磷肥、钾肥,可以使茎秆粗壮.防止倒伏。入冬后应该停止施肥。遵循淡肥勤施、量少次多、营养齐全的施肥原则。

注意事项

冷水花的节间如果出现变长、茎秆柔软、叶片变薄、叶色变暗等状况,那就说明其生长环境的光线过暗,或是光照过弱,应该将植株放置在南向的窗台上,但是在正午阳光强烈时应进行遮阴处理。以上情况也可能是由于缺肥所造成的,此时可以施放少量磷肥或者磷钾复合肥。

(15)铜钱草

适合土壤:肥沃疏松、吸水量大、保水性好的土壤,也可在湿润的河岸、沼泽、草地中或硬度较低的淡水中进行栽培

生长高度:5~15cm

观赏特性:叶片翠绿可爱

摆放位置:可放置于客厅茶几、卧室床头柜、办公桌等处,是优良的地被植物

栽培与养护

温度:喜温暖,忌高温和寒冷,生长适温为 16~24℃。夏季温度升至 32℃ 以上时,会停止生长;越冬温度不可低于 5℃。

光照:喜欢光照充足的生长环境,生长环境过于阴暗时,植株叶片容易腐烂,最好每天能接受 4h 以上的散射日光照射,亦可使用专用荧光灯,每天给予 8~10h 的照射。需要注意的是,当光照过强时,植株会横向生长;当光照弱时,植株会向上生长。

水分和湿度:喜欢湿润的生长环境。由于其叶片多,蒸腾量大,夏季要经常向植株喷水,以保持较高的空气湿度,叶片应保持干净,以利于光合作用。冬季盆土以偏干为宜,浇水遵循宁湿毋干的原则,忌积水,否则容易烂根。

修剪:一般不需要进行大量修剪,口十子过密时需及时摘除枯萎的底叶和外层老叶、病叶,以改善光照、通风条件。

施肥:喜肥植物,对肥料的需求量较大,生长旺盛期每隔2~3周追肥1次。当植株分化花芽后,要适当增施磷肥,促使叶片肥硕、叶色亮丽。

注意事项

铜钱草可水插养护,一定要每周换水并加入观叶植物专用营养液。铜钱草怕冷,冬季,将室外的铜钱草放在朝南向阳背风的地方,可安然越冬。

(16) 鸟巢蕨

适合土壤:肥沃、疏松的微酸性土壤

生长高度:60~120cm

观赏特性:株形丰满、叶色葱绿,孢子状叶簇呈鸟巢状,别致可爱,深受女性喜欢

摆放位置:庭院和室内都适宜种植,盆栽适合用作客厅、案头的装饰点缀,或放置于窗台、书房、宾馆前台、办公桌、书架等处

栽培与养护

温度:喜温暖,夏季温度超过30℃时,需要对其进行遮阴,并在其四周喷洒清水;冬季温度保持在10℃以上,植株可正常生长,若温度过低易发生冻伤。

光照:适宜在半阴环境下生长,耐阴,忌强光直射。只需少量光照就能生长良好,以明亮的散射光为佳。每5~7天应转动花盆1次,以改变花盆的方向,使植株均匀受光,健康生长。

水分和湿度:喜欢潮湿的生长环境,生长期应每天浇水1~2次,宁湿毋干,并应经常向叶面喷水,以保持叶面湿润、光洁。一般空气湿度保持在70%~80%较适宜。

修剪:耐修剪,一般不需修剪,为保持株形可以适当根据个人喜好修剪叶片。

施肥:喜肥,可以每月施氮肥或者氮、钾混合的稀释肥水1次,夏季温度高于32℃或冬季温度低于5℃时应停止施肥,生长季每两周施腐熟液肥1次,以保证植株健康生长。

注意事项

鸟巢蕨的叶片在冬季容易干枯卷曲,原因是土壤过于干燥或者周围空气湿度过低,

应该在定期浇水的基础上,向植株周围的地面喷洒清水或者存植株旁放上一盆清水,保持局部环境的湿润,即使叶而充满光泽,又有利于孢子叶的萌发。

(17)吊兰

适合土壤:排水良好、疏松肥沃的砂质土壤

生长高度:20~50cm

观赏特性:叶色鲜翠、叶形如兰、清新雅致

摆放位置:盆栽用于装饰客厅、阳台、窗台、门厅、书房、宾馆、办公桌、书架等处

栽培与养护

温度:喜温暖,生长适温为15~25℃,冬季温度保持在12℃以上,植株可正常生长,若温度过低,会导致生长迟缓或休眠。越冬温度不得低于5℃,低于5℃时易发生冻伤。

光照:喜半阴的生长环境,生长期内应适当增加光照,但不能被阳光直射,尤其是夏日正午的阳光,这时应将植株放置在阴凉处。适宜在中等光线条件下生长,亦需接受适当的阳光照射。若放置地点的光线过强或不足,叶片容易变成淡绿色或黄绿色,失去应有的观赏价值。

水分和湿度:喜湿润,较耐旱。冬天应将其移到室内,保持盆土微湿即可,可以每隔4天浇水1次,最好选择在冬季的中午浇水,水温最好和当时的气温一致,这样可以避免根部受冻。

修剪:每两年换盆1次,换盆应以3月份为宜。换盆时,需去掉部分陈土,并稍微修剪掉多余的根须,剪除枯根和枯黄的叶子。

施肥:喜肥,但忌肥量过剩,生长旺盛期,每月可施少量水肥1~2次。如果长期只施氮肥,叶片上的斑纹就会变得暗淡。施肥时要把叶片撩起,避免肥水玷污叶片,伤害嫩叶和叶尖,每次施肥后最好用清水喷洒、清洗叶面。

注意事项

施肥量过少会导致吊兰叶片尖端卷曲、枯黄,吊兰是较耐肥的观叶植物,若肥水不

足,叶片容易发黄,失去观赏价值。但对金边、金心等花叶品种,应少施氮肥,以免花叶颜色变淡甚至消失,影响美观。水培吊兰也能止常生长,滴入花宝即可旺盛生长,其根系洁白,是理想的水培植物。

(18) 绿萝

适合土壤:疏松肥沃、排水良好的腐叶土

生长高度:10~30cm

观赏特性:茎叶细软、叶片娇秀,宛如翠色浮雕

摆放位置:适合摆放在室内,如门厅、书房、窗台等处

栽培与养护

温度:喜温暖,生长适温为20~30℃,最高可耐35℃的高温。在南方生长最为旺盛。在北方,室温10℃以上.即可安全越冬,当气温低于10℃时易发生黄叶、落叶等现象。气温在20℃以上时,绿萝可以正常生长。

光照:对光照要求不严格,喜光,也极耐阴。春、夏季可以庇荫生长。秋冬季应增加光照,可把植株放到室内光照最好的地方,或在正午时将其放到阳台照射阳光。散射光较强的环境适合其生长。若长期处于阴暗的环境中,植株的节间会细长无力,叶片亦变薄、变淡。失去光泽。

水分和湿度:喜湿润,要求生长环境的相对湿度在60%以上,平时应勤浇水,保持盆土湿润,切忌干燥,不然叶色会变浅、变黄。在新旺生长期,要适当多浇水,保持土壤湿润。夏季气候干燥时,还应向植株及周围喷水以增加空气湿度;冬季需减少浇水量,3~4天浇水1次即可。

修剪:不需太多的修剪,只需及时摘除枯黄的老枝或者影响美观的斜枝即可。植株间分枝多时,应适当修剪,修剪下来的健康枝条可以插入水中,培养出新的植株。

施肥:稍喜肥,耐瘠薄。生长期以喷洒液态无机肥为主,每15天施肥1次。秋冬不施肥。

注意事项

经检测,绿萝 24h 内可清除甲醛 0.59mg、氨 2.48mg,此外绿萝对室内的一氧化碳、二氧化碳等也有很强的吸收能力,是一种非常适宜居家栽植的植物。

（19）虎尾兰

适合土壤:疏松的沙质土和腐殖土

生长高度:50~80cm

观赏特性:株形挺拔、花纹美观、叶面整洁、四季常青,是优良的室内观叶植物

摆放位置:可放置于门厅、书房、宾馆、办公桌、书架等处

栽培与养护

温度:喜温暖,生长适温为 18~27℃,忌寒冷,气温低于 13℃ 即停止生长,冬季温度长时间低于 10℃,就会造成植株基部腐烂,最终导致全株死亡。

光照:对光照要求不严,可放于阳光充足处,但夏日中午还是应该将植株放置在阴凉处,避免阳光的直射。植株具有趋光性,应经常转动花盆方向。

水分和湿度:虎尾兰为沙漠植物,能耐贫瘠、干旱等恶劣环境。浇水应遵循宁干毋湿的原则。春季到秋季生长旺盛,应充分浇水。冬季休眠期要控制浇水量,并保持土壤干燥。浇水时要避免将水浇入叶簇内。用塑料盆或其他排水性差的装饰性盆器时,切忌积水,以免造成根系腐烂、植株倒伏。

修剪:栽培多年后,如果出现植株过于高大或茎干下部的叶片脱落、倒伏的情况,可适当进行修剪,剪下的叶片可以插入基质中培养出新的植株。

施肥:稍喜肥,但施肥不应过量。生长旺盛期,每月可施少量水肥 1~2 次。长期只施氮肥,叶片上的斑纹就会变暗淡。一般使用复合肥,也可在盆边土壤内均匀地埋入 3 处熟黄豆,注意不要与根接触。每年 11 月至来年的 3 月停止施肥。

注意事项

虎尾兰的叶子经常出现变软和腐烂的状况,往往是因为过量浇水造成的,虎尾兰属

于沙漠植物,喜好高温,耐贫瘠,具有在恶劣环境中坚强生存的能力,水浇多了,反而容易使其适应力变弱。虎尾兰烂根以后叶耐就会软化,最终腐烂死亡。

(20)八角金盘

适合土壤:疏松、肥沃和排水良好的砂质土壤

生长高度 50~500cm

观赏特性:优良的观叶植物,茎叶纤秀、柔美优雅、姿态潇洒

摆放位置:可放置于客厅、办公桌、书房等处

栽培与养护

温度:喜凉爽,生长适温为 15~22℃。较耐寒,冬季应使气温保持在 10~12℃,低于 0℃就可能被冻死。

光照:强阴性植物,必须常年庇荫,被阳光直射时叶片容易萎缩。生长期时,适当照射早晨 9 点前的阳光可以促进枝叶萌发。

水分和湿度:喜湿润,忌积水。在新叶生长期,可适当多浇一些水,以保持表土湿润。夏季应每天浇水,气候干燥时还应向植株及其周围喷水,增加空气湿度。冬季温度较低,盆土宜偏干,浇水过多会引起叶片发黄并从基部脱落。

修剪:在培植 4~5 年后,如果植株较高可适当短截,使其适合盆栽观赏。小苗适合做成微型盆栽,造型美观、雅致,可放在家中的任何位置。

施肥:对施肥要求不高。生长旺季可每月施液体氮肥 1 次;5~9 月时,每月施饼肥水 2 次。每年春、夏季追施肥 4~5 次,冬季应停止施肥,其他时间只浇灌清水即可。

注意事项

八角金盘的茎部有毒,误食以后,严重时会引起免疫系统中毒、精神性中毒、器官损伤性中毒等。家中如有孕妇和小孩,应该避免栽种八角金盘。

(21)宝贵竹

适合土壤:疏松、肥沃和排水良好的砂质土壤

生长高度：30~200cm

观赏特性：茎秆挺拔、叶色浓绿、冬夏常青，无论盆栽或剪取茎干瓶插还是加工成"开运竹""弯竹"，均显得茎叶纤秀、姿态潇洒

摆放位置：多放置于家庭几案、窗台、宾馆大堂、客厅、餐厅和会议厅堂等地

栽培与养护

温度：喜温暖，生长适温为20~28℃，夏季可耐30℃高温。冬季温度在10℃以下叶片就会变黄枯萎，2~3℃低温下还能缓慢生长，但要注意防寒、防霜冻，最好将其移至室内过冬。

光照：喜半阴环境，对光照要求不严，适宜在有明亮散射光的环境中生长，长时间暴晒容易使叶片变黄、植株生长缓慢，春、秋、冬季适当增加光照可使叶色翠绿，夏季高温时，需要庇荫。

水分和湿度：喜湿润，浇水遵循见干见湿的原则，忌长期干旱和长期积水。生长旺季除了每天浇水1次外，还应向叶面和周围环境喷洒清水，起到增加空气湿度和降温的作用。

修剪：耐修剪，枝干部分只需及时摘除黄叶即可，修剪一般是指对根部进行修剪。水培富贵竹的根须过长会影响其对水分、养分的吸收，应定期修剪主根周围过长过密的须根，以促进植株新陈代谢和新叶萌发。

施肥：水培富贵竹可以每隔两周加入几滴啤酒或者龙舌兰酒，可使枝干挺拔、叶片繁茂、叶色亮绿，在换水时，滴入几滴营养液，可促进新叶萌发。等其长出根须后可以停止加肥，春、秋季可偶尔追加一点液态磷肥以保叶片伸展。

注意事项

如果水培富贵竹，首先要培育出它的须根，可将根的基部切成平滑的斜口，增大根部吸收水分、养分面积。每3天更换1次清水。富贵竹寓意"花开富贵、竹报平安、节节高升"，是中同家庭最常见的观赏植物。

(22) 多肉观音莲

适合土壤：土层深厚、排水良好、肥沃疏松的砂质土壤

生长高度：5～15cm

观赏特性：株形端庄、小巧，犹如一朵盛开的莲花，活泼可爱

摆放位置：可放置于家庭几案、桌饰、窗饰、玄关花架等处，还可剪取花枝做艺术插花花材

栽培与养护

温度：喜温暖，忌严寒，生长适温为 22～30℃。夏季高温超过 32℃ 或者通风不畅时，新叶容易腐烂。周围温度低于 20℃ 时植株就会生长缓慢或停止生长，且地上部分发黄、萎蔫、凋谢。

光照：典型的耐半阴植物，切忌暴晒，整个生长期都需要半阴的生长环境。生长旺盛期可每 3～4 天转动花盆 1 次，使植株均匀受光，促使叶片健康生长，叶色翠绿诱人。

水分和湿度：喜欢稍微湿润的生长环境，耐干旱。4～9 月份为其生长旺盛期，要求湿润的土壤和较高的空气湿度。尤其在炎热的夏季，叶片水分蒸发量大，需水量会大增，应经常向叶面喷水。当气温低于 15℃ 时，植物进入休眠状态，要严格控制浇水量，盆土保持微湿即可，同时将其置于温暖、无风的地方，使其安全过冬。

修剪：一般不需要进行修剪，生长旺盛期叶片过密时应及时摘除枯萎或者发黄的叶片，底叶和外层老叶、病叶也应一并摘除，这样可以改善光照和通风条件，减少病虫害。

施肥：在春、夏、秋季应每半个月或每 1 个月适量施用液态氮肥，切忌把肥水洒在叶片上。将磷酸二氢钾稀释 1000 倍溶液喷洒在叶片上，可使叶色碧绿，叶片厚度与大小均匀。

注意事项

多肉观音莲的叶片变软和腐烂多是由于浇水过量使植株根部长期积水造成的，应减少浇水量，并使植株在早上 9 点前适当接受半小时的阳光照射，可逐渐缓解以上情况。

无论是新株还足不带忿的老株,刚栽入花盆时最好不要浇水,向叶片喷洒少许清水即可。

(23) 吊竹梅

适合土壤:疏松、肥沃的砂质土壤

生长高度:5~15cm

观赏特性:叶色美丽,枝条自然飘逸,别具风姿

吊竹梅

摆放位置:多放置于家庭几案、窗台、玄关花架等处,尤其适宜悬挂观赏,也适宜作园林美化之用,点缀假山和花柱

栽培与养护

温度:喜温暖、通风的环境,生长适温为10~25℃忌烈日暴晒。入冬后需将其移入室内栽培,并使室温保持在5℃以上。

光照:春末秋初,每天上午10点至下午3点要适当遮阴。盛夏时要使植株处于通风良好且具有充足明亮散射光的环境中。冬季可将其放在朝南的窗台上,多见阳光。如长期光照不足,易产生茎叶徒长、节间变长、开花少或不开花的情况。

水分和湿度:喜欢湿润的生长环境,生长期时要保持盆土湿润,夏季要向叶面及其周围喷水,以保持较高的空气湿度,使枝叶鲜艳。冬季温度低,要控制浇水量。越冬期间植株处于休眠状态,需水量少,若此时浇水过多,使盆土长期潮湿,则易引起叶黄根烂。

修剪:一般不需要进行大量修剪,叶子过密时需及时摘除枯萎的底叶和外层老叶、病叶,以改善光照通风条件,减少病虫害。为保持其枝叶丰满,茎长到20~30cm时,应进行摘心,以促其分枝,否则枝条会长得过于细长,影响观赏效果。

施肥:对肥水要求较高,栽培时要施足有机肥作基肥。生长期时每隔10天施稀薄液肥1次,施肥后要向植株喷水,以免肥液玷污叶片而引起叶片发黄。夏季高温时,应停止

施肥,遵循淡肥勤施、量少次多、营养齐全的施肥原则。

注意事项

吊竹梅具有清热解毒、凉血止血、利尿的功能。吊竹梅生长速度较快,株形容易乱,因此需要经常整理。此外吊竹梅可以水插方式养护,水插时,可在容器的底部放几块木炭,以防止植株基部腐烂。

（24）圆叶椒草

适合土壤:疏松、肥沃的砂质土壤

生长高度:5~15cm

观赏特性:植株玲珑可爱、叶形奇特、叶色或碧绿如翠或斑驳多彩、花朵清新宜人

摆放位置:适合放置于案头观赏

栽培与养护

温度:喜稍温暖的生长环境,生长适温为20~30℃,不耐高温、不耐寒,夏季要放在较凉爽的地方。冬季最低温度不可低于10℃,10℃以下会停止生长,5℃以下会遭受冻害。

光照:喜半阴,春、夏、秋季要适当庇荫,太强的光线对植株生长不利,强烈的直射光会灼伤叶片,但光线过弱会使叶片颜色变淡,失去光亮的色彩。

水分和湿度:喜湿润的生长环境,生长期时要保持盆土湿润,夏季要向叶面及其周围喷水,以保持较高的空气湿度。其他季节对空气湿度要求不高,但经常用与室温相近的水向植株喷洒,可使植株生长繁茂,叶色碧绿、光亮。

修剪:一般不需要进行大量修剪,应剪去底层过密的老叶,或者直接剪下过密的偏枝。

施肥:对肥料要求不高,生长期每2~3周施腐熟的稀薄液肥或观叶植物专用肥1次,冬季应停止施肥。施肥过量会导致叶面上出现麻点。

注意事项

圆叶椒草可以用叶片扦插繁殖。选用健壮、无病虫害的大叶片,把叶片和叶柄一起

插入松软的土中,深度以时片可以立起为佳。一般在 20 天后便可生根,2 个月左右能长出数株幼小的植株,生长到一定大小后就可以将其移植至新盆中。

(25)龟背竹

适合土壤:肥沃疏松、吸水量大、保水性好的微酸性土壤

生长高度:30~150cm

观赏特性:姿态优雅,羽状裂叶奇特、美丽,色泽鲜亮,颇具热带风情,叶片上的孔眼和缺刻,有虚有实、新奇有趣,古朴雅致

摆放位置:可放置于客厅、书房、门厅以及商场、宾馆大堂等处

栽培与养护

温度:喜温暖,忌高温和寒冷,生长适温为 20~25℃。夏季温度升至 32℃以上时,会停止生长。幼苗期,冬季夜间温度应不低于 10℃。成熟植株短时间内可耐 5℃的低温,当温度低于 5℃时,易发生冻害,甚至死亡。

光照:喜光,常年都应放置于光线充足但不是阳光直射的地方,具有一定的耐阴能力。

水分和湿度:喜湿润的生长环境,由于其叶片大,蒸腾量大,夏季要经常对植株及其四周喷水,以保持较高的空气湿度。同时,叶片应该保持清洁,以利于光合作用。冬季盆土以偏干为宜,浇水掌握宁湿毋干原则,但不能长期积水,否则容易烂根。

修剪:一般不需要进行大量修剪,叶子过密时需及时摘除枯萎的底叶和外层老叶、病叶,以改善光照、通风条件,减少病虫害。

施肥:喜肥植物,盆栽通常用腐叶土、园土和河沙等量混合作为基质。种植时加少量骨粉、干牛粪作基肥。为使其生长旺盛,4~9 月每月施稀薄液肥 2 次,使其叶色可人。

注意事项

如果龟背竹的气生根过多会影响株的美感,可以把气生根放入水盆巾,这样能为植株提供水分,不仅增强了龟背竹的适应性,还能减少浇水的次数。如果实在太多或者

太壮,影响摆放,可以用小刀切去一部分,这并不影响植株的生长。

(26)吸毒草

适合土壤:疏松、排水好的沙质土和泥炭土

生长高度:30~60cm

观赏特性:株形小巧可爱、叶色嫩绿、四季常青

摆放位置:盆栽可作为阳台、卧室、书房等处的装饰;落地栽种适合片植于公园或开发性区域

栽培与养护

温度:喜温暖,生长适温为10~25℃,夏季温度升至30℃以上时生长受限,冬季最低越冬温度为-50℃。

光照:喜光,可将吸毒草放置在有阳光照射的地方,室内正常通风即可。如果生长环境采光不良,如卫生间、厨房等地,则应在吸毒草放置于室内72h后将其挪至阳光充足的地方,72h后再放回室内。天气不冷时可放置在屋外见光换气。

水分和湿度:喜湿润,稍耐旱,每隔3~5天用清水或淘米水浇灌即可。由缺水造成的枝叶下垂应马上补充水分。如需补充营养,可采用一般常用的植物营养液。

修剪:生长速度快,建议每周适当修剪,将较高枝节上新叶的上方剪掉即可。若出现黑边叶子或根部老的叶子,应及时摘除。冬季生长缓慢,尽量少修剪,修剪后应将植株放到阳光充足的地方,帮助植株恢复。

施肥:不喜大肥,可以每半个月追施稀薄肥水1次,每周根外追施0.1%的磷酸二氢钾溶液1次。生长期每半个月施腐熟饼肥水1次,注意氮肥不宜过多;花芽萌发期,每半个月施骨粉1次。

注意事项

吸毒草的抗性强,在有毒的环境中也能生长良好。不过,近年来有专家认为,吸毒草并不是真的能将有毒物质吸入体内,而只是将有毒物质吸附于叶片表面。因此,在养护

吸毒草时应每隔一段时间就将其放置于室外日光下,使其能够彻底排毒。

（27）微型竹柏

适合土壤:深厚、疏松、湿润、腐殖质层厚、呈酸性的土壤

生长高度:10~30cm

观赏特性:树形似柏,形态丰挺优雅。叶片和树皮一年四季都散发着类似混合了兰香和丁香的淡淡的幽香,馨香宜人。叶片墨绿亮泽、肉质感强,叶片纹理细腻而富有韧性,形如竹叶、厚重健壮

摆放位置:适合放置于家庭的各个角落,也是办公室窗台和办公桌上的最佳装饰

栽培与养护

温度:喜温暖,忌高温和寒冷,生长适温18~26℃。夏季温度升至32℃以上时,会停止生长;不耐寒,能承受的最低气温为-70℃,但当温度低于-7℃时,易受冻害。

光照:耐阴,但也应该适当地接受阳光的照射。在遮阴环境中,其生长速度明显快于其在光线充足的环境中。在阳光强烈的地方,很容易使根茎发生灼伤或枯死的现象。

水分和湿度:夏季要经常向植株喷水,以保持较高的空气湿度,叶片应保持干净,以利于光合作用。冬季盆土以偏干为宜,应每隔5~7天浇水1次,且水温不能过低。浇水应掌握宁湿毋干的原则,忌积水,否则容易烂根。

修剪:一般不需要进行大量修剪,冬季,植株进入休眠或半休眠期,要把瘦弱、病虫、枯死、过密等枝条剪掉。

施肥:对肥料没有特殊要求,每年的4~6月可以适量施肥,每隔15~20天浇施0.2%的尿素或3%~5%的稀薄腐熟猪粪尿1次。浇施肥料时要做到适量多次,注意不要浇到叶茎上。

注意事项

竹柏是非常古老的裸子植物,起源于距今约1亿5500万年前的中生代白垩纪,被人们称为"活化石",是珍贵稀有的濒危树种,需要重点保护。

（28）鹅掌柴

适合土壤：深厚肥沃的酸性土

生长高度：30~80cm

观赏特性：株形丰满优美、叶小而密集，寓意欣欣向荣

摆放位置：优良的盆栽植物，宜放置客厅、书房及卧室等处，也可放在庭院遮阴处和阳台上观赏

栽培与养护

温度：喜温暖，忌高温和寒冷，生长适温为15~25℃。冬季最低温度不应低于5℃，否则会造成叶片脱落。

光照：喜光，常年都应放置于光线充足但不是阳光直射的地方，具有一定的耐阴能力。

水分和湿度：喜湿润，在空气湿度高、土壤水分充足的环境下生长良好，对北方干燥气候有较强的适应力。盆土长期缺水会引起叶片大量脱落。冬季低温条件下应适当控水，否则容易烂根死亡。

修剪：比较耐修剪。植株生长较慢又易萌发徒长枝，平时需经常整形修剪。生长多年后，在室内栽培会显得过于庞大，可结合换盆进行重修剪，去掉大部分枝条，同时把根部切去一部分，重新栽种。

施肥：对肥科要求不高，平时可以不施肥，到了夏季生长期时也只需每周施肥1次。可用等量的氮、磷、钾颗粒肥松土后施入。斑叶类的鹅掌柴应少施氮肥，氮肥过多会使叶面斑块逐渐转淡。

注意事项

鹅掌柴的枝干和根部表皮中含有酚类、氨基酸、有机酸等物质，在中药中被认为有发汗解表、祛风除湿的功效，治疗流感发热、咽喉肿痛、风湿骨痛、跌打淤积肿痛，还有止血消肿的功效。

（29）银杏

适合土壤：肥沃、疏松的微酸性土壤

生长高度：作为盆景的栽植高度为 30～200cm

观赏特性：株形古朴雅致，春夏叶色翠绿，秋季叶色金黄。盆景造型苍劲潇洒

摆放位置：可放置于居室的客厅、书房、门厅以及商场、宾馆大堂等处

栽培与养护

温度：喜温暖，耐严寒，生长适温为 20～25℃。夏季温度升至 32℃以上时，生长会变缓，冬季只要最低气温不低于-20℃就能缓慢生长。

光照：典型的喜光树种，要求较强的光照才能满足其光合作用的需求。四季均应该放置在光线充足的地方，即使是强光直射也能适应，但最好不要长时间放在被太阳光直射的地方，水分流失过快会导致银杏树枝干变细。

水分和湿度：喜稍微湿润，1 个星期浇水 2 次即可，可根据天气的情况而定，一般土壤表面比较干燥或者叶子有点变蔫时就应该浇水。

修剪：一般不需修剪，因为新梢抽发量少，应减少修剪枝叶，以利其加速增粗。上盆 1 年的植株，可剪去枝头，以保证枝干直立。

施肥：对肥料无特殊要求，施肥可在春、夏两季进行，春季可施少量腐熟的有机肥，如果春季施肥量大，一年施 1 次即可，量小则在每年 8 月中旬补施 1 次。

注意事项

银杏是植物界中的老寿星，寿命可达千余岁，其最早出现于 3.45 亿年前的石炭纪，被称为"活化石"。银杏具有降血消、降胆固醇、扩张冠状动脉的功效，广泛用于治疗高血压、高血脂、心绞痛等病症。银杏树很少发生病虫害，因为其叶片含抗虫毒素，能防虫蛀。银杏果实具有祛痰、清毒、杀虫之功效。

（30）绿宝石喜林芋

适合土壤：富含腐殖质且排水良好的土壤

生长高度:50~200cm

观赏特性:在热带雨林中常攀附生长在树干或岩石上;叶片宽大浓绿,株形规整雄厚,富有热带风情

摆放位置:常放置于厅堂、会议室、办公室等处

栽培与养护

温度:喜温暖,忌高温和寒冷,生长适温为20~30℃。越冬适温为12℃,否则容易发生冻害,叶片会开始枯黄,根系也会逐渐腐烂。直至来年春末气温回升到12℃以上时,才能将其移至室外养护。

光照:喜光,忌强光照射,一般生长季需遮光50%~60%,亦可忍耐阴暗的室内环境,但长时间光线不足容易造成徒长、枝叶细弱,不利于观赏。冬季也需充足的光照。

水分和湿度:喜多湿的生长环境,平时需保持盆土湿润,尤其在夏季不能缺水,而且还要经常向叶面喷水;但应避免盆土积水,否则叶片容易发黄。一般春夏季每天浇水1次,秋季可3~5天浇水1次,冬季应减少浇水量,但不能使盆土过于干燥。

修剪:一般不需要修剪,叶子过密时需及时摘除枯萎的底叶和外层老叶、病叶,以改善光照、通风条件,减少病虫害。

施肥:喜肥植物,盆栽通常用腐叶土、园土和河沙等量混合作为基质。生长季要经常追肥,一般每月施肥1~2次。秋末及冬季生长缓慢或停止生长,应停止施肥。

注意事项

如果绿宝石喜林芋的叶片总是不够浓绿,甚至呈黄色,这种状况多是由于光照不足造成的,可在春、秋季节将其移至室外遮阴处一段时间后再搬入室内,长势会更加旺盛,叶色也会更加浓绿。

(31)春羽

适合土壤:肥沃、疏松的微酸性砂质土壤

生长高度:50~150cm

观赏特性:叶片巨大,呈粗大的羽状深裂,叶色浓绿,富有光泽,气生根极发达并下垂,株形优美

摆放位置:可放置于室内厅堂中,特别适宜装饰音乐茶座,宾馆休息室等处

栽培与养护

温度:喜温暖,忌高温和寒冷,生长适温为18~25%。夏季温度升至32℃以上时,会停止生长;冬季能耐2℃的低温,但温度保持在8℃以上为佳。

光照:喜阴.在光线较强的室内可以放置数月,不会影响其正常生长。在较阴暗的环境中,只要水分充足和温度适宜.也可以正常生长2周以上。

水分和湿度:热带植物,喜湿润的生长环境,由于其叶片大,蒸腾量大,夏季要经常向植株喷水,并做好通风、降温等措施,以增加空气的相对湿度。一般在生长期内只需要保持50%左右的湿度即可,气温高于25℃时,就需要将空气湿度提高至70%左右。能受短暂的涝渍,但长期积水容易导致烂根死亡。

修剪:一般不需要进行大量修剪,叶子过密时需及时摘除枯萎的底叶和外层老叶、病叶,以改善光照、通风条件,减少病虫害。

施肥:喜肥植物,春末生长旺盛期需施以氮肥为主的肥料,促其生长,恢复生机。施肥遵循薄肥勤施的原则,不可一次施放太多。进入秋季后,要控制氮肥的施用量,否则叶柄会变细、变长,影响植株的美观性,冬季低温时应停止施肥。

注意事项

如果气生根过多,会影响植株的美感,但是把气生根导入水盆中,则能为植株提供水分,提高春羽的适应性,还能降低浇水的频率。如果气生根实在太多或者太壮,影响摆放,则可以用小刀切去一部分,不会影响植株的生长。

(32)爬山虎

适合土壤:阴湿、肥沃的土壤

生长高度:5~10cm

观赏特性:夏季枝叶茂密,姿态优雅稳健,藤蔓强健有力,给人一种生机勃勃的向上感

摆放位置:优秀的园林植物,适宜作为宅院墙壁、围墙、庭园入口等处的垂直绿化

栽培与养护

温度:喜温暖,不惧高温和寒冷,生长适温为20~25℃。夏季温度升至32℃以上时,生长速度变慢。冬季能忍耐-20℃的低温。

光照:虽然喜欢较阴暗的生长环境,但是具有超强的适应能力,即使常年放置于光线充足的地方,也能正常生长。

水分和湿度:喜湿润的生长环境,由于其叶片多,蒸腾量大,夏季要经常向植株喷水,保持较高的空气湿度,叶片应保持干净,以利于光合作用。冬季盆土以偏干为宜,浇水应遵循宁湿毋干的原则。

修剪:非常耐修剪,在生长过程中,可以根据情况修剪整理枝蔓,以保持整洁、美观、方便。枯黄的叶片容易脱落,及时清扫即可。

施肥:喜肥植物。初栽时深翻土壤,施足腐熟基肥,生长期时,可追施液肥2~3次,其他时间无须施肥。

注意事项

爬山虎生性随和,占地少、生长快,绿化覆盖面积人。一根茎粗2cm的藤条,种植两年,墙面绿化覆盖面积便可达30~50m³。爬山虎的卷须式吸盘还能吸去墙上的水分,有助于使潮湿的房屋变得干燥,而干燥的季节,又可以增加空气湿度,降低室内的温度。但是这种植物的入侵性很强,长期攀爬着爬山虎的墙耐会变得坑坑洼洼,即使墙而有涂层,也会被爬山虎的强大根系抓下来,所以最好在墙面上设置隔离网。

(33)米兰

适合土壤:腐叶土或疏松肥沃、排水好的中性土

生长高度:50~200cm

观赏特性:花小、花期长、嫩黄色,开花时像整株树挂满小珍珠,香气袭人、沁人心脾

摆放位置:常栽植于绿地、公园、庭院及校园等处,盆栽常用于装点阳台和居室

栽培与养护

温度:生长适温为 20~25℃,不耐寒,冬季当最低气温降至 5℃ 左右时,可将米兰移入温度为 5~10℃ 的室内越冬。米兰在低于 5℃ 的环境中易遭受冻害。米兰对温度十分敏感,当气温达到 16℃ 时,植株抽生新枝,气温升至 25℃ 时,植株生长旺盛。

米兰

光照:适合全日照,属于阳性树种,可置于阳光充足、空气流通处,除盛夏中午需要为米兰遮阴以外,应使米兰多见阳光。如果阳光不足,米兰的枝条容易徒长,花香还会逐渐变淡,甚至不香。

水分和湿度:怕干旱,耐半阴,忌积水。夏季气温高时,除每天浇水 1~2 次以外,还要经常向植株及其四周喷水,提高空气湿度;冬季减少浇水次数,每两天浇水 1 次。浇水频率还可参照叶片状态,如果叶片失去光泽或者软化时就应该补水。

修剪:天生整齐,树形也非常美丽,不需过多修剪。

施肥:由于米兰 1 年内开花次数较多,所以每开过 1 次花之后都应及时追施充分腐熟的稀薄液肥 2~3 次,这样才能使其开花不绝、香气浓郁。

注意事项

米兰能吸收空气中的二氧化硫和氯气。据检测,1000g 米兰叶片可吸收 4.8mg 氯气,同时米兰花朵能释放具有杀菌效果的挥发油,能有效净化空气。米兰是酸性植物,较不适应北方的碱性土壤,可用稀释 150~200 倍的家用的米醋溶液喷洒于叶面,除了可以增加叶片的光泽度外,对病虫害也有较好的抑制作用。

（34）猪笼草

适合土壤：松散透气，保水能力好的土壤

生长高度：20~50cm

观赏特性：叶片翠绿、造型奇特、可爱有趣

摆放位置：优秀的室内装饰植物，适合放置在阳台、窗台等处

栽培与养护

温度：生长适温为 15~25℃。当温度低于 15℃ 时会停止生长，10℃ 以下易受冻害。昼夜温差大的气候环境利于猪笼草的生长。

光照：喜光线充沛又怕强光直射，采光不足则植株会变得弱小，叶片和捕虫囊变小，甚至还会无法长出捕虫囊。强光下长出的捕虫囊颜色为红色，而弱光下长出的捕虫囊不仅会显得纤细，颜色也多为暗绿色或无光泽。

水分和湿度：喜湿润的生长环境，需要长时间保持土壤潮湿，忌过度潮湿和不透气的栽培环境，土壤以不能挤出水且松散为宜。空气湿度是决定猪笼草能否正常结出捕虫囊的关键，空气湿度至少要在 60% 以上才能结出较大的笼兜。当捕虫囊里的消化液干了时，可以向捕虫囊中灌少许水，水灌至捕虫囊的三分之一为好。捕虫囊中有水时，捕虫囊就不易枯死。

修剪：耐修剪，在生长过程中，及时修剪病叶、黄叶，以保持植株的整洁、美观。

施肥：喜肥植物，对于肥料的要求比较严格，宜在每年暮春至仲秋时期，每月淋施淡薄的有机液肥或高稀释倍数的商品液肥 1~2 次，不要将固态肥放入种植盆中。

注意事项

中药中的"雷公壶"指的就是猪笼草属中的奇异猪笼草，其性味甘凉，用于治肺燥咳嗽、百日咳、黄疸、胃痛、痢疾、水肿、痈肿、虫咬伤等病症。

（35）金琥

适合土壤：肥沃并含石灰质的砂质土壤

生长高度:20~50cm

观赏特性:球体碧绿,全身披满金黄色的硬刺,顶部还有金黄色的绒毛。金琥的寿命很长,栽培容易,成年后的大金琥花繁球壮,美丽华贵,观赏价值很高

摆放位置:优秀的室内装饰植物,适合放在阳台、窗台等处

栽培与养护

温度:喜温暖,生长适温白天为25℃,夜晚为10~13℃,适宜的昼夜温差可使其加快生长。冬季应放入温室中或室内向阳处,温度保持在8~10℃。若冬季温度过低,球体上会出现难看的黄斑。

光照:喜光照充足.每天至少需要6h的太阳直射光的照射。夏季应适当遮阴,但不能遮阴过度,否则球体会变长,降低观赏价值。

水分和湿度:喜稍干燥的生长环境,必须待盆土完全干燥后再浇水,注意浇水时不要用水浇淋球体。夏季是金琥的生长旺季,需增加浇水量。如遇干旱要勤浇水,浇水时间最好是清晨和傍晚,切忌在炎热的中午浇过凉的水,否则易引起植株"着凉"而生病。中午盆土过干时,可喷洒少量的水使盆面湿润,不能向球的顶部及嫁接部位喷水,以免积水腐烂。

修剪:不需修剪。

施肥:喜肥植物,每周施薄肥水1次。春季应勤施薄肥,每周1次,浓度可略高些。生长期内,每半个月左右施含氮、磷、钾等成分的稀薄肥液1~2次,结合浇水使用。盛夏高温时不施肥。肥料以家禽、鱼肉残渣或禽粪腐熟后兑水稀释施用,施肥宜在早上9~10点或下午5点以后进行,施肥后应隔1天再浇水。

注意事项

金琥易受红蜘蛛、介壳虫、粉虱等病虫害,应加强防治、可喷洒40%乐果或90%敌百虫1000~1500倍液喷雾,平时注意将其放置在通风处。

(36) 观赏凤梨

适合土壤:田园土或是泥炭土和珍珠岩各半混合的土壤

生长高度:30~50cm

观赏特性:叶片翠绿,向四周分散,开花时花色鲜艳美丽、光亮喜人,寓意财源广进

摆放位置:可摆放于客厅、书房、窗台等处

栽培与养护

温度:喜温暖,3~9月适温应在21~27℃,9月至翌年3月适温应在16~21℃,冬季适温应不低于5℃。

光照:冬季可全日照,春、秋季早晚要有光照,夏季不能长时间被阳光直射。日照充足,则叶面色泽更加艳丽、光鲜照人。

水分和湿度:适应性强,对水分要求不高,短时间缺水,对生长无明显影响。生长旺盛期可适当增加浇水次数,叶筒中也可灌注少量清水。夏季高温时应常向叶面喷水,冬季盆土以偏干为宜,但不宜过干。

修剪:一般不需修剪,花后应及时剪去花茎,冬季要及时摘除黄叶,以减少水分和养分的消耗。

施肥:每隔20天施放腐熟有机液肥或者含有氮、磷、钾的复合肥料。在5~9月,每周施氮肥1次,花前适当增施磷、钾肥,以使花大色艳。开花后进入休眠期,需将花梗剪除,以减少养分的消耗。

注意事项

观赏凤梨寓意红运当头,财源广进,是送礼及公司开业庆典的佳品。观赏凤梨没有毒,似是有的种类叶子边缘有刺,所以应放存儿童够不到的地方。

(37) 百合竹

适合土壤:湿润、排水良好、富含有机质的砂质土壤

生长高度:5～10cm

观赏特性:夏季枝叶茂密,姿态优雅稳健,极受人们喜爱

摆放位置:优秀的园林植物,适合栽植于宅院墙壁、围墙、庭园入口等处

栽培与养护

温度:喜高温,忌寒冷,生长适温为 20～28℃。夏季温度升至 32℃ 以上时,生长速度变缓;冬季越冬最低温要求在 12℃ 以上。

光照:耐阴性强,虽在全日照或半日照条件下均能生长,但以遮阴 50%～70% 的生长环境为最佳。

水分和湿度:喜欢湿润的生长环境。对水分的要求不高,耐旱也耐湿,但空气湿度高时生长更旺盛。生长期宜多向叶面及周围环境喷洒水分。浇水要以浇透为原则,杜绝喷淋式浇水。

修剪:耐修剪,在生长过程中,可根据情况修剪整理枝蔓,以保持植株的整洁、美观。枯黄的叶片容易脱落,应及时清扫。5 月中旬应该进行修剪,短截后会萌发更多的枝条,株形也会变得更丰满。剪下的枝条还可以扦插繁殖。

施肥:喜肥植物,但是对肥料要求不高。初栽时应深翻土壤,施足腐熟基肥。生长期时施肥可用有机肥科或氮、磷、钾肥,每月少量施用 1 次。施用化学肥料时要少量多次,并在施肥后及时浇水。

注意事项

百合竹的病虫害较少,家庭养护过程中常因空气干燥或因其他花卉植物的传染而受到红蜘蛛的侵害,一般可用清水冲洗多次,或直接喷施螨类专杀药剂进行防治。

(38)金鱼吊兰

适合土壤:疏松、肥沃的砂质土壤

生长高度:5～10cm

观赏特性:叶色碧绿、株形优雅,开花时,枝头缀满类似金鱼的小花,别有情趣

摆放位置:适合摆放于窗台、几案等处

栽培与养护

温度:喜温暖,忌高温、寒冷,生长适温为 15~25℃。越冬最低温度为 13℃,在北方地区的冬季必须将其搬入室内过冬,并采取一定的防寒措施。

光照:喜光植物,春、夏、秋季可将其放在室内明亮的散射光处,现蕾后要移至光线较充足的南窗附近。

水分和湿度:喜较高的空气湿度,生长季节要求空气湿度在 75% 以上,生长环境太干燥,容易引起叶片脱落,并影响开花。一般在 12 月至翌年 1 月进入休眠期,此时要控制浇水量,表土微湿即可。秋末冬初花芽分化期,需要适当减少浇水次数,以利花芽分化。

修剪:耐修剪,但一般不需修剪,只在花谢以后进行适当修剪,促使植株加速分枝。

施肥:稍喜肥,春秋季节可每 7~10 天施稀薄液肥 1 次。秋季以施氮肥为主,促使枝多叶茂,开春后应适当多施些磷、钾肥,以使花多色艳。

注意事项

金鱼吊兰一般用分株法或直接剪取带气生根的幼株来栽种,也可以直接用大容器水培种植,以金鱼吊兰根部刚刚淹没在水里为好,水培的水应进行晾晒处理后再使用,每次加水加至容器高度的三分之一即可。

(39) 肾蕨

适合土壤:疏松、肥沃,透气性佳的中性或微酸性土壤

生长高度:30~60cm

观赏特性:株形丰满、雅致,叶片较大,叶色葱绿且具光泽,叶片展开后下垂,十分优雅,是富有生气和美感的植物

摆放位置:庭院和室内都适宜种植,还可作为窗台、书房、宾馆前台、办公桌、书架等处的绿色装饰

栽培与养护

温度:喜欢凉爽、湿润、通风的半阴环境,生长适温为 20～25℃。当夏季高温超过30℃时,需要为其遮阴并在其四周喷洒清水;当冬季温度在 10℃以上时,植株可正常生长,若温度过低易发生冻伤。

光照:适宜在半阴的环境下生长,耐阴,忌强光直射。只需少量光照就能生长良好,以明亮的散射光为佳。

水分和湿度:喜欢潮湿的生长环境,生长旺季需要充足的水分,冬季应控制浇水量,土壤稍微干燥为佳。植株生长环境的空气湿度最好达到 80%,高温高湿下,植株能充分发育。

修剪:耐修剪,一般是为保持株形美观而进行修剪。

施肥:喜肥,可以每月施氮肥或者氮、钾混合的稀释肥水 1 次。夏季温度高于 32℃或冬季温度低于 5℃时应停止施肥。

注意事项

蕨类植物一般可以进行孢子繁殖。每年在春、夏季,将长有孢子的叶片剪下,放入透气的纸袋中,等叶片枯萎后,收集孢子,撒在泥炭土或者营养土上,覆上一层保鲜膜,一周左右就能长出鲜嫩的小植株。

(40)滴水观音

适合土壤:疏松、排水好的沙质土和泥炭土

生长高度:30～200cm

观赏特性:叶姿优美、株形挺拔、叶片硕大.具有浓郁的热带风情,夏季将其放置在室内空间中,可使人感觉凉爽、轻快

摆放位置:盆栽用于装饰大厅、卧室、书房等处,落地栽种适合片植干公园和开发性区域内

栽培与养护

温度:喜温暖,不耐旱,生长适温为 20～30℃,夏季温度高于 35℃时则生长缓慢,冬季

最低可耐8℃的低温,应入室过冬。如果冬季气温低于5℃,则易发生冻害。

光照:热带植物,喜欢散射光和半阴的生长环境,应放置在既能遮阴又可通风的环境中。

水分和湿度:尤其喜湿,生长季节不仅要求盆土潮湿。夏季高温时既要保证盆土湿润,又要不时给叶面喷水。一般情况下每周向植株喷洒温水1次,即可保持其叶色浓绿。

修剪:一般不需修剪,但是如果养护不当,叶片会出现发黄、干枯的现象,此时应将变黄的叶片连同茎部一起用刀削掉,以免影响其他叶子的生长和观赏性。

施肥:喜肥,每年3~10月应每月施氮、磷、钾复合肥1~2次,其中氮元素比例可适当提高,如能施放少许的硫酸亚铁,则会使叶片更大更绿。长期缺肥容易造成其茎部下端空秃,影响植株的观赏性。当植株进入休眠期,可以减少施肥量或不施肥。

注意事项

其实天南星科的植物或多或少都是有毒性的。滴水观音茎内的白色汁液有毒,滴下的水也是有毒的,误碰或误食其汁液会引起咽部和口部的不适,胃内有灼痛感,应当特别注意防止幼儿误食。虽然滴水观音并不属于致癌植物,但有小孩的家庭最好不要种植

(41)万年青

适合土壤:富含腐殖质、疏松透水性好的微酸性砂质土壤

生长高度:30~200cm

观赏特性:四季常青、叶片宽大苍绿、浆果殷红圆润,寓意长命百岁

摆放位置:可放置于客厅、书房、案头、沙发边等处,也适合在大型企业的大厅和会客厅中摆放

栽培与养护

温度:喜温暖、耐寒冷,生长适温为15~30℃。冬季需移入室内阳光充足、通风良好的地方越冬,室温应保持在6~18℃,室温过高,易引起叶片徒长,消耗大量养分,导致翌年生长缓慢,影响正常的开花结果。

光照:在充足的散射光下生长良好。耐半阴,夏季应该避开高温暴晒,冬季需日光充足。

水分和湿度:肉质根系,最怕积水受涝,浇水过量易烂根。平时浇水遵循宁干毋湿的原则。除夏季需保持盆土湿润以外,春、秋季节浇水都不宜过勤,但必须保持空气湿润。

修剪:每年的4月底至5月初夏前后,将植株基部的老叶摘去,使新叶抽生得更加旺盛。

施肥:喜肥,生长期每隔20天施腐熟的液肥1次;初夏生长较旺盛,可10天左右追施液肥1次,追肥中可加兑少量0.5%硫酸铵,使叶色浓绿光亮。

注意事项

万年青以根状茎或全株入药,消热解毒,可用于防治白喉或由白喉引起的心肌炎,以及咽喉肿痛、狂犬咬伤、细菌性痢疾、风湿性心脏病等,外用可治跌打损伤、毒蛇咬伤等。家庭盆养万年青时,尤其是在北方,叶面很容易积攒灰尘,一般可用软布蘸啤酒擦拭叶片,既可去掉尘土,又可为叶片增加营养,使叶片亮绿、清爽。

(42)青苹果竹芋

适合土壤:疏松肥沃、排水良好、富含有机质的酸性腐叶土或泥炭土

生长高度:40~60cm

观赏特性:叶色清新宜人,是深受人们喜爱的室内观叶植物

摆放位置:盆栽适合作为阳台、卧室、书房等处的装饰,落地栽种适合片植于公园和开发性区域内

栽培与养护

温度:喜温暖,生长适温为18~30℃,惧高温且耐寒性较差。只要环境温度超过25℃就必须将其移至到凉爽的环境中。越冬温度要求不低于10℃,冬季气温低于-5℃时,植株就会受到严重的冻害或者突然死亡。

光照:喜半阴环境,但生长旺季需要充足的光照,以促进新叶抽出和展开。应注意适

时转动花盆,使植株均匀受光,保持株形饱满。忌长时间强光暴晒,暴晒容易导致叶色黯淡、叶质变薄,甚至变白枯萎。春、秋季午后需要遮阴 40%~60%。

水分和湿度:喜湿润环境,耐旱性差,短时间缺水会出现叶缘枯焦、生长不良等情况。生长季节需每天浇水 1 次,夏季高温时,除了每天浇水以外,还要使空气相对湿度保持在 80% 以上,应经常向植株叶面及其周围喷洒清水。寒冬季节生长缓慢,应严格控制浇水,保持盆土稍干即可。

修剪:如无整形要求只需及时摘除病叶和枯黄变软的老叶即可。

施肥:讲究薄肥勤施,忌浓肥。生长旺盛期可每周浇施稀薄有机肥或喷施 0.2% 的尿素加 0.1% 的磷酸二氢钾混合溶液,促进叶片健壮和新叶抽出。夏季高温和冬季低温时停止施肥,否则容易引起烂根。

注意事项

青苹果竹芋缺水时,叶片会内卷,叶色会暗淡,应保持叶面的湿润,但不宜使其一直处于湿润的状态,否则会影响叶片的光合作用及呼吸,严重时还会导致腐烂,可以每隔几个小时向植株喷水 1 次,也可以直接向植物所处的生长环境中喷水,提高空气湿度。

(43)金边龙舌兰

适合土壤:排水良好,肥沃而湿润的砂质土壤

生长高度:50~200cm

观赏特性:叶片坚挺,四季常青,具有热带风情

摆放位置:适合栽植于宅院墙壁、围墙、庭园入口、桥头等处,盆栽可放置于客厅、阳台等处

栽培与养护

温度:喜温暖,稍耐寒,生长适温为 15~25℃。气温在 5℃ 以上可露地栽培,成年龙舌兰在 -5℃ 的低温下仅叶片受到轻度冻害,当气温低至 -13℃ 时,地上部分会受冻腐烂,地下茎却能留存下来,翌年能再次萌发,正常生长。除热带、亚热带地区外,其他地区盆栽

种植,应在冬季将盆栽放入温室中使其越冬。

光照:喜阳光,但不能长期被强光照射。稍耐阴,在夏季应适当遮阴。

水分和湿度:喜稍微湿润的生长环境,但耐旱性极强。由于其叶片面积大,蒸腾量大,夏季要经常向植株喷水,保持较高的空气湿度。入秋后,生长变缓,应控制浇水量。冬季盆土以偏干为宜。浇水遵循宁湿毋干的原则。

修剪:一般不需修剪,在生长过程中,随着新叶的生长,要将下部黄枯的老叶及时修除,以保持植株的整洁、美观。

施肥:喜肥植物,但是对肥料要求不高,初栽时应深翻土壤,施足腐熟基肥。在生长期内,可追施液肥2~3次,其他时间则不需施肥。

注意事项

常用分株法繁殖,如盆栽观赏,要及时去除旁生蘖芽,保持株形美观。可以将切除的旁生蘖芽直接插在基质中,并保持温度和湿度,新的植株很快就能生长起来。

(44)仙客来

适合土壤:微酸性的腐叶土

生长高度:20~40cm

观赏特性:叶片肉质、花纹奇特,开花时花瓣形如兔耳,小巧可爱。花朵簇拥于花茎顶端,雅致出尘、红似火、粉似霞

摆放位置:可放置在几案、花架、书桌、电视柜旁

栽培与养护

温度:喜温暖,但是怕高温,生

仙客来

长适温为 10~20℃。冬季温度低于 10℃则叶片开始发黄,夏季温度超过 30℃时开始休眠,35℃以上易腐烂死亡。冬季应置于室内越冬,夏季则应置于凉爽通风处。

光照:生长期极喜阳光,但在午间温度最高时仍需庇荫。幼苗时需为其遮阴,10 月至开花之前,需增强光照和通风,从而使花期得以延长。

水分和湿度:浇水遵循见干见湿的浇水原则,切忌土壤过湿。生长期可每天上午适量浇水 1 次,由花盆边缘处缓慢向盆内浇灌,花期过后要减少浇水次数,2~3 天浇水 1 次。7 月底停止浇水,让叶片枯萎,使块茎进入休眠期。翌年春天恢复浇水,长新叶后适当加大浇水量。

修剪:一般不需修剪,如果叶片过密,可以酌情疏叶,使得养分集中供养,使开花繁多、花大色艳。在摘除残花花茎时,需要喷洒少量杀菌溶液,防止残留的腐液感染其他花茎和叶子。

施肥:生长期每周或者每 10 天施放稀薄肥水 1 次,花梗抽出时增施骨粉或过磷酸钙 1 次。花期应停止施肥,以免落营。切忌使用浓肥,以免烧伤植株根部。

注意事项

仙客来常常会出现植株整体生长缓慢甚至停止生长、叶片卷曲、开花少而小、颜色暗淡的情况,其原因可能是室温过低和光线太暗,可以将植株移至窗台等光线充足的地方,并使室温至少在 5℃左右。如果卷曲的叶片互相遮盖,应该想办法将它们分开,让每一个叶片都能接受阳光的照射,均匀生长。

仙客来不易种植,需要很大的耐心,但是种植的过程也很有趣,而且春季开花时能使居室显得生机勃勃,让人身心舒畅。休眠期时不宜为仙客来换盆,也不可大盆栽种小植株。休眠期过后的夏季,仙客来球根逐渐恢复生长,应更换新盆和新土,去除腐烂的根后再种到花盆中。

(45)君子兰

适合土壤:富含腐殖质,排水良好的砂质土壤

生长高度:30～50cm

观赏特性:叶片直立似剑、碧绿光亮,花朵亭亭玉立、花姿优美、花形规整

摆放位置:常用于装点阳台、窗台等处

栽培与养护

温度:喜温暖,生长适温为15～25℃,5℃以下或30℃以上时生长受抑制。高于25℃时,叶片徒长,影响花芽分化,因此,应注意通风降温;低于0℃时会冻死。昼夜温差大的季节非常有利于植株的生长。

光照:生长过程中不需强光,尤其夏季更要避免强光暴晒。植株叶片宽大,具有一定的耐阴性,喜半阴环境。在50%透光环境下生长,植株叶片会越发翠绿。若植株的某一侧长时间受光,会导致叶片生长方向混乱,打破株形的平衡,因此,需定期转动花盆,使叶片均匀受光。

水分和湿度:喜温暖、湿润的生长环境,肉质根发达,有一定耐旱能力,忌积水,浇水要遵循见干见湿的原则。生长旺盛期的盆土湿度一般应保持在80%以上。不能低于60%。每周可以用茶叶水擦拭叶面,使斗片清新、光亮。

修剪:开花后如果不需要保留花种,则应及时剪去花茎,以减少水分和养分的消耗,如果花茎软烂会使整个植株的健康受到影响。

施肥:上盆一个月即可施肥,10～15天施肥水1次,夏季停施。在春季可以在两次生长高峰到来的前半月,施放干豆饼或鸡粪,施肥时不要离根太近,以免烧根。秋后孕蕾时施加磷肥,可使花大色艳,施肥时要避开叶片和叶鞘。

注意事项

君子兰在开花时常出现花箭在叶鞘中抽不出来的现象,原因可能是温度不适或昼夜温差较小。君子兰所处环境的温差以6～10℃为佳。水分不足也能引起夹箭的情况,应注意定期松土。环境温度过低时可以用温水浇灌或者将稀释后的啤酒浇入君子兰的根部,促使花箭抽出。

（46）荷花

适合土壤：肥沃的河泥

生长高度：50~150cm

观赏特性：花和叶形态都很美，花色有白色、粉色、深红色、淡紫色

摆放位置：盆栽荷花可置于装饰阳台、卧室、书房等处，落地栽种则适合片植于公园湖区内

栽培与养护

温度：喜温暖，生长适温为 15~25℃，冬季入室越冬，白天适温应为 10~15℃。

光照：全日照植物，生长期尤其需要充足的光照。花期时可置于室内光亮处欣赏，日照不足就难以开花。夏季应置于阴凉处，保持通风凉爽，冬季亦需要充足的光照。

种植环境：种植荷花的盆器因荷花的种类而有所差别，迷你品种用 15cm 宽、10cm 深的盆即可种植，小型品种则应选用 25cm 宽、15cm 深的盆，中型品种需选用 40cm 宽、30cm 深的盆，大型品种一般需要田植，宽 60cm 以上，深度在 90cm 以上的盆方可满足此品种荷花的最佳生长需求。

修剪：花苗萌发的时期需要进行多次摘心，以增加荷花分枝和孕蕾。开花后应及时剪除残败花枝，利于新叶萌发，但是修剪过度会导致枝叶数量减少从而延缓植株的生长速度，致使花期延迟。若不采集莲子，可在花后将烂枝剪掉。冬季时不必理会荷花的枯萎，顺其自然即可。

施肥：不喜大肥，种植时，先在缸底铺适量的腐殖土，再铺上干净、肥沃的河泥，生长旺盛期不需施重肥，若开花时花蕾不易萌发可加一点营养液等水肥，或者在种植池中养殖金鱼。施肥过量会造成植株死亡。

注意事项

春季时，荷花易遭受蚜虫和毛虫的侵害，要注意及时防治。如果种植在荷塘当中，则要注意螺类啃食荷花的嫩叶。夏季如果蚊虫滋生，可以往水中投放几条小鱼，如孔雀鱼、

斑马鱼等。

（47）睡莲

适合土壤：肥沃的河泥

生长高度：30～50cm

观赏特性：水生花卉中名贵的花卉，花色艳丽，花姿楚楚动人，在一池碧水中宛如一位少女，被人们赞誉为"花中睡美人"和"水中女神"

摆放位置：多放置于家庭几案、窗饰、宾馆大堂、客厅、餐厅和会议厅堂等处，还可剪取花枝作艺术插花花材

栽培与养护

温度：喜温暖，生长适温为25～30℃。冬季需在温暖的室内越冬，或提高栽培水位助其越冬。种植在长江流域的睡莲可露地越冬。

光照：长日照植物，不惧酷热，喜光，不耐阴，生长环境必须具备良好的通风条件，正常情况下睡莲都在上午开放，午后闭合，直至次日上午。

水分和湿度：将盆栽睡莲的根部在基肥中埋好固定后，浸入大水缸或水盆中，春季水位在20～30cm夏季水位在40cm，每天观察水位，如果盛夏水分散失过快，可以适当增加水分。

修剪：不需修剪，夏季生长旺盛期，如果叶子过密，应摘除枯萎的底叶和外层老叶、病叶，以改善光照和通风条件，同时减少病虫害，有利于新叶和花芽的发育和生长。

施肥：家庭盆栽睡莲的肥料，一般选用沃土即可，如果土壤的有机质不足，可以在上盆时稍微混合一些鸡粪或者骨粉。在花期来临前可以适当增施几次以磷、钾为主的液肥，切记不可施放过多的氮肥，否则营养过剩抑制植株生长，导致植株不能开花或者花小色淡。

注意事项

一般条件下，睡莲多数要在种植后的第二才会开花。盆栽睡莲在每年春分前后，应

结合分株翻盆换泥,并施适量腐熟豆饼汁作基肥重新栽种。睡莲切花离水时间超过 1 小时会使其丧失吸水性,从而失去开放能力。

(48)九里香

适合土壤:以疏松、肥沃、含大量腐殖质、通透性能强的中性培养土为佳

生长高度:30~100cm

观赏特性:九里香具有叶细枝劲、矮壮土苍劲、盘根错节等特点,而且四季常青、树形端正、花浓香且持久、色洁白而美丽,地栽、盆植均适宜。由于其具有叶细、根露、干粗、耐修剪、寿命长等特点,是培育树桩盆景的理想材料

摆放位置:庭院和室内都适宜种植,很多南方城市常用做公共绿地的围边花卉

栽培与养护

温度:生长适温为 12~25℃,夏季温度在 30℃以上生长缓慢,35℃则进入半休眠期,冬季温度在 0℃以下容易产生冻害。花蕾开始萌发时,应将日间室温控制在 15℃左右,可促进花蕾提早盛开。

光照:喜光照,典型的半日照植物,忌烈日暴晒。生长季节应置于半阴的环境中,夏季宜置于庇荫且通风良好处。花期可移至窗台,增加光照量,从而使花香浓郁。

水分和湿度:较耐旱,浇水遵循见干见湿的原则。雨天应及时避雨,控制浇水量,否则容易引起烂根,导致叶色变暗、叶片枯萎。生长旺盛期则应加大浇水量。秋季盆土以偏干为宜,冬季要严格控制浇水量。

修剪:在春季,应结合栽种,在进行翻盆时,对植株进行 1 次修剪,减少密枝、徒长枝、病枝和弱枝,大规模的修剪则应安排在 10 月下旬或 11 月上旬。

施肥:喜肥,上盆或翻盆换土时,宜在培养土中掺些骨粉或氮磷钾复合肥,生长期可每半个月施氮磷钾复合肥 1 次,不可单施氮肥,否则枝叶徒长而不孕蕾。4~6 月可每半个月向叶面喷稀释的磷酸二氢钾溶液 1 次,促进花芽分化。

注意事项

九里香常见的病害有枯叶病、白粉病、铁锈病等,虫害主要有红蜘蛛、天牛、介壳虫等,可于早春喷洒灭菌剂和杀虫剂防治病害。九里香树形优美,生长速度快,枝条柔软、蟠扎也不易断折,因此常被用于制作盆景。九里香可通过扦插繁殖,在春季或 7~8 月雨季时节进行扦插,两月即可长出新的根系。

(49) 马蹄莲

适合土壤:肥沃疏松的微酸性土壤

生长高度:50~250cm

观赏特性:花姿优雅、色彩艳丽,具有独特的魅力。春、秋两季开花,花期较长

摆放位置:多摆放于家庭几案、窗台、客厅、餐厅,也可摆放于宾馆大堂、会议厅,还可剪取花枝作艺术插花

栽培与养护

温度:喜温暖、不耐寒,生长适温为 20~25℃。夜间温度保持在 10℃ 左右,不能高于 16℃,否则不利于开花。温度高于 25℃ 或低于 5℃ 时即进入休眠状态。

光照:喜欢阳光,但在夏、秋季节需要避开阳光直射并对植物进行部分遮阴,一般情况下以遮阴率达到 25%~35% 为佳。冬季需要充分照射阳光。

水分和湿度:喜欢温暖、湿润的生长环境,对水分的要求比较严格,不耐干旱。生长初期要浇透土壤,保持湿润;夏季休眠时,应减少浇水量,保持土壤略湿以促使其开花或休眠。浇水要遵循见干见湿的原则。

修剪:生长旺盛期需要勤剪老叶以促生花苞。

施肥:上盆时应施足底肥,夏季高温时,可以适当施微量的肥料,以增加植株抵抗高温的能力,开花前可以用稀释千倍的硝酸钙溶液向叶面喷洒,以促进花苞萌发。

注意事项

马蹄莲很害怕烟雾污染,尤其是油烟和吸烟散发的烟雾,如果经常在盆边吸烟,叶面和花朵表面都会变黄枯萎。因此,要注意保持清洁的室内空气环境。

（50）白鹤芋

适合土壤：疏松、排水和通气性好的腐叶土或泥炭土

生长高度：40～60cm

观赏特性：世界重要的观花植物，株形优美、花期长、花朵洁白无瑕、花茎挺拔

摆放位置：多放置于家庭几案、窗台、宾馆大堂、客厅、餐厅和会议厅章中，还可剪取花枝作为艺术插花花材

栽培与养护

温度：典型的热带雨林植物，喜高温，最好能在温室中栽培。生长适温为22～28℃，冬季夜间最低温度应在14～16℃，白天应保持在20℃左右。长期低温易引起叶片脱落或焦黄。

光照：喜光，尤其喜欢明亮的散射光处，较耐阴，在50%以上的散射光下即可正常生长。夏季必须庇荫，最好将其放置在凉棚下。忌强光直射，否则容易引起叶片变黄、变软，严重时全株会突然死亡。庇荫时间不宜过长，否则容易花期延后或者出现不开花的现象。

水分和湿度：喜湿润，忌积水。生长旺盛期应保持盆土湿润，但不可浇水过多，盆土长期受潮容易烂根或滋生青苔。在夏季高温和秋冬干燥季节，新生叶片会变小发黄，甚至枯萎、脱落，应经常向叶面及其周围环境喷洒清水，保持空气湿润、凉爽。冬季要严格控制浇水，以盆土微湿为宜。

修剪：一般不需要进行大量修剪，及时摘除枯萎的底叶和外层老叶、病叶，以促进新叶萌发和花芽的发育，同时改善光照通风条件，减少病虫害。

施肥：喜肥，忌浓肥和生肥，讲究薄肥勤施。上盆时必须施足底肥，可以将复合肥作为基肥。花期前增施适量稀释的磷、钾液态肥，促进花蕾萌发。施肥以液态复合肥为主，最好以稀薄的肥水代替清水浇灌，避免产生肥害，令植株生长茂盛。

注意事项

白鹤芋可以水培,但要注意,其根部需要保留一部分与空气接触。在家中栽植白鹤芋可选用透明的鱼缸作为种植器皿,并在鱼缸里养殖一些鱼类。除了定时喂鱼外,每次换水时还需要滴入一些鱼花两用的营养液,否则,有的鱼类喜欢啃食水生植物的根须,造成植物死亡。水栽培的白鹤芋,可以透过蒸发作用调节室内的温度和湿度,有效净化空气中的挥发性有机物,尤其是针对臭氧的净化率特别高。将其摆放在厨房煤气炉旁,能去除做饭时的味道、油烟以及其他挥发物质,起到净化空气的作用。

(51)植物的家居摆放与搭配

植物间的相生相克

有些植物,由于种类不同、习性各异,在其生长过程中,为了争夺营养空间,常会与周围的植物发生"争斗",有的甚至会从叶面或根系分泌出对其他植物有杀伤力的有毒物质,致使邻近的植物死亡。这种现象在自然界屡见不鲜,比如胡桃的根系能分泌出一种叫胡桃醌的物质,在土壤中水解氧化后,会产生极大的毒性,易造成松树、苹果树、桦木等及多种草本植物受害或死亡。

事实上,植物之间的相互作用在自然的或人工的生态系统中都很常见,有些植物能够"和平相处、共存共荣",有些植物则"以强凌弱、水火不容"。在日常的栽培和养护过程中,我们必须对不同植物种类相生相克的问题予以重视。在此,列举一些常见植物之间相生相克的例子。

植物与风水学

植物风水学是风水学中不可或缺的一部分,其宗旨是让人们了解自然环境,利用和改造自然,从而创造出美好宜居的居室空间,达到人与自然和谐统一的境界。

植物的种类极其丰富,风水学说常以五行来对植物进行划分。根据植物的整体色彩和开花的颜色,植物可分成金、木、水、火、土五类。白色系的植物属金,如白网纹草、九里香等;绿色系植物属木,如金钱树、巴西木、鸟巢蕨等;蓝色系植物属水,如薰衣草、鼠尾草等;开花红色或结果红色的植物属火,如龙血树、凤梨等;黄色系的植物属土,如金边龙舌兰、金边虎尾兰、黄金葛等。

　　在风水学上，绝大部分的植物都是吉相物件，在恰当的环境和位置摆放植物对人和家庭的运程来说都有不同的妙用。风水学认为植物是生命力的象征，当中蕴含着充沛的自然能量，可以提升人的运势。植物的形状特征以及摆放方位、摆放时机不同，其功能和能量会产生一定的差异。比如，叶形较大的植物几乎适合所有场所，在家宅室外摆放大叶植物，如巴西木、发财树、龟背竹、榕树、橡皮树等，其宽大的叶片可以更多地聚集自然的能量，在玄关摆放此类植物，寓意"挡煞免灾"，起到聚集好运和人气的作用；在客厅摆放则寓意"胸襟广阔"，有利于家人健康和睦，也可以给客人一种宽阔、舒畅的空间感。如果在公司和办公室摆放叶形较大尤其是叶片接近船形的植物，如孔雀竹芋、白鹤芋、君子兰、万年青等，寓意"平稳起步、承载百川"，起到增助事业稳定和上升的作用。叶形较小的植物则非常适合摆放在卧室、书桌、书架等空间相对较小的地方。在卧室可以摆放叶片集中、叶形圆润的小叶植物，如米兰、仙客来、豆瓣绿等，寓意"幸福和睦"，起到协调夫妻关系、使家人彼此团结的作用；在室外窗台或者阳台可以选择摆放叶片尖细、叶面狭窄的小叶植物。如仙人掌科的植物，寓意"自我防御"，起到保护家人的作用。另外，植物叶片的生长方向也有不同的风水作用。一般来说，向上生长、叶子尖而突出的植物属阳性，给人坚强有力、积极向上的感觉，这类植物适合摆放在南向或角落里，增加角落的生气。而圆形叶子、向上生长的植物则属阴性，其柔美的线条可以缓解生活压力，使内心平静，应将其放在卧室或客厅的北向。

第九章　珍稀植物

紫荆

紫荆又称笋筐树。豆科紫荆属中的一种。乔木，高达 15 米，北方栽培为灌木状。单叶互生，近圆形，先端急尖，基部心形，两面无毛。花先于叶开放，4～10 朵簇生于老枝上，玫瑰红色，1.5～1.8 厘米，花瓣 5 枚，大小不等，雄蕊 10 枚，分离。荚果扁平，腹缝外有薄狭翅。种子数粒，扁平，花期 4～5 月。

紫荆的分布和药用价值

紫荆原产于中国，分布于华北、华东、西南、中南、甘肃、陕西、辽宁等省区。在南方是野生种，生于山坡、溪沟旁或灌丛中，乔木状。在北方常栽培于庭园和公园，花先于叶开放或老干生花，为春天观赏花木之一。树皮、木材、根可入药，有行气、活血、消肿止痛、祛淤解毒的功效。树皮（中药称"紫荆皮"）、花梗为外科治疗疮疡的重要药物。

长白松

长白松是常绿乔木，高 25～32 米，胸径 25～100 厘米；下部树皮淡黄褐色至暗灰褐色，裂成不规则鳞片，中上部树皮淡褐黄色到金黄色，裂成薄鳞片状脱长白松落；冬芽卵圆形，有树脂，芽鳞红褐色；一年生枝浅褐绿色或淡黄褐色，无毛，3 年生枝灰褐色。针叶

2针一束,较粗硬,稍扭曲,微扁,长4~9厘米,宽1~1.2(-2)毫米,边缘有细锯齿,两面有气孔线,树脂道4~8个,边生,稀1~2个中生,基部有宿存的叶鞘。雌球花暗紫红色,幼果淡褐色,有梗,下垂。球果锥状卵圆形,长4~5厘米,直径3~4.5厘米,成熟时淡褐灰色;鳞盾多少隆起,鳞脐突起,具短刺;种子长卵圆形或倒卵圆形,微扁,灰褐色至灰黑色,种翅有关节,长1.5~2厘米。

美人松是长白山特产树种。自然生长的美人松,主要分布于针阔混交林中,在长白山二道白河两岸的条形地带至火山锥体附近,有少量分布,因而显得更加珍贵,备受人们的珍爱和保护。美人松虽说天姿国色,形态脱俗超群,但却丝毫没有"美人"那种弱不禁风的娇气,在火山灰形成的瘠薄土地上,它能茁壮成长,抵抗病虫害的能力也较强。有人把它的后代迁移到吉林省西部轻度盐碱地带,开始人们还担心它适应不了那里的严酷环境,结果却出人意料,它在那里扎根落户,已顺利地度过了数个春秋。

长白松

长白松是欧洲赤松分布最东的一个地理变种,仅分布于长白山北坡,对研究松属地理分布,种的变异与演化有一定的意义。是该地区针叶树中较好的造林树种,树态美观,又适作城市绿化树。渐危种。又名美人松,仅零散分布于长白山北坡。由于未严加保护,在二道白河沿岸野生的小片纯林,逐年遭到破坏,分布区日益减小。

长白松分布区的气候温凉,湿度大,积雪时间长。年平均温度4.4℃,1月份平均温度-15~-18℃,7月份平均温度20~22℃以上,极端最高温37.5℃,极端最低温-40℃左右;年降水量600~1340毫米,相对湿度70%以上,无霜期90~100天。土壤为发育在火山灰土上的山地暗棕色森林土及山地棕色针叶森林土，二氧化硅粉末含量大，腐殖质含量少，保水性能低而透水性能强，pH 为 4.7~6.2。长白松为阳性树种，根系深长，可耐一定干旱，在海拔较低的地带常组成小块纯林，在海拔 1300 米以上常与红松、红皮云杉、长白鱼鳞云杉、臭冷杉、黄花落叶松等树种组成混交林。花期 5 月下旬至 6 月上旬，球果翌年 8 月中旬成熟，结实间隔期 3~5 年。

美人松的真正名字应该叫长白赤松。

原来，这种松树在长白山发现得比较晚，人们不知道它到底是松树里哪个家庭的成员。为了弄清它的身世，植物学家们进行了深入细致的研究，动了不少脑筋，还展开了热烈的争论。后来，经中国林业科学院院长郑万钧教授鉴定，认为它是欧洲赤松的一个变种，并且定名为"长白赤松"，至此，这场争论才告结束。"美人松"是人们对它的一种爱称。

美人松不仅是闻名遐迩的观赏树木，而且是优良的建筑用材，材质好，易加工，耐腐蚀，不扭不裂。它又是一种很有价值的药用植物，花粉、茎干皆可入药。美人松分布地域狭窄，数量不多，现已列入国家三级保护植物，所以我们现在对它应大力加以保护，让它茁壮成长。

冬虫夏草

冬虫夏草，是麦角菌科真菌冬虫夏草寄生在蝙蝠蛾科昆虫幼虫上的子座及幼虫尸体的复合体，是一种传统的名贵滋补中药材，有调节免疫系统功能、抗肿瘤、抗疲劳等多种功效。

冬虫夏草（学名：Cordycepssinensis），又名中华虫草，又称为夏草冬虫，简称虫草。是中国传统的名贵中药材，它是由肉座菌目麦角菌科虫草属的冬虫夏草菌寄生于高山草甸土中的蝙蝠蛾幼虫，使幼虫僵化，在适宜条件下，夏季由僵虫头端抽生出长棒状的子座而形成（即冬虫夏草菌的子实体与僵虫菌核〈幼虫尸体〉构成的复合体）。它主要产于中国青海、西藏、新疆、四川、云南、甘肃、贵州等省及自治区的高寒地带和雪山草原。

真正的冬虫夏草均为野生，生长在海拔 3000 米至 5000 米的高山草地灌木带上面的雪线附近的草坡上，对自然环境要求高。夏季，虫子卵产于地面，经过一个月左右孵化变成幼虫后钻入潮湿松软的土层。土里的一种霉菌侵袭了幼虫，在幼虫体内生长。经过一个冬天，到第二年春天来临，霉菌菌丝开始生长，到夏天时长出地面，外观像一根小草。这样，幼虫的躯壳与霉菌菌丝共同组成了一个完整的"冬虫夏草"。菌孢把虫体作为养料，生长迅速，虫体一般为四至五厘米，菌孢一天之内即可长至虫体的长度，这时的虫草称为"头草"，质量最好；第二天菌孢长至虫体的两倍左右，称为"二草"，质量次之。因为僵化后会长出根须，所以被称作"冬虫夏草"。

药理学现代研究结果中，青海冬虫夏草含有虫草酸约 7%，碳水化合物 28.9%，脂肪约 8.4%，蛋白质约 25%，脂肪中 82.2% 为不饱和脂肪酸，此外，尚含有维生素 B_{12}、麦角脂醇、六碳糖醇、生物碱等。

由于野生冬虫夏草分布地区狭窄、自然寄生率低、对生活环境条件要求苛刻，所以本身资源比较有限。近年来又由于冬虫夏草主产地生态环境遭到人为严重破坏，大量盲目不合理采挖致使资源日趋减少，产量逐年下降。

冬虫夏草的处境

考察队对西藏、青海、四川、甘肃和云南等省区的冬虫夏草主要产区进行了考察，发现冬虫夏草正被人为快速灭绝并且大部分地区冬虫夏草的产量不到 25 年前的 10%，原分布密集区 40% 地块已经多年未发现生长冬虫夏草。其核心分布地带处于长江、黄河、澜沧江、雅鲁藏布江等大江源头的高寒地带。这是大量不法采挖者滥采乱挖造成的结果。

连香树

连香树在我国残遗分布于暖温带及亚热带地区,落叶乔木,高达 20~40 米,胸径达 1 米;树皮灰色,纵裂,呈薄片剥落;小枝无毛,有长枝和距状短枝,短枝在长枝上对生;无顶芽,侧芽卵圆形,芽鳞 2 片。叶在长枝上对生,在短枝上单生,近圆形或宽卵形,长 4~7 厘米,宽 3.5~6 厘米,先端圆或锐尖,基部心形、圆形或宽楔形,边缘具圆钝锯齿,齿端具腺体,上面深绿色,下面粉绿色,具 5

连香树

~7 条掌状脉;叶柄长 1~2.5 厘米。花雌雄异株,先叶开放或与叶同放,腋生;每花有 1 苞片,花萼 4 裂,膜质,无花瓣;雄花常 4 朵簇生,近无梗,雄蕊 15~20 枚,花丝纤细,花药红色,2 室,纵裂;雌花具梗,心皮 2~6 片,分离,胚珠多数,排成 2 列。蓇葖果 2~6 枚,长 8~18 毫米,直径 2~3 毫米,微弯曲,熟时紫褐色,上部碌状,花柱宿存;种子卵圆形,顶端有长圆形透明翅。

由于结实率低,幼苗易受暴雨、病虫等危害,故天然更新极困难,林下幼树极少。加之近年来乱砍、乱伐森林,环境遭到严重破坏,致使连香树分布区逐渐缩小,日益萎缩,成片植株更为罕见。如不及时保护,连香树资源要陷入灭绝的境地。目前已有不少植物园引种栽培连香树。

连香树星散分布于皖、浙、赣、鄂、川、陕、甘、豫及晋东南地区,数量不多。不耐阴,喜湿,多生于海拔 400~2700 米的向阳山谷、沟旁低湿地或杂木林中。中性、酸性土壤中都能生长。分布区气候冬寒夏凉,多数地区雨水较多,湿度大。年平均气温 10~20℃,年降水量 50~2000 毫米,平均相对湿度 80%。冬芽 3 月初萌动,10 月中旬后叶开始变色,11 月中旬落叶。花期 4~5 月,果熟期 9~10 月。

崖柏

我国特有的"国宝"植物崖柏已被宣布消失了 100 多年,崖柏生长于 700 米至 2100 米的山上,是世界"活化石"物种之一,生长速度极慢,一年才长 0.01 毫米,是稀有植物。1892 年法国传教士在重庆市首次采集到崖柏标本。此后 100 多年,尽管人们多次找寻,不仅没发现活的植株,就连标本和文字也再没有新的纪录。9 年前,世界保护联盟将它列为已经灭绝的 3 种中国特有植物之一,1998 年,作为中国特有植物之一,崖柏被世界自然保护联盟公布为世界受威胁植物红录,被宣告灭绝。1999 年,崖柏在中国又被零星发现。崖柏属于柏科,崖柏属,原产北美和东亚,可供观赏及生产用材和树脂。与罗汉柏近缘。崖柏为乔木或灌木,常成金字塔状,具薄的鳞片状外树皮和纤维状内树皮,水平或上升分枝,形成特有的扁平、浪花状小枝系,每小枝有 4 行细小的鳞片状叶。幼叶较长呈针状,在某些种可与成熟叶并存。雌雄同株异枝,球花着生于枝端,雄球花圆形,淡红或淡黄色;雌球花很小,绿色或带紫色。成熟球果单生,卵形或长圆形,长 8~16 厘米(约 1/2 寸),有 4~6 对(或 3 对,多至 10 对)薄而易弯的鳞片,顶端成厚脊或突起。崖柏属于阳性树,稍耐阴,耐瘠薄干燥土壤,忌积水,喜空气湿润和钙质土壤,不耐酸性土和盐土;要求气温适中,超过 32℃生长停滞,在-10℃低温下持续 10 天即受冻害。

蒜头果

蒜头果属常绿乔木,高达 20 米,胸径可达 40 厘米;树皮浅黄色或灰褐色,稍纵裂,小

枝棕褐色至暗褐色,有不明显纵纹,具长圆形或圆形皮孔;芽裸露,初时有灰棕色绒毛、后渐脱落。叶互生,薄革质或厚纸质,长椭圆形、长圆形或长圆状披针形,长7~15厘米,宽2.5~6厘米,先端急尖、短渐尖至渐尖,基部圆形或楔形,有时两侧稍不对称,边缘略背卷,叶两面初时有微柔毛,后脱落;中脉在上面凹下,背面突起,侧脉每边3~5条,在上面稍明显,背

蒜头果

面明显,网脉不明显;叶柄半圆筒形,长1~2厘米,基部具关节。花10~15朵,排成伞形花序状、复伞形花序状或短总状花序状的蝎尾状聚伞花序,花序长2~3厘米,花梗细,长0.5~0.7厘米,总花梗长1~2.5厘米;花萼筒小,上端具4~5裂齿,裂齿三角状卵形,长约1毫米;花瓣4~5枚,宽卵形,长约3毫米,外面有微毛,内面下部有棉毛,先端尖,内曲;雄蕊2轮,8~10枚,其中4枚与花瓣对生,另4枚与花瓣互生;子房上位,长圆锥形,长约1毫米,初时有微柔毛,花柱单一,顶端微二裂。核果扁球形或近梨形,直径3~4.5厘米;种子1枚,球形或扁球形,直径约1.8厘米。花期4~9月,果期5~10月。

蒜头果一般生长在石灰岩石山或土山。分布区地跨北热带和南亚热带。在低平地带冬暖夏热,年平均气温20.9~22.1℃,1月平均气温12~14℃,7月平均气温27.2~28.1℃,极端最低气温-1~-3℃;在山原上(如云南广南)年平均温16.4℃,1月平均气温8.3℃,每年都出现零下低温,极值低达-5.2℃,年降水量840~1686毫米,干湿季交替鲜明。为中性、浅根性树种,幼树期喜阴,随着树龄增大而逐渐喜光。多生于石灰岩石山的下坡,喜肥沃较湿润的中性至微碱性石灰岩土。主要伴生树种,在北部有黄连木(Pistacia chinensis bunge)、青冈(Cyclobalanopsisglauca erst.);在南部有蚬木(Burretiodendron hsienmu Chun etHow)、岩樟(Cinnamomum saxatile H.)等。

蒜头果为单种属植物,形态解剖特征既有原始性状,又有较进化特征,对于研究铁青树科的分类系统有一定意义。种仁油脂可作为合成麝香酮(muscone)的理想原料。为桂西和滇东南石山绿化树种。

目前,龙州已建立自然保护区,应加强保护,其他产区也应保护母树,严禁乱砍滥伐。有关林场,宜将蒜头果列为造林树种,积极采种育苗,推广种植。产区鼠害严重,应注意防除,并应保护其天敌,以减少鼠害。

冷杉

冷杉是松科的一属,常绿乔木,树干端直,枝条轮生;小枝对生,基部有宿存的芽鳞,叶脱落后枝上留有近圆形的叶痕;冬芽常具树脂,枝顶芽三个排成一平面。叶、芽鳞、雄蕊、苞鳞、珠鳞和种鳞均螺旋状排列。叶辐射伸展或基部扭转排成彼此重叠的两列,或小枝下面的叶成两列,上面的叶斜展,直伸或向后反曲,叶线形,扁平,先端尖、钝、凹缺或二裂,叶柄极短,柄端微膨大呈吸盘状;叶内具 2 个(稀 4~12 个)树脂道,位于维管束鞘两侧(中生),或靠近下面两端的皮下层细胞(边生)。雌雄同株,球花单生于去年生枝的叶腋,雄球花穗状圆柱形,雄蕊多数,花药 2 枚,药室横裂,花粉有气囊;雌球花直立,短圆柱形,苞鳞大于珠鳞,珠鳞的腹面基部有 2 枚倒生胚珠。球果当年成熟,直立,椭圆状圆柱形或短圆柱形,生于高海拔处的常呈黑色、紫黑色或蓝黑色,生于海拔较低和低纬度地区的初为绿色,成熟后变为黄褐色、褐色或红褐色;种鳞木质,排列紧密,常为扇状四边形或肾形;苞鳞较种鳞短,或长于种鳞而明显外露;种子具宽大的膜质种翅,种皮有树脂囊,种翅稍短于种鳞,下端边缘包卷种子。球果成熟干燥后,种鳞与种子一同从宿存的中轴上脱落。

在遂川县靠近湘赣边界的戴家埔乡南面一片海拔 1850 米的山区次原始森林中,发现了非常珍稀的国家一级重点保护野生植物"资源冷杉"群落。资源冷杉因在广西资源县发现而得名,在全国的分布区域很小,是一种稀有的植物。此次在一块面积约为 15 亩的森林里,一共发现了 12 株资源冷杉,有 3 株的胸径超过了 30 厘米,其中最大的 1 株胸径达 48 厘米,高约 10 米,树冠幅直径达 8 米。该物种对植物的演变以及古地理、古生态和第四纪冰川气候的研究,都有着十分重要的价值。

百山祖冷杉

百山祖冷杉属常绿乔木,具平展、轮生的枝条,高 17 米,胸径达 80 厘米;树皮灰黄色,不规则块状开裂;小枝对生,1 年生枝淡黄色或灰黄色,无毛或凹槽中有疏毛;冬芽卵圆形,有树脂,芽鳞淡黄褐色,宿存。叶螺旋状排列,在小枝上面辐射伸展或不规则两列,中央的叶较短,小枝下面的叶梳状,线形,长 1~4.2 厘米,宽 2.5~3.5 毫米,先端有凹下,下面有两条白色气孔带,树脂道 2 条,边生或近边生。雌雄同株,球花单生于去年生枝叶腋;雄球花下垂;雌球花直立,有多数螺旋状排列的球鳞与苞鳞,苞鳞大,每一珠鳞的腹面基部有 2 枚胚珠。球果直立,圆柱形,有短梗,长 7~12 厘米,直径 3.5~4 厘米,成熟时淡褐色或淡褐黄色;种鳞扇状四边形,长 1.8~2.5 厘米,宽 2.5~3 厘米;苞鳞窄,长 1.6~2.3 厘米,中部收缩,上部圆,宽 7~8 毫米,先端露出,反曲,具突起的短刺状;成熟后种鳞、苞鳞从宿存的中轴上脱落;种子倒三角形,长约 1 厘米,具宽阔的膜质种翅,种翅倒三角形,长 1.6~2.2 厘米,宽 9~12 毫米。

百山祖冷杉为现状濒危物种。近年来百山祖冷杉系在我国东部中亚热带首次发现的冷杉属植物。由于当地群众有烧垦的习惯,自然植被多被烧毁,分布范围狭窄。加以本种开花结实的周期长,天然更新能力弱。目前在自然分布仅存五株,其中一株衰弱,一株生长不良。

百山祖冷杉现仅存五株,属松科常绿乔木,濒危种,国家一级保护植物,中国特有种。百山祖冷杉是我国特有的古老残遗植物,也是我国东南沿海唯一残存至今的冷杉属植物。1987 年,国际物种生存保护委员会将百山祖冷杉公布为世界上最受严重威胁的 12

个濒危物种之一。

大王花

　　大王花是世界上最大的花，直径可达 1.5 米，花瓣厚约 1.4 厘米，一朵花有五个瓣，三十多斤重，花中心可装十多斤水，甚至可以藏一个人。奇怪的是这种花像粪便一样臭，比起"天下第一香"的兰花来，真是相差十万八千里。蝴蝶、蜜蜂都不愿理睬它，帮助它传粉的是一群闹哄哄的苍蝇。

　　大王花不但臭，而且"懒"，专靠吸取别的植物的营养来生存，所以它没有叶子，也没有茎。它的种子很小，用肉眼几乎难以看清。它的种子传播也有点懒气，小种子带黏性，当大象或其他动物踩上它时，就会被带到别的地方生根、发芽，进行繁殖。大王花生长在马来西亚、印度尼西亚的爪哇和苏门答腊等热带森林中。

　　大王花生长在 500~700 公尺高度的热带雨林中，由于没有四季之分，所以不一定会在什么时候冒出来。不过根据当地人的说法，每年的 5~10 月，是它最主要的生长季。当它刚冒出地面时，大约只有乒乓球那么大，经过几个月的缓慢生长，花蕾由乒乓球般的体积，变成了甘蓝菜般的大小，接着 5 片肉质的花瓣缓缓张开，等花儿完全绽放需要经过两天两夜的时间。令人难以相信的是，大王花好不容易开出来的巨大花朵，居然只能维持 4~5 天，而且在这 4~5 天中，花朵会不断地释放出一种奇特的臭味，好让大型的动物自然回避，而让一些逐臭的昆虫来为它传粉做媒。不久，果实也成熟了，里头隐藏着许许多多细小的种子，随时准备掉入地中，找寻适当的发芽地点。花期过后，大王花逐渐凋谢，颜色慢慢变黑，最后会变成一摊黏糊糊的黑东西。

　　灿烂的花结出了"腐烂"的果实，这也算是植物界的一个奇观。

四合木

四合木(别名油柴、四翅),蒺藜科,落叶小灌木,是中国特有孑遗单种属植物,草原化荒漠的群种之一,为强旱生植物。它是最具代表性的古老残遗濒危珍稀植物,被誉为植物里的"活化石"和植物中的"大熊猫"。一般高30~50厘米,多分枝,叶子圆润、绿色欲滴,根节上生有白色的毛根,有光泽或柔毛,叶片毛茸茸、圆乎乎,像它这样"熊猫般可爱"的长相在荒原上可算得上是植物中的"美人"了。1~2年生枝灰黄色或黄褐色,密被

四合木

白色丁字毛。偶数羽状复叶,在长枝上对生,在短枝上簇生;小叶2,无柄,着生在极短的叶轴上,肉质,倒披针形或卵状披针形,两面具毛,长3~8毫米,先端具突尖,基部楔形,全缘;托叶膜质。花两性,单生叶腋或1~2朵生于短枝上;萼片4枚,长圆形,长约3毫米,被丁字毛,宿存;花瓣4枚,白色或淡黄白色,倒卵形,长约4毫米,基部具爪;雄蕊8枚,2轮排列,外轮4枚较短,内轮4枚较长,花丝基部有膜质附属物;具花盘;心皮4片,子房4深裂,被毛,花柱单一,丝状,着生于4深裂子房的基部。蒴果4深裂,每裂瓣微弯曲,长5~7毫米,宽2~3毫米,内具1粒种子,熟时黄色;种子无胚乳。

其分布范围非常狭窄,在世界范围内零星散见于俄罗斯、乌克兰部分地区,是国家一级保护植物、内蒙古一级保护植物。它的分布区甚小,由中国内蒙古杭锦旗西部至乌海市黄河两岸到宁夏石嘴山一带,以及贺兰山北部低山。为该区特有种。

四合木为一种较低矮、强烈分枝的小灌木。木质坚硬而脆,生长21年的枝条其半径只有4.4毫米粗。因它很耐烧,群众称它为"油柴"。叶为肉质,丰富,同枝条一起构成较紧密的株丛。4月萌发,6月开花,7~8月结果,9月种子成熟,9月末果落,叶始变黄。四合木为一种强旱生植物,只生于草原化荒漠区。从它的极狭小的分布区看,区内温度条件均高于其周围地区,分布区内≥10℃活动积温均在3000℃以上,接近于暖温型气候,而分布区周围则是中温气候。说明四合木在其进化过程中,除适应了冬季的严寒外,又保留了它的古地中海南岸热带成分子遗种的趋温特性。它常生长于多石和多碎石的漠钙土上,生境的土壤干燥、瘠薄,据一个土样分析,0~24厘米土层中有机质含量只有0.34%左右。四合木是中国阿拉善草原化荒漠植被的建群种之一,也作为优势种或伴生种出现。四合木的开花期为每年的5至6月,7至9月结出果实,从而实现种群的繁殖与更新。

胡杨

胡杨又称胡桐、异叶杨。杨柳科杨属中的一种。胡杨是第三纪残余的古老树种,在6000多万年前就在地球上生存。在古地中海沿岸地区陆续出现,成为山地河谷小叶林的重要组成部分。在第四纪早、中期,胡杨逐渐演变成荒漠河岸林最主要的树种。据统计,世界上的胡杨绝大部分生长在中国,而中国90%以上的胡杨又生长在新疆的塔里木河流域。目前被誉为世界最古老、面积最大、保存最完整、最原始的胡杨林保护区则在轮台县境内。

珍贵的胡杨林

胡杨属杨柳科落叶乔木。高8~30米,树皮龟裂,嫩枝有毛。叶变异大,幼树或萌条上,窄长如柳叶,10~15厘米,多全缘;在老树枝上,呈广卵形、菱形或心形,长6~10厘米,

叶缘有粗齿。4 月开花,雄花序长 1.5~2.5 厘米,雄蕊 23~27 个;雌花序长 3~5 厘米,柱头 6 裂,紫红色;果穗长 6~10 厘米。蒴果长椭圆形,长 1.5 厘米,2 瓣裂,有短柄。胡杨耐旱,耐高温,也较耐寒;能从根部萌生幼苗,能忍受荒漠中干旱,对盐碱有极强的忍耐力。胡杨的根可以扎到地下 10 米深处吸收水分,其细胞还有特殊的功能,不受碱水的伤害。胡杨是荒漠地区特有的珍贵森林资源。它对于稳定荒漠河流地带的生态平衡、防风固沙、调节绿洲气候和形成肥沃的森林土壤,具有十分重要的作用,是荒漠地区农牧业发展的天然屏障。胡杨对改造沙漠、防止风沙侵蚀以及改良小气候均有重要作用。被列为国家重点三级保护植物。

胡杨的药用价值

胡杨多生于水源附近和地下水位较高的荒漠。为西北河流两岸或靠近水源地的重要绿化造林树种。胡杨以树脂"胡桐泪"入药。在春天用刀将树皮割开,接取汁液,或在树皮裂开处,及树干基部土中,取其自然流出的树脂,有清热解毒、制酸止痛的功效。

夏蜡梅

夏蜡梅,叶灌木,高 1~3 米;大枝二歧状,小枝对生,嫩枝黄绿色,2 年生枝灰褐色;冬芽为叶柄基部所包被。叶对生,膜质,宽椭圆形或宽卵状椭圆形,长 13~29 厘米,宽 8~16 厘米,先端短尖,基部圆形或近耳形,边缘具不整齐微锯齿或近全缘;叶柄长 1.2~1.8 厘米。花单生嫩枝顶端,直径 4.5~7 厘米,无香气;花被片螺旋状着生,两型,外轮花被片常为 14 枚,倒卵状短圆形或倒卵状匙形,长 1.4~3.6 厘米,宽 1.2~2.6 米,不等长,白色,边缘淡紫红色,内轮花被片 9~12 枚,椭圆形,长 1.1~1.7 厘米,宽 0.9~1.3 厘米,肉质,半透明,中部较厚,向内卷曲,上部淡黄色,下部带白色,腹面基部具淡紫红色细斑点;雄蕊 18~19 枚,花丝极短;心皮 11~12,花柱丝状,子房生于凹陷的花托内。聚合果托钟形或近顶端微收缩,长 3~4 厘米,径 1.5~3 厘米;瘦果扁平或有棱,椭圆形,长 1.2~1.5 厘米,直径 0.7 厘米,褐色。

夏蜡梅由中国郑万均和章绍尧两位先生于 1964 年命名并发表。它是古老的孑遗植物,为国家二级保护树种,原产于浙江西北部昌化和天台等地,分布在海拔 600~800 米的溪谷和山坡林间。中国武汉、杭州、南京合肥等城市,均有引种栽培,生长良好。1978 年以来引种到美国、荷兰、英国,已经正常开花结果。夏蜡梅于 60 年代初发现,分布区狭窄,仅见于我国东部中亚热带局部的常绿阔叶林或常绿、落叶阔叶混交林中。由于森林砍伐,生境渐趋恶化,面积日益缩小;虽然天然更新较易,但随时有被砍割当作薪柴的危险。因此必须加强保护,以免陷入濒危状态。

栓皮栎树

俗话说:"人怕打脸,树怕扒皮。"虽然在世界上不怕打脸的人不曾听说有过,但不怕扒皮的树倒确确实实存在。

树皮可是个大家族,有多少种树就有多少样的树皮。树皮有的光滑;有的粗糙;有的薄;有的厚;有红色;也有白色……真可谓形形色色,千奇百怪。树皮有长在树外面的那层表皮,有长在外表皮和木质中间的韧皮。外表皮像"忠诚的卫士",终日顶风冒雨,遮挡烈日霜雪,护卫着树的全身,保证树体内韧皮部上下运输线的畅通无阻。如果树皮遭到破坏,就会使运输线受阻,造成根部得不到营养而"饿死",树上的树叶得不到水分而无法进行光合作用,也就慢慢枯萎。可见,"树怕扒皮"的说法是有道理的。

然而,树中也有在扒皮之后,仍能死里逃生的"硬汉子"。栓皮栎树就是一个例子。栓皮栎树在一生中(寿命为 100~150 年),虽要经过几次扒皮,却不会"伤筋动骨",而且仍然生命不息,健壮地成长。这其中的奥秘在于栓皮栎树的皮下长有一层栓皮的"形成层",它可以向内分生出少量活细胞,称为"栓内层",向外侧分生出大量的栓皮细胞,称为

"软木"。随着树木的生长，栓皮也逐年加厚，五六年就可以扒一次皮（"处女皮"要等20岁以后才能剥去）。但在扒皮时要注意留下有生命的栓皮"形成层"，只要它不受伤害，就仍然可以照常输送水分和营养，栓皮栎树也就能死里逃生。

栓皮栎树皮——软木，看上去很像鳄鱼皮，它的用处可大了。用于生活上可作桶盖、瓶塞等。用于工业、交通、国防建设方面，它是物品冷藏中最佳的隔热材料；它又是物理、化学试验中良好的保温材料，还是汽车汽缸中优良的密封材料。在人们追求"自然美"成为高雅时尚的今天，软木又在建筑装饰上获得了一席之地。

科学家对树木"形成层"的研究，正在应用于对杜仲、黄柏、厚朴等制作中药材的树木的取皮上，从而告别了过去那种"杀鸡取蛋""砍树取药"的笨办法。如果这方面的研究能应用于更多的树种，人们的生活中将会有更加丰富的树皮制品。

银杏

银杏又名白果，因为商店出售的银杏是白色的，故有此名，事实上，银杏成熟时的外种皮呈黄色或橙黄色，肉质厚，去掉外种皮才是白色的第二层种皮。银杏是裸子植物，为落叶乔木，树干端直，高可达40米，胸径可达4米，老树的树皮粗糙，灰褐色，有深的纵裂纹。叶的顶端有波状缺刻或浅裂，有长叶柄。

银杏叶子

"活化石"——银杏

银杏生长较慢,植后 20 年左右才开始开花结实,一般认为祖父种的树要到孙子那一代才能收获种子,故又有"公孙树"之称。银杏是现存种子植物中最古老的残遗植物,被称为"活化石"。它在中生代很繁盛,分布全球,至第四纪冰期后,世界上其他地区的银杏已经绝迹,只在中国保存下来,是国家二级保护植物。

四数木

四数木,落叶大乔木,高 25~45 米,枝下高 20~35 米,胸径 60~120 厘米,具明显而巨大的板状根;树皮粗糙,灰白色;着花的小枝粗壮,上面叶痕明显突起。叶互生,宽卵形或近圆形,长 10~26 厘米,宽 9~20 厘米,纸质,先端短尾尖至近渐尖,基部微心脏形或近圆形,边缘有锯齿,幼叶兼有角状齿裂,两面有稀疏短柔毛,下面脉上的毛较多;叶柄长 3~20 厘米。花单性,雌雄异株,4 基数,无花瓣,开于叶前;雄花序圆锥状,长 10~20 厘米;雌花序通常穗状,长 8~20 厘米,着生清真小枝近顶部。蒴果球形或卵球形,坛状,膜质,长 4~5 毫米,成熟时黄褐色,外面具 8~10 脉,在顶端于花柱间开裂;种子细小,多数,微扁,长 0.5 毫米以下。

四数木分布区内年平均气温 21℃,极端最低温 2℃,全年中干(11~4 月)、湿(5~10 月)季交替分明,干季有雾,大气湿度可以补偿水分的不足,年降水量 1200~1500 毫米。产地的基质为二叠纪石灰岩,具喀斯特地形,林下岩石裸露,尖利的石牙一般高出 0.5~1.0 米,形成上有森林;下有石林的特殊景观。土壤仅见于岩缝石隙间,为多腐殖质的褐色石灰土或黑色石灰土,pH 值 6.8~7.5。四数木的根系穿插伸延面积较大,能更多地摄取土壤中的水分和养分;树冠明显突出于主林层之上。伴生乔木有多花嘉榄〈Garugafloribundavar. gamble（KingetSm.）kali〉、油朴（CeltiswightiiPlanch.）、轮叶戟

〈Lasiococcacomberivar.pseudover-ticillata（kerr.）H.S.Qiu〉、绒毛紫薇（Lagerstroemisatomen-tosaPersl.）等。3月上旬开始抽出花序，4月上旬至中旬为盛花期，5月上旬至中旬为果熟期，同时开始萌芽展叶，11月中旬开始落叶。种子极多，但发育成熟者少。虽然天然繁殖能力差，一旦种子萌发，生长极为迅速。

在中国，主要分布于云南南部景洪、勐腊、金平，西南部耿马和西部盈江等地，散生于海拔500~700（1000）米的石灰岩山地雨林，亚洲热带其他地区也有分布。

凤凰木

凤凰木又名红花楹，原产马达加斯加和热带非洲，为美丽的观赏树木，现在广泛栽培于全世界的热带地区。花期5月间，开花时满树红花，火红似锦。凤凰木生长迅速，树冠广阔，枝叶茂密，小叶长椭圆形，长约8毫米。它的花大而美丽，鲜红色，直径7~10厘米。

美丽的观赏树木

凤凰木的果为荚果，长带状，长达50厘米，宽约5厘米，厚而且硬，成熟时深褐色，里面有黑褐色的种子。凤凰木开花时花多且大，满树红花，成片鲜红，像这样美丽的观赏树木，实不多见。但花无香味，秋冬季落叶满地，叶片细小，不易扫除，木材不坚实，是其缺点。虽然如此，但它生长迅速，繁殖容易，花色鲜红艳丽，为奇特的观赏树木，适于城市园林绿化建设。可用种子繁殖。

喜树

喜树属落叶乔木。高可达20余米，树干端直；枝条伸展，树皮灰色或浅灰色，有稀疏圆形或卵形皮孔。叶互生，纸质，卵状椭圆形或长圆形，长10~26厘米，宽6~10厘米，先端渐尖,基部圆形,上面亮绿色,嫩时叶脉上被短柔毛,其后无毛,下面淡绿色,被稀疏短柔毛,侧脉显著,10~12对,弧形平行,全缘,叶柄带红色,长1.5~3厘米,嫩时被柔毛,其后无毛。头状花序近于球形,顶生或腋生,顶生的花序具雌花,腋生的花序具雄花,总花梗长4~6厘米;花杂性,同株,苞片3枚,三角状卵形;花萼杯状,5浅裂,裂片齿状;花瓣5枚,

喜树

淡绿色,长圆形或长圆卵形,长2毫米,早落;花盘显著,微裂;雄蕊10枚,外轮5枚,较长,常伸出花冠外,内轮5枚较短,花丝细长,无毛,花药4室;子房在两性花中发育良好,下位,花柱无毛,长4毫米,顶端分2支。翅果长圆形,长2~2.5厘米,顶端具宿存的花盘,两侧具窄翅,着生于近球形的头状果序上。

花期7月,果熟期11月。暖地速生树种。喜光,不耐严寒干燥。需土层深厚,湿润而肥沃的土壤,在干旱瘠薄地种植,生长瘦长,发育不良。深根性,萌芽率强。较耐水湿,在酸性、中性、微碱性土壤均能生长,在石灰岩风化土及冲积土生长良好。

庭荫树、行道树,主干通直,树冠宽展,本种生长迅速,为优良的庭园树和行道树,可作为绿化城市和庭园的优良树种。

珙桐

珙桐是驰名世界的珍贵观赏树木,也是国家一级保护植物。它的花序头状,在花序下面有两枚白色的大苞片,好像一群展翅的白鸽在树上栖息,故有"中国鸽子树"之称。而且珙桐是第三纪古热带植物的残遗种,在研究种子植物系统进化方面也很有科学价

值。珙桐为落叶乔木,高达20余米,胸高直径可达1米,树皮深灰色,常呈薄片状脱落,叶互生,广卵形或近圆形。

珙桐的主要产地

珙桐为我国特产,产于陕西东南部、湖北西部和西南部、湖南西北部、贵州东北部至西北部、四川、云南东北部等地。分布较广。繁殖方面可用种子繁殖和插条繁殖,但它的果核坚硬,不易透水,种子有后熟性,故在采种后必须在低温下层积。播种两年后才不整齐地发芽。苗期须搭荫棚。

华盖木

华盖木现仅存6株,木兰科常绿乔木,稀有种,国家一级保护植物。华盖木为单型属,仅1个,且成株过于稀少,虽开花结果正常,但每果成熟的种子很少,在原生母树周围一直未见幼苗,天然更新能力很低。

华盖木属常绿大乔木,高可达40米,胸径达1.2米,全株各部无毛;树皮灰白色;当年生枝绿色。叶革质,长圆状倒卵形或长圆状椭圆形,长15~26厘米,宽5~8厘米,先端急尖,尖头钝,基部楔形,上面深绿色,侧脉13~

华盖木

16对;叶柄长1.5~2厘米,无托叶痕。花芳香,花被片肉质,9~11枚,外轮3片长圆形,外面深红色,内面白色,长8~10厘米,内2轮白色,渐狭小,基部具爪;雄蕊约65枚,花药内向纵裂;雌蕊群长卵圆形,具短柄,心皮 13~16 枚,每心皮具胚珠 3~5 枚。聚合果倒卵圆形或椭圆形,长 5~8.5 厘米,直径 3.5~6.5 厘米,具稀疏皮孔;蓇葖厚木质,长圆状椭圆形或长圆状倒卵圆形,长 2.5~5 厘米,顶端浅裂;种子每蓇葖内 1~3 粒,外种皮红色。

华盖木生长于山坡上部、向阳的沟谷、潮湿山地上的南亚热带季风常绿阔叶林中。产地夏季温暖,冬无严寒,四季不明显,干湿季分明,年平均气温 16~18℃,年降雨量 1200~1800 毫米,年平均相对湿度在 75% 以上,最高达 90% 左右;雾期长,年平均霜期只有 8.6 天。土壤为砂岩和砂页岩发育而成的山地黄壤或黄棕壤,呈酸性反应,pH 值 4.8~5.7。地被物和枯枝落叶腐殖质层深厚达 10~20 厘米,有机质可达 20% 以上。华盖木为上层乔木,树冠宽广,根系发达,有板根。

华盖木为我国特有的单种属植物,是木兰科亚科顶生花木兰族 Magnoliac 中的原始类群,对木兰科分类系统和古植物学区系等研究有学术价值。树干挺拔通直,木材结构细致,有丝绢般的光泽,耐腐、抗虫,是滇东南珍稀的用材树种。花色艳丽而芳香,可选为庭园观赏树种。

天目铁木

天目铁木现仅存 5 株,桦木科落叶乔木,濒危种,国家一级保护植物,中国特有种。因其所处地归当地农村集体所有,生境受人为干扰频繁,处境危险。

天目铁木属落叶乔木,高 21 米,胸径达 1 米;树皮深褐色,纵裂;一年生小枝灰褐色,具浅色皮孔,有毛。叶互生,椭圆形或椭圆状卵形,长 4.5~10 厘米,宽 2.5~4 厘米,先端长渐尖,基部宽楔形或圆钝,叶缘具不规则的锐齿,下面疏被硬毛至几无毛,脉上除短硬毛外间或有短柔毛,侧脉 13~16 对;叶柄长 2~6 毫米,密生短柔毛。花单性,雌雄同株;雄葇黄花序多 3 个簇生,长 6~11 厘米;雌花序单生,直立,长 1.8~2.厘米,有花 7~2 枚,果多数,聚生成稀疏的总状,果序长 3.5 厘米,总梗长 1.5~2 厘米,密披短硬毛;果苞膜质,囊状,长倒卵状,长 2~2.5 厘米,最宽处直径 7~8 毫米,顶端圆,具短尖,基部缢缩成柄状,上部无毛,基部具长硬毛,网脉显著。小坚果红褐色,有细纵肋。

分布于山麓林缘或林旁。分布区平均气温约 15℃,1 月平均气温 3.3℃,7 月平均气温 28℃,全年降水

天目铁木

量 1471 毫米,6 月降水最多,年平均相对湿度为 78%。土壤为红壤,pH 值 4.7~5.3。伴生植物主要有马尾松、青冈、苦槠、黄檀、大叶胡枝子等。雄花序 7 月显露至翌年 4 月开放;雌花序随当年生枝伸展而出,4 月中旬叶全展,9 月中旬果熟,11 月中旬落叶。

天目铁木不仅是我国特有种,而且是该属分布于我国东部的唯一种类。对研究植物区系和铁木属系统分类,以及保存物种等,均具有一定意义。

天麻

天麻属兰科植物,多年生草本,块茎横生,肥厚肉质,长椭圆形,表面有均匀的环节。茎直立,黄褐色,节上具有鞘状鳞片。6~7 月开花,为总状花序,顶生,花黄褐色,结倒卵状长圆形蒴果。分布于我国东北、西南、华东等地。

天麻的生态特点

天麻的生态与众不同。初夏,由地下块茎顶部抽生出直立的地上茎,很像一支出土的箭,所以在《神农本草》中称为"赤箭"。天麻无根无叶,没有叶绿素,不能进行光合作用制造有机物;也不能吸收水、无机盐。那么,它是怎样生存的呢? 原来,在阴湿的杂木

林下，寄生着一种真菌，它的菌盖呈蜜黄色，在菌柄上有个环，名叫"蜜环菌"。当它的菌丝体遇到天麻的地下块茎时，全面包裹并伸入其中，天麻的组织细胞会分泌溶菌液，靠消化蜜环菌的菌丝来营养自身。所以，天麻是一种靠密环菌生存的腐生植物。

天麻的药用

天麻原名赤箭，始载《本经》，宋代《开宝本草》始收载天麻之名。明代《本草纲目》中将二者合并称"天麻赤箭"。别名明天麻。可见我国很早就将天麻用于药用了。天麻的块茎内含香草醇、甙类和微量生物碱；药用有通络止痛、息风镇痉的作用。用以治疗高血压、头痛、眩晕、肢体麻木、神经衰弱及小儿惊风等。

珊瑚菜

珊瑚菜是渐危物种，多年生草本，高 5~25 厘米。主根细长，圆柱形，长可达 70 多厘米。基生叶具柄，叶柄长约 10 厘米，基部宽鞘状；叶片轮廓呈卵形或宽三角状卵形，长 5~12 厘米，三出式分裂或之回羽状分裂，裂片质厚，卵圆形或椭圆形，长 2~5 厘米，宽 1~3 厘米，先端圆钝或渐尖，边缘有粗锯齿，上面有光泽。复伞形花序顶生，总梗长 4~10 厘米，密生白色或灰褐色绒毛；无总苞；伞辐 10~14，不等长；小总苞片 8~12 枚，线状披针形；花白色；萼齿 5，细小；花瓣 5 枚，卵状披针形，先端内折；雄蕊 5，与花瓣互生，花药带紫褐色；花柱基扁圆锥形，花柱短。双悬果圆球形或椭圆形，果棱木质化，翅状，有棕色毛。其根入药，为中药材。生于我国沿海地区，尤以海滨沙滩上分布甚广。近年来，随着城市和港口建设，需要大量用沙，因而生长珊瑚菜的沙滩常被挖掘，生境遭到破坏，影响繁殖生长，加上药农连年挖根。因此资源逐渐减少，分布面积越来越窄。

珊瑚菜在不同的生长发育阶段对气温的要求不同，种子萌发必须通过低温阶段，营养生长期内在温和的气温条件下发育较快。气温过高，植株会出现短期休眠。高温季节一过,休眠即解除。开花结果期需要较高的气温。冬季植株地上部分枯萎,根部能露地越冬。

珊瑚菜广泛用作镇咳祛痰药,并可食用,经济价值较高,对于海岸固沙和盐碱土的改良也极为重要。在分类学上,有些学者,曾把本种产于北美地区的单独成立一种或把它作为地理亚种。对研究伞形科植物的系统发育,种群起源,以及东亚与北美植物区系,均有一定意义。

猪笼草

人们都知道,凶猛的动物往往具备吃人的本性,譬如狼、老虎等。可是你听说过植物"吃人"的说法吗? 这听起来似乎让人觉得不可思议。然而在许多报刊上又确实有许多关于吃人植物的报道。目击者叙述得活灵活现,让人似乎身临其境。

地球上真的有吃人植物吗? 它们是什么样子? 是像动物那样突然张开血盆大口还是另有招数? 它们又在哪儿?

猪笼草

1979 年,毕生致力于研究食肉植物的英国权威艾得里安·斯莱克在他的专著《食肉植物》里写道:到目前为止,学术界尚未发现有关吃人植物的正式记载和报道,就连著名的植物学巨著——德国的恩格勒主编的《植物自然学科志》中,也没有任何关于吃人树的描写。与此同时,曾经走遍了南洋群岛的英国生物学家华莱士在他的《马来群岛游记》中,记述了许许多多罕见的南洋热带植物,却从来未提到过吃人植物。这些无异于一盆冷水，使得人们津津乐道的吃人树在突然之间降了温。于是，绝大多数植物学家一致认为，世界上也许并不存在这类奇特的植物。

难道所有关于吃人树的报道都是捕风捉影？艾得里安·斯莱克和其他一些学者在仔细分析后认为，吃人树的说法或许是人们根据食肉植物捕捉昆虫的特性，经过想象和夸张而产生的；要么就是根据某些未经核实的传说以讹传讹。

在《食肉植物》一书中，艾得里安·斯莱克指出：地球上确确实实存在着一类行为独特的食肉植物（亦称食虫植物），它们分布在世界各国，共有500多种。其中包括瓶子草、猪笼草、茅蒿菜和捕捉水下昆虫的狸藻等。这些植物的叶子很奇特，有的像瓶子；有的像小口袋或蚌壳，有的叶子上甚至长满腺毛，能分泌出各种酶来消化虫体。它们大多生长在经常被雨水冲洗和缺少矿物质的地带。由于这些地区的土壤呈酸性，缺乏氮素养料，因此植物的根部吸收作用不大，以致逐渐退化，为了获得氮素营养，满足生存的需要，它们经历了漫长的演化过程，演变出一种能吃动物的特性。

猪笼草是著名的热带食虫植物，为多年生草本。叶互生，长椭圆形，全缘。中脉延长为卷须，末端有一小叶笼，叶笼小瓶状，瓶口边缘厚，上有上盖，成长时盖张开，不能再闭合，笼色以绿色为主，有褐色或红色的斑点和条纹。雌雄异株，总状花序。常见同属种类有瓶状猪笼草，叶笼短，黄绿色；二距猪笼草，叶披针形，笼面深绿色；绯红猪笼草，笼面黄绿色，具褐红色斑条；库氏猪笼草，叶笼短，黄绿色，具红褐色斑条；中间猪笼草，笼面绿色，具淡紫红斑点；劳氏猪笼草，笼面黄绿色，具褐色斑点；奇异猪笼草，笼面黄绿色，叶笼上口具红晕；拉弗尔斯猪笼草，笼面黄绿色，具淡紫褐色斑点；大猪笼草，叶笼大，长30厘米，笼面红褐色，具绿色条纹；血红猪笼草，笼面淡红色；狭叶猪笼草，笼面褐色绿，具红色斑点，叶笼长15~18厘米，宽3~4厘米；华丽猪笼草，笼面黄绿色，具深红色条纹斑；长柔猪笼草，笼面红褐色。

植物能捕食动物昆虫，这是一个饶有兴趣的现象，除茅蒿菜以外，猪笼草科植物是另一类具有捕食昆虫能力的草本植物。猪笼草属植物全世界约67种，中国广东地区仅产一种。猪笼草在自然界常常平卧生长,叶的构造复杂,分叶柄,叶身和卷须,卷须尾部扩大并反卷形成瓶状,可捕食昆虫。猪笼草具有总状花序,开绿色或紫色小花。猪笼草叶顶的瓶状体是捕食昆虫的工具。瓶状体开口边缘和瓶盖复面能分泌蜜汁,引诱昆虫。瓶口光滑,待昆虫滑落瓶内,被瓶底分泌的液体淹死,并分解虫体营养物质,逐渐消化吸收。

秃杉

秃杉是分布在中亚热带季风气候区的一种常绿乔木,高约40米,胸径达2米,树皮淡灰褐色,裂成不规则长条形,树冠成锥形,大枝平展或下垂,小枝下垂,大树之叶棱状钻形,排列紧密,长2~5毫米,两侧宽1~1.5毫米,直或上端微弯,先端尖或钝,幼树及萌芽枝之叶钻形,两侧扁平,直伸或稍向内弯曲,先端锐尖。球花单性同株,雄球花2~7个簇生于小枝顶端,雌球花单生于枝顶,无苞鳞。球果圆柱形或长椭圆形,长1.5~2.5厘米,直径约1厘米,熟时褐色,种鳞12~39枚,中部种鳞宽倒三角形,长约7毫米,每发育种鳞具2粒种子,种子长椭圆形或倒卵形,两侧边缘具翅,种子连翅长4~7毫米,宽3~4毫米。

为第三纪古热带植物区孑遗植物,属于国家一级保护植物,它的树皮淡灰褐色,裂成不规则长条形,树冠成锥形,为我国台湾的主要用材树种之一。

秃杉的分布区属中亚热带季风气候,其特点是夏热冬凉,雨量充沛、雨日及云雾较多,光照较少,相对湿度较大。据雷公山气候资料,年均气温14.3℃,7月份均温23.5℃,1月份均温3.6℃,大于等于10℃有效积温4110℃,≥10℃天数197天,凝冻约20天,年降雨量为1400毫米以上,雨量集中在4~9月,10~3月较少,约300毫米。

秃杉的主要分布区雷公山地质构造为江南古陆雪烽台凸,地处云贵高原东部边缘,由于雷公山台块上升,流水侵蚀,深切割的沟谷纵横交错,形成以高中山、中山为主,低山局部出现的地貌特征,基岩为前震旦纪板溪群变质岩系,以浅变质岩为主。土壤为山地黄壤类,酸性,pH值4.0~5.3,质地为壤土,土层较深厚。

秃杉寿命长，生长迅速，主干发达，浅根性，侧根和须根发达，多集中于80厘米的土层中，幼树梢耐阴，在全光照条件下生长也比较迅速，种子萌发率良好，为扩大其资源量奠定了良好的基础。

白鹭花

白鹭是一种长得像鹳似的鸟，在南欧和亚洲发现有一种花竟然也有同样的名字，因为它酷似飞行的白鹭。

白鹭花，原名狭穗鹭兰，是非洲南部的一种本土植物，这种花是在地下生长，除了像

肉般的花朵裸露在地面上，释放出一种尸体恶臭吸引着蜣螂、食尸甲虫。美丽鲜红花朵的真实作用是一个陷阱，吸引甲虫们进入到花朵之中，然后将这些甲虫困起来直至死亡，它吸收甲虫尸体的营养成分。

白鹭花通常隐身于充当寄主的树丛中，人们很难发现它的踪影，只能通过其难闻的气味觅得其踪迹。非洲白鹭花，属于全球十六种"臭名昭著"的美丽植物，是一种大戟属植物。是非洲南部的一种本土植物，通常它生长在干旱贫瘠的沙

白鹭花

漠地区，它在纳米比亚通常被称为草原型大戟属植物，是一种银灰色肉质灌木，最高可达两米，根茎如木头般坚硬，外形如蜂窝。豺和狒狒同南非科桑（Khoi-San）族人一样，会"泰然自若"地吃掉花上结出的果实，根据它的这一特性，当地人称其为"丛林人的色拉"。植物中理想的寄生关系是"中立寄生性"，按照这种寄生关系，寄生植物会对寄主造成极少损害，或者不造成任何损害。大戟属植物是幸运的，它散发着恶臭，具有"中立寄

生性"的花不会对其造成一点伤害。

峨眉含笑

　　峨眉含笑为含笑花属,属内之植物近约 50 种,其性较不耐寒,故大都散布于亚洲的热带、亚热带和温带地理区,而中国原产者即多达三十余种,主产于南方各省诸如江西南部、广东、福建以及台湾一带之山坡地,野生形态者多半混生于南方的阔叶树林中。现台湾全省各地均有栽种,但多半集中于桃园、彰化、埔里与台南,以盆栽销售为主,庭园造景次之。在园艺用途上主要是栽植 2~3 公尺之小型含笑花灌木,作为庭园中备供观赏暨散发香气之植物,当花苞膨大而外苞行将裂解脱落时,所采摘下的含笑花气味最为香浓。

　　峨眉含笑为常绿乔木,高达 20 米,胸径达 40 厘米;树皮灰色或灰绿色,光滑。叶革质,倒卵形、倒披针形或长圆状倒披针形,长 7~15 厘米,宽 3~5 厘米,先端急尖或短渐尖,基部楔形或宽楔形,上面绿色,下面灰绿色,微被白霜,侧脉 8~13 对;叶柄长 1.5~4 厘米,具托叶痕。花单生叶腋,直径 5~7.5 厘米,淡黄色;花被片 9~12 枚,倒卵形或倒披针形,长 3~5 厘米,宽 1~3 厘米,先端圆或钝尖,愈向内者愈小;雄蕊多数,花药长 1~1.2 厘米,花丝淡绿色,长 2~4 毫米;心皮多数,淡绿色,密被短细毛,每心皮内有胚珠 1~14 枚,仅部分心皮发育。穗状果序下垂,长 15~25 厘米;成熟心皮紫红色,几无柄,倒卵圆形或长圆形,长 1.5~3.5 厘米,顶端有短成熟后两瓣开裂。峨眉含笑分布于四川盆地边缘岷江上游的灌县、什邡,青衣江流域的荥经、雅安、峨眉、洪雅,大渡河下游的峨边、沐川,以及东南部的古蔺、南川与湖北西部利川等地。生于海拔 700~1600 米的森林中。

　　峨眉含笑为中国特有种,分布范围狭窄,且呈零星散生。由于材质优良,常成为滥伐对象。现分布区植株已越来越少,又因其结实甚少,更新困难,将被其他阔叶树种更替,陷入灭绝的危险,为残遗树种。对于研究木兰科植物的系统发育、植物区系等有科学价值。木材为制车船、家具、乐器、图版、雕刻等良材;花、叶含芳香油,可提浸膏;树皮和花均可入药;种子油供工业用;树形美观,花美丽芳香,可供庭园观赏,也可作适生地区的主要造林树种。国家二级保护濒危品种。是城市绿化名贵树种,获世博会园林植物铜奖。

罗汉松

罗汉松是产于中国长江流域以南地区罗汉松科中较常见的种类,多栽培供观赏。罗汉松神奇有趣的是,在夏季雌树的叶腋内,会结出一个个小罗汉似的种子,种子上面的"光头"部分是一枚侧生胚珠,下面的种托好似罗汉的身体,种托处微微凸起的地方,又很像罗汉"合十"的双手。

罗汉松

罗汉松属常绿乔木,高达 16 米,胸径 60 厘米;树皮褐灰色或灰白色,鳞状开裂。叶螺旋状排列,辐射状散生,在小枝上端排列紧密,厚革质,线状披针形或线形,微弯,长 4~10.5 厘米,宽 5~10 毫米,先端圆或钝尖,基部窄成短柄,中脉两面隆起,上面绿色,有光泽,下面淡绿色。雌雄异株,雄球花穗状,单生或 2~3 簇生叶腋,长 3~5 厘米,几无梗,基部具数枚三角形苞片;雌球花单生叶腋;具梗。种子卵圆形,长 8~10 毫米,直径约 6 毫米;肉质种托与种子等长或近等长,成熟时红色或紫红色。松柏植物门罗汉松科的一属。叶线形、披针形、椭圆形或鳞形,螺旋状排列,近对生或对生,有时基部扭转排成两列。雌雄异株,雄球花穗状或分枝,单生或簇生叶腋,雌球花通常单生叶腋或苞腋,有数枚螺旋状着生或交互对生的苞片,最上部的苞腋有 1 套被生 1 枚倒生胚珠,套被与珠被合生，花后套被增厚成肉质假种皮，苞片发育成肥厚或稍肥厚的肉质种托。种子核果状，全部为肉质假种皮所包，生于肉质种托上或梗端。罗汉松科的化石出现于晚三叠世。现存的罗汉松科植物共 7 属约 130 余种，分布于热带、亚热带及南温带地区，在南半球分布最多。其中罗汉松属种类最多，次为陆均松属，约 20 种。中国产陆均松属 1 种，即陆均松（产海南岛）。罗汉松属植物的木材材质细致均匀，纹理直，有光泽，硬度适中，干后不裂，易加工，耐腐力强，供作乐器、文具、雕刻、农具、家具、建筑、桥梁、船舰等用。

人参

人参属五加科，多年生草本植物。茎高约 40~50 厘米，轮生掌状复叶。伞形花序单生茎顶，花淡黄绿色。果实扁圆如豆粒，秋天成熟时为红色。根为纺锤形肉质主根及分枝，形似小人。根含多种人参皂甙及少量挥发油。野生的山参，多生长于气温低、光照长、土壤肥沃的山坡地带，我国以长白山所产的人参最为著名，野生参生长缓慢，采集困难，现在我国进行人工栽培的人参已弥补了野生参这一缺憾。

人参的药用

人参为第三纪孑遗植物，也是珍贵的中药材，以"东北三宝"之首驰名中外，在我国药用历史悠久。人参有大补元气，治疗久病虚脱，并能健脾益肺、安神增智，是著名的补气强壮药。长期以来，由于过度采挖，资源枯竭，人参赖以生存的森林生态环境遭到严重破坏，因此古代的山西上党参早已绝灭，目前东北参也处于濒临绝灭的边缘。

孩儿参

孩儿参别名童参，多年生草本，高 10~20 厘米。块根纺锤形，淡灰黄色。茎细弱，直立，常单生。叶形多变，花期披针形，花后渐增大成卵形，或宽卵形，成轮状，两面无毛，叶柄长 1~10 毫米。花二型，普通花单生茎顶或腋生，萼片 5 枚，狭披针形，长约 5 毫米，边缘膜质,背面被柔毛;花瓣5枚,白色,狭矩圆形,长约6毫米;雄蕊10枚;子房卵形,花柱3枚;闭锁花生茎下部叶腋,萼片4枚,无花瓣。蒴果近球形,含数粒种子;种子肾形,黑褐色,表面具乳头状突起。花期6~7月,果期7~8月。生于山坡草地、林下阴湿处。分布于我国东北、华北、西北、华中、华东、朝鲜、日本。

羽叶点地梅

羽叶点地梅,国家二级重点保护野生植物。生于高山草甸、山坡草丛中、河滩砂地或山谷阴处。海拔2800~4500米。一年生或二年生草本,花葶高3~9厘米。叶基生,沿中脉疏被长柔毛,羽状深裂,裂片线形,全缘或具不整齐的疏齿;叶柄疏被长柔毛。伞形花序着生于花葶端;苞片线形,疏被柔毛,花梗长2~12毫米;花萼要杯状,5裂,裂片三角形,内面被微柔毛;花冠稍短于花萼,白色,坛状,喉部收缩且具环状附属物,冠檐5裂,裂片长圆形;雄蕊5枚,着生于花冠管的中上部,与花冠裂片对生;花丝极短,花药卵形,先端纯;子房下位,扁球形,有胚珠数枚;花柱短于子房,宿存;柱头头状。蒴果近球形,在中部以下横裂成两半。种子6~12枚。花期5~6月,果期6~8月。单种属。

羽叶点地梅主要分布于甘肃:岷县、临泽、玛曲、夏河;青海:兴海、达日、玛多、泽库、贵德、湟源;四川:松潘、德格、石渠、若尔盖;西藏:比如(曲宗拉)。

樟树

樟树为亚热带常绿阔叶林的代表树种,为亚热带地区(西南地区)重要的材用和特种经济树种,学名Cinnamomumcamphora。亦称"香樟"。樟科。常绿乔木。叶互生,卵形,上面光亮,下面稍灰白色,离基三出脉,脉腋有腺体。初夏开花,花小,黄绿色,圆锥花序。核果小球形,紫黑色,基部有杯状果托。广布于中国长江以南各地,以台湾为最多。植株整体均有樟脑香气,可提取樟脑和樟油。木材坚硬美观,宜制家具、箱子,又为绿化树、行道树。原产中国南部各省,台湾、越南、日本等地亦有分布。樟树亦是浙江省杭州市、宁波市、金华市、江苏省无锡市、江西省南昌市、上饶市、景德镇市、樟树市安徽省马鞍山、安庆市、湖南省长沙市、湖北省鄂州市、四川省绵阳市、自贡市、贵州省贵阳市的市树。另有江西省樟树市,地处江西省中部,赣江中游,鄱阳湖平原南缘。

樟树高可达 50 米,树龄成百上千年,可称为参天古木,为优秀的园林绿化林木。树皮幼时绿色,平滑;老时渐变为黄褐色或灰褐色纵裂。冬芽卵圆形。叶薄革质,卵形或椭圆状卵形,长 5~10 厘米,宽 3.5~5.5 厘米,顶端短尖或近尾

樟树

尖,基部圆形,离基 3 出脉,近叶基的第一对或第二对侧脉长而显著,背面微被白粉,脉腋有腺点。花黄绿色,春天开,圆锥花序腋出,又小又多。球形的小果实成熟后为黑紫色,直径约零点五公分;花期 4~5 月,果期 8~11 月。

灰褐色的树皮有细致的深沟纵裂纹。樟树全株具有樟脑般的清香,可驱虫,而且永远不会消失。叶互生,纸质或薄革质,树干有明显的纵向龟裂,极容易辨认。据说因为樟树木材上有许多纹路,像是大有文章的意思,所以就在"章"字旁加一个木字作为树名。樟树是常绿乔木,它的常绿不是不落叶,而是春天新叶长成后,去年的老叶才开始脱落,所以一年四季都呈现绿意盎然的景象。樟树的小花非常独特,外围不易分辨出花萼弥或花瓣的。花有 6 片,中心部位有 9 枚雄蕊,每 3 枚排成 1 轮。

七子花

七子花中国特有的忍冬科单种属植物,七子花是落叶小乔木,高达7米;树皮灰褐色,片状剥落;幼枝略呈四棱形,红褐色。叶对生,厚纸质,卵形至卵状长圆形,长7~16厘米,宽4~8.5厘米,先端尾状渐尖,基部圆形或微呈心形,近基三出脉,3脉近平行,全缘或微波状,下面脉上被柔毛;叶柄长5~15毫米。圆锥花序顶生,长达15厘米。由多数密集呈头状的穗状花序组成;穗状花序有12轮,每轮有7朵花,包括1对有3朵花的聚伞花序和1朵顶生的单花,外面包有10~12枚鳞片状苞片和小苞片,小苞片各对形状大小不等,最外一对有缺刻;萼筒长约2毫米,被白色刚毛,萼齿5枚,长圆形;花冠白色,稍芳香,筒状漏斗形,外面密生倒向短柔毛,裂片5枚,近唇形;雄蕊5枚,子房下位,3室,仅1室能育。果为瘦果状核果,长圆形,长1~1.5厘米,外具10条纵棱和疏生糙毛,冠以宿存而增大的5萼裂片,裂片紫红色。

七子花姿态优美,花期长;树干洁白、光滑,可与紫薇媲美;花形奇特,花色红白相间,繁花集于长花序,远望酷似群蜂采蜜,甚为奇观。七子花可作为优良的园林绿化观赏树种,具有较高的经济价值。七子花主要分布于湖北、安徽、浙江的大盘山、北山、天台山以及泾县、宣城等地区,在模式标本产地——湖北兴山已不存在七子花了。

七子花属国家二级重点保护植物,先后被列入中国被子植物关键类群中高度濒危种类和中国多样性保护行动计划中优先保护的物种。

灵芝

灵芝草别名赤芝、木灵芝、高砂。菌盖扁形或肾形,直径5~15厘米,厚0.5~2厘米;盖面黄褐色,变为红褐色,具有漆状光泽的皮壳,有同心环状棱纹和辐射状皱纹;边缘薄

或平截，往往稍后卷。菌肉木栓质，近白色至淡褐色，厚可达 1 厘米。管口白色或淡褐色，每毫米 4~5 个，管孔圆形。菌管一层，长 0.1~1 厘米，近白色，后变为浅褐色。菌柄侧生，罕偏生，长可达 19 厘米或更长，粗 1~4 厘米，紫褐色，有漆状光泽。孢子卵圆形，顶端截形，双层壁，内壁褐色布有小疣，外壁无色，光滑。生于阔叶树树根和木桩旁，为高温型腐生真菌，喜高温、高湿、散射光的环境。分布于我国东北、华北、西北、西南、中南、华东，全世界广泛分布。

灵芝"仙草"

灵芝是一种坚硬、多孢子和微带苦涩的菌类植物。现在野生的灵芝已经很少见，大多数都是人工种植的。灵芝自古以来就被认为是吉祥、富贵、美好、长寿的象征，有"仙草""瑞草"之称，中华传统医学长期以来一直视为滋补强壮、固本扶正的珍贵中草药。民间传说灵芝有起死回生、长生不老之功效。

灵芝的药用价值

灵芝是我国中医药宝库中的珍品，素有"仙草"之誉。根据我国第一部药物专著《神农本草经》记载：灵芝有紫、赤、青、黄、白、黑六种，但现代文献及所见标本，多为多菌科植物紫芝或赤芝的全株。性味甘平。紫芝主要含麦角甾醇、有机酸、氨基葡萄糖、多糖类、树脂、甘露醇和多糖醇等。又含生物碱、内酯、香豆精、水溶性蛋白质和多种酶类。中药味甘，性温，有滋补强壮，健脑安神，利尿，解毒的功效。中药治虚劳，气喘，头晕，失眠，慢性气管炎，高血压病，冠心病，消化不良，肾盂肾炎，慢性肝炎，毒菌中毒。

跳舞草

跳舞草是一种快要绝迹的珍稀植物，又叫情人草，多情草，风流草。该草属多年生蝶形花科木本豆科植物，直立小叶灌木，野生于深山之中，株高 60 厘米，苗高 25 厘米以上，叶柄上长出三片叶时，就可开始观赏。野生主要分布于四川、湖北、贵州、广西等地的深山老林之中。它树不像树，似草非草，地植高约100厘米，盆栽高约50厘米左右；茎呈圆柱状，光滑；各叶柄多为3枚叶片，顶生叶长6~12厘米，侧生一对小叶长3厘米左右。多年生小灌木株高60

跳舞草

~150厘米，叶片随植株的生长而变化，初生真叶对生，以后转为单叶互生，叶长椭圆形或披针形，长5~10厘米，蝶形花，紫红色。叶片随温度变化或音乐伴奏会上下舞动，非常奇特。可用于栽培等。花期在8~10月，小花唇形、紫红色；荚果在10~11月成熟；种子呈黑绿色或灰色，种皮光滑具蜡质。该植物对外界环境变化的反应能力令人惊叹不已。如对它播放一首优美的抒情乐曲，它便宛如玉立的女子，舒展衫袖情意绵绵地舞动；如果你对它播放杂乱无章、怪腔怪调的歌曲或大声吵闹，它便"罢舞"，不动也不转，似乎显现出极为反感的"情绪"。

据科学家研究认为，跳舞草实际上是对一定频率和强度的声波极富感应性的植物，与温度和阳光有着直接的关系。当气温达到24℃以上，且在风和日丽的晴天，它的对对小叶便会自行交叉转动、亲吻和弹跳，两叶转动幅度可达180度以上，然后又弹回原处，再重复转动。当气温在28~34℃之间，或在闷热的阴天，或在雨过天晴时，纵观全株，数十双叶片时而如情人双双缠绵般紧紧拥抱，时而又像蜻蜓翩翩飞舞，使人眼花缭乱，给人以清新、美妙、神秘的感受。当夜幕降临时，它又将叶片竖贴于枝干，紧紧依偎着，真是植物界罕见的"风流草"。此外，跳舞草还具有药用保健价值，全株均可入药，具有祛瘀生新、舒筋活络之功效，其叶可治骨折；枝茎泡酒服，能强壮筋骨，治疗风湿骨疼。

瓣鳞花

瓣鳞花出汗是为了避免体内盐分过多而伤害自身。当"汗滴"从叶片表面蒸发掉时，叶片上留下一层洁白的盐霜，大风一刮，全部抖落地上。

瓣鳞花，一年生矮小草本，高 5~16 厘米。叶小，常 4 枚轮生。花小，粉红色。瓣鳞花科有 4 属 90 种，中国仅产 1 属 1 种。古地中海植物区系成分的典型代表。分布于新疆、甘肃、内蒙古，多生于海拔 1200~1450 米处的盐化草甸中。

瓣鳞花的无性繁殖主要有两种方式：一种为劈裂式生长，是瓣鳞花自然更新的主要方式；另一种方式是由茎部向地表发生弯曲，被地表浮沙覆盖后由茎尖处长出不定根和不定芽，形成新的植株。一般在资源较贫乏、随机干扰程度高的条件下瓣鳞花以劈裂生长形成的环状集群为主；反之，以枝条下垂形成新植株为主。调查中发现瓣鳞花的劈裂生长也有两种类型，一种是当植株生长到一定阶段时，首先茎从基部到根部发生多次劈裂，使主根形成多条，以后地上的茎部也相应发生分裂而形成多个独立的植株；另一种是茎基部以上的部位先发生纵裂，而根部后发生分离，分裂形成的几个部分由于遇到的小环境不同，有的枯死了，有的存活下来，继续生长，最后形成几个独立的植株，因此，瓣鳞花往往形成环状的集群。对采于不同地段的即将劈裂的过渡状态的植株观察时发现，前一种类型的瓣鳞花多生长在地势相对较高的地段，而后一种类型的瓣鳞花多生长在坡底或地势相对低洼等土壤水分条件相对较好的环境中，这一现象说明水分条件会在一定程度上影响劈裂生长的发生过程，而在土壤水分条件相对较好的情况下，风力和温度等外部条件对地上部分的劈裂起着相当大的作用。瓣鳞花对雨水的依赖性和敏感性很强，常以"假死"的方式度过不良环境，并保持春、秋两次开花的习性，其种群的繁衍以营养繁殖类型为主，劈裂生长又占有较大的比重，这很可能是其远祖逐渐适应现代荒漠干旱气候条件的结果。

此外,劈裂生长是该地区一些强旱生小灌木对干旱环境的一种特殊适应方式,植物体通过对不同的环境条件采用不同的繁殖方式去延续后代、传递基因,这是植物对环境长期适应的最大保证。虽然劈裂生长的机理问题还在研究之中,但其可能具有重要的生态适应意义,它不仅是一种无性繁殖方式,而且对植物扩展空间、扩大种群、增加繁殖途径、分摊风险、提高适合度等方面具有重要作用,是植物在干旱环境中生存的一种积极的适应。

含羞草

含羞草是豆科的多年生草本植物,茎淡红色,有短的利刺,它的叶为羽状复叶再作指状排列;小叶对生,长条形,长约1厘米,宽约2毫米。如果我们用手指轻轻触动含羞草叶的上部,就可见一对对的小叶片,顺着叶轴,很有规律地向上靠拢闭合,依次合拢,逐渐传递。如果你用较大的力去打它,就可见全部小叶顷刻闭合,长的总叶柄也

含羞草

立即下垂,过了一段时间,它又逐渐恢复原来的状态。

含羞草为何会"含羞"

含羞草的叶受到震动或人用手触及的时候会合拢,甚至导致整个叶柄下垂的现象。这是由于刺激在普通细胞中激发了某种电信号,有些学者认为这个电信号沿着输导组织的木质部和韧皮部传递到数厘米至数十厘米远的叶柄和中片的缘故。含羞草所独有的

伸长的韧皮部细胞像高速公路一样,保证了电信号传递畅通无阻,其速度可达每秒 14 毫米。

云南石梓

云南石梓,又名大叶石梓、瓯子树、酸树、埋索(傣语)、甲梭扑(哈尼语)、勒咩(基诺语),为马鞭草科半落叶乔木,高 25~30 米,胸径 30~80 厘米。叶片阔卵形。顶生圆锥花序,花黄色,二唇形,花萼钟状。核果倒卵状椭圆形,黄色。主要分布于东南亚。中国仅分布于云南,生于海拔 1400 米以下的山坡、山脊或平地季雨林。材质与世界著名的柚木近似。国家二级保护稀有物种。

云南石梓属于热带亚洲成分,多分布于南向河谷,中国滇南和滇西南是它分布区的北缘,属偏干性气候,年平均气温为 17.8~19.3℃,但年变幅较小,最冷月平均气温在 12℃ 左右,没有冬季,极端最低温偶尔可达−1.7℃ 及 0.6℃,年降水量较多,约 123.4~166.6 毫米。

石梓性喜光,稍耐旱,低温是云南石梓的限制因素。比较瘠薄的山地也能生长,但长势衰弱,而以高温、高湿、静风环境及深厚肥沃土壤生长最优。初期生长很快,旺盛生长期可延续 60 年以上。立地条件好时,10 年生树高、胸径年平均生长量可分别达到 1 米和 1.5 厘米以上。

土壤为赤红壤、淋溶石炭岩土。它对水热及土壤、地形条件生态幅较广,山坡、山脊、平坝均能生长。为阳性树种,在季节性雨林中常构成上层成分,伴生的主要树种有合果木、绒毛紫薇、印度锥等。

栽培技术简单。花期 3~4 月,果期 5~6 月。种子千粒重 400~900 克,发芽率高达 80%以上。播种前沙藏催芽。植苗造林或直播造林均可。害虫有石梓龟甲、石梓大斑丫毛虫、石梓沟胸龟甲、石梓跳甲、石梓蓑天牛等。

云南石梓已被列为稀有物种,在我国的分布仅限于云南南部和西南部。其材质优良,心材耐腐,抗虫,防湿性能特强,是当地群众所喜用的建筑、家具用材。由于长年不合理的采伐和近年来毁林开荒,破坏十分严重,现存的天然植株已明显减少,若不加强保护,促进自然更新,进行人工栽培,将陷入濒危状态。

鹤望兰

鹤望兰是旅人蕉科鹤望兰属植物,为多年生常绿草本植物,高可达 1 米。根肉质,粗壮,茎不明显,叶片从极短的地上茎生出,折叠状,对生,叶片椭圆形,长约 40 厘米,宽约 15 厘米,蓝绿色,叶柄长 30 ~75 厘米。花大,左右对称,常 6~8 朵排成蝎尾状聚伞花序,生于一船形佛焰苞中。佛焰苞长约 15 厘米,具长的总花梗,萼片 3 枚,橙黄色,花瓣 3 片,紫蓝色,中央的一枚花瓣小,船状,侧

鹤望兰

生的两枚花瓣靠拢成箭头状,内藏 5 枚雄蕊,花形美丽且奇特,可作盆栽或切花用。

鹤望兰的生长特点

鹤望兰是一种美丽的花卉,又称极乐鸟花,原产南非。它在原产地靠一种很小的蜂鸟传粉才能结实。广州有栽培。由于华南地区没有那种蜂鸟,故必须靠人工授粉才能结实。鹤望兰喜光照充足和温暖湿润的气候,怕霜冻,华南可露地栽培,靠分株繁殖。把植株基部生出的萌蘖株切开分出,在切口处涂上草木灰以防腐烂就可移植,种植时不宜种得过深,以免影响新芽生长。

百岁兰

百岁兰,是生长于沙漠地区的一种裸子植物,以其能适应极端气候和防沙固土的特点而闻名。其一生只长两片叶子,但每一片叶子都可以活百年甚至千年时间,所以叫百岁兰,又称为"活化石",其不愧为植物界的老寿星。

百岁兰是奥地利植物学家 FriedrichWelwitsch 在 1860 年发现于安哥拉南部纳米比沙漠中。它是一种十分奇妙怪异的植物,生长于条件非常恶劣,年降雨量少于 25 毫米,加上来自海边的雾气也只能相当于 50 毫米。最老的百岁兰年龄估计在 1500 至 2000 年。这些植株能够忍耐极为恶劣的环境。大部分百岁兰生长于距离海岸 80 公里的多雾区域,据此估计雾气是它们水分的主要来源。

百岁兰跟其他植物的亲缘关系还有待研究。它仅仅分布在纳米比沙漠。纳米比沙漠是世界上最古老的沙漠,而百岁兰分布在这个沙漠从纳米比亚西部沿海到安哥拉西南部一个狭长的,极其干燥的地段。这个植物像一个木质化的胡萝卜,茎纤维质,具有粗大显著多皱褶的表皮。不均匀的生长使其茎部怪异地扭曲,而从茎部可以进行光合作用的组织长出两片带状的叶。大的植株距离地面最高的部位可达 1.5 米。生长于 Pforte 的植株高达 1.2 米,基部叶子盘绕成堆周长达 8.7 米。这些植株的根可深达 30 米。

百岁兰的树干非常短矮而粗壮,呈倒圆锥状,高很少超过 50 厘米,而直径可达 1.2 米,具有极长而粗壮、深达地下水位的主根;树干上端或多或少成二浅裂,沿裂边各具一枚巨大的革质叶片,叶片长带状,具多数平行脉,长达 2~3.5 米,宽约 60 厘米,叶之基部可继续生长,叶的顶部则逐渐枯萎,常破裂至基部而形成多条窄长带状,其寿命可达百年以上,故有百岁叶之称。球花形成复杂分枝的总序,单性,异株,生于茎顶叶腋凹陷处,由多数交互对生、排列整齐而紧密的苞片所组成,苞片的腋部生一球花;雄球花有两对假花被,具 6 枚基部合生的雄蕊,中央有一个不发育的胚珠;雌球花有两枚假花被成管状,胚珠的珠被伸长成珠孔管。种子具内胚乳和外胚乳,子叶2枚,萌发后可保存2~3年。百岁叶的叶具明显的旱生结构,气孔为复唇形,是沙漠中难能生成的矮壮木本植物,能固沙保土。其次生木质部除管胞外,还有导管。

百岁兰是雌雄异株的,雌株有大的雌球果,雄株有雄花,每一雄花有6枚雄蕊。花粉传递靠风,不过还有一种很小的昆虫也有传粉作用。一般的雌株可以结60到100个雌球果,种子可以达到10000粒。种子有纸状翼,散播靠强风。这些种子大部分不会发芽,因为假设有50%是有活性的,这其中还会有80%被真菌感染。估计不到万分之一的种子会发芽并且长大成株。过分潮湿会使种子不发芽并散发出恶臭。

百岁兰的分布范围极其狭窄,只分布于安哥拉及非洲热带东南部,生于气候炎热和极为干旱的多石沙漠、枯竭的河床或沿海岸的沙漠上。它也是远古时代留下来的一种植物"活化石",非常珍贵。

香果树

香果树特产我国。起源于距今约1亿年的中生代白垩纪。最初发现于湖北西部的宜昌地区海拔670~1340米的森林中。英国植物学家威尔逊在他的"华西植物志"中,把香果树誉为"中国森林中最美丽动人的树"。中国已把它列为国家二级重点保护植物。茜草科落叶大乔木,古老孑遗植物,中国特有单种属珍稀树种,分布于我国很多地方。

香果树是落叶乔木。叶对生有柄,厚纸质,高可达30米;树皮呈小片状剥落;小枝有皮孔和托叶环;叶片宽椭圆形或宽卵状椭圆形,全缘;托叶三角状卵形,早落。聚伞花序排成顶生的圆锥花序状;花大,淡黄色,有柄;花萼小,5裂,裂片三角状卵形,脱落性,在一花序中,有些花的萼裂片的1片扩大成叶状,白色而显著,结实后仍宿存;花冠漏斗状,有绒毛,顶端5裂,裂片覆瓦状排列;雄蕊5,与花冠裂片互生;子房2室,花柱线形,柱头全缘或2裂,胚珠多数。蒴果长椭圆形,两端稍尖,成熟后裂成2瓣;种子极多,细小,周围有不规则的膜质网状翅。

香果树是古老孑遗植物,中国特有单种属珍稀树种,分布于江苏南部、安徽东南部和西南部、浙江东南部和西部、福建北部和中部、江西东部和西部、湖南西南部和西北部、湖北西部和西南部、四川东部和中南部、河南南部、陕西南部、甘肃东

香果树

南部、广西东北部和西北部、贵州东北部和西南部、云南东南部和西北部。在神农架林区主产于南部海拔 600~1400 米的山坡或山沟边林中。板仓电站后山腰海拔 1050 米处有一株香果树,高约 28 米,胸径 186 厘米,树龄约 300 年,是神农架山地和湖北省目前发现的最大香果树。香果树姿态优美,花色艳丽,也是很好的观赏植物。香果树喜温和或凉爽的气候和湿润肥沃的土壤。分布区内年平均气温 18~22℃,在庐山能耐极端最低温-15℃,年降水量为 1000~2000 毫米,一般集中于 5~8 月,相对湿度为 70~85%。土壤为山地黄壤或沙质黄棕壤,pH 值 5~6。通常散生在以壳斗科 Fagaceae 为主的常绿阔叶林中,或生于常绿、落叶阔叶混交林内。香果树为偏阳性树种,但幼苗和 10 龄以内的幼树能耐荫蔽,10 龄以上多不耐阴,一般在 30 龄以上的壮龄树才能开花结实。7~9 月开花,果实10~11 月成熟;种子有翅,借风力传播。

箭毒树

箭毒木属乔木,高达 30 米;具乳白色树液,树皮灰色,具泡沫状凸起。叶互生,长椭圆形,长 9~19 厘米,宽 4~6 厘米,基部圆或心形,不对称;叶背和小枝常有毛,边缘有时有锯齿状裂片。雄花序头状,花黄色。果肉质,梨形,紫黑色;味极苦,直径 3~5 厘米。花

期春夏季,果期秋季。箭毒木为桑科常绿大乔木,又名加独树、加布、剪刀树等,树干基部粗大,具有板根。

箭毒树

毒木之王——箭毒木,云南旅游景点西双版纳傣语称为"埋广",是桑科见血封喉属乔木。树型高大,枝叶四季常青,树汁有剧毒,是自然界中毒性最大的乔木,有"林中毒王"之称。生长在西双版纳海拔1000米以下的常绿林中,是一种剧毒植物和药用植物。当地少数民族在历史上曾将见血封喉的枝叶、树皮等捣烂取其汁液涂在箭头,射猎野兽。据说,凡被射中的野兽,上坡的跑七步,下坡的跑八步,平路的跑九步就必死无疑,当地人称为"七上八下九不活"。据分析,见血封喉植物的主要成分具有强心、加速心律、增加血液输出量的功能,是一种有较好开发前景的药用植物。

箭毒木的乳白色汁液含有剧毒,一经接触人畜伤口,即可使中毒者心脏麻痹(心率失常导致),血管封闭,血液凝固,以至窒息死亡,所以人们又称它为"见血封喉"。现为濒临灭绝的稀有树种,国家二级保护植物。

半日花

半日花是半日花科的一种半灌木或灌木,稀为一年生或多年生草本孑遗植物。全世界约有8属200种,多分布于地中海沿岸。中国内蒙古、新疆有2种分布,分别是新疆半日花和内蒙古半日花,被国家列为二级保护植物。

半日花为矮小灌木,高5~12厘米,丛幅约20厘米,常呈垫状并形成结构紧密的灰绿色团状植丛,根系发达,根冠比大于415。随降雨时间而定,若降雨及时,则可从4月底至9月初整个生长季开花,果实不断成熟脱落,无固定的果期,在生态生物学特性方面对干旱环境的适应特点是通过减少叶面积、降低蒸腾、减缓新陈代谢等活动来抵御干旱、高温的自然环境。半日花虽为直根系植物,主根粗壮,但侧根很发达,且数量多。种子萌发后,地下生长速度为地上生长速度的10~14倍。根外的树皮较厚,可保证在土壤干旱时不失水,同时可防止土壤表层沙粒高温灼伤根部。

半日花多分布于荒漠区强烈的石砾质山麓和剥蚀残丘的干燥阳坡上,具有强石质化生境特点,呈岛状残遗分布,作为一种适应于严酷生境的特殊观赏植物,具有一定的园艺价值,也可作为干燥石质荒山的绿化植物种。李新荣认为其最适宜气候生态引种区在鄂尔多斯高原及周边地区的乌海、伊克乌素、陶乐、杭锦旗、鄂托克旗、石嘴山和吉拉乡,这些地区的气候条件和半日花的天然分布区较为相似,是半日花引种栽培较易成功的地区,即半日花迁地保护最理想的地区、是最可能的潜在分布区。李爱得、刘生龙等从乌海引入种子于4月中旬在甘肃民勤沙生植物园试种成功。野生半日花种子饱满,干粒重为118~128g,无休眠期,春、夏季均可播种,直接干播或用35~40℃水浸种24~36小时。两种方法对发芽均无明显影响。

半日花是亚洲中部荒漠的特有种,对研究亚洲中部,特别是研究中国荒漠植物区系的起源以及与地中海植物区系的联系有重要的科学价值。所以加强对珍稀濒危植物半日花的研究和保护具有重要意义。

黄山梅

黄山梅为多年生草本,高约1米;茎无毛,带紫色。单叶对生,圆心形,长宽各10~20厘米,掌状分裂,边缘具粗锯齿,两面有伏毛;叶柄较长,在茎上部的较短或无柄。聚伞花序生于上部叶腋及茎端,常具3花;花两性,黄色,直径4~5厘米,花梗稍弯曲而多少俯垂;萼筒半球形,裂片 5 枚,三角形;花瓣 5 枚,长圆状倒卵形或近狭倒卵形,长约 3 厘米;雄蕊 15 枚,排成 3 轮,不等长;子房半下位,通常 3~4 室,每室胚珠多数,花柱 3~4 枚,丝状,长约 2 厘米。蒴果宽椭圆形或近球形,直径约 1.3 厘米,花柱宿存;种子扁平,周围具斜翅。

黄山梅

黄山梅为阴性草木,不耐强光照射,喜温凉、湿润、富含有机质的酸性黄棕壤的生境,常在落叶阔叶林下阴湿之地呈小片生长。分布区年平均气温约 7.7℃,1 月平均气温~3.4℃,7 月平均气温 17.8℃,年降水量约 2000 毫米,相对湿度约 90%。

黄山梅为单种属植物,是黄山梅亚科(Kirengeshomoideae)唯一的代表种,也是中国、日本间断分布的典型种类。黄山梅为稀有物种,仅见于安徽、浙江两省毗邻山区。由于森林砍伐,生境破坏以及挖根入药等原因,致使植株日益减少,已处于濒临状态。对于阐明虎耳草科的种系演化以及中国和日本植物区系的关系,均有科研价值。

光叶蕨

光叶蕨,国家一级重点保护野生植物。光叶蕨叶基部为禾秆色,光滑,上面有一条纵沟直达叶轴;叶片长 30~35 厘米,宽 5~8 厘米,披针形,向两端渐变狭,二回羽裂;羽片 30 对左右,近对生,平展,无柄,下部多对向下逐渐缩短,基部一对最小,长 6~12 柄,三角状犷,钝头;中部羽片长 2.5~4 厘米,宽 8~10 毫米,披针形,渐尖头,基部不对称,上侧较下侧为宽,截形,与叶并行,下侧楔形,羽状深裂达羽轴两侧的狭翅;裂片 10 对左右,长圆形,钝头,顶缘有疏圆齿,或两侧略反卷而为全缘;叶脉在裂片上羽状,3~5 对,上先出,斜向上;叶坚纸质,干时褐绿色,光滑。孢子囊群圆形,仅生于裂片基部的上侧小脉,每裂片一枚,沿羽两侧各 1 行,靠近羽轴,通常羽轴下侧下部的裂片不育;囊群盖扁圆形,灰绿色,薄膜质,半下位,老明消失;孢子卵圆形,不透明,表面被刺状纹饰。

光叶蕨属于蹄盖蕨科,拉丁学名 Cystoathyriumchinense。多年生草木,植株高约 40 厘米。分布区属四川盆地西缘,"华西雨屋"的中心地带,气候终年潮湿多雾,主要植被类型为亚热带山地常绿与落叶阔叶混交林。土壤为山地黄壤及山地黄棕壤,年降水量是 1800~2000 毫米,pH 值 4.5~5.5。多生长于阴坡林下,晚春发叶,7~8 月形成孢子囊,9 月成熟。

光叶蕨现状濒危。由于过去盘山路的修建而破坏了其种群,可能已野外灭绝。该种仅极少数存于灌丛下,陷于绝灭境地。

雪莲

人们常常用苍劲的青松和冰山上的雪莲来形容不畏强暴的坚强气质。雪莲,这种生长在高寒地带的草本植物确有不怕冰雪的特性,它在海拔 3000~4000 米的岩石峭壁中,面对着皑皑白雪,仍然倔强地生长,开放出紫红色的花朵。雪莲在高山严酷的条件下,生长缓慢,至少 4~5 年后才能开花结果。雪莲是一种高山稀有的名贵药用植物,因此保护雪莲资源,无论在科学上或医药学上都有重要意义。

高山上的雪莲

雪莲生于我国新疆天山、昆仑山、阿尔泰山和帕米尔高原,海拔 2400~4000 米的高山上。俄罗斯、蒙古也有分布。它是菊科的多年生草本植物,通常高 15~25 厘米,叶长圆形或卵状长圆形。密集生长,长约 14 厘米,叶缘有小齿。雪莲生长的地方位于高山雪线以下，在那里，气候严寒多变，雨雪交加，冷热无常，最高月平均气温才 3～5℃，最低月平均气温为 -19～-21℃，一年的无霜期只有 50 天左右。而且由于生长期短，它只能在气温较暖时迅速发芽、生叶、开花和结果，7 月开花，8 月果熟，生存周期很短，靠保留在地下的根状茎和种子度过寒冷的季节。它的种子很轻，顶端有毛，被风一吹像降落伞一样把种子散布到远处。

银杉

银杉，是三百万年前第四纪冰川后残留下来的植物，中国特有的世界珍稀物种，和水杉、银杏一起被誉为植物界的"国宝"，国家一级保护植物。银杉雌雄同株，雄球花通常单生于 2 年生枝叶腋；雌球花单生于当年生枝叶腋。球果两年成熟，呈卵圆形。

远在地质时期的新生代第三纪时，银杉曾广泛分布于北半球的亚欧大陆，在德国、波兰、法国及苏联曾发现过它的化石，但是，距今 200～300 万年前，地球覆盖着大量冰川，几乎席卷整个欧洲和北美，但欧亚的大陆冰川势力并不大，有些地理环境独特的地区，没有受到冰川的袭击，而成为某些生物的避风港。银杉、水杉和银杏等珍稀植物就这样被保存了下来，成为历史的见证者。

银杉是我国特有的珍贵树种。但由于第四纪冰川的浩劫，许多植物遭到浩劫，相继死亡，银杉也濒于绝迹。由于中国南部的低纬度区，地形复杂，阻挡着冰川的袭击，中国的冰川比较零星，大多是山麓冰川，加上河谷地区受到温暖湿润的夏季风影响，冰川活动被限制在局部地区，这种得天独厚的自然环境，成了一些古老植物的避难所，它们得以保存下来。

银杉是松科的常绿乔木，主干高大通直，挺拔秀丽，枝叶茂密，尤其是在其碧绿的线形叶背面有两条银白色的气孔带，每当微风吹拂，便银光闪闪，更加诱人。银杉的美称便由此而来！

膝柄木

膝柄木是半常绿乔木,高13米,胸径60厘米;树皮黄褐色,有发达的板状根;小枝粗壮;芽圆锥形,芽鳞2~3,三角状卵形,长5~8毫米。叶薄革质,长圆形或长圆状披针形,长9~17厘米,宽3~6厘米,先端渐尖,基部近圆形,侧脉11~14对,脉细密成格状;叶柄长1.5~3厘米;脱叶早落。总状花序生于枝梢叶腋,长2~3厘米;花淡白色,花梗长2毫米;萼片5,披针形,长1.5毫米;花瓣5枚,长圆形,长2毫米,着生于花盘外围;花盘环形,具密而细小乳状突起;雄蕊5枚,长2毫米;子房球形,顶端具有一丛长毛,花柱2裂,长0.8毫米。蒴果长卵圆形,长2.5~2.8厘米,先端略尖,果瓣薄革质;种子1枚,长约2厘米,种皮黑褐色,有光泽,假种皮红色,肉质,全部或近全部包着种子,干后黄褐色。

膝柄木现仅存10株,卫矛科半常绿乔木,濒危种,国家一级保护植物。我国仅此一种。广西西南部发现的膝柄木是该属分布最北的种类。对研究我国种子植物区系地理及其热带亲缘具有重要的科学价值。

金花茶

20世纪60年代初期,我国科学工作者在我国广西的深山幽谷中首次发现一种金黄色的茶花,它带有芳香气味,真可谓色香兼备,被命名为"金花茶"。山茶花是我国特产的传统名花,也是世界名贵观赏植

金花茶

物。据说世界上已知的茶花有220种，就其色彩而言，有乳白、嫣红、浅绿和紫色等等，就是没有黄色的。国外育种学家曾千方百计用人工方法培育黄色品种的茶花，都没有成功。金花茶的发现，轰动了全球园艺界、新闻界，受到国内外园艺学家们的高度重视，专家认为它是培育金黄色山茶花的优良品种。此品种山茶花极其珍贵。金花茶喜欢温暖湿润的气候环境，生长在土壤疏松、排水良好的阴坡溪沟附近。由于它的自然分布范围极其狭窄，只能生长在广西南宁邕宁区海拔100~200米的低山丘陵地区，数量也很有限，现已被列为国家一级保护植物。

金花茶的生长习性

金花茶为山茶科常绿灌木，高2~5米。树皮浅灰黄色，枝条生长较为稀疏。叶色深绿，叶片质地如皮革，长圆形，先端有尖，叶缘微有反卷和细锯齿。隆冬11月，正是金花茶开花的时节，它的花期很长，可延续至第二年的2月份。盛开时，只见金黄色的花朵在绿叶掩映下，显得亮丽非凡，片片蜡质的花瓣晶莹润泽，仿佛刚被晨露洗过一样。花苞未开时亭亭玉立，盛开时含羞俯垂，好似一位待嫁的新娘，娇艳多姿。金花茶的果实为蒴果，内有黑褐色的种子。在我国广西南宁山区发现了金花茶后，近年又发现了十几种金花茶，如平果金花茶、东兴金花茶、显脉金花茶等，都是稀有的黄色茶花品种，均被列为国家级保护植物。

金花茶的经济价值

金花茶的木材质地坚硬，结构致密，是做雕刻及工艺品的极好材料。其花除观赏外，还能入药，治疗便血和妇女月经过多。并能提制天然的食用染料。叶子除泡茶做饮料外，还能治疗痢疾和烂疮。此外，其种子还可榨油、食用或做工业润滑油及其他溶剂的原料。为了使金花茶这一国宝繁衍生息，我国园艺工作者正通力合作，进行杂交选育实验，以培育出更加优良的品种。近年来，在我国昆明、杭州、上海等地已有引种栽培，具有较高的经济价值。

星叶草

一年生小草本,茎细弱,高3~10厘米,根直伸,支根纤细。子叶线形或披针状线形,无毛,叶纸质,菱状倒卵形、匙形或楔形,边缘上部有小齿,花小,两性,单生于叶腋,种子含丰富胚乳。花期5~6月,果期7~9月。零星分布于陕西南部、甘肃中部、青海南部、云南、四川、西藏等地。

星叶草具有独特的性状,其叶脉为开放式的二叉状分支脉序,特别是

星叶草

远轴盲脉末端的形态结构特征,使其明显地有别于毛茛科的其他属,故有人主张将其另立为星叶草科。因此,保护好星叶草,对进一步研究被子植物系统演化问题具有一定的科学价值。星叶草喜阴湿,要求散射光和潮湿的生境,凡阳光直接照射处,不见其分布,这种特殊生境一旦被破坏,即难生长。因它分泌一种特殊气味,影响其周围植物的生长,故在林下或局部小环境中往往形成单优群落。有时,一些湿生植物,如黄水枝、细弱荨麻,和囊吾等也可与其伴生。

星叶草零星分布于陕西南部太白山、佛坪、周至,甘肃中部肃南至东南部榆中、天水、夏河、临潭、岷县、康县、舟曲、文县,青海南部班玛、玉树、囊谦、杂多,四川北部南坪、色达、德格、金川、道孚、康定、泸定、稻城、乡城、木里,云南西北部德钦、贰山、中甸、丽江、东北部绥江、大关、昭通及中部景东,西藏东部类乌齐、察隅、波密、林芝、工布江达、郎县和新疆拜城托木尔峰等地。

铁锤兰

铁锤兰是一种兰科植物。其颜色和味道均像是生肉。由雄性胡蜂授粉。铁锤兰是兰科植物中一种濒临灭绝的物种，土生土长于澳大利亚。通常又被称为"铁锤兰"。该名称是指铁锤兰的形状以及它所移动的方式，就像锤子一样。

铁锤兰的授粉方式十分独特，仅靠雄性胡蜂授粉。雌性胡蜂不会飞，它们在茎干上守株待兔，恭候雄性胡蜂大驾光临，带自己远走高飞。它们随后会在飞行途中交配。诡计多端的铁锤兰会装作雌性胡蜂的样子，因为铁锤兰的唇瓣在颜色和结构上类似于雌性胡蜂的腹部。另外，铁锤兰

铁锤兰

还可以产生一种信息素，同雌性胡蜂生成的信息素极为相似。雌性胡蜂生成信息素的目的是吸引雄性胡蜂。当雄性胡蜂被铁锤兰释放的信息素及其形状所吸引时，它将尽力采集铁锤兰的唇瓣后飞走，这种做法会使擎着唇瓣的茎干向后方移动，上述行为反之又会使雄性胡蜂的胸部同粘粘的花粉包产生接触。雄性胡蜂会厌倦于这种飞来飞去的生活。为了使铁锤兰成功授粉，雄性胡蜂必须被另一株铁锤兰蒙蔽，后者将经历一番相同的程序。

不过，这一次，铁锤兰的花粉储存在它的柱头里，这种共生现象并非互惠互利，因为胡蜂虽为铁锤兰授粉，却从后者那儿一无所获。这种方式，或者被当成傻子骗来骗去的做法，在铁锤兰授粉过程中并非屡试不爽，因为雄性胡蜂有时并不会被上述小伎俩所迷惑。

莼菜

莼菜,属睡莲科的一种水草,国家一级重点保护野生植物(国务院 1999 年 8 月 4 日批准)。中国黄河以南、湖北西部利川及重庆市石柱县所有沼泽池塘都有生长,在江苏的太湖(还是"太湖八仙"之一),苏北的高宝湖,尤其以重庆市石柱县黄水镇、杭州的西湖和雷波县的马湖,湖北省利川等地生产的莼菜闻名于世。采其尚未透露出水面的嫩叶食用,是一种地方名菜,古人所谓"莼鲈风味"中的"莼",就是指的这个菜,亦作药用。

莼菜或作蒪菜,又名尊菜、马蹄菜、湖菜等,多年生宿根水生草本植物。鲜美滑嫩,为珍贵蔬菜之一。莼菜含有丰富的胶质蛋白、碳水化合物,脂肪、多种维生素和矿物质,常食莼菜具有药食两用的保健作用,正合《黄帝内经》中药食同源的理念。主产于浙江、江苏两省太湖流域,湖北省西部利川市境内,4 月下旬至 10 月下旬采摘带有卷叶的嫩梢。

相传乾隆帝下江南,每到杭州都必以莼菜调羹进餐,并派人定期运回宫廷食用。它鲜嫩滑腻,用来调羹做汤,清香浓郁,被视为宴席上的珍贵食品。莼菜的黏液质含有多种营养物质及多缩戊糖,有较好的清热解毒作用,能抑制细菌的生长,食之清胃火,泻肠热,捣烂外敷可治痈疽疔疮。莼菜黏液中的多糖,对实验动物某些肿瘤有抑制作用,将加入癌瘤毒遗传基因的 B 淋巴细胞和致癌物一起培养后,再把莼菜中的成分掺入,结果发现其对癌瘤毒的活化性有较强的抑制作用。

楠木

楠木是我国的珍贵树种,国家三级保护植物,素以材质优良闻名国内外。楠木的主要产地在四川、贵州、湖南、广西等省区,广东也有栽培。它是耐阴树种,适生于气候温暖湿润、土壤肥沃的地方。楠木为樟科的常绿乔木,高达 40 米,胸高直径达 1.5 米,树干正直。树皮灰白色带褐色,有浅的不规则纵裂,小枝有毛。它的叶较硬,窄椭圆形、倒披针形或倒卵状椭圆形,它的花淡黄白色,排成腋生的圆锥花序。

珍贵的栋梁之材

楠木为深根性树木,主根入土很深,不易被风吹倒,它在幼年期,顶芽生长旺盛,顶端优势明显,主干笔直苗壮,侧枝较细而且较短,

楠木

及至壮年期侧枝逐渐伸长扩展。楠木的木材黄褐色略带浅绿,有香气,木质结构细致,不太重,干后不变形,易加工,加工后纹理光滑美丽,为上等建筑用材,由于其树干平整正直,又经久耐用,可作良好的栋梁之材。也是做家具、雕刻、精密木模、漆器和胶合板面的良材。楠木生长较慢,如果任人砍伐,不加保护,则有绝种的危险,因此,大力营造人工林,是保存这个珍贵树种的必要措施。

菱

菱为菱科一年生浮叶水生植物,茎、叶、果实相当特殊。主根较弱,长约数尺伸入水底泥中,有固定植株、吸收养分的作用,茎蔓细长完全沉于水中,上有分枝及须也能起吸收作用。

它的果实为坚果。果皮革质,绿色或紫黑色,内含种子1粒,子叶一大一小,以小柄相连。发芽后初生真叶为狭长线形,先端2~3裂,程菊状叶;茎蔓达到水面时形成正常叶,呈菱形,叶柄长,中部有浮器,组织疏松,内贮空气,飘浮水上。胚根发芽后很早就停止发育;但次生根发达,其中近土壤茎节上着生的须根,是菱吸收养分的主要器官。茎各

节上的叶状根,含叶绿素,可行光合作用,兼有吸收功能。菱茎出水后,节间缩短,叶近似轮生,形成盘状,直径约33厘米,生叶约40~60片。菱花自叶腋中由下而上依次发生。花单生,白色,萼片、花瓣、雄蕊各4枚,子房2室,仅1室发育成种子。萼片发育成菱的硬角,按角的有无和数目分为无角菱、三角菱和四角菱。嫩果色泽为青、红或紫色,老熟后硬壳成黑色,果肉乳白色,食用部分为种子的肥厚子叶。

其性,甘、涩、平,无毒。果肉富含淀粉,此外含有丰富葡萄糖、蛋白质、维生素(B、C)等。有清暑解热、益气健胃、止消渴、解酒毒、利尿通乳、抗癌等功效。鲜菱角生食,能消暑热、止烦渴,凡暑热伤津、身热心烦、口渴自汗、食欲不振者,可做食疗果品;菱角熟食性温,能健脾胃、益中气,凡脾虚气弱、体倦神疲、不思饮食、四肢不仁者宜食。适用于胃溃疡、痢疾、食管癌、乳腺癌、子宫癌及其他癌症的防治。日本以菱角为主要成分,制造一种轰动医学界的抗癌药——WTTC(薏苡仁、紫藤、诃子各9克,菱角60克,水煎服)。

菱、菱壳、菱柄、菱叶等皆可入药,菱草茎可用于小儿头部疮毒,鲜菱柄捣烂敷并时时擦之,可使皮肤性疣赘脱落;老菱壳烧灰存性敷可治黄水疮、痔疮。但体虚内寒者不宜生食。

蛇头菌

蛇头菌

蛇头菌,常被叫作狗蛇头菌可以称得上是最丑陋的菌类。蛇头菌菌柄呈圆柱形,菌盖呈鲜红色,菌盖顶端长有恶臭气味的黏稠状孢子。子实体较小,高6~8厘米。菌托白色,卵圆形或近椭圆形,高2~3厘米,粗1~1.5厘米。菌柄圆柱形,似海绵状,中空,粗0.8~1厘米,上部粉红色,向下部渐呈白色。菌盖鲜红色,与柄无明显界限,圆锥状,顶端具小孔,长1~2厘米,表面近平滑或有疣状突起,其上有暗绿色黏稠且腥臭气味的孢体。孢子无色,长椭圆形,$3.5\sim4.5\mu m\times1.5\sim2\mu m$。

这是一种看上去非常奇特的植物,它的个头并不大,是生长于林地的一种像蛇头一样的真菌,顶端带有黑色尖头。它们通常生长于夏季和秋季的丛林落叶之中,主要分布在欧洲和北美洲东部。

滇桐

滇桐,椴树科滇桐属常绿大乔木,濒危种,高 $6\sim20$ 米;嫩枝无毛,顶芽有灰白色毛。叶纸质,椭圆形,长 $10\sim20$ 厘米,宽 $5\sim11$ 厘米,先端急短尖,基部圆形,上面干后暗绿色,不发亮,无毛,下面同色,秃净,基出脉 3 条,两侧脉离边缘 $8\sim10$ 毫米,上行不过半,中脉有侧脉 $5\sim7$ 对,边缘有小齿突;叶柄长 $1.5\sim5$ 厘米。

聚伞花序腋生,长约 3 厘米,有花 $2\sim5$ 朵;花柄有节;萼片 5 片,长圆形,长约 2 厘米,外面被毛;花瓣缺少轮雄蕊退化,10 枚,内轮能育雄蕊 20 枚,比萼片短;子房无毛,5 室,每室有胚珠 6 颗,花柱 5 枚。具翅蒴果椭圆形,长 3.5 厘米,宽 $2.5\sim3$ 厘米,翅薄,膜质,5棱;种子长约 1 厘米。

星散分布于云南及贵州局部地区海拔 $500\sim1000$ 米以上山地林中。能适应石隙环境,主要生长在石灰岩季雨林或半常绿季雨林中,为偶见种,花期 7 月,果期 10 至 11 月。

滇桐现仅存 6 株,椴树科常绿大乔木,濒危种,国家二级保护植物。为我国西南特有种,也是滇桐属这一寡种属的主要树种之一,在区系地理研究和选育珍贵树种应用中均有重要价值。

王莲

要是有人说,有一种植物的叶子上可以载上一个人,你可能会摇头不相信。但是你

只要到云南省的西双版纳，或是北京和广州植物园里亲眼看一看，就不由得会点头赞叹，啧啧称奇了。

这种植物名叫"王莲"，因为它确实大，人们亲切地称它为"大王莲"。它是一种水生植物，生长在水池里。每年8月，探出水面的花蕾就开放了。花的样子很像普通的荷花，可大小却非同寻常，单说那花托和花柄上长的刺毛，一根根都有

王莲

钉子那么粗，看了简直叫人难以相信，世界上竟有这么大的花。

花的开放时间很短，一朵花只能开两天。第一天晚上初开时为白色，并散发出一种似白兰花的香气。到第二天上午，花瓣闭合，到傍晚重新开放，这时，花的颜色由白色逐渐变为淡红至深红色。

王莲的果实球形，每个果实中约有二三百粒种子，种子含有大量淀粉，可以食用。

最惊人的是它的叶子。一张叶子的直径一般在两米以上，有时足有3米多，浮在水面，就像一个翠绿色的大玉盘，又像一张圆圆的桌子。一株王莲有二三十片叶子，所以能占很大一片水面。这种叶子的载重力特别大，有人曾经做了一个试验：在一张叶子上铺沙子，一碗一碗地往上倒，一直倒了75千克沙子，那张叶子还没有下沉。难怪一个30来千克重的孩子坐在叶子上，就安稳得好像坐在一张桌子上似的，丝毫不会摇晃。

大王莲的叶子哪里来的这股力量呢？关键在它的叶背面。如果把它的叶子翻过来观察，就可见到一种特殊的构造：叶脉又粗又壮，并且排列成肋条状，很像大铁桥的梁架，所以承重力特别强，是一般植物无法比拟的。

大王莲的老家在南美洲的亚马孙河，1801年欧洲人第一次发现了它，到1846年欧洲

各地的植物园学会了在温室里栽培大王莲。因为它原产热带,所以要求水暖、气温高、湿度大。在温室里必须创造这样的条件,我国北京植物园就专门安排了一间暖房给它居住,每年有许多人去参观。

东方杉

东方杉原产于墨西哥、危地马拉及美国西南部。主要分布在上海浦东新区的川沙林场、洋泾苗圃、川杨河沿岸,松江区的新桥镇新界苗圃、醉白池公园,金山区的海滨公园、荟萃园、金山石化总厂热电厂等地。此外,江苏、湖北等地也有零星分布。东方杉拥有很高的生态、景观和实用经济价值。它完全能够在我国中东部沿海地区和长江中下游的城乡广泛栽培,成为城市绿化与农村大地园林化的生力军,也可成为沿海地区抗击台风的新秀。

其中,川沙林场保存的东方杉林是当前世界上已知的、最大的该树种林地,具有极高的保护和开发利用价值,目前该林地已被列为"上海市种质资源保护林"。

东方杉的落叶期在 1 月中旬至 3 月上旬,时间 1 个半月至 2 个月,景观效果优于水杉、池杉和落羽杉等杉科

东方杉

树种,特别是在 11 月以后,这些杉科树种均已落叶,但东方杉仍然郁郁葱葱,成为一道独特的风景线。东方杉枝条韧性强,树形优美,树冠有圆锥形、椭圆球形、梨形和圆柱形等多种类型,挡风、抗风效果明显优于水杉、池杉和落羽杉。东方杉具有速生性,生长量显著大于水杉、池杉和落羽杉。川沙林场单排种植的 25 年树龄的东方杉,平均胸径为 43.

28 厘米,而同龄的水杉的平均胸径只有 30 厘米;在 1984 年浦东新区的川杨河畔同期种植的水杉和东方杉,对比更加明显,水杉的平均胸径是 19.15 厘米,而东方杉的平均胸径已达到 30.44 厘米。

1962 年我国著名林木育种家南京林产工学院的叶培忠教授用柳杉花粉对南京工学院内的墨西哥落羽杉(1925 年引种至我国)进行授粉杂交,得球果 3 个,播种后出苗 12 株。1967 年从中选出 5 株,用于繁殖。到 1972 年经连年嫩枝扦插繁殖,共育苗 6000 余株,并开始在全国各地试种。因种种原因,除上海保存两千多棵之外,全国各地保存下来的东方杉可能总计不足三百株。上海在上世纪七十年代引进东方杉以后,对该树种进行了长期的多方面的连续研究,包括繁殖、营林栽培、不同立地条件下的推广,种性特性及生态价值等方面,为东方杉的推广应用提供了技术支撑。

坡垒

坡垒属龙脑香科,坡垒属常绿乔木。又名海南柯比木。坡垒属约 90 余种,分布在印度、马来西亚和中南半岛等地。中国有 6 种,本种是海南岛特有珍贵用材树种。木材结构致密,纹理交错,质坚重,干后少开裂,不变形,材色棕褐,油润美观,特别耐浸渍,耐日晒,耐虫蛀,埋于地下可达 40 年而不朽。为极其珍贵的工业用材,可供造船、水工、码头、桥梁、家具、建筑等用。淡黄色树脂可供药用合作油漆原料。

树高可达 25~30 米,胸径 50~85 厘米。树干通直。树皮暗褐色,纵裂块脱落。小枝被灰色腺状短毛。叶互生,革质暗绿色,椭圆形,叶柄有皱纹。圆锥花序顶生或腋生,花小,单侧着生。坚果卵形,宿存的萼翅 5 片,其中 2 片最大。分布于海南省山区,以昌江的霸王岭、乐东的尖峰岭林区较为集中。垂直分布在海拔 400~800 米的山谷及东南坡面,也沿山谷下延至海拔 300 米的沟旁。20 世纪 60 年代北移引种至广东、广西、福建、云南南部,生长正常。坡垒为较耐阴树种。喜生于温暖、湿润、静风的山谷雨林环境。分布区年平均温度 20～23℃，最热月平均气温 26℃，最冷月平均气温 15.5～17.5℃，年平均雨量 1500～2600 毫米。对土壤要求不严，在花岗岩母质发育的黄红色砖红壤和山地砖红壤、黄壤以及土层浅薄而岩石裸露的地方均能正常生长。自然生长缓慢。8～9月开花，翌年 3～4 月果实成熟。

坡垒

种子易于脱落飞散，宜及时采种。每千克种子 1600～1900 粒。新鲜种子发芽率可达 90% 以上。但发芽力极易丧失，宜随采随播。2～3 年生裸根苗（高 50～100 厘米）或 1 年生容器苗，即可出圃造林。株行距 2×3 米。侧方可栽植伴生豆科庇荫树，以促进幼林生长。

坡垒是海南岛特有的热带雨林树种，多呈零散分布。近 20 年来，由于森林被大面积的砍伐，现存大树只有数百余株。目前已列为禁伐树种进行保护，并有小面积试种，生长良好。

坡垒属濒危物种，已列为禁伐树种，它的集中分布区坝王岭和尖峰岭也建立了自然保护区，并开展了繁殖造林试验。真正的热带雨林在我国只在海南岛和云南南部少数地区存在，龙脑香科的树木成为判断是否热带雨林的指示植物。坡垒就是产于海南岛的龙脑香科植物，它是海南岛热带雨林的代表种。由于本种仅在海南岛少数地区有分布，且目前现有大树仅数百株。该树木材坚韧耐用属优质木材。为了保护好如此重要植物，它被定为国家一级保护植物。

普陀鹅耳枥

　　享有"海天佛国"盛名的普陀山,不仅以众多的古刹闻名于世,而且是古树名木的荟萃之地。在普陀山慧济寺西侧的山坡上生长着一株称作普陀鹅耳枥的树木。这种树木在整个地球上只生长在普陀山,而且目前只剩下一株,可见,它该有多么珍贵!因此被列为国家重点保护植物。

　　普陀鹅耳枥属落叶乔木,高达14米,胸径70厘米。雌雄同株。雄花序短于雌花序。1930年钟观光教授在浙江普陀山海拔240米处发现,1932年郑万钧教授鉴定并定名为普陀鹅耳枥。生长于海拔240米的陵上坡林缘。具有耐阴、耐旱、抗风等特性。雄、雌花于4月上旬开放,果实于9月底10月初成熟。为中国特有珍稀植物,现仅存一株,在保存物种和自然景观方面都有重要意义。是国家一级保护濒危种。

紫椴

　　紫椴,落叶乔木,高可达20~30米。树皮暗灰色,纵裂,成片状剥落;小枝黄褐色或红褐色。呈"之"字形,皮孔微凹起,明显。喜光也稍耐阴。

　　幼苗幼树较耐庇荫;深根性树种;喜温凉、湿润气候,常单株散生于红松阔叶混交林内,垂直分布在海拔800米以下;对土壤要求比较严格,喜肥、喜排水良好的湿润土壤,多生长在山的中、下部,土壤为沙质壤土或壤土,尤其在土层深厚、排水良好的沙壤土上生长最好;不耐水湿和沼泽地;耐寒,萌蘖性强,抗烟、抗毒性强,虫害少。叶阔卵形或近圆形,长3.5~8厘米,宽3.5~7.5厘米,生于萌枝上者更大,基部心形,先端尾状尖,边缘具整齐的粗尖锯齿,齿先端向内弯曲,偶具1~3裂片,表面暗绿色,无毛,背面淡绿色,仅脉腋处簇生褐色毛;叶具柄,柄长2.5~4厘米,无毛。聚伞花序长4~8厘米,花序分枝无毛,苞片倒披针形或匙形，长 4~5 厘米，无毛具短柄；萼片 5，两面被疏短毛，里面较密；花瓣 5 枚，黄白色，无毛；雄蕊多数，无退化雄蕊；子房球形，被淡黄色短绒毛，柱头 5 裂。果球形或椭圆形，直径 0.5~0.7 厘米，被褐色短毛，具 1~3 粒种子。种子褐色，倒卵形，长约 0.5 厘米。花期 6~7 月，果熟 9 月。

紫椴

　　木材黄褐或黄红褐色，心边材区别多不明显。有光泽；微有油臭气味；无特殊滋味。生长轮略明显，轮间呈浅色细线；散孔材；宽度均匀。管孔数多；略小，在放大镜下略明显；大小一致，分布均匀；径列或斜列，间或散生；侵填体未见。薄壁组织通常不见。木射线稀至中；极细至中，在肉眼下可见，比管孔小；径切面上射线斑纹明显。波痕显著，无胞间道。木材纹理直；结构甚细而匀；干缩中；强度高；冲击韧性好。木材气干速度快，人工干燥少有缺陷产生，干后性质稳定；耐腐，抗虫蛀；切削等加工容易，纵切面颇光滑；油漆性能中，不发亮；握钉力好，不劈裂，耐磨。

海椰子

　　海椰子亦称复椰子、海底椰。是塞舌尔普拉兰岛及库瑞岛的一种特有棕榈，树高 20~30 米；树叶呈扇形，宽 2 米，长可达 7 米，最大的叶子面积可达 27 平方面，活像大象的两只大耳。由于整棵树庞大无比，所以也被称为"树中之象"。花着生于巨大的肉质穗状花序上，雌雄异株。果实被一肉质而多纤维的外皮，里面坚果状的部分通常 2 瓣，似两个椰子，可食但商业价值不高。是已知最大的果，约需 10 年才成熟。

海椰子树是一种富有神秘色彩的树种。这种树雌雄异株,一高一低相对而立,合抱或并排生长。有趣的是如果雌雄中一株被砍,另一株便会"殉情"枯死,因此塞舌尔居民称它们为"爱情之树"。更奇特的是,海椰子树不仅树分雌雄,果实也有雌雄之分。雄的果实呈微弯曲的长棒状,长1米多,粗约20厘米,近似男人的生殖器;雌的果实呈椭圆状,近似女人的臀部。

雄树高大,雌树娇小,生长速度都极为缓慢,从幼株到成年需要25年的时间。雄树每次只花开一朵,花长1米有余。雌株的花朵要在受粉两年后才能结出小果实,待果实成熟又得等上七八年时间。

一棵海椰子树的寿命长达千余年,可连续结果850多年。海椰子的坚果是一种复椰子,好像是合生在一起的两瓣椰子,因此,塞舌尔人将其誉为"爱情之果"。

海椰子坚果内的果汁稠浓至胶状,味道香醇,可食亦可酿酒,果肉熬汤服用,可治疗久咳不止,并有止血的功效。海椰子的椰壳经雕刻镶嵌,可作装饰品。海椰子果肉细白,美味可口,滋阴壮阳,还能治疗中风、精神烦躁等症。

猴面包树

猴面包树为木棉科的落叶乔木,叶为掌状复叶,有小叶3~7片,叶柄长10~12厘米,小叶长圆形,长7.5~12.5厘米,顶端渐尖,叶背有毛,花白色,单生于叶腋,直径12~15厘米,有花瓣5片,果木质,长圆形,长10~30厘米,外形与黄瓜相似,果肉多汁,可食用。每当猴面包树的果实成熟时,猴子就成群结队前来,爬上树去摘果吃,因此人们把它叫作猴面包树。

猴面包树的生长环境

猴面包树生长在干旱的热带地区，在这里，一年之中有八九个月是干旱季节。当旱季来临之时，全部落叶，以减少水分的散失，一到雨季，它靠发达的根系大量吸收水分，这时才出叶、开花。它把吸收到的水储存在树干里，维持长年的生长发育。它的树干虽然很粗，却很疏松，便于储水。它的枝条较多，有广阔的树冠。

猴面包树

世界上最粗的树——猴面包树

在非洲东部的热带草原上，生长着一种很特别的植物，叫作猴面包树。它高不过20米，但树干很粗，最粗的树干的直径超过12米，要20个人手拉手才能把它围绕一周。估计这棵树的树龄达5150年以上，它是世界上最粗的树。

桫椤

桫椤树属蕨类植物。茎直立，高1~6米。胸径10~20厘米，上部有残存的叶柄，向下密被交织的不定根。叶螺旋状排列于茎顶端；茎端和拳卷叶以及叶柄的基部密被鳞片和糠秕状鳞毛，鳞片暗棕色，有光泽，狭披针形，先端呈褐棕色刚毛状，两侧具窄而色淡的啮蚀状薄边；叶柄长30~50厘米，通常棕色或上面较淡，边同时轴和羽轴具刺状突起，背面两侧各具一条不连续的皮孔线，向上延至叶；叶片大，长矩圆形，长1~2米，宽0.4~0.5米，三回羽状深裂；羽片17~20对，互生，基部一对缩短，长约30厘米，中部羽片长40~50

厘米,宽14~18厘米,长矩圆形,二回羽状深裂;小羽片18~20对,基部小羽片稍缩短,中部的长9~12厘米,宽1.2~1.6厘米,披针形,先端渐尖而具长尾,基部宽楔形,无柄或具短柄,羽状深裂;裂片18~20对,斜展,基部裂片稍缩短,中部弧长约7毫米,宽约4毫米,镰状披针形,短尖头,边缘具钝齿;叶脉在裂片上羽状公叉,基部下小脉出自中脉的基部;叶纸质,干后绿色,羽轴、小羽轴和中脉上面被糙硬毛,下面被灰白色小鳞片。孢子囊群着生侧脉分叉处,造近中脉,有隔丝,囊托突起,囊群盖球形,膜质。是现存唯一的木本蕨类植物,极其珍贵,堪称国宝,被众多国家列为一级保护的濒危植物。隶属于较原始的维管束植物—蕨类植物门桫椤科。桫椤是古老蕨类家族的后裔,可制作成工艺品和中药,还是一种很好的庭园观赏树木。

桫椤喜生长在山沟的潮湿坡地和溪边的阳光充足的地方,常数十株或成百株构成优势群落,亦有散生在林缘灌丛之中。桫椤在我国分布很广,从北纬18.5°至30.5°。最北的记录为四川邻水县,该地处四川盆地东部,属亚热带湿润季风气候,受地形影响,气候较同纬度的长江中下游地区偏高约2~4℃,具有冬暖、春旱、夏热、秋雨、湿度大、云雾多、日照少、干湿季节明显等特点。土壤多为酸性。

在距今约1.8亿万年前,桫椤曾是地球上最繁盛的植物,与恐龙一样,同属"爬行动物"时代的两大标志。但经过漫长的地质变迁,地球上的桫椤大都罹难,只有极少数在被称为"避难所"的地方才能追寻到它的踪影。闽南侨乡南靖县乐主村旁,有一片亚热带雨林。它是中国最小的森林生态系自然保护区。为"世界上稀有的多层次季风性亚热带原始雨林"。在那里有世上珍稀植物桫椤。桫椤名列中国国家一类8种保护植物之首。新西兰是桫椤产地之一,它也是新西兰的国花,被人们所保护着。

由于森林植被覆盖面积缩小,现存分布区内生境趋向干燥,致使配子体生殖环节受到严重妨碍,林下幼株稀少。加之茎干可作药用和用来栽培附生兰类,致常被人砍伐,植株日益减少,有的分布点已消失,垂直分布的下限也随植被的缩小而上升。若不进行保护,将会导致分布区缩小,以至于灭绝。

在绿色植物王国里，蕨类植物是高等植物中较为低级的一个类群。在远古的地质时期，蕨类植物大都为高大的树木，后来由于大陆的变迁，多数被深埋地下变为煤炭。现今生存在地球上的大部分是较矮小的草本植物，只有极少数一些木本种类幸免于难，生活至今，桫椤便是其中的一种。桫椤又名树蕨，高可达 8 米。由于它是现今仅存的木本蕨类植物，极其珍贵，所以被国家列为一类重点保护植物。从外观上看，桫椤有些像椰子树，其树干为圆柱形，直立而挺拔，树顶上丛生着许多大而长的羽状复叶，向四方飘垂，如果把它的叶片反转过来，背面可以看到许多星星点点的孢子堆。孢子囊中长着许多孢子。桫椤是没有花的，当然也不结果实，没有种子，它就是靠这些孢子来繁衍后代的。

报春苣苔

报春苣苔，聚伞花序伞状，有 3~7 朵花；苞片 2 枚，狭卵形，被腺毛。花萼 5 深裂，裂片披针形，被褐色腺毛；花冠紫色，高脚碟状，长约 1.2 厘米，被短毛和腺毛，檐部 5 裂，裂片圆卵形，稍不等大；能育雄蕊 2 枚，着生于花冠筒近基部处，分生，花丝短；花药连着，长圆形，2 室极又开，顶端汇合；退化雄蕊 3；花盘由 2 近四方形腺体组成；子房狭卵形，被柔毛，侧膜胎座 2，环珠多数，花柱短，柱头浅 2 裂。葫果长椭圆球形。种子暗紫色，有密集小乳头状突起。它属多年生草本。叶均基生，有柄，叶片圆卵形，基部浅心形，边缘浅裂或浅波状，裂片三角形，两面被短柔毛，下面还被腺毛；叶柄两侧有波状翅。花葶与

报春苣苔

叶等长或稍短,被柔毛及腺毛。花期8~10月。单种属。花粉近球形,稍长或稍扁,极面观为三角形。大小为(12.2–)13.6(–15.7)×(11.3–)13.5(–15.7)微米。3孔沟,沟较长而狭,具沟膜,上有不规则颗粒状突起,边缘中部加厚;内孔小,界限常不明显。外壁厚度为1微米。分层不清楚(LM),细网状纹饰。网脊粗;网眼很小。生于林下。海拔约300米。

报春苣苔是苦苣苔科多年生喜Ca草本植物,因分布区极窄而被列为第一批国家一级重点保护野生植物。基于其生态生物学特征探讨报春苣苔的濒危机制及解濒措施。报春苣苔生于海拔约300米的石灰岩山洞口附近的植物群落中,群落主要由一些喜Ca及耐阴湿植物组成,其伴生植物为苔藓。从洞口向里,植物种类越来越少。报春苣苔的数量却越来越多,植株个体越来越小,开花的比例也越来越少,洞口的报春苣苔种群呈均匀分布,深处则呈集聚分布,洞穴的壁顶的报春苣苔群落为单一种且呈集聚分布,报春苣苔需要偏碱性的硬质水才能生长。其生存土壤太薄且营养贫乏,pH值为7.5,有机质、全N、全P和全K含量分别为1.8%、0.87%、0.16%和0.71%,因而植物的生长极为缓慢,一般一株的年生长量为30g左右。报春苣苔分布点二氧化碳平均浓度为0.09%,高于洞外约2倍。其相对湿度终年保持在97%左右。报春苣苔仅生于相对弱的光环境下,且只在散射光线能到达的地方出现,大约只忍受正常光强的1/4以下。作为洞穴植物,其生态分布的限制因子是光源和特殊的大气环境。生境的特殊性导致其分布狭窄,3a的移栽实验表明迁地保护技术目前还不成功。

报春苣苔被国家列入一级濒危植物,从2003年开始,华南植物园开始尝试用生物克隆技术培育报春苣苔,舍弃传统的种子培育方式而选用叶片培育。试验中,首先要把报春苣苔的叶片进行生物切割,之后进行脱毒处理,运用生物技术诱导其发芽、生根。实验过程中的诱导发芽环节技术并不难,最难当属诱导生根。报春苣苔生长环境中要求温度、湿度相对恒定,在培育试管中很难生根。专家们只得一次次调整培育剂和湿度、温度,在历经5000多次试验后,一株株报春苣苔在培育箱里萌发出丝般粗细的根。现在,已经克隆出1万多株报春苣苔。

当前,温室效应已经成为全球关注的问题。报春苣苔生长的环境二氧化碳浓度相当于温室效应发展到 2050 年时空气中二氧化碳的浓度。因此,研究它的培育、生长和演化过程,对应当前温室效应及利用生物技术实现濒危植物解危有重要的现实意义。

蝴蝶树

在美洲有一种树,叶片五颜六色,形状很像蝴蝶,仿佛满树的蝴蝶翩翩欲飞,被人们称为"蝴蝶树"。

蝴蝶树为常绿乔木,高达 35 米,胸径近 1 米;树皮银灰色,内皮浅红色;嫩枝被锈色鳞披。叶革质,椭圆状披针形,长 6~8 厘米,宽 1.5~3 厘米,上面无毛,绿色,下面密被银白色或褐色鳞批。圆锥花序腋生;花小,白色,单性;花萼管状,长约 4 毫米,5~6 裂;无花瓣;雄花的雄蕊柄柔弱,长约 1 毫米,花盘厚,围绕在雄蕊柄基部,花药 8~10,排成环状;雌花的子房卵圆形,长约 2 毫米,被毛。果有长翅,连翅长 4~6 厘米,翅鱼尾状,翅长 2~4 厘米,密被银锈色鳞批,果皮革质;种子椭圆形。分布区年平均气温 24~28℃,年降水量 1200~2000 毫米,干湿季明显,雨量多集中在 5~10 月。土壤为砖红壤,腐殖质含量高,pH 值 5.0~6.0。蝴蝶树幼龄生长缓慢,能耐阴,随着年龄的增长而渐喜光,成年的立木在一定的直射光作用下,才能生长发育。常与青皮、细子龙、野生荔枝、红花天料木等混生,有时成群聚生(如七指岭),更新良好,为群落中相对稳定的成分。4~6 月开花,8~10 月果熟。

翠柏

翠柏为常绿直立灌木,分枝硬直而开,小枝茂密短直。状刺形,长 6~10 毫米,3 枚轮生,两面均显著被白粉,呈翠蓝色。果实卵圆形,长 0.6 厘米,初红褐色逐变为紫黑色;内具种子 1 粒。常绿乔木,高 15~30 米,胸径达 1 米;树皮灰褐色,呈不规则纵裂;小枝互生,幼时绿色,扁平,排成一平面,直展,叶鳞形,二型,交互对生,4 片成一节,长 3~4 毫米,中央一对紧贴,先端急尖,侧面的一对折贴着中央之叶的侧边和下部,先端微急尖(幼树之叶呈尾状渐尖);小枝上面的叶深绿色,下面的叶具气孔点,被白粉或淡绿色。

翠柏

雌雄同株,球花单生枝顶,着生雌球花的小枝圆或四棱形,长 3~17 毫米,弯曲或直。球果当年成熟,长圆形或椭圆状圆柱形,长 1~2 厘米,直径约 5 毫米,成熟时红褐色,具 3~4 对交互对生的种鳞,种鳞木质,扁平,先端有凸尖,下面 1 对小,微反曲,上面 1 对结合而生,仅中部的种鳞各生 2(1 稀粒种子)粒种子 1 个短翅和 1 个与种鳞近等大的翅,种翅膜质。

翠柏属渐危物种,主要分布于云南中部及西南部,间断分布于贵州、广西及海南的个别地区。生于交通方便及村镇附近山坡、山麓的翠柏,常被砍伐作材用或薪柴,森林面积已逐渐缩减。

望天树

望天树是我国近年才发现的植物新种,顾名思义,这种树很高大,一般高 40~50 米,亦有高达 80 米的,可以说它是我国最高大的乔木,产于云南南部和广西西南部的热带森林中。望天树为常绿乔木,胸径达 1.5~3 米,树干很直。基部有板状根。它的叶互生,椭圆形、卵状椭圆形或披针状椭圆形,长 6~20 厘米,宽 3~8 厘米。它的花序顶生或生于叶腋,排成穗状花序、总状花序或圆锥花序。花黄白色,花萼 5 裂,有毛,花瓣 5 片,椭圆形,每朵花有雄蕊 12~15 枚,雌蕊的柱头微 3 裂,果为坚果,质硬,卵状椭圆形,长 2~3 厘米,密被白色绢状毛,在结果时花萼的裂片增大成翅状。包围着果实的下部,有利于靠风力传播果实种子,三条长的果翅长约 6~9 厘米,两条短的果翅长 3.5~5 厘米,翅上有平行的纵脉和细密的横脉。

望天树的生长习性

望天树是国家一级保护植物,属龙脑香科,龙脑香科是亚洲热带雨林的代表科。望天树木材的材质优良,是优良的用材树种。但它的结实量少,落果很严重,树又高大,不易采种。它的种子不耐贮藏,容易丧失发芽力,应随采随播。且应加强人工繁殖,以保存这种稀有的珍贵植物。

独叶草

独叶草,多年生小草本,高 3~10 厘米。基生叶,叉指状分裂,叶脉开放二歧式。花单生,萼片花瓣状,花瓣缺。瘦果狭倒披针形。叶常 1 片基生,心状圆形,宽 3.5~7 厘米,5 全裂,中、侧裂片断浅裂,下面的裂片不等 2 深裂,顶部边缘有小牙齿,下面粉绿色;脉序开放二叉分歧;叶柄长 5~11 厘米,单花,花葶高 7~12.5 厘米;花被片(4-)5~6(-7),淡绿色,卵形,长 5~7.5 毫米,顶端渐尖,基部狭且具线状紫斑;退化雄蕊(-3)5~8;心皮 3~7(-9),长约 1.4 毫米,种子白色,扁椭圆形,长 3~3.5 毫米。在繁花似锦、枝繁叶茂的植物世界中,独叶草是最孤独的。论花,它只有一朵,数叶,仅有一片,真是"独花独叶一根草"。根据蜜汁在整个花期中的分泌情况,独叶草的花期可分为 4 个时期:分泌前期,为花开放后的第 1~2 日，花药均未开裂，不育雄蕊表面干燥；旺盛期，为花开放后的第 3~8 日，花药陆续开裂，蜜汁分泌旺盛，不育雄蕊腹面可见透明液滴；湿润期，为花开放后的第 9~15 日，多数花药开裂后，蜜汁

独叶草

分泌量明显减少，不育雄蕊仅表面湿润；干涸期，为花开放后的 15 日以后，花期即将结束时，散粉完毕，蜜汁停止分泌，不育雄蕊表面干燥。当蜜汁充足时，昆虫访花频率最高可达每小时 2.7 次（包括所有访花昆虫），蜜汁分泌的各个时期，昆虫访花频率也不一样。

独叶草是中国特有单种属植物。分布于云南、四川、甘肃、陕西，生于海拔 2750~3900 米处的林下，对研究被子植物的进化和该科的系统发育有科学意义，国家一级保护稀有种。

紫杉

紫杉也叫"赤柏松"，为红豆杉科的常绿乔木。它和我们经常见到的松树一样，属于裸子植物。高可达 17 米。最粗的树干直径达 80 厘米。倒卵形的树冠有如白杨树一般的矫健，红褐色的树皮又比白杨树更增添了几分风采。针形叶表面深绿色，背面黄绿色，有两条气孔带，叶中脉向两侧叶面突起。紫杉是极好的观赏树木，常在海拔 500~1000 米的以红松为主的针阔混交林内分散生长。我国黑龙江省东南部、吉林省东部山区和辽宁东部都有分布。

紫杉的生存现状

紫杉是雌雄异株的裸子植物,每年春暖花开的 5 月,淡黄绿色的雄球花成簇地挂满枝头,最有趣的是,它的每粒种子外边都有一个杯状、亮红色的假种皮,远远望去,犹如绿树间点缀着无数颗红玛瑙石,艳丽夺目。紫杉有如此鲜艳的种子,是红豆杉科独有的一大特征。但是,由于紫杉的生长习性为分散式生长,又是裸子植物,繁殖也很缓慢,再加上近年来人们的乱砍滥伐,现已濒临灭绝。保护这一珍贵的自然资源已迫在眉睫。

紫杉的药用价值

紫杉材质优良,适于作建筑、机械、乐器、雕刻等用材,也是造纸的好材料。同时,它的树皮和种皮均可提制天然食用色素,用于食品加工。它的叶子可制成中药,有通经利尿之功效。用于治疗糖尿病、心悸亢进和高血压等症。特别是近些年,科学家们成功地从紫杉的叶中提制出了一种有效的抗癌成分。经临床验证,此成分对治疗癌症普遍有效,并且对特定的几类癌症治疗效果尤为突出。在现代医学所攻克的癌症难关的道路上又迈进了一大步。

羊角槭

羊角槭属槭树科,落叶乔木,高 15 米,胸径 60 厘米,主干力带扭曲状;树皮灰褐色或深褐色,具发达的木栓;小枝圆柱形,嫩枝淡紫色或紫绿色,被褐色或淡黄色短柔毛。叶具乳汁长 7~9 厘米,宽 6~7 厘米,基部近心形或近截形,5 裂。中裂片长于侧裂片,基部的裂片钝尖或不发育,裂片边缘波状,叶柄长 4~7 厘米。花序顶生,伞房圆锥状;花杂性;萼片 5,绿色,长 3.5~4 毫米;花瓣 5,淡绿色,短于萼片;雄蕊 8,着生于花盘上。果为小坚果,扁平,近于圆形,直径 1~1.2 厘米,翅长圆形,宽 1~1.2 厘米,两侧近于平行,连同小坚果长 3~4 厘米,近水平张开或稍反卷。分布于浙江西天目山,生于海拔 750~900 米的疏林内。

羊角槭分布区的气候多雾而潮湿,年平均温 12℃ 左右,在初秋(9 月份)多阴天,相对湿度可达 94%,年降水量约 1600 毫米。土壤为红壤或黄壤,pH 值 4~5。为中性偏阳树种,常生于

羊角槭

以紫楠、绵桐、香果树为优势种的常绿、落叶阔叶混交林内。叶芽 3 月下旬开始萌动,4 月展叶,花于 4 月下旬开放,小坚果于 9 月下旬至 10 月成熟,10 月下旬至 12 月中旬落叶。种子不孕率高,发芽率低。

用种子繁殖。种子采收后,在弱光下曝晒 2~3 天,脱翅后,即可播种。秋播种子可在翌年 4~5 月发芽。如春插,种子需沙藏或袋藏过冬,但常因引起次生休眠,发芽期要推尺 2 个月左右。一年生小苗平均高 4~5 厘米。也可采用嫁接和扦插法繁殖。

羊角槭现仅存 4 株,槭树科落叶乔木,濒危种,国家二级保护植物,中国特有种。与产于日本北海道的日本羊角槭亲缘关系极为密切,系古老的残遗种,具有重要的科学价值。

第十章　观赏植物

木本观赏植物

1.木棉

木棉别名"攀枝花""英雄花",是木棉科落叶大乔木。它树形高大,雄壮魁梧,枝干苍劲,傲然挺立于天地之间,充满了阳刚之美,历来被人们视为英雄的象征。木棉花硕大如杯,色泽鲜艳,似火如血,由于它先长花芽,后长叶芽,因此在花盛开的时候,叶子还没有长出来,远远望去好似一团团在枝头欢快跳跃、尽情燃烧的火苗,极有气势。在众花之中,木棉是难得的"男性之花",它们热情豪放地绽放于蓝天之下,泰然接受着风雨的洗礼。

木棉

木棉树高可达 30~40 米。掌状复叶互生,光滑,小叶呈长椭圆形,先开花后长叶。花为红色,花萼 5 裂,花瓣 5 枚,厚肉质,花期为 2~4 月。

我国傣族对木棉有着充分而巧妙地运用,他们用木棉的果絮织锦,称为"桐锦";用木棉纤维作床褥、枕头的填充材料,非常柔软舒适;用木棉花瓣烹制菜肴。此外,傣族少女还常把自己的心上人比作高大的木棉树。

傣族有这样一个传说,说的是木棉花最初并非鲜红色。有一年敌寇入侵,傣族男子为了保卫家园,在木棉树下与敌寇展开激烈战斗,他们的鲜血染红了土地,渗透到了树根,从此以后,木棉花就变成了鲜艳的红色。人们为了纪念那些保卫家园的男子们,就把木棉树称为"英雄树",把木棉花称为"英雄花"。

2.刺槐

刺槐别名"洋槐",是蝶形花科刺槐属落叶乔木。原产自北美,现在欧亚各国广泛栽培。19世纪末首先在我国山东青岛引种,目前全国各地均有栽培,以黄河、淮河流域最常见。喜阳光充足的环境和干燥而凉爽的气候,不耐阴,但较耐干旱。对土壤的要求不高,在中性土、酸性土、石灰性土中均能生长,但以肥沃、深厚、排水良好的沙质土壤为佳。

刺槐高10~20米。树皮为灰褐色,多纹裂。树叶根部有一对刺,长1~2毫米。小枝为褐色。奇数羽状复叶,呈矩圆形或椭圆形,表面绿色,背面灰绿色,长有短毛。蝶形花组成下垂总状花序,白色,有香味。花期为4~5月。

树冠高大,叶色鲜绿,花为白色,素雅而芳香,在阳光下折射出柔和的光泽,显示出一种凝如玉脂般的风姿,一旦被耀目的光线穿透,就会变得透明而皎洁。随风飘散的花香,清淡中透出丝丝甜蜜,引来无数蝴蝶、蜜蜂环绕其间。

槐花蜜色白而透明,是蜂蜜中的上品,深受消费者喜爱。刺槐木质坚硬,耐水湿。可供枕木、建筑、车辆、矿柱等用。叶含粗蛋白,是家畜的好饲料。花和嫩叶可食用,并已成为城市居民的绿色蔬菜。种子是制造肥皂及油漆的原料。根可入药,能止血。

3.迎春花

迎春花又名"迎春柳""金腰带""串串金""小黄花""云南黄素馨"等,为木樨科素馨属落叶灌木。喜阳光充足的环境,稍耐阴,较耐寒,怕涝。在疏松、肥沃,排水良好的酸性土壤中生长旺盛,在碱性土壤中生长不良。原产于我国北方,华北地区,以及辽宁、陕西、山东等省均有分布。

迎春花的老枝为灰褐色,嫩枝为绿色,枝条为四棱形,长达 2 米以上,呈拱形下垂。叶对生,小叶 3 枚或单叶,呈卵状椭圆形,长 3 厘米左右,表面光滑,全缘。花单生于叶腋,为黄色,花冠 5 裂,高脚杯状,先叶开放,具有芳香。花期较长,可持续 50 天之久。浆果为黑紫色。

迎春花在 2~3 月开花,花后即迎来百花齐放的春天,故名"迎春花"。它是希望、生命、活力的象征,与蜡梅、水仙、山茶并称"雪中四友"。迎春花枝条下垂,叶丛翠绿,花色金黄,端庄秀丽,气质非凡,适宜用来布置花坛,点缀庭院,是重要的早春花木。其叶可入药,可治跌打损伤、肿痛恶疮,有消肿解毒的功效。

4.红果仔

红果仔又名"番樱桃""巴西红果""棱果浦桃",为桃金娘科番樱桃属常绿灌木或小乔木。世界各国常作为果树栽培,以巴西栽培较多,欧洲地中海沿岸、西印度群岛、美国、印度和菲律宾均有栽培。我国华南地区主要作为园林栽培,以广东栽培较多。红果仔喜温暖湿润、阳光充足的环境,也有一定的耐阴力。喜高温,生长的适宜温度为 23℃ ~ 30℃,也较耐寒,在-3℃的低温下仍能正常生长。

红果仔树高 4~5 米,全株无毛。幼枝细软下垂。叶对生,革质,呈长卵形,长 3~5 厘米,全缘,叶色初为红色,后慢慢变为绿色,色彩斑斓。花着生于新梢先端的叶腋间,直径约 1 厘米,白色,具香气。浆果呈扁球形,直径 1~2 厘米,有 8 条纵棱,初为淡绿色,成熟时为深红色,具蜡质光泽。

枝叶繁茂,枝条细软,颇为美观,但更美的是果实,因其成熟期不同,同一株上的果实有不同的色彩,典雅可爱。常做道旁观赏植物,也可做盆栽观赏。果实除生食外,还能用来制作果酱、饮料以及酿酒和制糖浆。

5.火炬树

火炬树又名"火炬漆""鹿角漆",为漆树科盐肤木属落叶小乔木。适应性强,喜阳光,怕水涝,耐干旱、贫瘠、耐盐碱,也耐酸性。原产于北美,现世界各地均有栽培,我国在20世纪50年代引种栽培。

火炬树高可达10米,树皮为暗褐色,呈不规则浅裂。小枝粗壮,密生红色绒毛。奇数羽状复叶,小叶9~23枚,呈长卵状披针形,长5~12厘米,叶面为绿色,叶背为灰绿色,两面均密生柔毛,叶缘有整齐锯齿。花雌雄异株,圆锥花序顶生,花序密生绒毛,颜色鲜红,形似火炬,花期5~7月。果为扁球形,终年不落。

火炬树入夏果穗艳红,极为美丽,秋季叶色转红,非常鲜艳,是风景区和郊野公园良好的观赏树种。此外,它根系较浅,生长速度快,可用来固堤护坡。火炬树可谓浑身是宝,叶、树皮可提取鞣酸,果实富含维生素C和柠檬酸,可做饮料,种子含油蜡,可用来制蜡烛和肥皂,木材为黄色,可雕刻或做装饰材料。

6.小檗

小檗又名"子檗""山石柏""日本小檗",为小檗科小檗属落叶多枝灌木。喜温暖、湿润、阳光充足的环境,也耐半阴。耐寒,耐干旱,怕水涝。对土壤的适应性强,但在肥沃、排水良好的沙质土壤中生长最为旺盛。原产于日本,我国辽宁以及华北、华东各地均有栽培。

小檗株高2~3米。小枝为红褐色,具沟槽,有短小针刺。单叶互生,呈倒卵形或菱形,长0.5~2厘米,叶面为深绿色,光滑无毛,背面为灰绿色,有白粉。花瓣6枚,为黄色,花期4~5月。浆果呈长圆形,长1厘米左右,熟时为红色,经冬不落。

小檗叶色鲜绿,入秋变红,春季开黄花,秋季红果缀于枝梢,尤其是冬季,叶子凋落后,红果更加鲜艳夺目,是良好的观叶、观花、观果树种,可用于布置花坛、点缀假山。紫叶小檗在绿地中与黄杨、大叶黄杨、金叶女贞相配而成的色带、色块深受人们喜爱。

7.紫叶李

紫叶李又名"红叶李"，为蔷薇科李属落叶小乔木。喜温暖、湿润、阳光充足的环境，稍耐阴，有一定的抗旱能力。对土壤要求不高，但在深厚、肥沃、排水良好的中性、酸性土壤中生长良好，不耐碱。原产于亚洲西南部，在我国主要分布于长江中下游及南部各省。

紫叶李的树冠呈圆形或扁圆形。小枝为红褐色。单叶互生，卵形至倒卵形，基部圆形，紫红色，边缘有重锯齿。花单生或2~3朵聚生，常单生，为粉红色，花期3~4月。果近球形，为黄绿色带紫色晕，果期6~7月。

紫叶李长期满树紫红，尤其是春、秋季，叶色更艳，是良好的观叶树种。可孤植、丛植，也可盆栽观赏。

8.红瑞木

红瑞木又名"凉子木""红梗木"，为山茱萸科株木属落叶灌木。喜阳光充足的环境，耐半阴，耐寒，耐旱，对土壤的适应性强，但在湿润、深厚、疏松、肥沃的土壤中生长最好。原产于我国东北、华北、华东等地，俄罗斯、朝鲜也有分布。

红瑞木高2~3米，干直立丛生，老干呈暗红色。嫩枝为橙黄色，被蜡粉，落叶后变为紫色。叶对生，卵形或椭圆形，长4~9厘米，叶面为绿色，叶背为粉绿色，全缘。顶生伞房花序，花为乳白色，4瓣，花期5~6月。核果近圆形，为蓝白或乳白色。

红瑞木初夏白花成团，深秋叶色鲜红，白果晶莹，具有很高的观赏价值，特别是落叶以后，枝条在寒冬中红艳如珊瑚，若天公作美，降一场大雪，在白雪的衬托下，则更显艳丽，是少有的观茎树种，也是优良的切枝材料。

9.灯台树

灯台树又名"六角树""女儿木""瑞木"，为山茱萸科灯台树属落叶乔木。喜半阴的生长环境，适应性强，既耐热又耐寒，对土壤的要求不高，但在疏松、肥沃、湿润、排水良好

的土壤中生长最好。野外多生在阴坡杂木林中或湿润的山谷河旁,能自成小群落。在我国各地可广泛栽培,东北、华北、华南、西北、西南各地均可良好生长。

灯台树可高达 15 米,树冠呈圆锥状,树皮为暗灰色。大侧枝层层平展,小枝为暗紫红色且有光泽,皮孔明显。单叶互生,簇生于枝梢,叶面为深绿色,叶背为灰绿色,呈广卵圆形,长 6~12 厘米,全缘或波状。伞房状聚伞花序生于新枝顶端,长 9 厘米左右,为白色,花期 5~6 月。核果近球形,成熟时为蓝黑色。

灯台树的树枝层层平展,形如灯台,故名"灯台树"。由于树姿优美奇特、叶形秀丽、白花雅致,被视为园林绿化珍品。

10.柠檬桉

柠檬桉又名"光皮桉""油桉",为桃金娘科桉属常绿乔木。喜高温高湿的气候,喜光,不耐寒,耐旱,对土壤静适应性强,在疏松、深厚、肥沃的沙质土壤中生长最好。原产于澳大利亚,我国广东、广西、福建、云南、四川等地均有栽培。

柠檬桉树高 20~40 米,树干通直,树皮为灰白色,光滑,片状脱落。单叶互生,呈狭披针形或卵状披针形,稍弯曲,长 10~18 厘米,先端渐尖,叶面和叶背均为浅绿色,有黑腺点,散发强烈的柠檬香味。伞形花序,有花 3~5 朵,数个排列成腋生或顶生圆锥花序,无花瓣及花萼,无数的雄蕊把整朵花包围起来,成为最显著的部分。蒴果为卵状壶形,果期9~10 月。

柠檬桉树姿优美,树干通直,树皮洁白,有"林中仙女"之称,多为行道树,也是理想的造林绿化树种。此外,该树种生长速度快,是南方重要的速生用材。其叶可用来提炼芳香油,制作肥皂。

11.樱花

樱花又名"山樱花",为蔷薇科李属落叶乔木。喜阳光充足,温暖湿润的环境,对土壤的适应性强,在肥沃、疏松、排水良好的沙质土壤中生长最好。原产于北半球温带,包括日本、印度、朝鲜等，我国长江流域西南山区各类较丰富，华北各地均有栽培。

樱花树高 15~25 米，树冠呈卵圆形，树皮为栗褐色，光滑而有横纹。小枝为红褐色。单叶互生，呈卵状椭圆形或卵形，长 6~12 厘米，叶面为深绿色且有光泽，叶背颜色稍淡，边缘有芒状锯齿，叶柄常有腺体 2~4 个。花单生枝顶或 3~5 朵簇生，呈伞形或伞房状花序，花为粉红色或白色，与叶同时开放或先叶后花。核果初为红色，后变为黑色，5~6 月成熟。

樱花非常美丽，盛开时节，满树烂漫，如云似霞，为早春著名的观花树种，可丛植点缀绿地，也可孤植形成"万绿丛中一点红"的意境，若成片栽植，盛花时节，远远望去，一片花海，极为壮观。樱花还可作绿篱、行道树。此外，嫩叶和树皮还可入药。

樱花象征着纯洁、热烈、幸福、淡泊、高尚。唐代诗人李商隐曾写下"何处哀筝随急管，樱花永苍垂杨岸"的诗句。日本人非常喜爱樱花，并将其奉为国花，日本也被誉为"樱花之国"。

12. 金钟花

金钟花又名"迎春条""黄金条""细叶连翘"，为木樨科连翘属落叶灌木。喜阳光，也有一定的耐阴力，喜温暖湿润的环境，较耐寒，对土壤的适应性强，耐干旱、水湿、耐贫瘠。原产于我国长江中下游各地，现华北地区，以及山东、重庆、四川等省市均有栽培。此外，朝鲜也有栽培。

金钟花株高可达 3 米。枝直立，开展，有时呈拱形，小枝为绿色，皮孔显著，髓心片状，微有四棱状。单叶对生，椭圆形至椭圆状披针形，长 5~15 厘米，先端尖锐，基部楔形，中部以上有粗锯齿。花先叶开放，1~3 朵腋生，花冠为金黄色，花期 3~4 月。蒴果呈卵形，先端具喙。

金钟花早春先叶开花，满枝金黄，非常艳丽，是早春优良的观花灌木。适宜在亭阶、宅旁、墙隅、路边配植，也可栽种在池畔、溪边、岩石、假山下。

13.乌桕

乌桕又名"木油树""蜡子树",为大戟科乌桕属落叶乔木。喜阳光充足的环境,稍耐阴,耐湿,耐寒,对土壤的适应性强,在多种类型的土壤中均能生长,但在湿润、深厚、肥沃的冲积土中生长最好。原产于我国,分布广泛,主要栽培区在长江流域及珠江流域,以浙江、安徽、福建、江西、湖北、四川、云南等省为主。

乌桕株高可达 20 米,树冠近球形,乳液有毒,小枝细。单叶互生,纸质,为菱形或菱状卵形,全缘,叶柄细长,顶端有 2 腺体。花单性,雌雄同株,花为黄绿色,花期 5~7 月。蒴果呈扁球形,成熟时为黑褐色。

乌桕的叶色随着季节的变化而不断变化,新叶绿色,夏季转为浅绿色,入秋转为红色或金黄色,是主要的秋景树种。桕子为白色,经冬不落,格外美丽。可孤植、丛植或群植于庭院、绿地、公园,也可于池畔、溪流旁、建筑物周围做庭荫树。

14.黄连木

黄连木为漆树科黄连木属落叶乔木。黄连木因其木材色黄味苦而得名。在我国分布广泛,因此还有很多别称,在湖南被称为"惜木",在山东被称为"孔木",还有"楷木"之称。《辞海》记载:"相传楷树枝干疏而不曲,因以形容刚直。"据说,"楷模"一词就是由此而来。黄连木喜阳光充足的环境,不耐严寒,耐干旱、贫瘠。对土壤的适应性强,在中性、酸性、碱性土壤中均能生长,但在湿润、肥沃、排水良好的石灰岩山地生长最为旺盛。生长速度慢,寿命长,可达 300 年以上。对二氧化硫、烟尘的抗性较强。原产于我国,北自黄河流域,南至两广及西南各省均有分布,其中以河北、山西、陕西、河南等省最多。

黄连木高 25~30 米,胸径 2 米,树冠近圆球形。奇数羽状复叶互生,小叶 10~12 枚,呈卵状披针形或披针形,长 5~9 厘米。顶端渐尖,基部楔形,全缘。花单性,雌雄异株,圆锥花序顶生,雌花序为紫红色,雄花序为淡绿色。花小,无花瓣,花期 4 月。核果呈倒卵形,直径 6 毫米左右,初为黄白色,成熟时变为红色、蓝紫色。

黄连木树冠浑圆，枝繁叶茂，早春嫩叶红色，入秋变为深红色或橙黄色，是著名的风景树。紫红色的雌花序也非常美观，可植于山谷、坡地、草坪或于亭阁、山石旁配植，若与枫香等混植，效果更佳。

据《云南名树古木》记载，兰坪县石登乡仁甸河村一棵黄连木高23米，胸径320厘米，树龄高达1500年，被当地群众视为"龙树""神树"。古时黄连木常置于寺庙、墓地中，如山东曲阜孔林中的黄连木，相传为子贡庐墓时手植。

15.鸡树条荚蒾

鸡树条荚蒾又名"鸡树条子""天目琼花"，为忍冬科荚蒾落叶灌木。喜光，但怕强光直射，耐阴，耐旱，耐寒，对土壤的适应性强，在中性及微酸性土中均能生长。我国内蒙古、东北、华北、长江流域均有分布，生长于海拔1200~2200米的山地边缘。

鸡树条荚蒾树高可达3米，树皮为灰褐色。老枝为暗灰色，小枝为褐色，具明显条棱。叶呈卵圆形，长6~12厘米，通常3裂，掌状三出脉，叶缘有不规则大齿，叶面为黄绿色，无毛，叶背为淡绿色，被黄色长柔毛及暗褐色腺点。叶柄基部有2锯形托叶，顶端有2~4盘状大腺体。头状聚伞花序，边缘的白色花为不孕花，中央的乳白色花为可孕花，花药为紫红色，花期5~6月。浆果呈球形，直径1厘米左右，成熟时为鲜红色，有臭味。

鸡树条荚蒾树姿清秀，叶色浓绿，叶形美丽，初夏花白如，深秋果红似珊瑚，为优美的观花、观果树种，适宜栽植于林缘、林下、水边或屋后。果序可做插瓶用花。嫩枝、叶、果均可入药。种子可榨油，供工业用或制肥皂。

16.鸡爪槭

鸡爪槭又名"鸡爪枫""枫树""槭树"，为槭树科槭树属落叶小乔木。喜温凉湿润的气候，怕强光暴晒，抗寒性强。对土壤的要求不高，但在湿润、富含腐殖质的土壤中生长良好。在我国山东、江苏、河南、浙江、江西、安徽、湖南、湖北、贵州等省均有分布，日本和朝鲜也有分布。

鸡爪槭树高可达 8 米,树冠呈伞形或扁圆形,树皮为深灰色。小枝细瘦,为紫色或灰紫色。单叶对生,纸质,掌状 5~7 裂,一般 7 深裂,裂片长圆卵形,边缘具细重锯齿,叶面为深绿色,无毛,叶背为淡绿色,仅叶脉有簇毛。叶柄细瘦,长 4~6 厘米。伞房花序。花为紫色,花期 5 月。翅果小,嫩时为紫红色。成熟时为黄色。

鸡爪槭树姿优美,叶形美观,秋天叶子变为鲜红色,胜似红花,为著名的观叶树种。适宜植于溪边、池畔、草坪,若以常绿树做背景,更为美观。制成盆景或盆栽,用来美化室内也非常雅致。

17.小叶锦鸡儿

小叶锦鸡儿又名"小叶金雀花""牛筋条""雪里洼""黑柠条",为豆科落叶灌木。我国新疆、内蒙古、青海、宁夏、甘肃、陕西、山西、河北、山东、吉林、辽宁等地均有分布。小叶锦鸡儿喜阳光充足的环境,不耐阴,在庇荫环境下会生长不良,结实较少,甚至不结实。耐高温,夏季能耐 55℃的高温,也较耐寒,在-30℃的低温下,也能生长良好。耐干旱、贫瘠,怕积水。

小叶锦鸡儿高约 3 米,树皮为灰绿或黄灰色。枝斜生,幼枝有丝毛。羽状复叶,小叶 12~20 枚,呈倒卵状长圆形或倒卵形,长约 1 厘米,宽 0.5 厘米,有短刺尖,幼时有毛。花单生或 2~3 朵集生,花梗长 1~2 厘米,近中部有关节。花萼呈筒状钟形,长 1 厘米左右,密被短柔毛。花冠为黄色,蝶形,旗瓣近圆形,先端微凹,翼瓣爪长仅为瓣片的 1/2,耳齿状,龙骨瓣耳不明显,花期 5~6 月。荚果坚硬,呈条形,长约 5 厘米,宽约 0.6 厘米,为红褐色,果期 8~9 月。

小叶锦鸡儿枝叶繁茂,花冠呈蝶形,开花时节满树金黄,非常美丽。适宜在庭院、小路边栽植,供观赏,也可做绿篱。小叶锦鸡儿贴地丛生,还是良好的防风固沙树种。枝条可供编织,种子可榨油,根、花可入药,有镇静、止痒、滋阴养血的功效。

18.花楸

花楸又名"马加木""百华花楸""红果臭山槐",为蔷薇科花楸属落叶乔木。喜阳光充足的环境,但怕强光直射,稍耐阴,抗寒能力较强。对土壤的适应性也强,在湿润、深厚、富含腐殖质的沙质土壤中生长最好。我国东北、华北及西北地区均有分布。多生长于海拔900米以上的山地,常分布在桦木、云杉、油松、落叶松、辽东栎等林中。

花楸树高5~10米,树冠呈广卵形至伞形,树皮光滑,呈紫灰褐色。小枝为灰褐色,有灰白色皮孔,幼时被茸毛。奇数羽状复叶,有5~7对小叶,呈椭圆状披针形,长3~5厘米,边缘有锯齿,两面均具毛。托叶呈半圆形,纸质,有粗锯齿。复伞房花序顶生,花两性,为白色,花期5~6月。果近球形,成熟时为红色。花楸枝叶秀丽,初夏洁白的花朵在绿叶的衬托下,显得格外美丽,入秋团团红果衬于紫叶间,十分耀眼,是优良的园林观赏树种,也可剪下插入瓶中,以供观赏。果实富含维生素,可加工成果酒、果酱及果醋。

19.千头柏

千头柏又名"凤尾柏""扫帚柏""子孙柏",为柏科侧柏属常绿灌木。在我国各地多有栽培。为温带树种,适应能力强。喜阳光充足的环境,光照不足会导致枝叶稀疏。对土壤的要求不高,但必须排水良好,否则易烂根。

千头柏高3~5米,树冠呈圆球形或卵圆形,树皮为浅褐色。幼枝为鲜绿色,扁平,排成平面而斜展。叶呈鳞状,紧贴幼枝,表面和背面均为绿色。3~4月开花,球花单生于幼枝顶端。球果肉质,呈卵圆形,蓝绿色,被白粉,10~11月成熟,成熟时为红褐色。

千头柏树冠丰满,酷似绿球,可对植于门庭、纪念性建筑周围,也可孤植、丛植于花坛,或列植成绿篱。此外,它对二氧化硫有较强的抗性,可做厂矿区绿化。千头柏能散发一种殊的芳香气味,这种气味对人的肠胃有刺激作用,若长时间闻,会影响食欲,孕妇闻的时间久了,还会感到心烦意乱,出现头晕目眩、恶心呕吐的症状。

20.银芽柳

银芽柳又名"银柳""棉花柳",为杨柳科落叶灌木。原产于日本,我国江苏、浙江、上海一带有栽培。银芽柳喜阳光充足、温暖湿润的环境,耐阴,耐寒,耐湿。对土壤的适应性强,在深厚、肥沃的土壤中生长良好。

银芽柳

银芽柳株高 2~3 米。枝细长,为绿褐色,新枝有绒毛。叶互生,呈长椭圆形,长 10~15 厘米,边缘有细锯齿,背面密被白毛。花芽肥大,每个芽都有一个暗红色的苞片,早春先叶开放,苞片脱落后,露出银白色的花序,形似毛笔。

银芽柳枝条细长,苞片脱落后,银白色的花苞闪亮动人,极具观赏价值。多做切花使用,可插入瓶中,放置在室内观赏。即使不加水,也能长时间摆放,有干花般的美感,若加水,一周换一次水即可。在园林中,常配植于河岸、池畔以及湖滨。

银芽柳成束摆放在屋内,有"银两滚进、银留家中"的吉祥寓意。而且先花后叶,花谢后嫩绿的叶芽才伸展而出,因此又有"生机长青、好运连年"之意。

21.小叶丁香

小叶丁香又名"四季丁香""野丁香""二度梅",为木樨科丁香属落叶灌木。生长于海拔 2200 米左右的山谷灌丛中。在我国辽宁、河北、河南、山西、陕西、甘肃、湖北均有分布。喜阳光充足的环境,也有一定的耐阴力。适应性较强,耐旱,耐寒,耐贫瘠,对土壤的要求不高,但在疏松、肥沃、排水良好的中性土壤中生长良好,忌酸性土。可用播种、扦插、分株、嫁接等方法繁殖。

小叶丁香的植株高2~3米。幼枝为灰褐色,疏被短柔毛,后逐渐脱落。叶对生,呈椭圆形或狭卵形,长2~5厘米,宽1~3厘米,先端钝或渐尖,基部楔形至宽楔形,全缘,有缘毛。圆锥花序疏松,长4~8厘米,花萼呈钟形,花冠为淡紫红色。蒴果呈圆柱形,长1~2厘米,为绿褐色。

小叶丁香树姿优美,枝条柔细,花色淡雅,芳香袭人,且一年开两次花。宜孤植、丛植于庭院、草坪、学校、医院,也可群植于风景区、厂矿区。若与其他常绿灌木配植,观赏效果更好。花可提取芳香油,也可入药,可治胃寒呕逆、吐泻等症。

22.假朝天罐

假朝天罐又名"茶罐花""罐罐花""蛊蛊花""痢疾罐""张天师""小尾光叶",为野牡丹科金锦香属灌木。在我国西藏、贵州、湖北、湖南、四川、云南、广西等地均有分布,缅甸和印度也有分布。适应性较强,耐晒,耐旱,对土壤的要求不高,但在湿润的酸性土壤中生长良好,宜播种繁殖。

假朝天罐株高0.2~1.5米,也有少数可达2.5米。枝有平展的刺毛。叶对生,坚纸质,呈椭圆形、卵状披针形或长圆状披针形,长5~10厘米,宽2~4厘米,全缘,两面被糙伏毛。叶柄长2~15毫米,密被糙伏毛。总状花序,或由聚伞花序组成顶生的圆锥花序,苞片2枚,卵形,长4毫米左右。花瓣4枚,为紫色或白色,呈倒卵形,长约2厘米,具缘毛,花期8~11月。蒴果为卵圆形,长1~2厘米。

假朝天罐为夏、秋季观花植物,可用来布置花坛,或栽于庭院周围以供观赏。也可盆栽点缀厅堂、阳台。根、叶可入药,具有活血解毒、收敛止血的功效。

23.琼花

琼花又名"聚八仙花""蝴蝶花""木绣球""牛耳抱珠",为忍冬科荚蒾属落叶或半常绿灌木。琼花原产于我国,甘肃、湖北、四川、山东、江苏、浙江、河南等地均有分布。较耐寒,对土壤的适应性强,一般土壤中均能正常生长,但以肥沃、湿润的土壤为佳。

琼花的植株高可达8米,树冠呈球形。幼枝有星状毛,老枝为灰黑色。叶对生,呈椭圆形或卵形,背面有星状毛,边缘有锯齿。聚伞花序生于枝端,周围8朵5瓣白色花为不孕花,中间珍珠似的白花为可孕花,花期4~5月。核果呈椭圆形,初为红色,后变为黑色,10~11月成熟。

琼花没有艳丽的花色,也没有浓郁的芳香,在一片姹紫嫣红中,它的花洁白如玉,清秀淡雅,展现出一种与众不同的美。更美的是它的花形,白色大花中间环绕着珍珠似的小花,簇拥着犹如蝴蝶一般的花蕊。微风吹过,轻轻摇摆,像蝴蝶戏珠,又似八仙翩翩起舞,风姿绰约,因而深受人们喜爱,人们还给它起了一个形象而又好听的名字——聚八仙。每到秋天,群芳落英缤纷,琼花却展现出另一种美——绿叶红果,红绿相映,经久不落,一扫秋日的萧瑟,点染了亮丽的色彩和欢快的气氛。

北宋诗人欧阳修在扬州琼花观内建"无双亭"并赋诗:"琼花芍药世无伦,偶不题诗便怨人。曾向无双亭下醉,自知不负广陵春。"张问在《琼花赋》中写道:"俪靓容于茉莉,笑玫瑰于尘凡,惟水仙可并其幽娴,而江梅似同其清淑。"

琼花的寿命很长,在扬州的大明寺中有一株300多年前(清朝康熙年间)种植的琼花,现在依然叶繁花茂,姿态优美,风韵不减当年。

24.鸡麻

鸡麻又名"白棣棠",为蔷薇科鸡麻属落叶小灌木。我国东北、华北、华中、华东、西北等地均有分布,日本也有分布。喜阳光充足的环境,也有一定的耐阴力。怕涝,耐寒,在疏松、肥沃、排水良好的土壤中生长良好。

鸡麻植株高2米左右。老枝为紫褐色,小枝初为绿色,后慢慢转为浅褐色。单叶对生,卵形至椭圆状卵形,长4~10厘米,宽3~5厘米,叶面皱褶,幼时被柔毛,后逐渐脱落。边缘有尖锐重锯齿。花单生于当年新枝顶端,直径3~5厘米,花瓣4枚,呈倒卵形,白色,萼片4枚,卵状椭圆形,边缘有锯齿,花期4~5月。核果为褐色或黑色,倒卵形,长8毫米左右,果期 7~8 月。

鸡麻花洁白纯净,白色花瓣惬意地舒张开来,享受着明媚的阳光,清风吹来,摇曳生姿。清秀的叶子好像也被花的美丽所陶醉,静静地享受这份美丽,给人一种安逸、平和的氛围,让人心情平静,倍感舒坦。适宜丛植于假山石旁、水池岸边或草地一隅。

25.紫珠

紫珠又名"白棠子树",为马鞭草科紫珠属落叶灌木。在我国华东、中南、西南各地均有分布,越南、日本也有分布。喜阳光充足、温暖湿润的环境。

紫珠的植株高 1~2 米。小枝纤细,略带紫红色,具星状毛。单叶对生,呈卵状披针形,长 4~15 厘米,宽 2~3 厘米,边缘有细锯齿。表面仅脉上有毛,背面有红色腺点。聚伞花序腋生,花蕾为粉红色或紫色,花朵有粉红、淡紫、白等色。果实近球形,成熟后为紫色且有光泽。

紫珠株形优美,花色丰富,娇柔清淡。10~11 月果实成熟时,一片丰收的美景展现在你的眼前,果实色彩鲜艳,颗颗珠圆玉润,犹如一粒粒紫色的珍珠镶嵌在枝干上,既高雅又尊贵。紫珠花美果也美,常在庭院中栽种观赏,也可用于园林绿化。将其花枝剪下插入白色的花瓶中,摆放在桌上,极为雅致,也可送给女性朋友,有美丽、优雅的赞美之意。

26.茶条槭

茶条槭为槭树科槭属落叶灌木或小乔木。喜阳光充足、湿润的环境,耐寒,对土壤的适应性强,在潮湿、排水良好的土壤中生长最好。

茶条槭株高为 5~8 米。单叶对生,呈卵形或椭圆状卵形,长约 5 厘米。表面为深绿色且有光泽,无毛,背面有白色柔毛。边缘有锯齿。花为白色,有芳香,花期 4~5 月。翅果为红色。

茶条槭树形优美,树干洁净,叶片在秋季变为红色、黄色或橘黄色,非常醒目。但这些美丽无法掩盖它果实的娇艳。盛夏,在茶条槭深绿色的叶丛中,就闪烁出火红色的翅

果。它的颜色艳丽出众，造型别致，悬挂在树梢，飘摇中显示出火一般的热情。茶条槭是良好的观赏树种，可在庭院中栽植观赏，也可栽做行道树及庭荫树。木材可供小农具、炭薪用材，嫩叶经过加工，可制成茶叶，有退热明目、生津止渴的功效。种子可榨油。

27.山梅花

山梅花为虎耳草科山梅花属落叶灌木。在我国陕西、甘肃、河南、四川等省均有分布。喜温暖湿润、阳光充足的环境，耐寒，耐热，怕水涝。对土壤的适应性强，在肥沃、排水良好的土壤中生长最好。

山梅花树高2~5米，树皮为褐色。老枝为灰褐色，小枝为红褐色，密生柔毛，后慢慢脱落。叶对生，呈卵形或长椭圆形，长5~10厘米，宽3~5厘米，先端尖，基部圆，边缘疏生锯齿，表面为绿色，疏生短毛，背面为淡绿色，密生柔毛，有3条明显的主脉。总状花序，有花5~11朵，花为白色，直径约3厘米，花瓣4枚，为圆卵形。每年的6~7月，山梅花的花朵一簇簇地盛开了，在绿叶红枝的衬托下，更加美丽。雪白如玉的花瓣和淡黄的花蕊散发出阵阵清香，香味甜润高雅，沁人心脾。可在庭院、街道、公园内栽植，美化环境。若与山石、建筑等配植，效果更好。山梅花也是难得的蜜源植物。

28.醉鱼草

醉鱼草又名"闹鱼花""鱼尾草"，为马钱科醉鱼草属落叶灌木。主要分布于长江流域以南各省，山东、河南等省也有分布。其适应性强，喜温暖湿润的气候，在深厚、肥沃的土壤中生长良好，但不耐水湿。

醉鱼草植株高可达2米。枝为四棱形，嫩枝被棕黄色细毛。单叶对生，呈卵形或长椭圆状披针形，长5~10厘米。表面无毛，青绿色，背面有棕黄色星毛，叶柄较短。穗状花序顶生，扭成一侧，稍下垂，长7~25厘米，密生紫色小花，花期6~8月。蒴果为矩圆形，长5毫米左右，具鳞片，10月成熟。

醉鱼草枝繁叶茂，夏季开花时淡香悠远，颜色瑰丽，蝴蝶纷纷闻香而来，绕其翩翩起舞,因此人们给它起了一个美丽的别号——蝶爱花。那"醉鱼草"这个名字又是怎么来的呢？这是因为它的茎和根能挥发一种独特的香味,鱼闻了之后,就像喝醉了酒一样,悬浮在水中,不再游动,因此需要注意,不要在鱼塘附近栽培。醉鱼草具有较高的观赏价值,可丛植于草坪边缘、甬道两侧、宅旁墙角等处增添景色。

29. 碧桃

碧桃是蔷薇科李属落叶小乔木。喜阳光充足的环境,耐旱,不耐寒,在肥沃、排水良好的土壤中生长良好。原产于中国,现世界各国均有栽培,我国栽培碧桃的历史悠久,至少有 3000 年。碧桃是果桃的变种,花后大多不结果,是著名的观赏花卉。

碧桃树最高可达 8 米,一般 3~4 米,树皮为灰色,主干粗壮。小枝无毛,为红褐色。叶呈椭圆状披针形,长 7~15 厘米。花单生或两朵生于叶腋,重瓣,粉红色,变种有深红、白等色,花期 3~4 月。

碧桃花色艳丽,妖艳媚人。红的似火,白的似雪,粉的似胭脂,点缀在绿色中,一片明媚,一派生机,把世界装点得更加春意盎然,是园林中不可或缺的观花树木。常群植、孤植或栽植于建筑物附近,也可做盆栽观赏。

碧桃的常见品种有以下几种:

白碧桃:花瓣呈椭圆形,为白色,花径 3~5 厘米。

鸳鸯桃:花为水绿色,成双结果实。

寿星桃:花比较小,为红色或白色。

垂枝碧桃:枝条下垂,花有粉红、纯白、浓红等色。

撒金碧桃:花瓣为长圆形,在同一花枝上能开出两色花,多为白色或粉色,还有的粉色花瓣上有白色条斑,白色花瓣上有粉色条斑,花径 4~5 厘米。

千瓣红碧桃:花瓣 3 轮以上,内轮花瓣为红色,外轮花瓣为粉红色。

30.洋金凤

洋金凤又名"蛱蝶花""金凤花""黄金凤""黄蝴蝶""蛱蝉花",为苏木科云实属常绿灌木。原产于热带地区,我国南方地区常有栽培。喜温暖湿润、阳光充足的环境,稍耐阴,不耐寒,在富含腐殖质、排水良好的微酸性土壤中生长良好。

洋金凤树可高达3米,枝疏生刺。二回羽状复叶,对生,小叶倒卵形,柄很短。总状花序顶生或腋生,花瓣为圆形,橙红色或黄色,花梗较长,长达7厘米。荚果为长条形。

洋金凤树姿清秀,花形轻盈,犹如蝴蝶游戏在绿叶间,时而静止不动,时而翩翩起舞。最吸引人眼球的是那长长的雄蕊,它悄悄地从花冠中探出头来翘首张望,仿佛要把世界看个清清楚楚。洋金凤花色艳丽,花期长,全年满布红色花簇,是优良的园林花境植物,适于篱垣、花架攀缘绿化。种子可榨油或药用。

31.贴梗海棠

贴梗海棠又名"铁角梨""皱皮木瓜",为蔷薇科木瓜属落叶灌木。喜阳光充足的环境,不耐阴,耐干旱,耐寒,在湿润、肥沃、排水良好的土壤中生长良好。我国南部、西部栽培较多,国外也有引种栽培。

贴梗海棠株高1~2米。枝直立而开展,有刺。单叶互生,呈椭圆形至长圆形,叶缘有不规则的锯齿,托叶很大,呈肾形,长3~9厘米,无叶柄,似抱茎。花簇生于2年生枝条的内部,先叶开放或与叶同放,花瓣5枚,为橘红色、猩红色或淡粉色,也有乳白色。花梗非常短,贴枝而生。果为球形或卵形,黄绿色或黄色,具芳香,10月份成熟。

贴梗海棠花姿优美,艳丽高雅,犹如娴静的淑女,妩媚动人,雨后清香犹存,自古以来就是雅俗共赏的名花,素有"花尊贵""花贵妃""花中神仙"之称,常州与玉兰、牡丹、桂花相配植,形成"玉棠富贵"的意境。贴梗海棠还深受文人墨客的喜爱,苏轼在名诗《海棠》中写道:"东风袅袅泛崇光,香雾空蒙月转廊。只恐夜深花睡去,故烧高烛照红妆。"陆游称其"虽艳无俗姿,太皇真富贵"。

贴梗海棠的果实为我国特有的珍稀水果之一,其营养价值堪与猕猴桃相媲美,有"百益之果"的美称。

32.西府海棠

西府海棠又名"子母海棠""小果海棠",是蔷薇科苹果属落叶灌木或小乔木。原产于我国,甘肃、陕西、山西、河北、山东等地区普遍栽培。西府海棠喜阳光充足的环境,也有一定的耐阴力。适应性较强,耐旱、耐寒,对土壤的要求也不高,一般在排水良好的土壤中都能生长,但忌盐碱地。

33.木芙蓉

木芙蓉又名"拒霜花""三变花""地芙蓉",为锦葵科木槿属落叶灌木或小乔木。喜温暖、阳光充足的环境,稍耐阴,不耐寒,耐水湿,怕干旱。对土壤的要求不严,一般土壤均可生长,但在肥沃、湿润、排水良好的沙质土壤中生长最好。原产于我国,黄河流域至华南地区均有栽培,以湖南、四川最盛,成都有"蓉城"之称。

木芙蓉树高3~8米,直径可达20厘米。枝密生星状毛。叶互生,卵为圆形或阔卵圆形,3~5浅裂,裂片呈三角形,先端尖或渐尖,叶缘有锯齿。花单生于枝端叶腋,有粉红、红、白等色,花期8~10月。蒴果扁球形。

我国栽培木芙蓉的历史悠久,已有3000多年。根据花的颜色,木芙蓉可分为白芙蓉(花色洁白)、红芙蓉(花大红色)、五色芙蓉(色红白相嵌)。还有一种更为奇特,早晨初开时为白色,中午的时候变为浅红色,晚上变为深红色,人们形容其"晓妆如玉暮如霞",称其为"三醉芙蓉"。木芙蓉花色艳丽,形似牡丹,绚丽夺目。可孤植、丛植于路旁、墙边、厅前等处,非常适宜配植于水滨,开花时节,繁花似锦,波光花影,分外妖娆。

34.美蔷薇

美蔷薇又名"野蔷薇""油瓶子""山刺玫""买笑""刺红",为蔷薇科蔷薇属落叶灌

木。在我国甘肃、陕西、山西、河北、山东等省均有分布。喜阳光充足的环境,耐半阴,耐干旱、贫瘠,不耐水湿。耐寒性较强,在我国北方的大部分地区都能露地越冬。对土壤的适应性强,在黏重土壤中均能正常生长,但在深厚、肥沃、疏松、排水良好的湿润土壤中生长最好。

美蔷薇树高 1~3 米。小枝散生,为紫红色,无毛,具皮刺,刺宽扁,稍弯曲。奇数羽状复叶,小叶 5~9 枚,卵形或长椭圆形,长 1~3 厘米,宽 1~2 厘米。先端圆钝或急尖,基部圆形,边缘有尖锐锯齿,表面为绿色,无毛,背面为灰绿色,被柔毛,沿中脉有小皮刺,托叶倒卵状披针形,表面和背面无毛或背面被柔毛。花单生或 2~3 朵簇生,直径约 5 厘米。花梗长 1 厘米左右,密被腺刺。花瓣为宽倒卵形,粉红色,花期 5~7 月。果呈深红色,椭圆形,长约 2 厘米,密被刺毛,果期 8~9 月。

美蔷薇枝繁叶茂,叶色翠绿,粉红色的花瓣芳香迷人,红色的果实似小油瓶挂在枝头,颇为美观,是良好的观叶、观花、观果植物。可孤植、列植于公园、草坪中,也可用于公路两侧的绿化。花可提取芳香油,果能酿酒。花、果入药,有健脾、调经、养血活血的功效。

35.棣棠

棣棠又名"黄榆叶梅""黄度梅""麻叶棣棠"等,为蔷薇科棣棠花属落叶丛生灌木。喜温暖、半阴的环境,不耐寒,不耐旱。

棣棠株高 1~2 米。小枝终年绿色,略呈曲折状,无毛。单叶互生,为卵形或卵状椭圆形,长 2~8 厘米,宽 1~3 厘米。先端渐尖,基部近圆形或截形,背面有短柔毛。花单生侧枝顶端,花梗长 1 厘米左右,无毛。花为金黄色,直径 3~5 厘米,花瓣近圆形或长圆形,长 2~2.5 厘米,花期 4~5 月。瘦果为扁球形,褐黑色。

在繁花似锦的 4、5 月,百花争艳,棣棠花也盛开了,金灿灿的色彩染黄了一片大地。它的颜色鲜艳夺目,人们会被那醒目的光泽所吸引,不由自主地走到它跟前,驻足欣赏。

它枝条上的一朵朵五瓣花和一根根直立的花蕊，像用金帛雕琢、金丝镶嵌而成，人们不禁赞叹其精巧美妙。棣棠可丛植于林缘、水畔、墙垣、坡地及草坪边缘，也可栽做花篱、花径，或用来点缀假山，景观效果非常好。花还可入药，有助消化、止痛、消肿、止咳的功效。

棣棠

36.代代

代代又名"苦橙""回青橙""苏枳壳"等，为芸香科柑橘属常绿灌木或小乔木。我国贵州、四川、江苏、浙江、广东等省均有栽培。代代喜阳光充足、湿润的环境，喜肥，稍耐寒。对土壤的要求不高，在疏松、肥沃、排水良好、富含有机质的微酸性土壤中生长最好。

代代树高2~4米，树干为绿色。枝具短棘刺，嫩枝有棱角。叶革质，椭圆形至卵状椭圆形，长5~10厘米，浓绿色。花一朵或几朵簇生于枝端叶腋，总状花序，花萼5裂，裂片为卵圆形。花为白色，花瓣5枚，香味浓郁。果呈扁圆形，橙黄色，12月成熟。

代代的果实有一个特性，能在树上挂2~3年而不脱落。在同一棵树上，隔年花果同存，几代的果实同挂，因此得名"代代"。代代的果实最初为青绿色，慢慢变为橙黄或橙红色，第二年夏季又由橙黄或橙红色转为青色，而且还能继续长大，因此有"回青橙"的美称。

代代枝繁叶茂，叶片碧绿，叶形奇特，终年常青，一年多次开花，以春花最多，花色洁白，香气浓郁。花谢以后，果实压满枝头，是良好的观叶、观花、观果树种。可栽植在假山旁、道路两边，或丛植、列植于草坪边缘。代代果实只能观赏，不能食用。代代花和茉莉、白兰一样，可以熏茶，称为代代花茶；叶、花、果可提取芳香油；果皮、果实还可入药，有理气宽中、化痰止泻、消积化食的功效。

37.蒲葵

蒲葵又名"蓬扇树""扇叶葵",为棕榈科蒲葵属常绿乔木。产于华南、中南半岛,在我国福建、广东、广西、台湾普遍栽培,江西、湖南、四川、云南也有引种。蒲葵喜光照充足的环境,略耐阴,不耐寒,耐一定程度的水涝及短期浸泡。喜肥沃、湿润、富含有机质的黏土壤。

蒲葵高达 10~20 米,树干粗壮,不分枝,有密接的叶痕形成的环纹。叶较大,直径达 1 米以上,扇形,丛生于树干顶端。掌状深裂成多数裂片,一般有 40~50 个。叶的裂片呈长条形,顶端下垂。叶柄长 1~1.5 米,坚硬,叶柄下部的边缘生有倒刺。圆锥花序长达 1 米,分枝多而疏散,花两性,比较小,一般 4 朵集生,花冠 3 裂,花瓣近心形。果椭圆形至阔圆形,形状如橄榄,成熟时为蓝黑色或黑色,果期 11 月。

蒲葵的外形和棕榈很像,但还是很容易区分。棕榈树干较小,叶片小而坚硬,叶的裂片顶端不下垂。蒲葵树形优美,树叶长久不落,是良好的观赏植物,可栽培在马路两旁以供观赏或做行道树。蒲葵全身是宝,树干可做梁柱;叶脉可制牙签;嫩叶可制蒲扇;老叶制蓑衣、席子;果实及根、叶可入药。

38.火棘

火棘又名"救军粮""火把果""红果",为蔷薇科火棘属常绿小灌木或小乔木。原产于我国甘肃、陕西及黄河以南地区。喜阳光充足的生长环境,稍耐阴,耐干旱、贫瘠,略耐寒。对土壤的要求不高,但在深厚、排水良好的土壤中生长最好。

火棘树高约 3 米。枝呈拱形下垂,侧枝呈短刺状。单叶互生,卵圆形至长圆形,长 1.5~6 厘米,边缘有钝锯齿。复伞房花序,花白色,直径 1 厘米左右,花期 3~4 月。梨果近球形,为橘黄、橘红、深红色,呈穗状,每穗有果 10~20 个。

火棘枝叶茂盛,白花繁密,果实成串生长,密密层层,压弯枝梢,9 月底就开始变红,且能留存很久,经冬不落,是比较理想的春季观花,冬季观果植物。不管是散植于林缘树下、丛植于草坪边缘,还是栽植成路边花篱,都能给人以美的享受。秋天果实红艳,犹如珊瑚,是做观果盆景的好材料。火棘果实除鲜食外,还可酿酒、制成糕点。

39.石楠

石楠又名"扇骨木""千年红",为蔷薇科石楠属常绿灌木或小乔木。原产于我国中部和南部,印度尼西亚、日本也有分布。石楠喜阳光充足的环境和温暖的气候,稍耐阴,也有一定的耐寒力,能耐短期-15℃的低温和干旱、贫瘠,怕水涝。

石楠树高可达4~6米,树冠呈球形。小枝为灰褐色或绿色,光滑无毛。单叶互生,长椭圆形至倒卵状椭圆形,长8~20厘米,边缘有细锯齿。初为红色,后渐变成绿色,具有光泽。复伞房花序顶生,花两性,较小,为白色。梨果球形,直径5毫米左右,10月成熟,熟时为红色,后变为紫色。

石楠树形端正,枝繁叶茂,早春嫩叶鲜红,秋天红果挂满枝头,颇为美观。园林中可列植、丛植,或作基础栽植。对二氧化硫的抗性较强,可作为大气污染较轻地区的绿化树种。根皮能制取栲胶;种子可榨油;叶、茎、根均可入药,有镇痛、解热、利尿、补肾的功效。

40.皂荚

皂荚又名"皂角",为豆科皂荚属落叶乔木。分布很广,在我国东北、华北、华东、华南以及贵州、四川均有分布。喜光,稍耐阴,喜温暖湿润的气候,耐寒,耐旱。对土壤要求不高,在沙土地、盐碱地上均能正常生长。生长缓慢,但寿命很长,可达600~700年。种植7~8年才能开花结果,结果期长达数百年。

皂荚树高15~30米,树冠呈扁球形,树皮灰黑色。枝条上有刺,小枝为灰绿色。一回羽状复叶,小叶6~14枚,长卵形,缘有细齿,长3~8厘米。总状花序,腋生,花梗上有绒毛,花萼钟状,花为黄白色,花萼、花瓣各4片。荚果较肥厚,长12~20厘米,黑棕色。

树冠宽广,枝叶茂密,荚果较大,有一定的观赏价值。宜作庭荫树及"四旁"(村旁、路旁、水旁、宅旁)绿化树种。果荚富含胰皂质,因此可煎汁代替肥皂用,种子榨油可做润滑剂。木材坚硬,很难加工,但是耐磨、耐腐,可作建筑用的柱与桩。

41.臭椿

臭椿又名"椿树",因散发臭味而得名,为苦木科臭椿属落叶乔木。喜光,耐寒,耐旱,但不耐水湿,长期积水会导致生长不良,严重的会烂根致死。

臭椿树高可达 30 米,胸径 1 米以上,树皮为灰黑色或灰白色,树冠呈伞形或扁球形。枝条粗壮。奇数羽状复叶,小叶有 13~15 枚,卵状披针形。圆锥花序顶生,花杂性,比较小,花色白而略带绿色,花瓣 5~6 枚。翅果,扁平,成熟时为淡红褐色或褐黄色。

树高干直,树冠圆整,叶大浓荫,秋季树上挂满果实,颇为壮观,是一种非常好的观赏树和庭荫树。在德国、法国、英国、印度、美国、意大利等国常作行道树,颇受赞赏,被人们称为"天堂树"。具有隔声、杀菌、抗污染、吸滞粉尘、吸收有害气体的作用,能抵抗氯气、氟化氢、二氧化硫等有害气体,是工矿区绿化的良好树种。木材轻韧有弹性,硬度适中,可供建筑、家具、农具等用。木材的纤维较长,是造纸的上等材料。种子还可以榨油。

有些地方有"摸椿"的风俗,除夕的晚上,小孩子要去摸椿树,而且还要绕着椿树转几圈,祈求快点长高。还有些地方的小孩子,要在正月初一早上抱着椿树念:"椿树椿树你为王,你长粗,我长长。"

42.紫丁香

紫丁香又名"情客""百结""龙梢子",为木樨科丁香属落叶灌木或小乔木。原产于我国北部至四川等地。喜阳光充足的环境,稍耐阴,若长期庇荫,开花少或不开花。较耐寒,耐干旱,怕水涝。在肥沃、湿润、排水良好的沙质土壤中生长良好。

紫丁香树高 4~5 米,树冠多呈圆球形,树皮为灰褐色。枝条粗壮,小枝为黄褐色,初被短柔毛,后慢慢脱落。单叶对生,呈卵形或倒卵形,长 4~8 厘米,宽 4~10 厘米,端锐尖,基截形或心形,全缘,表面和背面均无毛,叶柄紫色。顶生圆锥花序,长 6~15 厘米。

花为紫色、蓝色或紫红色,具芳香,花期3~4月。蒴果呈长圆形,扁而平滑,9月成熟。

紫丁香枝繁叶茂,花色艳丽,芳香袭人,是著名的观赏树种,还具有吸收二氧化硫的功能,因此被广泛栽植于庭院、厂矿、居住区,常丛植于建筑物前,散植于草坪之中、园路两旁,或与其他植物配植,效果非常好,也可盆栽观赏。花香浓郁,可提制芳香油。叶可入药,有清热祛湿的功效,民间常用来止泻。

紫丁香的变种为白丁香,叶子比较小,背面有柔毛,花为白色。早在宋代,人们就已广泛栽培紫丁香了,那时有人在土岗上用丁香点缀假山园景,称为"丁香嶂"。紫丁香是哈尔滨市的市花,因此,哈尔滨又有"丁香城"之称。

43.白刺花

白刺花又名"苦刺花","狼牙刺""马蹄针",因其叶片细小,形态很像槐树的叶子,又有"小叶槐"之称,为豆科槐属落叶灌木。在我国甘肃、陕西、山西、河北、河南、江苏、浙江、四川、湖南、湖北等省均有分布。白刺花喜阳光充足的环境,不耐阴,耐寒,耐干旱,怕积水,对土壤的适应性强,在肥沃、疏松、排水良好的沙质土壤中生长最好。

白刺花的植株单生或丛生,高1~3米,树干为深黑褐色。新枝为绿色,被短柔毛,老枝为暗红褐色,直伸,有锐利的针状刺。奇数羽状复叶,长4~7厘米,具短柔毛。小叶11~21枚,呈长倒卵形或椭圆形,长4~12毫米,宽4~7毫米,先端圆,具小尖头,基部圆形,叶面为墨绿色,背面颜色较表面浅,具短柔毛。托叶小,呈针刺状。总状花序生于短枝顶端,略下垂,有花6~12朵,花萼为杯形,长6~7毫米,紫蓝色,被短毛。花冠为蓝白色,蝶形,有芳香。荚果呈串珠状,长3~6厘米,直径0.5厘米左右,先端具长喙,无毛,成熟后为黄褐色。

白刺花在春季开放,花色素雅,蓝白相间,恰似蓝天白云的色彩,并散发淡淡的清香。夏、秋季节,叶色浓绿,冬季叶子凋落以后,露出黑褐色的树干,有古朴之感。可片植、丛植于草坪、林地边缘等处,也可做绿篱或盆栽观赏。

44.梨树

梨树是蔷薇科梨属落叶乔木。在我国栽培历史悠久,深受人们喜爱。梨树对气候的适应性较强,在我国南北方均可栽种,喜干燥冷凉的气候,抗寒能力强。对土壤要求不严,喜湿润、肥沃、排水良好的沙质土壤。

梨树高5~10米。小枝粗壮,幼时有柔毛。叶呈椭圆形或卵形,长10厘米左右。伞形花序,5~9朵簇生于小枝顶端,花5瓣,为纯白色,具香味。果为卵形或近球形,9月成熟,是我国主要的水果之一。

梨,树姿优美,枝撑如伞,叶圆如大叶杨。春季开花,先花后叶或花叶同出,花色洁白,多如繁星,清香阵阵,绚丽娴静。人们常用"带雨梨花"来形容落泪美女,由此可以看出梨花之美。纽雨中,它轻盈如风,凌空飘逸;阳光中,它晶莹如玉,温润洁净,月光中,它朦胧如雪,冰清玉洁。不管在哪种环境下,它都能把不同的美淋漓尽致地表现出来。梨花具有很高的观赏性,它那素淡的芳姿及淡雅的清香自古以来就受到文人的赞美毛病。它的果实是一种常见的水果,可生食,也可制梨脯、梨膏、酿酒,以及药用。

45.山桃

山桃又名"花桃""野桃",为蔷薇科桃属多年生落叶小乔木。在我国主要分布于黄河流域各地。为喜阳树种,耐寒、耐旱,不耐水涝,对土壤适应性强,一般土质都能生长。

山桃树高2~10米,树皮光滑呈暗紫色。叶呈椭圆状披针形,长5~10厘米。花为白色或淡粉红色,花期为3~4月。果为球形,直径3厘米。

山桃花先叶开放,而且花期特别早,寒冬未尽就已经盛开,格外惹人喜爱。山桃花朴实、壮观,颇有大山的豪放与野性。常棵棵相连,在满山遍野间肆意地开放,开得尽兴,开得烂漫。在晨光中眺望远山,一片粉红映入眼帘,犹如天上的彩云跌落人间,将满山装点得一派春光明媚。山桃花花朵娇艳,具有很高的观赏性。在园林中宜成片种植,如果能以绿树为背景,则更能显出花之娇艳。也可以孤植、丛植在公共绿地,更可植于湖畔、池旁、路边,都能构成园林佳景。

46.榆叶梅

榆叶梅又名"小桃红""榆梅",为蔷薇科李属落叶灌木或乔木。产于我国东北、华北,南至江苏、浙江,现各地均有栽培。喜光,耐旱,耐寒,不耐水涝。

榆叶梅树高2~5米。枝为紫褐色,粗糙。叶为宽椭圆形至倒卵形,边缘有锯齿。花近白色或粉红色,常1~2朵生于叶腋,花柄很短,先叶开放或花叶同放,花期为4~6月。核果近球形,红色,直径1~1.5厘米,有毛,果期6~7月。

榆叶梅枝叶繁茂,叶似榆树叶,早春开花,花繁色艳,花色、花形似梅花,果实成熟时压满枝头,别具风格。宜栽于公园草地、路边、湖畔、庭院中的墙角。如配植山石处,或衬以常绿树,观赏效果更好。与连翘、金钟花等搭配种植,红黄花朵竞相争艳,颇为美观,也适宜盆栽和做切花。

榆叶梅的常见变种有以下几种:

单瓣榆叶梅:花单瓣,为粉白色或粉红色。花朵小,花瓣、花萼均为5片,与野生榆叶梅相似,小枝呈红褐色。

复瓣榆叶梅:花复瓣,为粉红色。

重瓣榆叶梅:花重瓣,为红褐色,花朵大,因此又称"大花榆叶梅"。观赏价值较高,开花时间比其他品种晚。

截叶榆叶梅:叶先端截形,花为粉色。较耐寒,东北、华北各地栽培供观赏。

47.紫薇

紫薇又名"痒痒树""惊儿树",为紫薇千屈菜科紫薇属落叶乔木。喜阳光充足和温暖湿润的气候,稍耐阴,有一定的抗寒能力,不耐涝。对土壤要求不严,但在肥沃、排水良好的碱性土壤中生长最好。

紫薇树高3~10米,树皮易脱落。幼枝呈四棱形。单叶对生,椭圆形、长椭圆形或倒卵形,长 3~7 厘米。圆锥花序着生于当年枝端,花有红、白、紫等色,花径 3 厘米左右,花期长。蒴果近球形,果期 7~9 月。

紫薇树姿优美,树干光洁,花朵繁茂,花色艳丽,多数为紫色,故而得名。除了开紫色花的紫薇外,还有开红色花的红薇、开白色花的白薇、开紫带蓝色花的翠薇等。紫薇的花期很长,从夏天开到秋天,长达三个月之久,因此有"百日花"之称。特别是在高温的盛夏,紫薇柔枝碧叶,花开满树,烂漫娇艳,观赏价值极高。常被栽植于建筑物前、河边、池畔、草坪中、院落四周及公园中的小径两旁。紫薇对氯气、氟化氢的抗性较强,能吸收二氧化硫等有害气体,还具有吸滞粉尘的功能,是城市、居民区、工厂绿化的好材料。紫薇的枝条非常柔软,可任意盘曲。因此常被盘扎编成花篮、花瓶等天然装饰品,为庭院花圃增添美景。

48.接骨木

接骨木又名"扦扦活""公道老""大接骨丹",为忍冬科接骨木属落叶灌木。原产于温带和亚热带地区,我国各地均有栽培。喜光,耐寒,耐旱,也耐水湿。

接骨木高 4~6 米。枝光滑无毛,有皮孔。奇数羽状复叶,对生,小叶 5~11 枚,椭圆状披针形,长 5~12 厘米,表面和背面都光滑无毛,边缘有锯齿,把叶片揉碎后,会散发出臭味。圆锥状聚伞花序顶生,花冠辐状,为白色至淡黄色。花期为 4~5 月。浆果状核果,红色或紫黑色,球形,6~7 月成熟。

接骨木枝叶繁茂,叶色浓绿,叶形美观,春天百花盛开,夏、秋浆果鲜艳可爱,是良好的观赏灌木,宜植于林缘、草坪或水边。对氯气的抗性强,可用于城市、工厂的绿化。根、叶、枝均可入药,有行瘀止痛、祛风活血的功效,主要用于骨折、水肿、风湿性关节炎、跌打损伤、大骨节病及慢性骨炎等症。

49.白兰

白兰花朵洁白,香若幽兰,因而得名。又名"白缅花""白玉兰""把兰",为木兰科含笑属常绿乔木。原产喜马拉雅地区及马来半岛,我国云南、浙江、广东、广西、福建、台湾等地广为栽培。白兰喜光照充足的环境,不耐阴,但怕高温和强光直射,在疏松、肥沃、排水良好的微酸性土壤中生长良好,忌积水和烟气。

白兰树高 10~17 米,树皮为灰白色,树冠呈倒卵形。幼枝常绿。单叶互生,长椭圆形,革质,青绿色而有光泽。花单生于叶腋,花瓣 8 枚,白色或略带黄色,呈长披针形,长 3~4 厘米,有浓郁的香气,花期为 6~10 月。

白兰树姿优美,叶子青翠碧绿。盛花时节,在碧绿色的叶丛间,一朵朵小白花或待放,或半含,或盛开,妩媚动人,姿态万千。叶、花的观赏性都很高,南方多栽于园林、庭院和道路旁。根、叶、花均可入药,具有利尿化浊、止咳化痰、芳香化湿的功效。花朵可以熏制茶叶和提炼香精。

白兰花

郭沫若

小小白兰花并没有什么新奇,

清甜的香韵倒可和春兰相比。

淡青色的叶子经常显得鲜腻,

护惜着花朵,怕无端受了风雨。

上海姑娘们喜欢在街头叫卖,

那卖花的声音真是十分可爱。

"白兰花呢!"清脆得比我们香甜,

因此,使我们的香韵添了一倍。

50.八仙花

八仙花又名"紫阳花""绣球花",为虎耳草科八仙花属落叶灌木。原产于我国江南各省,现全国各地均有栽培。栽培的变种和品种很多,常见的有圆锥八仙花、大八仙花、齿瓣八仙花、紫茎八仙花、银边八仙花、蔓性八仙花、蓝边八仙花等。

八仙花树高可达 4 米。小枝粗壮,皮孔很明显。单叶对生,较大,为倒卵形或椭圆形,浅绿色而有光泽,长 7~20 厘米,边缘具粗锯齿。花球较大,顶生,伞房花序,几乎全为不育花,每朵有 4 枚扩大的萼片,呈花瓣状,为白色、粉红色或蓝色。

八仙花绿叶葱葱,清雅柔和,花序大,呈球形,开花时节,花团锦簇,花色能红能蓝,美艳可爱。花期长,每簇花可开两个月之久,是非常好的观赏花木。由于它喜阴凉环境,南方庭院可配植于庇荫处,如林下、林缘及山石北面。它能吸收大气中的汞蒸气,对二氧化硫的抗性较强,也可用于工矿区绿化。

传说每年农历的七月七日,牛郎织女都会到鹊桥相会,因此,人们把这一天定为中国的情人节,情人节除了送玫瑰外,还可以送八仙花,表示纯洁的爱。

51.锦带花

锦带花又名"山芝麻""五色海棠""海仙花",为忍冬科锦带花属落叶灌木。原产于我国东北、华北及华东北部,日本、朝鲜也有分布,现在我国各地均有栽培。喜光,耐寒,对土壤的适应性强,能耐贫瘠土壤。

锦带花树高 3 米左右,树形呈圆筒状。有些枝条会弯曲到地面,小枝细弱,幼时有 2 列柔毛。单叶对生,为卵状椭圆形或椭圆形,长 5~10 厘米,有短柄,边缘有锯齿,表面脉上有毛,背面毛更多。花 1~4 朵成聚伞花序,花冠呈漏斗状钟形,玫瑰红色,裂片 5 枚,花期 4~6 月。蒴果为柱形,种子细小,果期 10 月。

我们从"锦带花"这个名字就能领悟它的非凡之美。它枝叶繁密,花色艳丽,花期长,是理想的观赏和绿化树种。在园林中适宜于庭院角隅、湖畔群植,也可在林缘、树丛做花丛、花篱配植,对氟化氢抗性强,可做有污染的工矿绿化。

52.南天竹

南天竹又名"南天竺""天竺",为小檗科南天竹属常绿灌木。原产于我国,长江流域各省均有栽培，印度、日本也有分布。喜光，也耐阴，在强光下，叶色会变红。在肥沃，排水良好的沙质土壤中生长良好。

南天竹高 2 米左右，丛生而少分枝。幼枝为红色。2~3 回奇数羽状复叶，互生，小叶呈椭圆状披针形，长 3~10 厘米，薄革质，两面无毛。顶生圆锥花序，花白色，较小。浆果球形，初为绿色，成熟时为鲜红色。

南天竹

南天竹树姿潇洒，茎干丛生，枝叶扶疏，叶子开始为黄绿色，慢慢变为绿色，秋、冬季则变为红色，形状如竹叶，因此得名"天竹"。果穗状如珊瑚，鲜红夺目，圆润光洁，经久不凋，是优良的观花、观果花木。在园林中，常植于山石旁、庭院房前或草地边缘。

南天竹的常见栽培变种有以下几种：

锦丝南天竹：又称"丝南天"，植株矮小，叶细如丝，观赏效果极好。

玉果南天竹：又称"玉珊瑚"，小叶翠绿色，入冬不转红，果实成熟时为黄白色或黄绿色。

紫果南天竹：又称"五彩南天竹"，植株矮小，叶狭长，叶色多变，果实成熟时为淡紫色。

53.太平花

太平花又名"北京山梅花"，为虎耳草科山梅花属落叶灌木。原产于我国西部和北部，北方各地庭院多有栽培。喜光，能耐强光，对土壤的适应性强，能在干旱贫瘠的土地上生长，耐轻度盐碱土，但不耐水涝。

宋朝时,太平花在四川剑南一带被称为"丰瑞花",后有人将它献至汴梁(今开封),宋仁宗赐名"太平瑞圣花"。金兵攻进汴梁城后,将太平瑞圣花移到了金中都以及北京的西郊。金朝灭亡以后,金中都的太平花被毁弃了,而移种到北京西郊的却开了花。清朝皇帝把它移至圆明园和畅春园。后道光帝下令将"瑞圣"二字去掉,就叫"太平花"。此名简捷祥瑞,一直沿用至今。

太平花树高1~3米,树皮为栗褐色。小枝为紫褐色,光滑无毛。单叶对生,卵状椭圆形,长3~6厘米,边缘有小齿,一般表面和背面均无毛,有时背面腺腋有簇毛。花为乳白色,具香味。蒴果呈陀螺形,9~10月成熟。

太平花枝繁叶茂,花乳白素雅,清香宜人,花期较长,具有一定的观赏价值。宜植于廊下、窗前、林缘和草地一隅,更是做自然式花篱或大型花坛的好材料。在古园林中,种植在假山石旁,既得体又美观。

54.含笑

含笑又名"含笑梅""香蕉花""山节子",为木兰科含笑属常绿灌木。原产于我国华南地区,现全国各地均有栽培。常见的同属有深山含笑、紫花含笑。深山含笑为高大乔木,叶子比一般含笑要大,花白色。紫花含笑,顾名思义开紫色花,花色艳丽。

含笑树高2~5米,树冠呈圆形,树皮为灰褐色。枝多而密,小枝上密被褐色绒毛。单叶互生,椭圆形或倒卵状椭圆形,革质,嫩绿色,有褐色绒毛,全缘。花单生于叶腋间,小而直立,乳白色或乳黄色,单叶互生,椭圆形或倒卵状椭圆形,革质,全缘,嫩绿色。花单生于叶腋间,小而直立,圆形,乳白色或乳黄色,花瓣6枚,边缘常带紫晕,肉质,有浓郁的香蕉气味,花香四溢,花常不完全开放,犹如含笑的美人。荚果线状圆柱形,长2~2.5厘米,直径约2毫米,9月成熟。

含笑树形美观,枝叶终年浓绿,清秀文雅,花香浓郁,为著名的芳香观赏花木,是中国常见的传统名花之一,在我国园林中应用频率非常高,孤植、丛植于各类景观中都非常优美。含笑具有吸收氯气的功能,可用于工矿区绿化、美化,还可做盆栽观赏。含笑的花可熏制茶叶,也可以提取香精,花蕾可供药用,有祛瘀生新的功效。

55.瑞香

瑞香又名"露甲""睡香""蓬莱紫""风流树"等,为瑞香科瑞香属常绿灌木。原产于我国长江流域,现湖北、湖南、四川、江西、浙江等省均有分布。喜阴凉通风的环境,怕强光直射,尤其怕高温高湿的气候,因为烈日照射后,潮湿会引起萎蔫死亡。不耐寒,喜肥沃、湿润、排水良好的微酸性土壤。

瑞香树高1.5～2米,枝细长,光滑无毛。单叶互生,长椭圆形至倒披针形,表面深绿而且具有光泽,长5～8厘米,无毛,全缘。花较小,簇生于枝顶端,花被筒状,直径约1.5厘米,为白色、紫色、黄色或淡红色,具芳香。核果肉质,圆球形,红色。

瑞香四季常绿,早春开花,花香浓郁,有"花贼""夺花香"之称,与其他花卉种植在一起,只能闻到它的香味,其他花的香味好像都消失了一样。瑞香在2～3月开花,花期长达一个多月。最适合种植于路旁、林下或假山、岩石之间,如果将其修剪为球形点缀在松柏之间,则风趣倍增。瑞香根可入药,具有祛风通络、祛瘀止痛的功效,花可以提取芳香油;茎皮纤维是良好的造纸原料。

56.蜡梅

蜡梅又名"香梅""黄梅",为蜡梅科蜡梅属落叶灌木。原产于我国陕西、湖北等省,北京以南各地广泛栽培。喜光,稍耐阴,耐旱,忌水湿,有一定的耐寒力,喜深厚、排水良好的沙质土壤,在黏性土及盐碱地生长不良。

蜡梅树高可达3米。枝为红棕色,方形,有椭圆形突出皮孔。单叶对生,近革质,椭圆形至椭圆状披针形,长6～15厘米,全缘,叶面为深绿色,比较粗糙,叶背为淡绿色,很光滑。花单生,直径约2.5～4厘米,外部花被片黄色,有蜡质光泽,卵状椭圆形,内部的渐短,密布紫褐色条纹,冬春先叶开放。果托坛状,小瘦果种子状,为栗褐色,有光泽,8月成熟。

蜡梅花开于寒月早春,花黄如蜡,清香四溢,给人们带来融融春意,深受人们喜爱。蜡梅多种植于庭院中、建筑物两侧、山石旁或草坪、道路、房前屋后等,如果能以竹、松、垂柳为背景,效果更好,制成瓶花、盆花也独具特色。我国传统喜用蜡梅与南天竹配植,黄花红果,色泽分明,相得益彰,极得造化之妙。蜡梅鲜花可提取芳香油,烘制后的花为名贵药材,有解暑生津、顺气止咳的功效。根具有祛风、解毒、止血的功能。

蜡梅常见的栽培变种有以下几种:

磬口蜡梅:叶宽大,长达 20 厘米。花比较大,直径 3~3.6 厘米,外轮花被片淡黄色,内轮花被片有红紫色边缘和条纹,盛开时花被片内抱,花期较早,而且很长。

素心蜡梅:花较大,一般直径 3.5 厘米左右,内外轮花被片均为黄色,香味较浓。比较名贵,江南多栽培。

狗牙蜡梅:叶狭长而尖,花比较小,花瓣长尖,中心花瓣呈紫色,有微弱的香气。

小花蜡梅:花比较小,直径仅 0.9 厘米左右,外轮花被片黄白色,内轮有红紫色斑纹,栽培较少。

每一变种中都包含了相当丰富的栽培品种和品系,如磬口蜡梅中有"乔种""虎蹄"等,素心蜡梅中有"杭州黄""扬州黄""吊金钟""十月黄"等。它们在着花密度、花色、香气、花期及生长习性等方面各具特点。

57.毛泡桐

毛泡桐又名"绒毛泡桐""紫花泡桐",为玄参科泡桐属落叶乔木。原产于我国,主要分布在黄河流域,北方各省普遍栽培。喜光,不耐阴,根系近肉质,较耐干旱,怕积水。在土壤深厚、肥沃、疏松、湿润的条件下生长迅速,不耐盐碱。

毛泡桐树高 15~20 米,树冠宽大,呈圆形,树皮为灰褐色,有白色斑点。小枝粗壮,幼枝被腺毛。单叶轮生或对生,卵形,背面有毛,全缘或 3~5 裂。聚伞状圆锥花序,花萼 5

裂,浅钟状,密生星状绒毛。花冠呈漏斗状钟形,紫色。蒴果为卵圆形,长 3~4 厘米。

毛泡桐树树姿优美,树干通直,枝叶茂盛,花大且色彩绚丽,甚是美观。春天繁花似锦,夏天绿树成荫,宜做庭荫树、行道树。而且叶大被毛,能吸附烟尘,吸收二氧化硫、氟化氢等有害气体,对氯气、硫化氢的抗性较强,适于工矿绿化。在北方平原地区,人们实行农桐间作,可达到粮丰林茂的效果,是重要的速生用材以及"四旁"(村旁、路旁、水旁、宅旁)绿化及结合生产的优良树种。材质优良,可供建筑、家具、乐器等用,也可供外贸出口。

58.梓树

梓树又名"水桐""黄花楸""大叶梧桐",为紫葳科梓树属落叶乔木。广泛分布于我国甘肃、陕西、山西、湖北、四川、河南等省。喜光,稍耐阴,喜温暖湿润的气候,不耐干旱和贫瘠,较耐寒。喜肥沃、深厚的土壤,能耐轻盐碱地。

梓树高约 20 米,树冠呈椭圆形或倒卵形,树皮为灰色或灰褐色。幼枝带紫色,被毛并有黏质。单叶对生或轮生,圆形或阔卵形,不分裂或掌状 3~5 浅裂。圆锥花序顶生,花冠为黄白色或淡黄色,内有 2 条黄色条纹和紫色斑点。蒴果细长,形状如豇豆,冬季悬垂不落。

树冠宽阔,春天花朵繁盛,妩媚悦目,果实悬挂如豇豆,甚是美观。可做行道树、庭荫树。对氯气、二氧化硫等有害气体的抗性较强,能吸滞灰尘,可作为工矿区的绿化树种。木材软而轻,可供乐器、家具等用。根皮可入药,有杀虫、清热、解毒的功效。

59.柿树

柿树为柿科柿属落叶乔木。在全国各地均有栽培。喜温暖环境,较耐寒,根系比较发达,吸收水分和肥力的能力强。喜深厚、肥沃、富含有机质、排水良好的土壤或黏性土。

柿树高 15~20 米,树皮为暗灰色,树冠呈圆锥形,小枝上有褐色的毛。单叶互生,革质,叶呈椭圆状卵形或倒卵形,表面为深绿色,有光泽,入秋以后变为黄色或红色。花雌雄异株或杂性同株,单生或聚生于新枝叶腋,开始为乳白色,慢慢变为乳黄色。果为扁球形,红色或橙黄色,9~10月成熟。

柿树树形优美,枝繁叶大。夏季叶浓绿,秋季叶变红,丹果似火,是良好的观叶、观果树种。园林中可孤植、群植于草坪周围、池畔、湖边、园路两旁以及建筑物附近。柿树还具有吸收二氧化硫等有害气体的功能,对氟化氢的抗性较强,可在大气污染较轻的地区栽培,作为果树或绿化树种。柿子果形丰满,果色橙黄或红色,有"事事如意"的寓意,因此常被人们用来作为果品花篮的主题材料。木材坚硬,不翘不裂,可制家具。果实除食用外,还可加工成柿面、柿饼,可制醋、酿酒。柿蒂、根皮可入药。

60.白蜡树

白蜡树又名"青榔木""水白蜡""白荆树",是木樨科白蜡属落叶乔木。我国东北南部、华北、黄河流域、长江流域及华南、西南均有分布。白蜡树是喜光树种,稍耐阴。喜温暖湿润的气候,喜湿怕涝,非常耐寒。对土壤要求不高,在中性、碱性、酸性土壤中均能生长。

白蜡树高可达15米,树皮为黄褐色,树冠呈卵圆形。小枝光滑无毛。奇数羽状复叶,小叶5~9枚,一般为7枚,卵状披针形或卵圆形。表面无毛,背面沿脉有短柔毛,边缘有齿。花单性或两性,雌雄异株。圆锥花序顶生或侧生于当年新生的枝条上,大而疏松。花萼钟状,没有花瓣。翅果倒披针形,10月成熟。

白蜡树树形优美,树干通直,树皮光滑,枝叶繁茂而鲜绿,秋季叶子会变为橙黄色,是优良的遮阴树和行道树。白蜡树耐水湿,抗烟尘,对氯气、氟化氢等有较强的抗性,还能吸收二氧化硫、汞蒸气等有害气体,可用于湖岸绿化和工矿区绿化。

白蜡树除供观赏外,还是我国重要的经济树种之一。主要用来放养白蜡虫,制取白蜡。白蜡为我国著名特产,也是我国传统的出口物资,在工业上用途广泛。白蜡树木材坚韧,供制胶合板、家具、农具等。枝条可用来编筐。

61.紫荆

紫荆又名"苏芳花""满条红""紫珠"等,为苏木科紫荆属落叶灌木或小乔木。分布于我国华北、华东、西南、中南以及甘肃、陕西、辽宁等地。喜阳光充足、温暖的环境,耐旱,不耐涝,不耐寒。

紫荆树高可达15米。枝为灰褐色,小枝无毛。单叶互生,叶脉呈掌状,叶片近圆形,长6~13厘米,全缘。花先叶开放,为紫红色,4~10朵簇生于2~4年的老枝上,花期4~5月。荚果为红紫色,扁带形,果期7~9月。

紫荆干直丛生,花期较早,早春繁花簇生于老干和枝间,花大而密,形似蝴蝶,满树紫红,非常艳丽,故有"满条红"之称。花谢之后,开始长出叶片,叶片呈心形,也非常美丽。单植、列植于庭院、建筑物前,非常得体,而且美观,也可丛植于草坪边缘,丛植时可与其变种白花紫荆混栽,紫白相间,效果更佳。若与黄玫瑰并植,开花时紫金相映,相得益彰。紫荆还可盆栽,也是良好的插花材料。树皮、根皮、花等均可入药,有利尿、解毒、活血通络、消肿止痛的功效。

62.椰子

椰子又名"椰树",为棕榈科椰子属常绿乔木。原产于西太平洋岛屿,我国云南、海南、台湾栽培历史悠久,已有2000多年。喜高温、湿润、阳光充足的环境。生长的适宜温度为24℃~25℃,不耐干旱,也不耐长期水涝,喜海边和河岸的深厚冲击土。

椰子树高15~35米,树冠整齐,树干挺直。叶长3~6厘米,羽状全裂,裂片呈线状披针形。叶柄粗壮,长1米以上,基部有网状褐色棕皮。肉穗花序腋生,长1.5~2米,总苞为舟形,最下一枚长1米左右,雌花呈圆球形,雄花呈扁三角状卵形。坚果近球形或呈倒卵形,每10~20枚聚为一束,较大,长15~30厘米,直径可达20厘米,果期7~9月。

椰子苍翠挺拔,是热带地区主要的园林绿化树种,可做行道树,或丛植、片植。椰子是世界上最重要的十种树种之一,也是棕榈科中最重要的经济作物,它全身是宝,有"宝树"的美誉。椰子的花序可制取糖液,供饮料;椰干是重要的油源,可制成椰奶、椰茗,配成椰子酱、椰子糖等;椰汁是清凉的饮料;叶可编席;椰衣可制扫帚、绳索、船缆、地毯等,其细纤维又是隔音板、沙发椅、床垫的优良垫料。

63.栾树

栾树又名"灯笼树""黑色叶树",为无患子科栾树属落叶乔木。原产于我国北部和中部,朝鲜、日本也有分布。生长速度非常快,喜光,稍耐阴,喜温暖湿润的气候,抗寒能力强,能耐-20℃的低温。

栾树高可达15米,树皮为灰褐色,树冠呈圆球形或伞形。小枝无顶芽,稍有棱。奇数羽状复叶,小叶7~15枚,卵形或卵状披针形,长5~10厘米,边缘有不规则的粗锯齿。圆锥花序顶生,花瓣4~5枚,金黄色。蒴果三角状卵形,状似灯笼,成熟时为红褐色或橘红色。

栾树树形端正,树姿优美,枝叶秀丽,春季嫩叶为红色,夏季满树黄花,秋季叶子变黄,紫红色的果实,犹如一个个小灯笼,悬挂满树,"灯笼"随风摇摆,发出沙沙的声音,好似由远处传来的乐声。栾树是常见的庭院观花、观果树种,也是最受欢迎的行道树和风景树。木材较脆,容易加工,可作器具、板料等;叶可提制栲胶;花可作黄色染料;种子可榨油,供制肥皂及润滑油。

64.山茱萸

山茱萸为山茱萸科山茱萸属落叶小乔木。分布于我国浙江、安徽等地。为暖温带植物,喜光,稍耐阴,耐旱也耐湿,在湿润、肥沃、排水良好的土壤中生长良好。

山茱萸高10米左右,树皮为灰褐色。嫩枝为绿色,老枝为黑褐色。单叶对生,呈卵形或卵状椭圆形,长5~12厘米,叶两面有毛。伞形花序,总苞为黄绿色,花瓣金黄色,呈舌状披针形。核果为椭圆形,红色至紫红色。

早春小花金黄一片,入秋叶色鲜艳,簇果如珠,绯红如滴,是优美的观果树种,可种植

于园林中作为观赏树。果肉可入药,即中药的"茱萸肉",为重要的强壮剂和补血剂。

民间传统认为,在重阳节登高时佩戴茱萸可以避灾祸。

65.台湾相思

台湾相思又名"台湾柳""相思树",是含羞草科金合欢属常绿乔木。原产于我国台湾地区,菲律宾也有分布。现我国江西、福建、广东、广西、海南等省均有栽培。喜光,不耐阴,耐干旱、贫瘠。对土壤要求不高,在沙质土、酸性粗骨质土和黏性的高岭土中均能生长。

相传,在很久以前,有三位大陆人同去台湾垦荒。当地恶霸独霸土地,他们非常生气,打死了恶霸,然后躲入山中的三棵大树上。但最后还是被发现了,并被活活烧死在树上。人被烧死了,但树没被烧死,还长得更加茁壮茂盛。后来人们为了纪念他们,就把这三棵树的种子带回大陆,并撒播在南国的土地上。这种树从此就在大陆生根繁衍,便是如今的"台湾相思树"。

台湾相思树高可达15米,胸径20厘米左右,树皮为灰褐色。分枝粗大。小叶退化,叶柄奇特,呈披针形叶片状,弯似镰刀,革质,长6~10厘米。头状花序单生或2~3个簇生于叶腋,黄色,有微香。荚果扁平,为暗褐色。

台湾相思树体态婀娜多姿,树冠浓密,枝条柔韧,犹如风中的柔柳般轻松洒脱。花开的季节,一粒粒金黄色的柔软小花,似明艳的黄色绒球,密密地挂在浓绿的枝叶间,让人顿时有一种温馨的感觉。木材褐色,具有光泽,花纹美观,坚韧致密,富有弹性,干燥后一般不会开裂,供车辆、轮船、枕木、家具、农具等用材。树皮含单宁23%~25%,为栲胶原料。花含芳香油,可做调香原料。叶富含养分,是良好的绿肥。

66.柽柳

柽柳又名"西湖柳""三春柳""红荆条""山川柳",为柽柳科柽柳属落叶小乔木或灌木。原产于我国,分布很广,湖北、甘肃、河北、山东、河南、江苏、浙江、安徽、福建、广东等

植物百科

省均有分布。喜光,耐热,耐旱也耐水湿。

柽柳树高5~7米,树皮为红褐色。枝细长,下垂。叶互生,小而密生,呈鳞片状,长1~3毫米,呈浅蓝绿色。花于夏、秋开放,为粉红色,花萼、花瓣各5片。蒴果3裂,10月成熟。

柽柳树形美观,姿态婆娑,枝叶纤秀,花期很长,每年5~9月,不断抽生出新的花序,花谢了又开,开了又谢,几个月里,三开三落,绵延不绝,因此人们称它为"三春柳"。在庭院中多做绿篱,也可栽在草坪或水边,供观赏。它还是良好的盐碱地改良树种,在盐碱地上种柽柳后可有效降低土壤的含盐量。木材坚重致密,可制农具;树皮含鞣质,可制啫胶;嫩枝、嫩叶可入药,具有祛风、解表、解毒、利尿的功效。

67.香椿

香椿为楝科香椿属落叶乔木。原产于我国中部,现全国各地均有栽培。喜光,不耐阴,有一定的耐寒力。喜肥沃、深厚、湿润的沙质土壤。

香椿树高10米左右,树皮为暗褐色。小枝粗壮。偶数羽状复叶,小叶12~20枚,长椭圆形,长10~15厘米,全缘或具有不明显钝锯齿。幼期为紫红色,成年期为绿色,背面为红棕色,具香味。圆锥花序,两性花,较小,钟状,白色,具香味。果近卵形或狭椭圆形,长2厘米左右,成熟时为红褐色。

香椿自古以来就是我国人民熟知和喜爱的特产树种。它树体高大,树干耸直,树冠庞大,枝叶茂密,是良好的行道树、庭荫树。在园林中配植于疏林,做上层骨干树种,其下栽种喜阴的花木,俏丽可爱。木材为红褐色,有光泽,坚重,富有弹性,纹理直,结构细,不翘不裂,耐水湿,是建筑、造船、家具等的优质用材,有"中国桃花心木"的美称。嫩芽、嫩叶可作蔬菜食用,营养丰富,别具风味,并具有食疗作用,主治痢疾、胃痛、风湿痹痛、外感风寒等症。

68.丝棉木

丝棉木又名"白杜""明开夜合""桃叶卫矛",为卫矛科卫矛属落叶小乔木。广泛分布于辽宁、河北、陕西、甘肃、山西、山东、河南、江苏、浙江、江西、安徽、福建等省。为暖温带树种,喜光,稍耐阴。耐寒,耐旱,也耐水湿,在肥沃、湿润、排水良好的土壤中生长良好。

丝棉木树高6~8米,树冠呈卵形或圆形,树皮为灰褐色。小枝细长,近四棱形,绿色,无毛。单叶对生,宽卵形或椭圆状卵形,长5~10厘米,边缘有细锯齿。3~7朵成聚伞花序,黄绿色,径7毫米左右。蒴果为粉红色或带黄色,直径1厘米左右。

丝棉木姿态幽雅,枝条纤细,叶片秀丽,秋季叶色变红,粉红色的果实在枝梢能悬挂很久,开裂后露出橘红色假种皮,非常美观,是良好的庭院观赏树。在庭院中,可配植于墙垣、屋旁、庭石及水池边,也可作为绿荫树栽植。对氯气、氟化氢、二氧化硫有较强的抵抗能力,吸收有害气体的能力强,可作为大气污染地区的绿化树种。木材为白色,非常细致,可供雕刻用;根皮和树皮均含硬橡胶;种子可榨油,供工业用。

69.洋紫荆

洋紫荆又名"艳紫荆""红花紫荆""香港樱花",为豆科羊蹄甲属常绿小乔木。因其叶端2裂,样子像羊蹄甲,因此又被称为"红花羊蹄甲"。原产于我国南方及东南亚,香港地区多见野生,香港居民有人称它为"香港兰花"。喜温暖湿润、阳光充足的环境,在酸性土壤中生长良好。

洋紫荆树高3~4米,树皮为灰褐色。叶互生,基部为心形,形如羊蹄,绿色。花瓣5枚,为紫红色,有芳香。

洋紫荆是良好的观赏树种,它树形端庄,叶色翠绿,花朵如兰花,娇美悦目。花期持久,深受人们的喜爱。适宜做绿荫观花树,还具有吸收烟尘的功能,也适合做行道树。它的嫩叶、花芽、花及幼果均可食用。树皮含单宁,可用做染料和鞣料。花朵、树皮和树根均可入药。

洋紫荆是香港市市花。1997年7月1日香港特别行政区成立,中央政府把一座高6米的金紫荆铜像赠给香港,这座铜像名称为"永远盛开的紫荆花",寓意香港永远繁荣昌盛。铜像安放的广场被命名为"金紫荆广场",广场上空飘扬着中国国旗及香港特区区旗。

70.桦叶荚蒾

桦叶荚蒾是忍冬科荚蒾属落叶灌木或小乔木。在我国甘肃、贵州、陕西、山西、湖北、湖南、四川、云南等省均有分布,在阴湿的环境中生长良好。

桦叶荚蒾高2~3米。小枝为黑褐色或紫色,稍具棱角,散生圆形凸起的浅色小皮孔,无毛或初生时微被毛。叶对生,纸质或略革质,呈菱状卵形、宽卵形或宽倒卵形,长2~8厘米,宽2~6厘米。边缘有齿。叶柄较细,长1~3厘米。复伞形状花序顶生或侧生,直径5~12厘米,无毛或具星状毛,花萼筒长1~2毫米,具腺体或密被星状毛,花冠长3毫米左右,为白色,无毛,花期5~6月。果近球形,直径约6毫米,成熟时为红色。

桦叶荚蒾叶、花、果都很美,是优良的观赏灌木。树形优美,枝叶繁茂,花开之际如白雪覆压枝头,秋季红果累累,晶莹剔透,在黄叶的衬托下,显得更加美丽。可孤植或丛植于庭院、草坪、岩石假山下,也可群植于风景区。果实可食用及酿酒;茎皮可供纺织;种子可榨油。

71.杜仲

杜仲又名"思仲""玉丝皮",为杜仲科杜仲属落叶乔木。是我国特产树种,也是第四纪冰川时期幸存的古老树种之一,主产于贵州、云南、四川等地,现全国各地均有栽培。杜仲喜阳光充足的环境和温暖湿润的气候,较耐寒。对土壤的适应性强,在中性、微酸性、微碱性以及钙质土壤中都能生长。但以深厚、疏松、肥沃、排水良好、ph值在5~7.5之间的土壤最为适宜。

杜仲树高可达20米,树皮为灰褐色,树冠呈圆球形。小枝为黄褐色,光滑,无毛。叶呈卵形或椭圆形,长6~15厘米,边缘有锯齿,上面为深绿色,下面为淡绿色。花单性,雌雄异株,花先叶开放,或与叶同时开放。翅果为长椭圆形,果期9~11月。

杜仲树干挺直,树姿优美,枝叶茂密,叶油绿发光,生长迅速,是理想的行道树、庭荫树,也可做一般绿化造林树种。杜仲树皮是名贵的中药材,具有强筋骨、补肝肾、安胎等功效;枝、叶、果、树皮、根皮均含有杜仲胶,杜仲胶属硬质橡胶,是电气绝缘及海底电缆的优质原料;木材坚实细致,不翘不裂,可供建筑、家具、农具等用;种子还可榨油。

72.悬铃木

悬铃木又名"英国梧桐""二球悬铃木",是悬铃木科悬铃木属落叶乔木。二球悬铃木是一球悬铃木和三球悬铃木的杂交种,1640年由英国育成,现在广泛种植于世界各地。我国黄河及长江流域最为普遍。悬铃木为喜光树种,不耐阴。喜温暖湿润的气候,比较耐寒,耐干旱、贫瘠,但不耐水湿,对土壤要求不高,但以深厚、肥沃、湿润、排水良好的中性或微酸性土壤为佳,在石灰性或微碱性土壤中也能生长。

悬铃木高可达35米,树皮为灰白色或灰褐色,树冠呈椭圆形。幼枝被淡褐色星状毛。单叶互生,掌状3~5裂,边缘疏生齿牙。幼时密生淡褐色星状柔毛,后脱落。花单性同株,头状花序球形,花期4~5月。聚花果呈球形,下垂,一般2球一串,也有3球一串的。坚果基部有长刺毛,果期9~10月。

悬铃木树姿优美,树干高大,树冠雄伟,叶大浓荫,生长迅速,是良好的庭荫树和行道树,有"行道树之王"的美誉。此外,它抗污染能力强,叶片能吸收氯气、二氧化硫等有毒气体,还具有滞积灰尘的作用,也是理想的工厂绿化树种,且耐修剪,易造型,深受人们的喜爱。不过需要注意的是,幼枝、幼叶及果实上的星状柔毛脱落时,易引起空气污染,会刺激人的鼻孔、眼睛、皮肤,引起红肿或过敏,因此,不要在疗养院或幼儿园附近栽培。

73.紫玉兰

紫玉兰又名"木笔""辛夷",为木兰科木兰属落叶小乔木。喜温暖湿润的环境,较耐寒,喜阳光,但也有一定的耐阴力,在湿润、肥沃、排水良好的沙质土壤中生长较好。在碱性土壤中生长不良。原产于我国湖北和四川,现各地均广为栽培。

紫玉兰树高 3~5 米。小枝为紫褐色。叶互生,呈倒卵形或椭圆状卵形。花较大,先叶开放,紫色,

紫玉兰

钟状,长 3 厘米左右,花瓣 6 枚,花期 4~5 月。聚合果为淡褐色,长圆形。

紫玉兰花大而鲜艳,花姿婀娜,开花时节满树紫红,散发着淡淡幽香,具有较高的观赏价值。可在园林中、庭前院后配植,也可散植或孤植于小庭院内。花蕾名"辛夷",供药用,入药可治鼻病、头痛。

74.白玉兰

白玉兰又名"望春花""玉兰""木花树",是木兰科木兰属落叶乔木。原产于我国中部,现在全国各地均有栽培。喜阳光充足、湿润的环境,稍耐阴,但长期庇荫也会生长不良,枝细花小。耐寒性较强,耐旱怕涝,受涝会导致烂根。喜肥沃、排水良好的中性或偏酸性土壤。

白玉兰树高可达 15 米,树冠近球形或卵形。小枝具环状托叶痕。单叶互生,全缘,倒卵状长椭圆形,长 12~15 厘米,纸质,先端突尖而短钝。花两性,单生枝顶,直径 12~15厘米,纯白色,具香味。花萼瓣状,共 9 片,叶前开放,花期不长,8~10 天。聚合果呈圆筒状,红色至淡红褐色,果实成熟后会裂开。果期为 9~10 月。

白玉兰为我国特产,为名贵的观赏树种,满树繁花,洁白美丽,香气似兰,其体态和色香无与伦比,"莹洁清丽,恍凝冰雪"就是赞赏玉兰盛放的景观。白玉兰是我国著名的早春花木,花开放时还没有长叶,因此有"木花树"之称。花后枝叶繁茂,绿树成荫。秋天果实成熟时,红色的种子"半遮面",像一粒粒宝石挂在树上,十分惹人喜爱。

将白玉兰、海棠、迎春、牡丹、桂花等配植在一起,就是中国传统园林中的"玉堂春富贵"意境的体现,其意为吉祥如意、宝贵高洁。若植于纪念性建筑之前,有"玉洁冰清"之意,象征品格高尚,具有崇高理想,超凡脱俗。若丛植于草坪上则能形成春光明媚的景象,给人以喜悦、青春和充满生气的感觉。玉兰是插花的优良材料。另外,花瓣可食用,香甜可口。种子可榨油,树皮可入,木材可供雕刻用。

75.文冠果

文冠果又名"文官果",是无患子科文冠果属落叶小乔木。喜光,耐严寒,耐旱性强。在沙荒、黏土及轻盐碱土中均能生长,但以肥沃、深厚、湿润的土壤生长最好。

文冠果树高可达 8 米,树皮为灰褐色,比较粗糙。枝幼时为紫褐色,有毛,后会慢慢脱落。奇数羽状复叶互生,小叶 9~19 枚,长椭圆形至披针形,长 3~5 厘米,边缘有锯齿。圆锥花序顶生,花瓣上带有红色或黄色的斑点,花期 4~5 月。果呈椭圆形,果皮木质。

树姿挺拔,春天花开满树,花朵娇美,形如五瓣星状,娇嫩的黄色花蕊,包裹在鲜艳的红色花心中,再加上皎洁的白色花边,可谓妩媚之极。在绿叶的衬托下,显得更加美丽,具有很高的观赏价值。文冠果浑身是宝,花朵可以观赏,花粉可以酿蜜,叶子可以制茶,树枝可以入药,种子可以榨油。木材为褐色,坚实致密,纹理美丽,还可供家具、器具等用。

76.云杉

云杉又名"粗枝云杉""毛枝云杉",为松科云杉属常绿乔木。产于我国陕西、四川、甘肃等海拔在 1600~3600 米的山区,目前,我国北方城市普遍栽培。云杉耐寒、耐阴,喜冷凉湿润气候和深厚、肥沃、排水良好而湿润的微酸性沙质土壤。

云杉树高约 45 米,树冠呈圆锥形,树皮为灰褐色,呈不规则薄片状剥落。叶为四棱条形,长 1—2 厘米,在枝上呈螺旋状排列。雌球花单生枝顶,雄球花单生叶腋。球果圆柱形,长 8~12 厘米,成熟前为绿色,10 月成熟时变为栗褐色。

云杉树形端正,树姿优美,枝叶茂密,叶上有明显的粉白气孔线,远眺如白云缭绕,苍翠可爱,是重要的庭院绿化树种。可丛植、孤植,或与白支松、桧柏等配植。材质优良,可作枕木、坑木、家具、房料等用。针叶含油率 0.1%~0.5%,可提取芳香油。

在圣诞节,很多国家的人们喜欢用圣诞树来增添节日气氛,圣诞树便多由云杉装饰而成,人们在圣诞树上挂满各色彩灯、钟铃、花球以及装着圣诞礼物的各种小盒子。

77.枇杷

枇杷又名"芦橘",为蔷薇科枇杷属常绿小乔木。在湖北、四川有野生的,南方各地主要是作为果树种植,目前我国有 100 多个栽培品种,大致可分为红种枇杷、草种枇杷和白沙枇杷三个系。枇杷喜光,稍耐阴,不耐寒,喜温暖、湿润的气候及富含腐殖质、排水良好的中性或微酸性的沙质土壤。生长缓慢,寿命较长。

枇杷树高可达 10 米。小枝密生锈色绒毛。叶粗大革质,长 12~30 厘米,锯齿粗钝,羽状侧脉直达齿尖,表面多皱而有光泽。花白色,具芳香。梨果为黄色或橙黄色,梨形或近球形。

枇杷树形浑圆,整齐美观,枝叶繁茂,四季常青,冬日百花盛开,初夏黄果累累,具有较高的观赏价值。一般宜丛植或群植于湖边池畔、草坪边缘、阳光充足的地方。在江南园林中,常配植在亭、堂、院落之隅,其间再点缀花卉、山石,意趣颇佳。鲜果除生食外,还可制罐头或酿酒;花为良好的蜜源;木材为红棕色,可做手杖、木梳等用;叶晒干后去毛,可供药用,有清肺和胃、降气化痰等功效。

78.女贞

女贞又名"蜡树""冬青等",为木樨科女贞属常绿乔木。在我国长江以南各省均有分布。喜温暖、湿润的环境,对土壤要求不高,但以深厚、肥沃、排水良好的湿润土壤为佳。

女贞树高达10米,树皮平滑,为灰绿色。枝开展,无毛。叶呈宽卵形至卵状披针形,长6~12厘米,革质,有光泽。花为白色,花期为6~7月。果为长椭圆形,蓝黑色。

女贞叶片郁郁葱葱,终年常绿,夏日满树都开着细小美丽的白花,挂果时间长,有较高的观赏价值。因其生长速度快,又耐修剪整形,在园林中常被作为绿篱、行道树等进行栽培,或作为观赏树种植于庭院中。女贞树对氯气、氟化氢、二氧化硫有一定的抗性,吸滞粉尘的能力很强,据测定,每平方米叶片能吸滞粉尘6.3克。女贞的叶、果实、树皮、根均可入药。叶能祛风、消肿、止痛;果实可补肝肾,强腰膝;树皮能治烫伤;根可散气血、止气痛。

79.珍珠梅

珍珠梅又称"山高粱""东北珍珠梅""华楸珍珠梅",蔷薇科珍珠梅属灌木。喜光,耐贫瘠,一般不需要施肥,但要经常浇水,特别是春季干旱及夏季高温时,要保持土壤湿润。耐寒,性强健,不择土壤,生长迅速,耐修剪。容易繁殖,可采用播种、扦插或分株法繁殖。

珍珠梅高可达2米。枝条开展,嫩枝绿色,老枝黄褐色或红褐色,无毛。芽为宽卵形,紫褐色,有数枚鳞片。奇数羽状复叶,具13~21枚小叶,连叶柄长17~25厘米。小叶片对生,呈披针形至椭圆状披针形,长4~6厘米,宽1.8~2.5厘米,基部圆形至宽楔形,边缘具尖锐重锯齿。大型圆锥花序,顶生,总花梗和花梗均被短柔毛。花瓣5枚,近圆形或宽卵形,白色,花期7~8月。果矩圆形,密被白柔毛。果期8~9月。

珍珠梅株丛丰满,叶形清秀,更难能可贵的是,它在少花的盛夏时节开花,花清雅秀丽,而且花期很长,是非常受欢迎的观赏树种。此外,它还能杀灭或抑制多种有害细菌。

可孤植、丛植、列植于庭院、公园、草坪、工厂等绿化区。茎皮可入药,有清血祛瘀,消肿止痛的功效。

80.美人松

美人松学名"长白松",松科松属常绿乔木,是欧洲赤松的一个变种。美人松,多么动听、多么诱人的名字,光听名字就会让人产生无限遐想。美人松的风采和美丽使其他松树望尘莫及,它树干通直、挺拔、扶摇而上、高耸云天,显得伟岸、雄壮。树冠为伞形或椭圆形,针叶密集成团,宛如美人的一头秀发。它的树身与众不同,下部为棕褐色,深龟裂,上部为棕黄色至红黄色,树皮呈薄片状微剥离,显得典雅、古朴、端庄而又不失妩媚。

美人松是长白山特产树种。在长白山的北坡,有一片不小的美人松树林,树高都在20~30米,是长白山一道别具特色的风景线。

美人松冬芽为卵圆形,有树脂,芽鳞为红褐色。一年生枝呈淡黄褐色或浅绿褐色,无毛,3年生枝为灰褐色。针叶2针一束,微扁,较粗硬,长4~9厘米,宽1~2毫米,边缘有细锯齿。雌球花暗紫红色。球果锥状卵圆形,长4~5厘米,直径3~4.5厘米,成熟时为淡灰褐色。

美人松虽然形态脱俗,算得上天姿国色,但却没有"美人"那种弱不禁风的娇气。它们能在贫瘠的土地上茁壮成长,而且具有很强的抵抗病虫害的能力。它们不仅是著名的观赏树木,还是优良的建筑用材。木材具有易加工、耐腐蚀等优点。

81.胡桃

胡桃又名"核桃",为胡桃科胡桃属落叶乔木。在我国各地普遍栽培,但以北方较为常见。喜光,喜温暖而凉爽的气候,较耐寒,不耐湿热。对土壤的要求不高,从微酸性土到轻度盐碱土都能生长,但以肥沃、深厚、排水良好的湿润中性或钙质土壤为佳。

胡桃高可达15米,树冠呈扁球形,树皮为灰白色。小枝为绿色,粗壮,无毛。奇数羽状复叶,长20~30厘米,小叶有5~10枚,椭圆形至倒卵形。花单性,同株,雌花2~3朵组成穗状花序,雄花为葇荑花序。果序比较短,下垂,有核果1~3枚。

　　胡桃树冠高大,枝叶茂密,树干为灰白色,是良好的庭荫树。孤植、丛植于园中空地或草地都很合适。因其叶、花、果挥发的气味具有杀虫、杀菌的保健功效,也可成片种植于风景疗养区。木材坚韧致密,不翘不裂,富有弹性,是优良的家具、军工用材;核桃仁是营养丰富的食品及滋补品,而且含油量高,可榨油。

82.板栗

　　板栗又名"栗树",是山毛榉科栗属落叶乔木。我国栽培板栗的历史悠久,已有2000~3000年。现在,北起东北南部,南至广东、广西,西达甘肃、四川、云南等省区均有栽培,以华北和长江流域栽培最为集中。板栗喜光,特别是在开花期,更需要充足的光照。对土壤要求不高,但以深厚、肥沃、排水良好的沙质土壤为佳。寿命长,可达200~300年。

　　板栗树高约20米,胸径1米,树冠呈扁圆球形,树皮为灰褐色。小枝有灰色绒毛。叶为椭圆形至椭圆状披针形,背面常有灰白色绒毛,长10~18厘米。雄花序直立,雌花数朵或单独生于总苞内。坚果包藏在总苞内,总苞为球形,直径6~10厘米,密被长针刺。一个总苞内有1~3个坚果,果期为9~10月。

　　树冠圆广,枝叶繁茂,常植于庭院和草坪上供观赏,也可用做山区绿化造林和水土保持的树种。其坚果营养丰富,富含淀粉和糖,是我国特产干果。木材坚硬耐磨,可供农具、家具等用,果苞、树皮等可提制栲胶,花是良好的蜜源。

83.金露梅

　　金露梅又名"金老梅",为蔷薇科委陵菜属落叶灌木。我国东北、华北、西南、西北各地均有分布。喜阳光充足、凉爽的环境,不耐高温,夏季要适当遮阴,耐寒性较强,能耐-50℃的低温。在中性、微酸性排水良好的湿润土壤中生长较好。

　　金露梅树高可达1.5米,树冠呈球形,树皮为灰褐色,多分枝。幼枝被丝状毛。奇数羽状复叶,小叶3~7枚,一般为5枚,密集,呈长椭圆形或条状长圆形,全缘,边缘反卷,表面和背面均有丝状柔毛。单生或数朵集生成伞房花序状,黄色,直径 2~3 厘米。花梗上有丝状长毛,花期 6~7 月。瘦果为卵圆形,褐色,密生长柔毛,果期 8~9 月。

金露梅花色鲜艳,花期长,可做花坛布景,也可做绿篱,配植于岩石园或高山园,效果更好,还是良好的瓶插材料。花和叶可代茶作饮品。

84.海州常山

海州常山又名"泡花桐""臭梧桐""后庭花""追骨风""泡火桐""八角梧桐",为马鞭草科大青属落叶灌木或小乔木。在我国河北、山东、天津、陕西等地均有分布,日本、朝鲜、菲律宾也有分布。喜阳光充足的环境,稍耐阴,耐干旱,怕水涝,耐盐碱性强。对土壤的适应性强,在肥沃、湿润的土壤中生长良子。

海州常山高可达 8 米。嫩枝为棕色,具黄褐色短柔毛。单叶对生,呈卵圆形,长 5~15 厘米,表面和背面近无毛,全缘或有波状齿。聚伞花序顶生或腋生,花冠为白色或粉红色,细长筒状,顶端 5 裂。核果近球形,成熟时为蓝紫色。

海州常山植株繁茂,花形别致,整个花序可出现白色或粉色花冠、红色花萼和蓝紫色果实的丰富色彩。秋季果实成熟时,犹如颗颗彩珠,折射出幽幽的光泽,安逸中透出成熟的魅力。海州常山是优良的观花、观果花木,可孤植、丛植于庭院中供观赏。

85.金合欢

金合欢是含羞草科有刺灌木或小乔木。树态端庄优美,叶色嫩绿,柔和如翠玉,幽幽地散发出一丝丝暖意,将黄色小花衬托得更加温润。鲜艳的色泽,纤长的花丝,组成一个个金色绒球悬挂在叶丛中,散发出阵阵芳香,令人心旷神怡。

金合欢树高 2~4 米。枝上有 1~2 厘米长的刺。二回羽状复叶互生,羽片有 4~8 对,每羽片有 10~20 对线状长椭圆形小叶。花两性,头状花序腋生。花小,多而密集,为黄色,极香。

金合欢的树态、叶片、花姿都非常优美,具有很高的观赏价值,不但是园林绿化、美化的良好树种，还是庭院、公园的观赏植物。

金合欢除具有观赏价值外，还具有较高的经济价值。它的木材坚硬，可以用于制作贵重器具。花极香，可提取芳香油做高级香水及化妆品的原料。果荚和根中含有单宁，可做黑色染料。树干中还含有橡胶，为工业原料。

86.鹅掌楸

鹅掌楸是木兰科落叶乔木，楸树的一种。它的花朵娇美，形似郁金香，再加上是我国的特产树种，所以英文名称翻译过来就是"中国郁金香"。最为奇特的是鹅掌楸的叶子，形状酷似马褂，叶片的顶部平截，很像马褂的下摆，叶片的两侧略微弯曲，像马褂的两腰，叶片的两侧端向外突出，像马褂的两只袖子，因此又有"马褂木"之称。

鹅掌楸高达16米。叶互生，长4~17厘米，宽5~18厘米，背面为粉白色，呈马褂状。花呈杯状，直径4~6厘米，花期4~5月。

鹅掌楸是十分古老而罕见的庭院观赏树种，对二氧化硫等有害气体有较强的吸收能力，可栽植在大气污染严重的地区。树皮可入药。

87.广玉兰

广玉兰又名"荷花玉兰""洋玉兰"，为木兰科木兰属常绿乔木，原产于北美洲，在我国长江流域各地也均有栽培。喜阳光充足的环境，幼时耐阴。喜温暖湿润的气候，具有一定的耐寒力。喜肥沃、排水良好的湿润酸性或中性土壤。

广玉兰高可达30米，树冠为卵状圆锥形。小枝有锈褐色柔毛。叶为长椭圆形，硬革质，表面有光泽，背面密生锈褐色柔毛。花为荷花状，白色，具芳香，花瓣一般为6枚，也有少数为9~12枚。聚合果呈圆柱形卵状，长7~10厘米，密被锈色毛。

广玉兰树姿雄伟壮丽，叶色浓绿而有光泽，花大而芳香，其聚合果成熟后，开裂露出鲜红色的种子也颇为美观，是非常优美、有特色的观赏树种。宜单植在开阔的草坪上，也可在建筑物前对植，在街头绿地及庭院散植、丛植和列植，观赏效果都很好。由于其树冠庞大,而且花开于枝顶,因此,最好不要栽植于狭小的庭院内,否则不能发挥其观赏效果。广玉兰对氯气和二氧化硫有较强的抗性,能吸收硫及汞蒸气。材质致密坚实,可做运动器材、装饰物及箱柜等,嫩枝、叶、花可提取挥发油。

88.白桦

白桦又名"桦树""桦木""桦皮树",为桦木科桦木属落叶乔木。在我国主要分布于东北大、小兴安岭,长白山以及华北高山地区,俄罗斯、朝鲜也有分布。为强阳性树种,耐寒、耐贫瘠。

白桦树高可达25米,胸径50厘米,树冠呈卵圆形。树皮为白色,皮孔为黄色。小枝为红褐色,无毛,外被白色蜡层。叶呈菱状卵形或三角状卵形,长4~9厘米,宽2~7厘米,边缘有不规则重锯齿。花期5~6月。果序单生,呈圆柱形。坚果小丽扁,两侧有宽翅。

白桦是较好的观赏树种。它树冠端正,枝叶扶疏,姿态优美,尤其是树干修直,洁白雅致,非常引人注目。孤植、丛植于庭院、公园之池畔、草坪或植于道旁都非常美观。木材为黄白色,结构细,纹理直,但不耐腐,供制胶合板、造纸及建筑等用。树皮可用来提取桦油,供化妆品香料用,并含有11%的单宁,可制取栲胶。

89.山楂

山楂又称"山里红",是蔷薇科落叶乔木。树冠整齐,枝叶繁茂,花白色,在五彩缤纷、千姿百媚的花草中间显得很普通,只是安静地绽放,平静地凋谢,默默无闻地走过自己的花季。人们很少去注意山楂的花,但是对于它的果实却非常熟悉。山楂的果实成熟时,犹如一个个小灯笼悬挂在绿叶间,非常好看。摘下一颗放入口中,酸甜可口,回味无穷。

山楂树高可达6米,树皮粗糙。叶片呈三角卵圆形或宽卵形。伞房花序,花为白色。花期为4~5月。

山楂除鲜食外,还可加工成果酱、果脯等食品,最为人称道的便是美味的"冰糖葫芦"。除此之外,山楂还可软化血管,降低血脂。

90.黄槐

黄槐又称"黄花槐""美国槐",是苏木科冬季落叶乔木。黄槐树姿优美,枝叶茂盛,花蕾娇小别致,花色金黄灿烂,在绿叶的衬托下犹如翩翩起舞的蝴蝶,在阳光下,发出明亮而璀璨的光芒,富有热带特色,是美丽的观花树。

黄槐

黄槐树高 5~7 米,羽状复叶,呈刀状披针形或卵状长椭圆形。花为鲜黄色,花序长 8~12 厘米,且无明显的苞片。夏、秋两季开花,花期长达 4 个月之久。

我们知道人到了晚上都要睡觉,其实黄槐树也要"睡觉",它所有的叶子到了晚上都会折合起来,开始休息,等天亮以后它才"起床",叶子就又全都伸展开来。

91.枫香树

枫香树又名"枫树""路路通",为金缕梅科枫香属落叶乔木。喜阳光充足的环境,幼树稍耐阴,耐干旱、贫瘠,怕水涝。对土壤的要求不高,但在深厚、肥沃、湿润的红黄土壤中生长旺盛。在我国分布广泛,秦岭及淮河以南至西南、华南各地均有分布。另外,在日本也有分布。

枫香树高 30~40 米,树冠为广卵形,树皮为灰绿色,浅纵裂。叶呈掌状 3 裂,长 6~12 厘米,宽达 15 厘米。裂片先端尖,叶基心形或截形,边缘有细锯齿。幼叶有毛,后会慢慢脱落。花单性,头状花序,无花瓣,花期为 3~4 月。果序较大,径为 3~4 厘米,蒴果 10 月成熟。

枫香树是南方著名的高大红叶树种,树高干直,气势雄伟,深秋叶色红艳,美丽壮观。可于草地孤植、丛植,也可于池畔、山坡与松柏或其他常绿树混植,深秋时节可观赏到"数树丹枫映苍柏"的美景。枫香树的根、叶、果均可入药,球状果序即中药"路路通",有祛风除湿、通经活络的功效。树干可割收树脂,做香料或供药用。木材为优良的家具、建筑用材。

92.紫杉

紫杉又名"赤柏松",为红豆杉科常绿乔木,是第四纪冰川遗留下来的古老树种,在地球上已经生存了250万年。树冠如白杨一样矫健,但红褐色的树皮比白杨更多了几分风采。

紫杉高可达17米。叶螺旋状着生,表面为深绿色,背面为黄绿色,有两条气孔带,叶中脉向两侧叶面突起。球花小,单生于叶腋内,3~6月开放。种子呈坚果状,球形,着生于红色肉质杯状假种皮中,当年形成芽孢,第二年成熟。

紫杉和我们经常见到的松树一样,属于裸子植物。每年5月,淡黄绿色的雄球花成簇地挂满枝头。更有趣的是,它的每粒种子外边都有一个杯状、亮红色的假种皮,酷似"相思豆",因此又称"红豆杉"。远远望去,犹如绿树间点缀着无数颗红玛瑙石,艳丽晶莹。

紫杉树不仅是极好的观赏树种,还是珍贵的药用植物。紫杉树中含有紫杉醇,它具有独特的抗肿瘤和抑制肿瘤的功效,被认为是当今最有开发潜力的抗癌药物。

由于紫杉生长习性为分散式生长,又是裸子植物,繁殖很缓慢,再加上人们的滥砍滥伐,数量也在不断减少。紫杉虽然贵为"活化石",但是性子很随和。它的难点在于"出生",由于它的种子外皮坚硬,如果不进行加工,落地经年也不会发芽。但是只要"出生"了,对成长环境的要求不高,只要在背阳地带,沙质土壤,每15天左右浇一次透水就可以了。我国人工种植紫杉已有较大规模,种植株数约600万株,紫杉醇的年产量约300千克左右。

93.流苏树

流苏树又称"乌金子""茶叶树",是木樨科流苏树属落叶乔木。在我国东北、华北、华东、华南各省区均有分布。喜光,耐寒,耐旱,怕水涝。对土壤的适应性强,一般土壤中都能生长,但在湿润、肥沃、排水良好的土壤中生长最好。

流苏树高可达 20 米,树干为灰色。叶对生,革质或薄革质,呈椭圆形、长圆形或圆形。圆锥状聚伞花序顶生,花萼 4 深裂,裂片线形,白色。花期为 4~5 月。秋季结果,果呈椭圆形,蓝黑色或黑色。果期为 9~10 月。

树形高大,树姿优美,枝叶茂盛,初夏开白花。洁白纯净、如丝如缕的花朵,密密匝匝地聚集在一起,犹如用银丝精绣的霓裳披挂在树上。

在园林中,流苏树常被栽植在建筑物的四周。它的老桩可作盆景;嫩叶可作饮料,有"茶叶树"之称;木材坚韧细致,可用来制作器具;果实可以榨油,供工业用。

94.黄栌

黄栌又称"红叶树",是漆树科落叶灌木或乔木。深秋霜降后,黄栌的叶子变红,色泽鲜艳,在周围枯枝黄叶的衬托下,显现出一派热闹的景象,一扫秋日的萧瑟与荒凉,让人倍感温暖。有人将片片红叶,比喻为一颗颗火热燃烧的心,虽历经风吹雨打,但真情不移。

黄栌树高 5~8 米。树冠呈伞形或圆形;树皮为暗灰褐色。单叶互生,呈宽卵圆形或肾睡形,紫红色。圆锥花序顶生,花单性与两性共存于同株,花小,花瓣为黄色,不孕花呈紫红色绒毛状。花期为 4~5 月。

黄栌除叶子具有很高的观赏价值外,其开花后淡紫色羽毛状的花梗也很漂亮,并且能在树梢宿存很长时间,远远望去宛如万缕罗纱缭绕林间,因此还有"烟树"的美誉,是北方秋季重要的观赏植物,北京的香山就是因它而闻名全国。它的木材鲜黄,可提取黄色染料,并可做家具、器具及雕刻用材。树皮和叶可提取栲胶。枝叶可以入药,有清热、解毒、消炎的功效。

95. 苏木

苏木是苏木科云实属小乔木。喜干热气候,在疏松肥沃的微酸性至中性土壤中生长良好。原产于印度、越南、缅甸及斯里兰卡,我国四川、云南、贵州及华南各省区也有栽培,栽培区海拔 120~1100 米。

苏木高 5~13 米。树干常有疏生的小刺。二回羽状复叶,小叶 10~19 对,平滑无毛,呈长圆状或菱状长圆形,纸质。圆锥花序顶生或腋生,萼片 5 枚,花瓣 5 枚,黄色,阔倒卵形。花期为 5~10 月。荚果木质,呈长圆形至倒卵长圆形,浅褐色,种子 3~4 粒。果期 7 月至第二年 3 月。

苏木叶婆娑美观,花色艳丽,荚果别致,是良好的观赏树种。苏木自古以来就被作为染料广泛使用,可以对天然的毛麻丝绵等进行染色,特别是在丝绸上,可以呈现出鲜艳的大红色。心材入药做清血剂,有活血、散瘀、祛痰之功效。

96. 厚朴

厚朴是木兰科落叶乔木。株形挺拔,花朵丰润端庄,如白玉雕刻一般,一派富丽大气,并不断散发出阵阵幽香,营造出一种平和安逸的氛围。

厚朴高 15~20 米。叶近革质,7~9 枚集生枝顶,呈椭圆状倒卵形。花与叶同时开放,单生枝顶,花呈白色,有香味,花被厚肉质。花期为 4~5 月。

厚朴花美叶也美,叶片质地厚实,犹如贴身翠玉般散发出阵阵温暖的气息,具有很高的观赏性。它干燥的树皮和根也具有较高的药用价值。

97. 凤凰木

凤凰木又称"红花楹""孔雀树",是苏木科落叶大乔木。树形优美,树冠高大,枝叶繁茂。花开之际，满树如火，红绿相映，显得富丽堂皇。由于"叶如飞凤之羽，花若丹凤之冠"，因此取名"凤凰木"。凤凰木容易繁殖，生长迅速。原产于热带非洲和马达加斯加，是著名的热带观赏树种。

凤凰木高 8~25 米，树冠呈伞状，树皮粗糙。二回偶数羽状复叶互生，有羽片 15~20 对，小叶呈长椭圆形，叶片平滑且薄，为青绿色，长约 8 毫米。冬天的时候，不可胜数的小叶像雪花一样飘落下来。总状花序，花大，直径 8~15 厘米，花瓣是红色的，有黄色及白色斑点，直径 7~10 厘米，无香味。花期为 5~7 月。荚果为长带状，长达 50 厘米，宽约 5 厘米，厚且硬，成熟时为深褐色，内含黑褐色的种子 40~50 粒。

凤凰木虽然美丽，但是也有不足，它的花和种子有毒，不能贸然接触。秋、冬季节落叶满地，再加上叶片细小，所以很难打扫。

98.红果树

红果树是蔷薇科红果树属常绿灌木或小乔木。喜阳光充足、温暖的气候，稍耐干旱、贫瘠。我国广西、四川、江西、云南、贵州、甘肃、陕西等地均有分布，越南北部也有分布。生长于海拔 1000~3000 米的山顶、山坡、路旁及灌木丛中，播种繁殖。

红果树高 1~10 米。枝条密集，小枝粗壮。叶为革质，呈长圆形、长圆披针形或倒披针形，长 5~12 厘米，宽 2~5 厘米。复伞房花序，直径 5~9 厘米。花朵直径 5~10 毫米，花瓣 5 枚，为白色，近圆形，花期为 5~6 月。果实近球形，橘红色，直径为 7~8 毫米，果期为 9~10 月。

红果树枝叶丰满，叶片亮绿，果实橘红，经久不凋，非常美丽，是很好的观叶、观果植物。可丛植、单植，也可做绿篱。

99.珊瑚树

珊瑚树又名"法国冬青""高枦树""珊瑚枝"等，为忍冬科荚蒾属常绿小乔木或灌木。在我国华南、华东、西南各省均有栽培。

珊瑚树高可达 10 米,树干挺直,树皮为灰褐色,具圆形皮孔,树冠呈倒卵形。叶呈倒披针形或长椭圆形,边缘具钝齿,表面为暗绿色,背面为淡绿色。花为白色,钟状,具香味。果为椭圆形,初为红色,后慢慢变为黑色。

珊瑚树枝繁叶茂,叶片青翠浓绿,终年常绿,花白果红,绚烂可爱。庭院中栽培,常整修为绿门、绿墙、绿廊;园林中多孤植、丛植;入门路口对植,颇为雅致。能吸收二氧化硫、二氧化氮等有毒气体,对氟化物也有一定的抗性,又有防火、防尘、隔音的作用,是街道、工厂绿化的主要树种。

100.马尾松

马尾松又名"山松""青松""枞树"等,为松科松属常绿乔木。广泛分布于我国华中、华南各地。喜温暖湿润的气候,对土壤的要求不高,能耐干旱贫瘠的土壤,但在肥沃湿润的酸性及微酸性土壤中生长较好。

马尾松高可达 45 米,胸径 1 米,树皮为深褐色,树冠呈狭圆锥形或伞状。一年生小枝为淡黄褐色。叶两针一束或三针一束,叶缘有细锯齿。长叶马尾松叶长达 30 厘米,短叶马尾松,叶长不超过 10 厘米。球果长卵形,成熟时为栗褐色。

树冠姿态古奇,树干较直,终年常绿,于亭旁、庭前、假山之间孤植或丛植,配以红梅、翠竹、菊花、牡丹,颇有诗情画意。也可用做行道树,苍松掠云,翠荫蔽日。木材结构粗,纹理直,富含油脂,耐水湿,适于家具、建筑用材,经防腐处理,可做枕木、坑木等用材,木纤维又是人造纤维及造纸的原料。树干中可采割出医药、化工和国防工业的重要原料——松脂。

101.香花槐

香花槐又称"富贵树",是蝶形花科落叶小乔木。被誉为"21 世纪黄金树",是我国 2008 年奥运会环境绿化的首选树种。它枝繁叶茂,树冠圆满,树干笔直,树形苍劲,姿态优美,叶为深绿色且有光泽。花色艳丽,芳香浓郁,可同时盛开 200~500 朵红花,非常壮观、美丽,而且一年两季盛开,可谓"初秋园林赏美景,香槐盛开别样红"。

香花槐高 10~12 米,树干为褐至灰褐色。叶互生,呈椭圆形,比刺槐叶大,有 4~8 厘米长,光滑。花大,呈粉红色或紫色,芳香浓郁,花期很长。香花槐生长迅速,栽植当年高可达 2~3 米,第二年可达 3~4 米,并开始开花,第三年进入盛花期。而且栽植成活率高,不用每年反复栽植,栽一棵几年后便能自然地生出一片,达到一次栽植、多年受益的效果。

可广泛用于道路及园林绿化,也可用做草坪点缀、园林置景。香花槐是集美化、绿化、香化、净化、观赏为一体的优良树种。抗污染能力较强,能吸收铅蒸气,净化空气。对粉尘的吸附和铅蒸气的吸收能力较强,保护环境与净化空气的效果显著。槐花香气四溢,有消除疲劳、提神醒脑等作用。

102.野蔷薇

野蔷薇是蔷薇科落叶小灌木,适应性强,喜阳光充足的环境,耐半阴,喜肥耐瘠,不耐水湿,我国大部分省区都有分布。本种变异性强,常见的栽培品种有白玉堂、七姊妹、粉团蔷薇等。

野蔷薇高 1~2 米。小枝细长,具皮刺。羽状复叶互生,小叶有 5~9 枚,呈倒卵形至长圆形,长 1~5 厘米,宽 0.8~2 厘米,先端急尖或圆钝,基部近圆形或楔形,边缘具锐锯齿,上面光滑,下面有柔毛。伞房花序圆锥状,具多花,花梗上有柔毛或腺毛。花瓣 5 枚或更多,为白色或粉红色,直径 1.5~3 厘米。花期 4~5 月。果实近球形,直径 0.6~0.8 厘米,为紫褐色或红色,有光泽。

野蔷薇叶茂花繁,芳香四溢,花色鲜艳。明代顾磷有诗云:"百丈蔷薇枝,缭绕成洞房。蜜叶翠帷重,浓花红锦张。张著玉局棋,遣此朱夏长。香云落衣袂,一月留余香。"诗中描绘了蔷薇花盛开时姹紫嫣红的情景。野蔷薇花美果也美,秋天,红艳的果实挂满枝头,一派喜庆的景象。宜于栏杆旁、墙边种植,美化围栏和墙垣,也可在园林篷架栽培,植为绿廊、花架。叶、花、果、根均可入药。

103.珊瑚朴

珊瑚朴为榆科朴属落叶乔木,分布于我国陕西、河南、江西、浙江、安徽、湖南、湖北、贵州等省。喜光,稍耐阴。喜温暖湿润的气候,对土壤要求不高,在中性、微酸性土壤中都能生长。

珊瑚朴高可达27米,树冠呈圆球形。小枝密被黄褐色绒毛。单叶互生,呈广卵形、倒卵形或倒卵状椭圆形,长6~12厘米,上面粗糙,下面密生黄色绒毛,锯齿钝或全缘。花序为红褐色,形状如珊瑚,花期4月。核果较大,呈卵球形,成熟时为橙红色。

树干高直,树姿雄伟,树冠广展,小枝下垂,叶茂浓荫,春天枝上生满红褐色花序,秋天树上挂满红果,是优良的观赏树、行道树,孤植、列植、丛植都很合适,既美观,又风趣盎然。木材坚实,硬度适中,可做家具、农具等用。树皮纤维可编袋、制绳索、造纸和做人造棉原料。

104.桑树

桑树为桑科桑属落叶乔木。原产于我国中部,现在南北各地均广泛栽培,以黄河流域和长江流域中下游各地栽培最多。桑树为喜光树种,喜温暖湿润的气候,耐旱不耐涝,长期受涝会生长不良,严重的还会死亡。耐贫瘠,对土壤的适应性强,在中性、微酸性、石灰质和轻盐碱土壤中均能生长。

桑树高达16米,胸径可达1米以上,树冠呈倒广卵形,树皮为灰褐色,根为鲜黄色。叶为卵形或宽卵形,长5~15厘米,锯齿粗钝,表面光滑,无毛,有光泽。花单性,异株,雌雄花均为荑荑花序。聚合果呈长卵形至圆柱形,红色、紫黑色或近白色,5~7月成熟,味甜可食。

树冠宽阔,枝叶茂密,秋季叶色变黄,非常美观。适于城市、农村和工矿区绿化,其观赏品种之中的龙桑和垂枝桑等,更适于庭院栽培观赏。我国古代人们常在屋后栽种桑树和梓树,因此"桑梓"象征家乡、故土。桑叶可以用来养蚕,树皮纤维可供造纸和纺织原料,木材供家具、乐器、雕刻等用,桑树的果实桑葚可生食或酿酒,有安神、明目、滋补肝肾等功效。

105.白皮松

白皮松又名"虎皮松""白骨松""百果松",为松科松属常绿乔木。白皮松是我国的特产树种,在我国山西、陕西、甘肃、河南、四川、湖北等省都有分布。喜阳光充足的环境,幼树耐半阴,耐寒、耐旱,对土壤的适应性强,但在肥沃、深厚、排水良好的钙质土壤里生长良好。

白皮松高可达30米,树冠呈阔圆锥形,树皮为粉白色或淡灰绿色。一年生小枝为灰绿色,无毛,大枝从近地面处斜出。叶三针一束,长5~10厘米。雌球花生于当年新枝近顶部,雄球花生于新枝下部。球果圆锥状卵形,长5~7厘米,成熟时为淡黄色。

白皮松为罕见的树种之一,是我国特有的观赏树。树形雄伟壮观,苍翠挺拔,皮色奇特,呈斑驳状的乳白色,非常醒目,是城镇和庭院绿化的优良树种。宜在庭院对植、孤植,还可列植做行道树。对大气中二氧化硫及烟尘的污染有较强的吸收能力。白皮松木质较脆,但纹理美丽,一般用作文具、家具、建筑板材等。种子可食用。

106.柏木

柏木又名"垂丝柏""柏香树""香扁柏",是柏科柏木属常绿乔木。在我国分布较广,广东、广西、福建、安徽、浙江、江西、湖南、湖北、贵州、四川、云南、陕西、甘肃等省均有分布。喜温暖湿润的气候,对土壤的适应能力强,在中性、微酸性及钙质土壤中均能生长。

柏木高可达35米,胸径2米,树冠为圆锥形。小枝细长下垂,大枝平展。鳞叶先端尖,中间之叶背部有纵腺点。球花单生于小枝顶端。球果呈卵圆形,直径8~12毫米。

柏木寿命长,终年常绿,树姿秀丽清幽,树冠整齐,树干通直,自古栽培就是供观赏,是城镇、公园、庭院绿化的优良树种。对植或列植于门庭两边,效果不亚于龙柏。柏木对有害气体的抗性较强,还能分泌出大量的杀菌素,可以减少空气中细菌的含量。柏木材质优良,具香气,耐湿耐腐,是理想的建筑、家具、车船、文具及细木工等用材。枝、叶、根可提炼"柏香油",为重要的出口物资之一。种子可以榨油。根、枝、叶、球果均可入药,根治跌打损伤,叶还可治烫伤,果治胃痛、风寒感冒。

107.栀子花

栀子花又名"山栀花""黄栀子""玉荷花",为茜草科栀子属常绿灌木。喜温暖湿润的环境,不耐寒,喜阳光,但要避免强光直射。在疏松、肥沃、排水良好的酸性土壤中生长良好。原产于我国长江流域以南各省区,现全国大部分地区都有栽培。栀子花是湖南省岳阳市的市花。

栀子株高 1 米左右,树皮为灰色,光滑。小枝为绿色,具细毛。叶对生或 3 叶轮生,呈倒卵状椭圆形或长倒卵形,长 7~14 厘米,为翠绿色且有光泽。花顶生,白色,高脚碟状,花瓣 6 枚,具有浓郁的芳香,花期比较长,从 6 月到 8 月。浆果为橙色或黄色,呈卵形,种子扁平。

栀子花枝繁叶茂,叶色翠绿,花色素雅,芳香浓郁,绿叶白花,格外清丽。适宜于池畔、阶前和路旁配植,也可盆栽观赏,还可做插花和佩戴装饰。栀子花象征永恒的爱与约定。除观赏外,其花可做茶的香料,果实、叶、根均可入药,有清热解毒的功效。木材坚硬细致,为优良的雕刻用材。

栀子

杜甫

栀子比众木,人间诚未多。

于身色有用,与道气伤和。

红取风霜实,青看雨露柯。

无情移得汝,贵在映江波。

草本观赏植物

1.石竹

石竹又名"洛阳花""剪绒花",为石竹科石竹属多年生草本,常作1~2年生栽培。我国南北各地均有分布,现国内外广为栽培。常见的栽培品种有常夏石竹、锦团石竹、须苞石竹等。喜阳光充足的环境,较耐干旱,怕潮湿,忌水湿。在通风、干燥、凉爽的环境中生长良好。对土壤的要求不高,以肥沃、排水良好的石灰质土壤为佳。

石竹株形低矮,仅高30~40厘米。茎直立,光滑多分枝,具节。叶对生,线状披针形或条形。花顶生于枝端,单朵或数朵簇生,形成聚伞花序,花直径不大,仅2~3厘米。花色有纯白、淡紫、粉红、大红、紫红或复色。单瓣5枚或重瓣,具有微弱的芳香,花期4~10月。蒴果呈长圆形或矩圆形,种子为黑褐色,扁圆形。

石竹形状如竹,花朵繁密,花色丰富,姿态动人。纤细的花茎上,开出一朵娇艳的小花,像孩子般天真烂漫,又似少女般纯洁无瑕。微风吹过,它轻轻摇摆,含笑点头,像是在和你打招呼,惹人怜爱。石竹是优良的观赏植物,园林中常用来布置花境或花坛,也可栽植在岩石园作点缀,或作为切花栽培。用作切花具有很好的装饰效果。全草可入药,可治水肿、闭经、尿路感染等症,有破血通经、清热利尿的功效。

国际交际场合有一个惯例,忌用石竹花、杜鹃花、菊花或者黄色的花献给客人。

2.鸢尾

鸢尾又名"扁竹花""蓝蝴蝶""紫蝴蝶""扇把草",为鸢尾科鸢尾属多年生宿根花卉。整个北温带均有分布,我国仅野生就有45种以上,主要分布在中南部。喜阳光充足的环境,较耐寒,在肥沃、排水良好的土壤中生长良好。

鸢尾植株高30~50厘米,具球茎或根茎。叶呈线形或剑形,长30~45厘米,宽2~4

厘米,为淡绿色,基部重叠互抱成两列。花葶从叶丛中抽生,单一或有分枝,顶端有花 2~3 朵,花为蝶形,被片 6 片,外 3 片较大,外弯或下垂,称为"垂瓣",内 3 片较小,直立或呈拱形,称为"旗瓣",有紫、蓝、白、黄、淡红等色,花期 4~6 月。蒴果呈长圆形,具 6 棱,种子为黑褐色。

鸢尾

鸢尾花因其花瓣形如鸢鸟尾巴而得名。花大而美丽,宛若翩翩起舞的彩蝶,因而又有"蓝蝴蝶""紫蝴蝶"之称。鸢尾叶色碧绿,花色丰富,是庭院中常见的观赏花卉,也可用于布置花坛或盆栽观赏。鸢尾的根状茎可入药,具有消炎的作用,叶子与根有毒,会导致胃肠道瘀血及严重腹泻。

不同颜色的鸢尾有不同的含意。蓝色鸢尾表示赞赏对方素雅或暗中仰慕,白色代表纯真,黄色表示友谊永固、热情开朗,紫色则寓意吉祥与爱意。

3.福禄考

福禄考又名"福乐花""福禄花""五色梅""桔梗石竹""草夹竹桃""小洋花"、"洋梅花",为花葱科草夹竹桃属 1 年生草本。喜温暖、湿润的环境,不耐寒,不耐旱,怕酷热。对土壤的要求不高,在湿润、肥沃、排水良好的土壤中生长良好。原产于北美洲东南部,现世界各地广泛栽培。

福禄考植株高 15~45 厘米。茎直立,多分枝,有腺毛。上部叶互生,基部叶对生,呈长圆形、宽卵形或披针形,长 2~7 厘米,全缘有毛,无柄。聚伞花序顶生,花冠呈高脚碟状,直径 2~3 厘米,裂片 5 枚,圆形。花色原种为玫红色,园艺栽培种有紫、白、淡红等色,花期5~6月。蒴果近圆形或椭圆形,种子为棕色,呈椭圆形或倒卵形。

福禄考植株矮小,着花密,花色鲜艳,花期长,适宜做花坛、花境及岩石园的植株材料,也可盆栽观赏。此外,它对氯气、二氧化硫有一定的抗性。

4.石蒜

石蒜又名"蟑螂花""龙爪花""老鸦蒜""银锁匙""彼岸花",为石蒜科石蒜属多年生草本植物。原产于我国及日本,现世界各国多有栽培。喜半阴的生长环境,怕强光直射,耐旱,稍耐寒,在肥沃、排水良好的沙质土壤及石灰质土壤中生长良好。

石蒜有鳞茎,卵球形,直径约3厘米,外被紫红色薄膜。叶5~6片,线形,长可达40厘米,宽约2厘米,深绿色。花总苞片披针形,2枚,伞形花序有花4~12朵,花为鲜红色或具白色边缘,先叶开放。

石蒜花形奇特,花色鲜艳,又喜半阴的环境,非常适宜做林下地被花卉,花境丛植或于溪涧石旁自然栽植。因其先开花后长叶,若与其他耐阴低矮草本配植,观赏效果会更好,也可盆栽观赏。

石蒜鳞茎含有石蒜碱等有毒物质,折断后有乳白色的浆液流出,如果不小心碰到这些浆液,皮肤就会红肿发痒,若误食,轻则会出现腹泻、呕吐等症状,重则还会因大脑神经中枢麻痹而死亡。

5.六出花

六出花又名"黄花洋水仙""秘鲁百合",为石蒜科六出花属多年生草本植物。原产于南美的智利、秘鲁和巴西等国,现我国多有栽培。喜阳光充足的环境,耐半阴。夏季宜凉爽,怕强光直射,有一定的耐寒能力。其对土壤的要求不高,在疏松、肥沃、排水良好的中性土壤中生长最好。

植株高1米左右。茎直立,不分枝。叶互生,为鲜绿色,呈披针形,长7~10厘米,有短柄。伞形花序,花冠长3~4厘米,花小而多,呈喇叭形,橙黄色,花瓣具淡紫褐色细条斑,花期6~8月。

植株清秀,花色丰富,形似蝴蝶,而且花期长,是流行的切花品种,也可盆栽点缀客厅、窗台,奇特新颖,使人耳目一新。去探望病人,可带上一束六出花,有慰问、关怀、祝福平安、愿早日康复之意。

金黄六出花:花为金黄色,花瓣上有红色斑点。

六出花的常见变种有以下几种:

纯色六出花:花为淡黄色。

红色六出花:花为红色。

6.石莲花

石莲花又名"莲花掌""宝石花""八宝掌""月影",为景天科石莲花属多年生肉质草本。原产于墨西哥,现世界各地均有栽培。喜阳光充足、温暖干燥的环境,耐半阴,不耐寒,怕积水,怕强光直射。对土壤的适应性强,在肥沃、排水良好的沙质土壤中生长良好。

石莲花有匍匐茎。叶楔状倒卵形,顶端短、锐尖,无毛。一般为翠绿色,少数为墨绿、粉蓝色。聚伞花序,有花8~24朵,花冠为红色,花瓣呈披针形。

石莲花叶片肥厚,终年碧翠,形状奇异,宛如玉石雕刻成的莲花座,姿态秀丽,华丽典雅,深受人们喜爱。常作为点缀,栽植在岩石孔隙间、花坛边缘,也可盆栽观赏。

7.矮牵牛

矮牵牛又名"矮喇叭""碧冬茄""撞子花""灵芝牡丹",为茄科碧冬茄属多年生草本,常作1~2年生栽培。喜阳光充足的环境,属长日照植物,不耐寒,怕雨涝,干旱季节开花繁茂。在疏松、肥沃、排水良好的沙质土壤中生长良好。原产于南美,为撞羽朝颜与腋花矮牵牛的杂交种,现世界各地均广泛栽培。

矮牵牛植株高20~80厘米,茎侧卧或直立,全株被腺毛。叶对生或互生,呈卵圆形或椭圆形,全缘。花单生叶腋及茎顶,花冠呈喇叭状,花直径可达15厘米,有粉、红、紫、白及带各种斑点、条纹、网纹的花色,花期4~10月。结蒴果。

矮牵牛品种繁多,花色丰富,花期长,几乎全年开花,常用于布置花坛、花境,也可盆栽观赏。

8.满天星

满天星又名"六月雪""丝石竹",为石竹科丝石竹属多年生草本。原产于地中海沿岸及亚洲北部,欧美及日本普遍栽培,最近几年,在我国普遍种植。满天星喜阳光充足的环境,也有一定的耐阴性。喜干燥,怕水涝,过湿会造成植株死亡。耐寒性较强,在-10℃的低温下不会被冻死,但不耐高温。对土壤的适应性强,在疏松、肥沃、排水良好的中性至微碱性土壤中生长良好。

满天星植株高60~70厘米。茎细而光滑。叶对生,粉绿色,狭长,无叶柄。花为白色,花瓣5枚,有微弱的芳香。

初夏,满天星开花不断,花朵洁白如雪,繁密细致,如万星闪耀,朦胧迷人。远远望去,又似早晨的云雾,傍晚的烟霞,因此又被称为"霞草"。适宜在路边、花篱、花坛栽植,若与金鱼草、郁金香等同期开花的种类配植,效果会更好,也适宜盆栽观赏。满天星同样可作为背景花材,广泛应用于插花作品中。一束花中若插入几支满天星,便会更显妩媚。

9.黄花菜

黄花菜又名"萱草""金针""黄花",为百合科萱草属多年生草本植物。在我国各地均有分布,江南各省人工栽培数量很多。黄花菜对光的要求不高,在阳光充足和半阴的环境下均能生长,喜湿润,耐寒。对土壤的适应性强,在林间空地、林缘、山坡地等微酸性土壤中均可生长,耐干旱、贫瘠。

黄花菜具短根茎和纺锤状块根。叶基生,条形,长约70厘米,宽2厘米左右。花葶高1米左右,复聚伞花序组成圆锥形,多花,苞片呈狭三角形,长4厘米以上。花为淡黄色,花梗很短。花茎挺拔,花色亮丽,是布置花境的好材料,也可丛植于路旁,或点缀岩石园。

大家都知道黄花菜可以食用,人们常用"黄花菜都凉了"来形容已经等了很久,很晚了。但需要注意的是,黄花菜不能鲜食,因为鲜花中含有秋水仙碱素,这种物质虽然本身没毒,但是炒食后能在体内被氧化,产生一种剧毒,轻则会引起恶心、呕吐、腹胀、腹泻等症,严重时还会出现血尿、血便。我们平时吃的黄花菜,都是经过处理的。在黄花菜花蕾含苞待放、中部色泽金黄、两端呈绿色、顶端的紫点褪去的时候采摘下来,然后进行蒸制、烘干或晒干,然后再进行烹制就不会中毒了。

10.石碱花

石碱花又名"肥皂花",为石竹科肥皂草属多年生草本。原产于西亚、中亚、欧洲及日本。喜阳光充足的环境,适应能力强,耐旱,耐寒,对土壤的要求不高,一般土壤中均能良好生长。有自播繁衍能力。

石碱花植株高 20~90 厘米,全株绿色无毛。叶对生,呈椭圆状披针形,长约 15 厘米,宽约 5 厘米。花分白、淡红、鲜红色,花瓣呈长卵形,顶生聚伞花序,有单瓣、重瓣之分,花期 6~8 月。

石碱花多用于布置花坛、花境,也可作为地被植物栽培。

11.蜀葵

蜀葵又名"熟季花""一丈红""卫足葵""胡葵""吴葵",为锦葵科木槿属 2 年生草本植物。在我国分布较广,华北、华中、华东均有种植。喜阳光充足的环境,耐半阴,怕涝,耐寒,在华北地区可露地越冬。对土壤的适应性强,耐盐碱,在含盐 0.6% 的土壤中仍能生长,但在疏松、富含有机质、排水良好的沙质土壤中生长最好。

蜀葵植株高 2~3 米。茎直立挺拔,单生或略有分枝,有一簇簇的柔毛。叶互生,呈长圆形或近圆心形,长 5~10 厘米,宽 4~10 厘米,前端圆钝,基部为心形,边缘有不整齐的钝齿,叶面和叶背均有星状毛,叶柄长 6~15 厘米,托叶 2~3 枚。总状花序顶生,花直径 6~12 厘米,有白、紫、红、粉、黄等色,单瓣或重瓣,花期在 5~10 月。蒴果呈扁球形,直径 3

厘米左右。

蜀葵花色艳丽,花期长,是布置花境的好材料。可组成花墙、花篱,美化园林环境。也可盆栽观赏,盆栽应在早春入盆,保留独本开花。植株寿命不长,栽植2~3年后容易衰老,因此,要及时栽种新苗。蜀葵的嫩苗可以做蔬菜食用。花含红色素、花青素,根含糖、醇类物质,种子含脂肪油。茎秆可做编织纤维材料。

12.半支莲

半支莲又名"草杜鹃""松叶牡丹""大花马齿苋""洋马齿苋""龙须牡丹",为马齿苋科马齿苋属1年生草本植物。半支莲原产于南美、巴西,现广泛分布于我国各地。喜阳光充足而干燥的环境,在潮湿的环境中生长不良。耐贫瘠,不耐寒,对土壤的适应性强,在干旱的沙质土壤中生长最好。

半支莲的花朵迎阳光开放,日落闭合,光弱时,花朵不能充分开放,因此人们又称它为"太阳花""午时花"。它还有一个奇怪的名字——"死不了",为什么给它取这样一个名字呢?这是因为它的茎富含水分,而且保水能力特强,若将其拔出,放在太阳下暴晒,待看上去已奄奄一息时,再插入湿润的土中,仍能奇迹般地成活。

半支莲植株矮小,仅15~30厘米。茎平卧或斜生,肉质,细而圆。叶散生或集生,呈圆柱形,长1~3厘米。花顶生,直径3~6厘米,基部有叶状苞片,花瓣有黄、紫、白、红等色,具芳香,花期5~11月。蒴果成熟时即开裂,种子为银灰色,小巧玲珑。

半支莲花色丰富,色彩鲜艳,花期长,可用于布置花坛、花丛、花境或做花坛的镶边材料,也可用于点缀假山和做盆栽观赏。全草可入药,有清热解毒的功效。

13.君子兰

君子兰又名"剑叶石蒜""大叶石蒜",是石蒜科君子兰属多年生草本花卉。它比较"娇气",既怕炎热又不耐寒,在温暖湿润而半阴的环境中生长良好,怕强光直射,生长的适宜温度为18℃~22℃,当温度高于30℃或低于5℃时,均会影响其生长。君子兰喜疏松、肥沃、排水良好的土壤。

君子兰的根呈乳白色,粗壮,有肉质感。茎分根茎和假鳞茎两部分。叶互生,革质,深绿色,形似剑,排列整齐,长 30~50 厘米。聚伞花序,着生数朵或数十朵小花,花为橙红色,漏斗形,小花可开 15~20 天,先后开放,可延续 2~3 个月之久。每个果实中含种子一粒至多粒。

其他名贵花卉或以花色艳丽引人注目,或以芳香浓郁让人驻足,但这些难免给人一种单调肤浅的感觉。君子兰就不一样了,它叶色浓绿而有光泽,花朵向上,形状似火炬,花色橙红,给人以端庄大方之感。因此有"百花虽好不用问,唯有君子压群芳"之说。

君子兰是一种奇花异草,是万花丛中的奇葩,具有极高的观赏价值。它叶、花俱佳,时刻都能供人观赏,给人以美的享受。叶片的顶部形态各异,有的如半圆形,有的似椭圆形。挺拔的叶片向斜上方舒展平伸,不低头,不弯腰,启迪人们刚正不阿,百折不挠。

14.番红花

番红花又名"西红花",为鸢尾科番红花属多年生草本植物。最初由印度传入我国西藏,后由西藏传入内地,这样,很多人就把从西藏运往内地的番红花,误认为是西藏产的,而称其为"藏红花"。其实,番红花原产于欧洲南部,我国北京、上海、江苏、浙江等地均有栽培。喜半阴的生长环境,较耐寒,对土壤的适应性强,在肥沃、排水良好的沙质土壤中生长良好。

番红花的鳞茎为扁圆形或圆形,大小不等,直径 1~10 厘米,外被褐色膜质鳞叶。叶自鳞茎生出 2~14 株丛,每丛有 2~13 枚线形叶,长 15~35 厘米,宽约 4 毫米,边缘反卷,有细毛。花 1~3 朵顶生,苞片 2 枚,花被 6 枚,倒卵圆形,淡紫色,花被筒细管状,长 4~6 厘米。花柱细长,伸出花被外而下垂。蒴果长圆形,具三钝棱。

番红花叶丛纤细,花朵娇柔,香味浓郁,常用于布置花坛和岩石园,也可盆栽,以供观赏。

15.铃兰

铃兰又名"香水草""君影草""草寸香""草玉玲""小芦铃",是百合科铃兰属多年生草本植物。我国东北、华北地区较常见,日本,朝鲜、欧洲、北美洲也有分布。喜半阴的环境,耐寒,不耐高温,在富含腐殖质、排水良好的沙质土壤中生长良好。

铃兰植株高 20~30 厘米。根状茎为白色,在地下横走,上面有许多须根。叶 2~3 枚,一般为 2 枚,基部鞘状,抱茎生长,叶片较大,呈椭圆形,长 7~15 厘米,宽 3~7 厘米,具光泽。花葶从根部伸出,顶端生有 6~10 朵小花,花为钟形,乳白色,具芳香,花期 5~6 月。浆果呈圆球形,暗红色,富含汁液,8 月成熟。

铃兰株形小巧,常聚成一片生长。每到开花之际,挺实的叶片衬着一串乳白色的小花,花莹洁高贵,悬垂似铃铛,精雅绝伦。花香浓而不烈、甜而不腻,沁人心脾。果实成熟后,红润光亮,仿佛粒粒宝石悬挂在枝头,光彩夺目。铃兰是一种优良的观叶、观花、观果植物。可用于布置花坛、花境,也可做地被植物或盆栽观赏。铃兰花含挥发油,可提制香精,用来制造香皂和化妆品。全草可入药,有利尿、强心、调节神经系统及抗癌的功能。

16.梭鱼草

梭鱼草又名"海寿花",为雨久花科梭鱼草属多年生挺水草本植物。原产于北美。喜温暖湿润、阳光充足的环境,不耐寒,生长的适宜温度为 18℃~28℃。在静水及水流缓慢的水域中能正常生长,但在 20 厘米以下的浅水中生长最好。梭鱼草繁殖能力强,生长迅速。

植株高 20~80 厘米。叶柄呈圆筒形,绿色。叶片呈倒卵状披针形,长 10~25 厘米,宽可达 15 厘米,深绿色,光滑无毛。穗状花序顶生,花蓝紫色带黄斑点,直径 1 厘米左右。蒴果初为绿色,成熟后为褐色,果皮较硬。

梭鱼草株形美观,叶色翠绿,花开时节,串串紫花在绿叶的衬托下,极为美观,而且花期长,适合风景区、公园及庭院中的水体绿化,也可做盆栽观赏。

17.珊瑚花

珊瑚花又名"串心花""巴西羽花",为爵床科珊瑚花属多年生草本植物。原产于巴西。喜阳光充足、温暖湿润的环境,耐阴,不耐寒,生长的适宜温度为22℃~30℃,怕强光直射。在疏松、肥沃的微酸性土壤中生长最好。

植株高30~80厘米。茎4棱状。叶对生,长圆状卵形,有少量柔毛。圆锥花序顶生,花冠为粉红色,2唇形,具黏毛,花期6~11月。蒴果呈椭圆形,种子为黑褐色。

珊瑚花色、花形均像珊瑚,可用于布置花坛,也可在庭院、路边种植观赏。用于点缀山石或水岸等处,效果也非常好。夏、秋两季开花,又耐阴,也可盆栽放于室内观赏。

18.文殊兰

文殊兰又名"十八学士""罗裙带""文珠兰""文兰树""秦琼剑""海带七""引水蕉""水蕉""郁蕉""海蕉"等,为石蒜科文殊兰属多年生草本花卉。在我国湖南、四川、广西、广东、福建、台湾均有分布。喜温暖湿润、阳光充足的环境,稍耐阴,不耐寒,生长的适宜温度为22℃~30℃,越冬温度不低于5℃。对土壤的适应性强,耐盐碱,在疏松、肥沃的土壤中生长良好。

文殊兰的鳞茎较粗壮,呈长圆柱形。叶呈剑形或阔带形,宽大而肥厚,长达1米以上。基部抱茎,叶脉平行。花葶从叶丛中抽出,伞形花序顶生,有花10~24朵,花瓣6枚,细长,两侧粉红,中间紫红,具浓香,花期5~10月。蒴果近球形。

文殊兰叶片宽大,四季常青,花形别致,芳香浓郁,深受人们的喜爱。可用于点缀园林景区、机关、校园的绿地,也在庭院中栽植以供观赏,还可盆栽,置于天台、阳台等处,雅丽大方,赏心悦目。鳞茎、叶可入药,有消肿止痛、活血散瘀的功效。

文殊兰是佛教中"五树六花"之一,五树六花是指佛经中规定寺院里必须种植的五种树(菩提树、高榕、贝叶棕、槟榔、糖棕)、六种花(荷花、文殊兰、黄姜花、鸡蛋花、缅桂花、地涌金莲)。

19.异果菊

异果菊又名"铜钱花""白兰菊","绸缎花""雨菊",为菊科异果菊属 1 年生草本植物。原产于南非。喜温暖、光照充足的环境,忌炎热,不耐寒,在我国长江以北的地区都要保护越冬。在疏松、肥沃、排水良好的土壤中生长最好。

异果菊植株高 30 厘米左右。分枝多而披散。叶互生,呈长圆形至披针形,叶缘有深波状齿,具腺毛。茎上部叶无柄,比较小。头状花序顶生,舌状雌花为橙黄色,有时基部为紫色。盘心管状两性花,黄色,花期 4~6 月。雌花所结瘦果近圆柱或三棱形,两性花所结瘦果扁平,为心形。

异果菊花在上午 9 时左右开放,午后逐渐闭合,花色艳丽。可布置花坛、花境和岩石园,也可盆栽供观赏。

异果菊属只有 7 个品种,常见的栽培品种有以下几种:

雨菊:1 年生草本,枝密被腺毛。叶倒卵状披针形。舌状花表面为白色,背面为紫铜色或紫色,盘心管状花裂片顶端常带紫色。

大花异果菊:多年生草本,作 1 年生栽培。植株比异果菊矮,头状花序。舌状花为橙黄色,管状花为鲜黄色并带有蓝色金属光泽。

20.火炬花

火炬花又名"火把莲""红火棒",为百合科火把莲属多年生草本植物。原产于南非,现我国各地均有栽培。喜温暖、阳光充足的环境,也有一定的耐阴力,比较耐寒。对土壤要求不高,在疏松、肥沃、排水良好的沙质土壤中生长良好。

植株高 80~120 厘米。茎直立,粗壮。基生叶带状披针形,长 90 厘米左右,略带白粉,草质。总状花序较长,可达 25 厘米。花筒状,呈火炬形,初开时为鲜红色,然后逐渐变为橘黄色,自上而下逐渐开放,花期 6~7 月。蒴果为黄褐色,9 月成熟。

火炬花是优良的庭院花卉,多群植做背景,在翠绿的叶丛中,挺拔的花茎高高擎起独特的火把状花序,别具特色,壮丽可观。也可丛植于假山石旁或草坪中,用作配景。

21.葱莲

葱莲又名"葱兰""玉帘""肝风草""白花菖蒲莲",为石蒜科葱兰属多年生草本植物。原产于南美洲,我国长江流域各省区均有栽培。喜阳光充足的环境,也耐半阴。较耐寒,温度即使在0℃以下,也能存活很长时间,温度低至-10℃左右时,短时间内不会受冻,但若时间较长,可能会被冻死。在肥沃、排水良好的黏质土壤中生长最好。

葱莲植株高15~20厘米,鳞茎呈卵形,为淡褐色至黑褐色。叶基生,2~4枚,为暗绿色,线形,稍肉质。花茎高10~25厘米,中空,淡绿色,圆柱形,从叶丛一侧抽出。花单生,花被片6枚,椭圆状披针形,长3~5厘米,白色,外面略带紫红色。蒴果呈三角球形。

葱莲植株低矮,姿态清秀,叶片翠绿,花朵洁白,花期长,几乎全年可见开花。供花坛、花境以及林下栽植,也可在草坪中丛植点缀,还可盆栽,以供观赏。

全草含多花水仙碱、石蒜碱、尼润碱、网球花定碱等生物碱,总量约为0.03%。全株可入药,有散热解毒、平肝熄风的功效,用于小儿惊风、癫痫。

22.小苍兰

小苍兰又名"小菖兰""香雪兰""麦兰""洋晚香玉"等,为鸢尾科香雪兰属多年生草本植物。原产于南非好望角一带。喜温暖、阳光充足的环境,耐冷凉,不耐高温,生长的适宜温度为15℃~25℃,不耐寒。在肥沃、疏松、排水良好的土壤中生长最好。

小苍兰的球茎为卵圆球形或圆锥形,直径2厘米左右,外被棕褐色薄膜。茎柔弱,有分枝。叶呈线形或剑形,长15~30厘米。穗状花序顶生,有花10朵以上。花被呈漏斗状,长5厘米左右,分为6瓣,具香味,有洁白、粉红、鲜黄、淡紫、大红、橙红等颜色。蒴果近圆形。

小苍兰株形清秀,花姿新颖,花色明丽,香气浓郁,花期较长,是冬、春季节南方庭院重要的球根花卉。它在春节前后开花,正值少花季节,可做盆花装饰点缀厅堂、案头,深受人们喜爱。也可做切花,用于花篮、花束、桌饰等布置中,高雅宜人。花朵含芳香油,可提取香精。

23.长春花

长春花又名"四时春""日日新""雁来红""五瓣莲",为夹竹桃科长春花属多年生草本。原产于印度、马达加斯加,在我国广西、广东及长江以南各地均有栽培。喜温暖、阳光充足的环境,如果长期生长在庇荫的地方,会出现叶片发黄的现象。不耐寒,忌水湿。对土壤要求不高,在富含腐殖质、排水良好的土壤中生长良好。

长春花

长春花植株高 30~70 厘米,全株无毛。茎直立多分枝。叶对生,表面和背面光滑无毛,呈长椭圆形,长 3~4 厘米,全缘。聚伞花序顶生,有花 2~3 朵,有紫、黄、白、红、粉等多种颜色,花冠呈高脚碟状,裂片 5 枚。果圆呈柱形。

长春花姿态优美,叶片苍翠有光泽,嫩枝顶端每长出一片叶,就会开出两朵花,因此花非常多,花色艳丽,花势繁茂,一派生机。花期特别长,从春天开到秋天,故有"四时春"之名。适合布置花境、花坛,在北方可做盆栽观赏。

长春花全株有毒,以花的毒性最强。误食后,会毒害神经系统,还能抑制骨髓的造血功能。

24.诸葛菜

诸葛菜又名"菜籽花""二月兰",为十字花科诸葛菜属 2 年生草本。原产于我国东北,华北地区,多为野生,也有栽培。耐阴性强,只要有一定散射光,就能茂盛生长。较耐寒,但如果遇到重霜,叶有可能被冻伤。对土壤的要求不高,但在中性或弱碱性土壤中生长最好。

诸葛菜,听到这名字,让人不由自主地想到了诸葛亮,二者之间有什么关系呢?相传诸葛亮率军出征时,曾采下其嫩梢为菜,因此得名。

诸葛菜植株高20~50厘米,有白色粉霜。茎直立,单茎或多分枝,光滑。基生叶扇形或近圆形,有叶柄,边缘有粗锯齿,茎生叶羽状分裂,顶生叶三角状卵形或肾形。总状花序顶生,花为淡紫或深紫色,花瓣4枚,倒卵形,具长爪。角果呈长条形,长6~9厘米,6月成熟。

诸葛菜冬季叶色浓绿,早春开花成片,花期很长,是优良的地被植物,可在公园、路旁、林下种植,也可用作花境栽培。嫩茎叶可食用,用开水烫后,再用清水漂洗,就没有苦味了,还可炒食。

25.高山积雪

高山积雪又名"象牙白""银边翠",为大戟科大戟属1年生草本植物。原产于北美,我国各地均有栽培。喜温暖和阳光充足的环境,耐干旱,怕涝,不耐寒。在肥沃、疏松、排水良好的沙质土壤中生长最好。

植株高50~60厘米,内含有毒白浆,全株有柔毛。茎直立而多分枝。叶为淡灰绿色,长圆形至矩圆状披针形,全缘。3朵小花簇生顶端,花下有2枚大苞片,花梗细软。

高山积雪叶片密集,7~8月间叶片全部或叶片边缘变为灰绿色或银白色,与绿色相映,远远望去,宛如绿叶积雪,非常美丽。可做花境、花坛的材料,也可做插花的材料或盆栽。

26.待霄草

待霄草又名"香月见草""山芝麻",为柳叶菜科月见草属多年生草本植物,常作1~2年生栽培。原产于南美智利及阿根廷等地,现世界各地均有分布,我国有野生,也有栽培。喜阳光充足的环境,有一定的耐寒性,在我国中部及南部地区,可露地越冬。

待霄草植株斜展或直立,具粗长毛,少分枝。下部叶呈线状倒披针形,茎生叶无柄,披针形。花为黄色,有清香,花期7~9月。上部常增粗。

待霄草的花朵在傍晚至夜间开放,最适宜种在夏季晚上纳凉休息的地方,也可种植在小径旁或花丛中,是夜景花园的良好材料。茎皮为纤维原料。种子可榨油,为优质食用油。根可入药,有凉血、清热、散瘀的功效。

待霄草的同属植物很多,约有100种,常见的栽培品种有以下几种:

月见草:植株较高,达1.2米,下部有分枝。叶披针形至长周形。花为淡黄色,直径5厘米左右。

美丽月见草:叶片呈披针形或长圆状,表面和背面均具白色柔毛,边缘有锯齿。花大,初为白色,后变为粉色,开花时间长,可从傍晚开至第二天早晨。

白花月见草:开白色的花。

27.报春花

报春花又名"樱草""年景花",为报春花科报春花属多年生草本植物。常作1~2年生花卉栽培。原产于我国滇北、川西、藏东等地区。典型的暖温带植物,不耐高温,一旦温度达到30℃左右,植株就会受热死亡;也不耐寒,越冬温度不能低于5℃。

植株基部为红色。叶基生,卵形至椭圆形,长3~7厘米,叶缘有浅被状裂或缺,叶背被白色腺毛。花茎高8~30厘米,轮伞形花序,每轮均为线状披针形苞片所托,有花3~14朵,花萼钟状、管状或漏斗状,5裂。花冠呈高脚碟状或漏斗状,粉红色或蓝色,直径1厘米左右。花有纯白、深红、紫红、碧蓝、浅黄等色。蓝、白、红色花有黄蕊,还有黄花红蕊、紫花白蕊等。蒴果呈圆柱形或球形。

在残冬尚未尽消之时,报春花便从莲座中撑开一朵朵花伞,开出红色、粉色、紫色、蓝色或白色的漏斗状或钟状的花朵,犹如悬挂着的五彩花钟,向人们报告春天即将来临,因此人们称它为"报春花"。多用于花境、花坛及镶边植物,采用几种花色来组成图案花坛,观赏效果更好。

报春花与龙胆花、杜鹃花一起,并称为我国天然生长的"三大名花"。

28.勿忘草

勿忘草为紫草科勿忘草属多年生草本。原产于亚欧大陆,我国甘肃、新疆、四川、云南、江苏以及东北各省(区)均有分布。喜凉爽的气候、半阴的环境和湿润的土壤,耐寒性较强。

勿忘草植株高 15~50 厘米。叶互生,呈条状倒披针形或狭倒披针形,长 2.5~8 厘米,叶面和叶背均有毛。基生叶和茎下部叶有柄,茎上部叶无柄。总状花序顶生,无苞片,花冠高脚碟形,裂片 5 枚,为蓝色、白色或粉色,花期 4~6 月。

勿忘草株形柔美,茎枝纤细,叶片的形状很像柳树的叶子,无数朵小蓝花开满茎顶部的每个小枝,花瓣的蓝色仿佛是由天空的颜色染成的,让人充满无限遐想。花朵中央有一圈黄色心蕊,色彩搭配非常和谐。在园林中可于花境、花坛、岩石园、林缘等处种植,也可盆栽或做切花,以供观赏。它的花枝也是制作插花和礼品花束的理想材料。勿忘草因其名寓意深长,所以常作为情侣相赠之物。

勿忘草的同属植物约有 50 种,用于观赏栽培的品种很多,常见的有以下几种:

矮生勿忘草:植株低矮,仅有 15 厘米,花期长,耐湿。

丛生勿忘草:多年生草本,花序分枝或茎下部分枝,耐湿,耐寒。

沼泽勿忘草:多年生草本,植株呈匍匐状,花色丰富,花期长,耐湿。

29.花菱草

花菱草又名"人参花""洋丽春""金英花",为罂粟科花菱草属多年生草本,常作 1~2 年生栽培。原产于美国加利福尼亚州,我国华北、华中、华南地区均有栽培。喜干燥、冷凉的气候,怕涝,忌高温,耐寒。在肥沃、疏松、排水良好的沙质土壤中生长良好。花朵在阳光下开放,在阴天或傍晚闭合。

花菱草株形铺散,株高40~60厘米,多分枝,多汁,无毛,全株被有白粉,呈灰绿色。叶互生,多回三出羽状细裂,形状似柏叶,裂片呈线形或长圆形。花单生,着生于枝顶,具长花梗,萼片2枚,呈盔状,随着花瓣的展开而脱落。花瓣4枚,呈扇形,鲜黄色,十分鲜亮,花期5~6月。栽培品种有金黄、橙黄、淡紫红、橙红、乳白色、肉色。蒴果细长,7~10厘米,有棱。

花菱草形态美丽,枝叶细密,花开繁茂,花色鲜艳,是布置花境、花坛的好材料,也可盆栽或用于草坪丛植。

30.勿忘我

勿忘我又名"勿凋花""不凋花""补血草""星辰花",为蓝雪科补血草属多年生草本植物。原产于地中海沿岸地区,多作切花栽培。适应性强,喜充足的日光直射,光照充足,花色艳丽。耐旱,生长的适宜温度为22℃~28℃,忌高温,温度高于30℃则进入半休眠状态。在肥沃、排水良好的沙质土壤中生长良好。

植株高50~70厘米,全株具糙毛。单叶互生,呈莲座状环生于茎基部,叶片羽裂,长20厘米左右。聚伞圆锥花序,花枝长1米左右。小花穗上有4~5朵花,有蓝、紫、粉、白、黄等色,花期3~5月。蒴果,果熟期4~6月。

勿忘我花形紧凑,花色艳丽,质感强,即使失水也不会变形褪色,可用于制作具有永恒意义的干花。在应用上人们更多的是将其地栽,用于采收切花,来装饰节日环境,美化生活空间。

参加朋友的生日晚会,可带一束勿忘我,既活泼又漂亮,还能表达对朋友青春永驻、事业有成的祝愿。青年男女互赠,可表达深切情意。

31.风铃草

风铃草又名"瓦筒花""吊钟花""钟花",为桔梗科风铃草属2年生草本植物。原产于南欧,我国早有栽培。喜冬季温和、夏季凉爽的气候,怕强光直射。在肥沃、排水良好的沙质土壤中生长良好。

植株高1米左右,株形粗壮。茎有粗毛,多分枝。叶呈卵形至倒卵形,比较粗糙,叶缘呈圆齿状波形,茎生叶无柄。顶生总状花序,花冠钟状,有白、紫、蓝、红、桃红等色。

风铃草的花朵像一串串风铃,惹人喜爱。在微风中,粉红、粉紫、蓝色的铃铛挂在枝头,随风摇曳,仿佛能听到"叮当叮当"的响声。再加上沁人心脾的花香从小铃铛中散发出来,让人陶醉不已。风铃草植株高大,花形美观,花色丰富,可大片栽植为花带、花境,远远望去,犹如美丽的地毯铺在大地上,也可做盆栽陈设。

在希腊神话中,太阳神阿波罗非常喜爱风铃草。西风非常嫉妒,便将圆盘扔向风铃草的头,被击中的风铃草顿时鲜血直流,鲜血溅到地面上,便开出了花朵。所以,风铃草的花语是"嫉妒"。

32.金鱼草

金鱼草又名"狮子花""龙口花""龙头花""洋彩雀",为玄参科金鱼草属多年生草本植物,常作1~2年生栽培。原产于南欧地中海沿岸及北非,现在我国各地均有栽培。喜阳光充足的环境,略耐阴。如果光照不足,植株会徒长,影响开花。在肥沃、排水良好的黏质土壤中生长良好,在轻碱地上也能正常生长。

金鱼草株高20~70厘米。叶为长圆状,顶端似针形。总状花序,花冠筒状,唇形,基部膨大成囊状,上唇直立,下唇向外卷曲。花色有深红、粉红、紫红、深黄、黄橙、白等。

金鱼草花形很奇特,像在水中一扭一扭游动的金鱼,而且终年开花,是盆栽的优良花卉之一。在房间里放上一盆,整个房间的气氛顿时便会生动起来。金鱼草品种繁多,有高型种、中型种和矮生种。高型种适做带状花坛或切花用,中型种多做花坛栽培,矮生种宜用于花坛或做花坛边缘配植用,也可做盆栽观赏。对氟化氢、二氧化硫抗性强,并能把二氧化硫转化为无毒或低毒的硫酸盐化合物,也适宜配植在工矿企业等污染地区。

金鱼草这个名字中"有金又有鱼",送给朋友也就是送去了吉利。黄色金鱼草象征"金银满堂";红色金鱼草象征"红运当头";粉色金鱼草象征"吉祥如意";杂色金鱼草象征"一本万利";紫色金鱼草象征"花好月圆"。

33.吉祥草

吉祥草又名"观音草""玉带花""松寿兰",为百合科吉祥草属多年生草本。在我国分布于西南、华中、华南及陕西、江苏、浙江、江西、安徽等地,日本也有分布。喜温暖、湿润的环境,耐寒,怕强光直射。对土壤要求不高,在排水良好的沙质土壤中生长良好。

吉祥草株高 5~20 厘米。匍匐茎呈圆柱形,多节,分枝长 10 厘米左右,节间长 2 厘米左右。叶簇生根状茎末端,每簇 3~8 枚,叶为深绿色,披针形,长 10~38 厘米,先端渐尖,基部收缩成柄,对折。花葶为淡绿色,近圆柱形,粗 3 毫米左右。花序呈穗状,长 2~7 厘米。花被裂片 6 枚,白色,长圆形,背面略带紫色。花为粉红色,有香味,花期 7~8 月。浆果呈球形,直径 0.5~1 厘米,成熟时呈鲜红色,果实经久不落。

吉祥草株形优美,叶色浓绿,终年常青,名字中带有"吉祥"两字,被视为吉祥如意的象征,深受人们喜爱。盆栽置于几案,生趣盎然。南方可丛植于林下。全草可入药,有解毒、止咳、清肺、理血的功效。

34.紫茉莉

紫茉莉又名"胭脂花""潮来花""地雷花""夜晚花""洗澡花""官粉花""夜娇娇""入地老鼠"等,为紫茉莉科紫茉莉属多年生草本植物,常作 1 年生栽培。原产于南美热带地区,现我国大部分地区均有分布。喜温暖湿润、阳光充足的环境,怕烈日暴晒,不耐寒,冬季地上部分枯死,北方地区要将根部起出入地窖越冬。在南方,根部可以安全越冬而成为宿根植物,来年春季萌发成新的植株。在深厚、肥沃、疏松、富含腐殖质的土壤中生长良好。

紫茉莉株高可达 1 米。茎直立,节部膨大,多分枝。叶对生,卵形或卵状三角形,先端渐尖,基部截形、宽楔形或心形,全缘无齿。短聚伞花序生于枝端。苞片萼片状,5裂。花萼呈漏斗状,白色、黄色或红色。花顶生,3~5枚成一簇,花色有黄、白、粉、红、紫,并有条纹或斑点状复色,花期8~11月。果为圆形,直径5~8毫米,成熟后呈黑色,表面有皱纹,形状像地雷,不过比地雷小得多。

花朵在傍晚至清晨开放,强光下会闭合。花色丰富,形状像喇叭,形态奇特。可丛植或散植在林缘、花境、草坪周围,或大片自然栽植,或于篱旁路边、房前屋后丛植点缀。矮生种可盆栽或用于花坛。

35.蒲包花

蒲包花又名"拖鞋花""荷包花""元宝花",是玄参科蒲包花属1年生草本植物。原产于南美,我国各地均有栽培。蒲包花比较"娇气",既怕高温炎热,又怕冷,生长的适宜温度为8℃~17℃,低于5℃就会受冻,高于25℃又不利于开花。需要长时间日照,如果光照不足,花期就会推迟,又怕强光直射,不耐阴。在中性到微酸性的富含腐殖质的沙质土壤中生长良好。

蒲包花株高20~30厘米。叶呈椭圆形或卵形,有皱纹,具细小绒毛。花形奇特,花冠呈二唇状,上唇较小,下唇膨胀呈蒲包状。花色丰富,单色品种有白、黄、红等不同颜色。复色则在各底色上着生粉、褐红、橙等斑点。蒴果,种子细小多粒。

蒲包花花冠别致,花朵盛开时犹如无数个小荷包悬挂在枝头,黄的、红的、橙的、紫的、白的及各种斑纹的五彩荷包挂在绿叶间,真是美丽又有趣。蒲包花观赏价值非常高,而且在初春少花季节开放,非常难得,可做室内装饰点缀,置于室内或阳台观赏。

蒲包花盛开时,花团锦簇,形如荷包,有"招财进宝"的吉祥寓意,寄托了人们祈盼财富、吉祥的愿望,而且开花时间也很特别,在春节期间开放,能为人们带来欢乐的气氛,因而深受人们喜爱。

36.万寿菊

万寿菊又名"蜂窝菊""万寿灯""臭芙蓉"等,为菊科万寿菊属1年生草本植物。原产于墨西哥及美洲地区。喜阳光充足、温暖的环境,稍耐阴。较耐干旱,怕积水和酷暑。对土壤要求不高,在疏松、肥沃、排水良好的土壤中生长良好。

万寿菊的植株高60~100厘米,全株具异味。茎为绿色,直立粗壮多分枝。叶对生或互生,羽状全裂。裂片呈长矩圆形或披针形,有锯齿,叶缘背面有油腺点,有强烈臭味。头状花序单生,花舌状,有长爪,橘黄色或黄色,直径5~10厘米,边缘皱曲,花期8~10月。瘦果为黑色且有光泽。

万寿菊有矮型、中型和高型品种之分,矮型品种,顾名思义植株较矮,生长整齐,宜做花境、花坛、花丛材料,也可盆栽。中型品种花较大,而且颜色鲜艳,花期也较长,可用于点缀草坪。高型品种花梗较长,可剪下插瓶水养,能观赏很长一段时间,也可做背景材料。万寿菊花、叶均可入药,有去瘀生新、补血通经、清热化痰的功效,可用干花泡茶饮用。

37.波斯菊

波斯菊又名"格桑花""扫帚梅""八瓣梅""秋英"等,为菊科秋英属1年生草本植物。原产于墨西哥,我国各地广泛栽培。喜阳光充足的环境,耐贫瘠,不耐寒,忌炎热、积水。在肥沃、疏松、排水良好的土壤中生长良好。

波斯菊株高120~140厘米。茎直立而分枝,光滑或具微毛。单叶对生,长10厘米左右,线形,全缘。头状花序顶生或腋生,花茎高5~8厘米。花瓣8枚,尖端呈齿状,有白、粉红、玫瑰、深红、蓝紫色,花期9~10月。瘦果有椽。

波斯菊叶形雅致,花色鲜艳,可用来布置花境。在树丛周围、草地边缘及路旁栽植作背景材料,既美观又富有野趣,也可植于崖坡、篱边、树坛或宅旁,以供观赏。波斯菊生命力顽强,除供观赏外,还是一种良好的环保植物,可以用来监测空气中的二氧化硫含量。

花还可以入药。

38.瓜叶菊

瓜叶菊又名"瓜叶莲""富贵菊"
"黄瓜花"、"千日莲",为菊科千里光属
多年草本花卉,常作1~2年生栽培。原
产于西班牙加那利群岛。喜通风良好、
光照充足的环境。既怕冷又怕热,夏季
要避免烈日暴晒,在肥沃、疏松、排水良
好、富含腐殖质的沙质土壤中生长
良好。

瓜叶菊

瓜叶菊植株有矮有高,矮的仅高20~30厘米,高的可达90厘米,全株具柔毛。叶具
长柄,形状和葫芦科的瓜类叶片很像。叶面为浓绿色,叶背有时带紫红色,叶柄比较长。
头状花序,簇生成伞房状。有红、桃红、紫、蓝、白等色,还有红白相间的复色,但没有黄
色,花期1~4月。

瓜叶菊的花期较早,在寒冬少花季节开放,尤为珍贵,花色丰富,特别是闪着天鹅绒
般光泽的蓝色花,非常优雅。可做盆栽陈设在室内,也可用于布置庭廊过道、会场、剧院
前庭,显得非常喜庆。此外,它还可用做切花,制作花束、花篮等。

瓜叶菊的品种很多,大致可分为星型、大花型、多花型和中间型,不同的类型中又有
不同重瓣和高度不一的品种。

39.地肤

地肤又名"绿帚""地麦""孔雀松""扫帚草",为藜科地肤属1年生草本植物。原产
于欧洲及亚洲中部和南部地区,在我国华北地区以南均有栽培。喜阳光充足的环境,具
有很强的耐旱能力,不耐寒,一经霜冻,全株都会变黄。对土壤的要求不高,耐贫瘠,在疏

松、肥沃、排水良好的土壤中生长良好,在偏碱性土壤中也能正常生长。

地肤的植株高 0.5~1 米,分枝多而紧密,呈球形,有短柔毛。叶互生,为淡绿色,呈披针形或线形,长 3~5 厘米,全缘,有短柔毛或无毛。花较小,红色或略带褐红色,花期 7~9 月。果呈扁球形。

地肤生长力很强,耐修剪,多作为边缘植物,也可用来布置花坛或丛植于路边、对植于大门两侧,供观赏。茎可用来做扫帚。种子晒干后可入药。

40.飞燕草

飞燕草又名"千鸟草""鸽子花",为毛茛科飞燕草属 1~2 年生草本植物。原产欧洲南部,我国园林中多见栽培。喜通风良好、阳光充足、高温干燥的环境,较耐寒,耐旱,怕积水和雨涝。在深厚、肥沃、富含有机质、排水良好的沙质土壤中生长良好。

飞燕草高可达 1 米以上,直立,疏被微柔毛。叶数回掌状深裂至全裂,裂片呈线形,基生叶有长柄,茎生叶无柄。总状花序顶生,花直径为 2.5 厘米左右,萼片 5 枚,呈粉白、红、紫、蓝等色,花期 5~6 月。

飞燕草植株挺拔,叶细,花序比较大,花色鲜艳,宜布置花带和花境,可植于水边、林缘,也可供做切花。

种子、叶、茎、根等含有萜类生物碱,其中种子的毒性最大。误食后可引起皮炎,严重的表现为体温下降、步履困难、呼吸变慢、肌肉抽搐,甚至会因呼吸衰竭而死。因此,不宜在中小学、幼儿园、居民小区及儿童活动场所栽植。

41.翠雀

翠雀又名"大花飞燕草",为毛茛科翠雀花属多年生草本植物。原产于我国和西伯利亚,我国内蒙古、河北及东北地区都有野生。喜阳光充足的环境,耐半阴,耐旱。较耐寒,在我国大部分地区可露地越冬。在富含有机质、排水良好的黏性土壤中生长良好。

翠雀株高 0.5~1 米,茎直立,全株被柔毛。叶互生,掌状分裂,裂片呈线形。穗状花序或总状花序顶生,萼片5枚,呈花瓣状。花瓣2枚,合生,为深蓝色或浅蓝色,花期5~7月。菁葖果在9月成熟。

翠雀花形别致,色彩淡雅,花茎细长飘逸,开花时节,犹如蓝色飞燕落满枝头,可丛植形成妙趣横生的景观,还可与其他花草一起装饰花境、花坛,也可用做切花。

42.醉蝶花

醉蝶花又名"凤蝶草""紫龙须""蜘蛛花""西洋白花菜",为白花菜科醉蝶花属1年生草本。

原产于南美洲,我国各地均有栽培。喜温暖、阳光充足、通风良好的环境,能耐炎热和干旱,也耐半阴,怕水涝。在肥沃、富含腐殖质、排水良好的沙质土壤中生长良好。

醉蝶花株高可达1米以上,有黏质腺毛,散发强烈的气味。叶掌状裂开,小叶5~7枚,矩圆状披针形,两侧有腺毛,全缘。总状花序顶生,花由下而上,层层开放,花瓣为白色或玫瑰色,倒卵形,有长爪。蒴果呈圆柱形,种子浅褐色。

醉蝶花花瓣具长爪,雄蕊很长,伸出花冠之外,形状似蜘蛛,又如龙须,更似蝴蝶在飞舞,非常有趣。是花境、花坛、盆花的好材料,也可剪下花枝,插瓶水养。它还能吸收空气中的一氧化碳和二氧化碳,对二氧化硫、氯气有较强的抗性。即使是在没有光的情况下,它也能很好地发挥滤污的作用,非常适合工矿区的绿化。醉蝶花可入药,有除湿、祛风、止痛的功效。嫩叶、嫩茎还可食用。

43.一串红

一串红又名"炮仗红""爆竹红""墙下红""鼠尾草""草象牙红",为唇形科鼠尾草属多年生草本,常作1年生栽培。原产于南美巴西,现世界各国广泛栽培,我国南京、上海栽培较多。喜温暖、阳光充足的环境,不耐寒,有一定的耐阴能力,怕积水。在疏松、肥沃、排水良好的沙质土壤中生长良好,但在碱性土壤中生长不良。

一串红植株高80~90厘米,茎直立,光滑,有四棱。叶对生,呈卵形或卵圆形,长4~8

厘米,宽 3~7 厘米,两面均无毛。总状花序顶生,遍被红色柔毛。2~6 朵红色小花轮生,花萼与花瓣同色,呈钟形,花冠唇形,花期 7~10 月。小坚果呈卵形,平滑。

一串红花序长,花色红艳而热烈,花开时节,宛若一串串红炮仗,因此又被称为"炮仗红",是我国园林中应用最广、最多的红色系草本花卉。可用于布置花坛、花境,也可盆栽或做切花。

一串红的常见变种有以下几种:

一串紫:花萼、花冠均为紫色。

一串白:花萼、花冠均为白色。

藤本观赏植物

1.紫藤

紫藤又名"藤萝""朱藤""勾连盘曲",为蝶形花科紫藤属木质藤本植物。紫藤原产于我国,现国内外普遍栽培。喜阳光充足的环境,也耐阴,稍耐寒,有一定的抗旱能力。在肥沃、深厚、排水良好的土壤中生长良好。

紫藤的嫩枝呈暗黄绿色,密被柔毛。奇数羽状复叶互生,有小叶 7~13 枚,呈卵状椭圆形,长 5~10 厘米,幼时表面和背面均被白色柔毛,后慢慢脱落。花侧生,较大,长达 15~35 厘米,呈下垂状,花萼、小花梗、总花梗都有浓密的柔毛,4~5 月开花,花为紫色或淡紫色,有香味。荚果长 10~20 厘米,密生银灰色而具有光泽的绒毛。果在 9~10 月成熟。

紫藤生长迅速、茎蔓缠绕,枝繁叶茂,花大色艳,散发芳香,是棚架、门廊、枯树绿化的理想材料。可用来装饰花架、花廊、凉亭等,如植于台坡、水畔,沿它物攀升,也非常优美,或让其攀缘在枯死的树木上,营造枯木逢春的奇景,还可做盆栽供观赏。

紫藤花加糖烙饼称藤萝饼,是北土特产之一,嫩叶可炒做菜食。茎皮可入药,有驱虫、解毒、止吐泻的功效。

2.葡萄

葡萄为葡萄科葡萄属落叶木质大藤本。原产于欧洲和亚洲西部,现已成为世界性果树,我国栽培葡萄的历史悠久,已有 2000 多年,而且分布较广,长江流域及其以北地区栽培较多。葡萄的栽培品种很多,目前我国栽培的品种约 500 多种,不同品种的生态习性有一定的差异。一般来说,它们均喜温暖、阳光充足、干燥的环境,耐旱,耐寒,能耐一定的低温,但不能低于-10℃。对地势和土壤的适应性强,在平地、丘陵或山地上均可栽培,除盐碱土、重黏土外,在壤土、沙土、轻黏土、沙砾土中均能正常生长,尤其是在土层深厚、排水良好的沙质土壤中生长最好。

葡萄的茎蔓长 10~30 米,为红褐色,具间断性卷须,与叶对生。单叶互生,呈圆卵形,长 7~15 厘米,基部心形,背面有短柔毛,边缘有粗锯齿。花为淡黄绿色,具芳香,组成圆锥花序,花期 5~6 月。浆果呈椭圆形或球形,成串下垂,不同品种的颜色不同,有白色、红色、绿色、褐色、紫色、黑色等,果期 7~9 月。

葡萄株形优美,翠叶满架,硕果晶莹,是著名的观赏植物。因其具有攀缘的特性,也是一种优良的攀缘绿化树种。我国很多居民都在庭院内种植葡萄,它们既能结出美味的水果,又能美化庭院,还可用作盆栽观赏。

葡萄是我国的主要果树之一,果实除生食外,还可酿酒,制葡萄粉、葡萄汁、葡萄干等。根、茎、叶均可入药。

3.金银花

金银花又名"金银藤""二色花藤""鸳鸯藤""忍冬",为忍冬科忍冬属常绿或半常绿缠绕藤本。原产于我国,北起辽宁,南到海南岛,东自山东,西到陕西均有分布,朝鲜、日本也有少量分布。喜光,也耐阴,耐寒.耐旱,耐水湿,忌水涝。有农谚"涝死庄稼旱死草,冻死石榴晒伤瓜,不会影响金银花"。其适应性强,对土壤要求不高,沙土、碱性、酸性土壤中均能生长。根系繁密,茎蔓着地即能生根。

金银花藤长可达9米,茎皮条状剥落。枝细长、中空,幼枝为暗红褐色,密被黄褐色糙毛及腺毛。单叶对生,呈卵状长圆形,长3~8厘米,先端短、钝尖,基部圆形或近心形,幼时表面和背面均被毛,后慢慢脱落,全缘。双花单生叶腋,花梗比叶柄长,花初开时为白色,后慢慢转为黄色,有芳香,花期4~6月。浆果为蓝黑色,球形,果期8~10月。

金银花植株轻盈,藤蔓缭绕,冬叶微红,临冬不落,春季开花,黄白相映,秀丽清香,是良好的观赏植物。适宜做花架、花廊、篱垣等的垂直绿化。在假山和岩坡隙缝间点缀,攀绕及顶,蔓条下垂,赏心悦目,雅致至极,也可盆栽观赏。花可入药,有清热解毒的功效。

金银花的栽培变种有以下几种:

红金银花:小枝、嫩叶、叶柄均带紫红色,花冠为淡紫红色。

白金银花:花初开时为纯白色,后转为黄色。

紫脉金银花:叶脉为紫色。

黄脉金银花:叶较小,网脉为黄色。

4.爬山虎

爬山虎又名"爬墙虎""地锦""红丝草""趴山虎",为葡萄科爬山虎属大型落叶木质藤本。原产于我国,分布极广,北起吉林,南至广东,均有分布,以辽宁、陕西、湖北、湖南、河北、山东、浙江、广东等省最为常见,日本也有分布。其适应性强,耐干旱、寒冷,不怕强光直射,在一般土壤里都能生长。

爬山虎的枝粗壮,幼枝为紫红色,老枝为灰褐色,枝上有卷须,卷须短而多分枝,须端扩大成吸盘,遇到墙壁、岩石、树木便吸附在上面。单叶互生,一般3裂,或分裂成3小叶,宽卵形或基部心形,长8~18厘米,叶缘有粗锯齿,绿色,表面无毛,背面有白粉,叶脉处有柔毛,秋天变为鲜红色。聚伞花序生于短枝顶端的两叶之间,长4~8厘米,花为黄绿色,花期6~7月。浆果呈球形,成熟时为蓝黑色,被白粉,小鸟喜食,果期9~10月。

爬山虎密布吸盘,可在水泥墙或砖墙上攀附而上,高度可达 20 米。蔓茎纵横,翠叶遍布如屏,秋季或橙或红,是一种非常优美的攀缘植物,可供观赏,且生长迅速,病虫害少。在枯木墙垣、桥头石壁、庭园入口、庭院墙壁等处均宜配植,尤其是在建筑物墙面上能伸展自如,有降温消暑的功效,并能大大减少噪音的干扰。根、茎可入药,有消肿毒、破瘀血的功效。果实可用来酿酒。

5.常春藤

常春藤又名"爬墙虎""钻天风""三角风""爬树藤"等,是五加科常春藤属常绿藤本植物。喜温暖湿润的环境,极耐阴,在强光照环境下也能生长。耐干旱、贫瘠,有一定的耐寒力。对土壤的适应性强,在肥沃、湿润的中性、微酸性土壤中生长良好。

常春藤的茎藤长可达 30 米,茎、枝均有气生根,幼枝有鳞片状柔毛。叶革质,暗绿色,有长柄,三角状卵形,和枫树叶相似,顶端渐尖,有的品种叶子边缘为黄色或白色。伞形花序顶生,花较小,为绿白色或黄白色,微香。果近圆球形,为橙色或红色。

常春藤枝叶稠密,终年常绿,叶色光亮,叶形别具特色,春季红果映衬于绿叶之间,更添美观,可用于建筑物墙面、石柱、假山、坡坎、绿廊、墙垣等处作攀附或垂吊式绿化,也可盆栽观赏。

常春藤,多么美好的名字,预示着春天长驻,寓意永不分离和友谊长青。给老人祝寿送常春藤,祝愿"福如东海,寿比南山";在朋友结婚时赠送常春藤,祝愿新婚幸福,白头偕老;送友人常春藤,祝愿友谊长青。

6.南蛇藤

南蛇藤又名"落霜红""霜红藤""过山枫""穿山龙""黄果藤",为卫矛科南蛇藤属落叶藤本。原产于我国,东北、华北、华东、西北及云南、贵州、四川、湖南、湖北各地均有分布,朝鲜、日本也有分布。喜温暖、阳光充足的环境,也有一定的耐阴力,对土壤的适应性强,在肥沃、排水良好的土壤中生长极旺盛,蔓茎缠绕其他物体不断向上生长。

南蛇藤植株高 3~12 米。小枝为暗褐色或灰褐色,呈圆柱形,皮孔较粗大。单叶互生,近圆形或椭圆状倒卵形,长 4~10 厘米,宽 3~7 厘米。顶端短尖或钝尖,基部为圆形或楔形,边缘有细钝齿。短聚伞花序腋生,有 5~7 朵淡黄绿色花,花瓣 5 枚,呈卵状长椭圆形,花期 5~6 月。蒴果为橙黄色,球形,长 7~8 毫米,果期 9~10 月。

南蛇藤通常做岩壁、墙垣、棚架的攀缘绿化,也可在河溪、池边、湖畔配植,映成倒影,极其别致。剪取成熟的果枝,插入瓶中,用于装饰居室,也很美观。

7.络石

络石又名"石龙藤""白花藤""万字茉莉",为夹竹桃科络石属常绿攀缘藤本。在我国黄河流域以南的各省均有分布,日本、朝鲜也有分布。喜光,耐半阴,怕水淹,对土壤要求不高,在潮湿、肥沃、疏松、排水良好的中性、酸性土壤中生长旺盛。

络石常攀缘在岩石、墙垣、树木上,有气生根,具乳汁。枝长 2~10 米,幼枝有绒毛,后慢慢脱落。单叶对生,为深绿色,卵圆形、椭圆形或披针形,长 2~6 厘米。薄革质,表面光滑,背面有毛。聚伞花序腋生,有花 9~15 朵,白色,花瓣呈片状螺旋形排列,似"卐"字形,有芳香,花期 6~7 月。蓇葖长如荚果,为紫黑色。

络石藤蔓攀绕,终年常青,叶色浓绿,花开之际,全株一片白,有"不是茉莉,胜似茉莉"的美称,而且花期很长,5~10 月不断有花开,是优美的攀缘植物。在园林中栽植,可将其攀附在枯树、墙壁上,或专门设支架,也可点缀陡壁、山石,或盆栽供观赏。全株入药,可治关节炎、风寒感冒等病症。

络石的栽培变种有以下几种:

小叶络石:叶片较小,呈狭披针形,长 4 厘米左右。

斑叶络石:叶具浅黄色或白色斑纹,边缘为乳白色。

8.凌霄

凌霄又名"紫葳""女藏花",为紫葳科凌霄属落叶大藤本。原产于我国中部、东部地区,各地均有栽培,日本也有分布。喜温暖湿润、阳光充足的环境,稍耐阴,耐水湿,不耐寒。对土壤的适应性强,在中性、微酸性土壤中生长良好。

凌霄的树皮为灰褐色,小枝为紫褐色。茎长达10米,有攀缘的气生根。奇数羽状复叶,对生,小叶7~9枚,卵状披针形,长3~7厘米,边缘疏生锯齿,叶面和叶背均光滑无毛。顶生圆锥花序,由三出聚伞状花序集成。花冠为漏斗状钟形,内面为鲜红色,外面为橙红色,花较大,直径达6厘米。蒴果细长,如豆荚,10月成熟。

凌霄柔条纤蔓,翠叶团扶,花色鲜艳,花期较长,是良好的绿化、美化花木品种,可用于庭院中棚架、花门的绿化,也可用以攀缘枯树、石壁、墙垣。若点缀于假山间隙,繁花艳彩,甚是美观。花、叶均可入药,有破血瘀、泻血热的功效。

9.铁线莲

铁线莲又名"铁线牡丹""山木通""番莲""金包银",为毛茛科铁线莲属落叶或半常绿藤本。在我国湖北、湖南、山东、江苏、浙江、广西、广东等省(区)均有分布,欧美及日本多有栽培。喜光,耐寒性较差,在疏松、肥沃、排水良好的石灰质土壤中生长良好。

铁线莲

铁线莲藤长4米左右。茎为紫红色或棕色。二回三出羽状复叶,对生,小叶呈狭卵形或披针形,长2~5厘米。表面为暗绿色,背面疏生短毛,全缘。花单生于叶腋,无花瓣,花梗细长,萼片6枚,花瓣状,乳白色,直径5~8厘米,花期6~9月。结瘦果。

铁线莲的希腊语意为藤蔓、爬缘的植物,看名字就知道,它的茎可以攀附其他物体,攀缘而上,并且花大而美,花朵又多,人们只要看到它就会忍不住停下脚步来观赏。可用来点缀棚架、院墙、围篱及凉亭等,也可与岩石、假山相配植或做盆栽观赏。种子含油率约为18%,可榨油,为优良的工业用油。根可入药,有利尿、祛瘀、解毒的功效。

铁线莲的栽培变种有以下几种:

蕊瓣铁线莲:雄蕊有部分变为紫色花瓣状。

重瓣铁线莲:花重瓣,雄蕊为绿白色,外轮萼片较长。

10.旱金莲

旱金莲又名"寒荷""旱荷""旱莲花""金莲花""寒金莲""金钱莲""大红雀",为旱金莲科旱金莲属1年生或多年生攀缘状肉质草本。原产于中、南美洲,我国各地均有栽培。喜阳光充足、温暖湿润的环境,不耐寒,不耐高温,生长的适宜温度为18℃~24℃,在肥沃、排水好的土壤中生长良好。

旱金莲植株光滑无毛。茎直立,肉质,为淡灰绿色,中空。叶互生,呈圆盾形,长约5~10厘米,边缘有波状钝角,形如碗莲,叶柄细长,达10~20厘米,盾状着生于叶片的近中心处,可攀缘。花单生叶腋,花瓣5枚,基部联合成筒状,花色有红、黄、紫、橙、粉红、乳白色和杂色等,花长2~5厘米,花期2~5月。果实成熟时,分裂成3个小核果,果期7~10月。

旱金莲叶片肥厚,叶形别致,花色鲜艳,有橘红、紫红、乳黄等色,盛花时节,犹如群蝶飞舞,一派生机。花期很长,只要条件适宜,可全年开花。一株旱金莲可同时开出几十朵花,一朵花能开8~9天,散发阵阵芳香,深受人们喜爱。可做地被种植,也可植于栅篱旁或庭院棚架悬垂栽培观赏,还可盆栽观赏。

11.文竹

文竹,顾名思义,文雅之竹,其实它不是竹,只是姿态文雅,枝干有节,很像竹,因此得名。它又称"云竹""云片竹""松山草""芦笋草",为百合科天门冬属多年生常绿藤本植物。原产于非洲,我国南北各地也多有栽培。喜半阴、湿润的环境,不耐干旱,不耐寒,对土壤的要求不高,但以肥沃、疏松、排水良好的沙质土壤为佳。

文竹高 30~50 厘米。茎柔软丛生,平滑,无棱,为深绿色,分枝极多,呈攀缘状向外生长。我们看到的绿色的叶其实不是它真正的叶,而是叶状枝。文竹的叶已经退化成褐色鳞片;呈刺状,生在叶状枝韵基部。叶状枝为绿色,一般 10~13 枚成簇,刚毛状,略具三棱,长 5 毫米左右。花两性,比较小,为自绿色,1~4 朵在分枝近顶部腋生,排成总状,具 2~4 毫米的短梗。浆果呈圆球形,直径 6~7 毫米,成熟后为紫黑色。

文竹株形优雅,叶状枝秀丽,终年翠绿,观赏价值很高,深受人们的喜爱。陈列于室内或布置室外均有较好的观赏效果。

文竹主要有以下几种变种:

矮文竹:茎直立,丛生,叶状枝细密,较短。

大文竹:生长力强,叶状枝较长。

细叶文竹:叶状枝为淡绿色,有白粉,稍长。

12.叶子花

叶子花又名"三叶梅""九重葛""三角梅""毛宝巾""三角花""勒杜鹃""贺春红""室中花"等,为紫茉莉科叶子花属木质藤本状灌木。原产于南美洲的巴西,现在我国各地均有栽培。喜阳光充足、温暖湿润的环境,不耐寒,越冬温度不得低于 3℃。对土壤的适应性强,在肥沃、排水良好的土壤中生长良好。

叶子花的茎长数米,株高 1~2 米。老枝为褐色,小枝为青绿色,呈拱形下垂,具针状刺,密被绒毛。单叶互生,纸质,绿色,卵形或椭圆形,长 5~10 厘米,宽 4~6 厘米,先端圆钝,两面或背面密被绒毛,全缘。叶柄长 1~2 厘米。花序腋生或顶生,一般 3 朵花簇生,花为黄色或淡红色,聚生于苞片内,苞片呈椭圆状卵形,酷似叶子,故名"叶子花"。长 3~7 厘米,宽 2~4 厘米,鲜红、紫红、橙黄或乳白色。花萼为绿色,密被绒毛,顶端 5~6 裂,裂片开展。果呈纺锤形,长 8~15 毫米,具 5 棱,密被绒毛。

叶子花的主要观赏部位是苞片,苞片开放时,鲜艳如花,热情奔放,深受人们的喜爱。适合种植在花圃、公园等的门前两侧,也可种植在假山、花坛周边,做防护性围篱,在我国南方,多用作围墙的攀缘花卉栽培,北方则多盆栽,置于庭院、门廊和厅堂入口处,璀璨夺目。巴西妇女常将叶子花插在头上做装饰,别具一格。花也可入,有收敛止带、调经活血的功效。

叶子花色彩鲜艳,花形奇异,尤其是在苞片开放时,鲜红色的苞片在绿叶的衬托下,大放异彩,犹如孔雀开屏一样美丽。

观赏竹

1. 佛肚竹

佛肚竹又名"佛竹""大肚竹""密节竹""罗汉竹""葫芦竹",为禾本科莉竹属灌木状竹。原产于广东,现我国各地均有栽培。喜温暖湿润、阳光充足的环境,不耐干旱,怕水涝,怕烈日暴晒。不耐寒,越冬温度在10℃以上,否则容易受冻。在疏松、肥沃、排水良好的沙质土壤中生长良好。

佛肚竹丛生,无刺。秆无毛,幼秆为深绿色,略被白粉,老时变为浅黄色。正常秆呈圆筒形,畸形秆节密,节间较正常秆短,膨大呈瓶状。箨叶呈卵状披针形,初为深绿色,后变为橘红色,干时草黄色。箨舌很短,仅长 3~5 毫米。叶片呈卵状披针形,长 12—20 厘米,叶面和叶背均为绿色,表面光滑,背面有柔毛。

佛肚竹枝叶丛生,终年常绿,节间膨大,状如佛肚,奇异可观,在广东、香港等地可露地栽培。其他地区可盆栽观赏。盆栽时一定要用大盆,以椭圆形或长方形为佳,这样能给竹鞭提供较大的营养面积,有利于其水平横向生长。如果再往盆中放些小块湖石或石笋石,会更加秀美。

2.紫竹

紫竹又名"乌竹""黑竹",为禾本科刚竹属散生竹类。在我国陕西,湖北、湖南、江苏、浙江、安徽、福建等省均有分布,北京的紫竹院也有栽培。紫竹适应性强,较耐寒,可耐-20℃的低温,但忌积水。对土壤的适应性强,在疏松、肥沃的微酸性土壤中生长良好。

紫竹的秆散生,高4~10米,直径2~5厘米。幼秆为绿色,密被细柔毛及白粉,箨环有毛。一年生以后的秆逐渐出现棕紫色斑,最后全变为紫黑色,无毛。中部节间长约30厘米。箨环与秆环均隆起,且秆环高于箨环或两环一样高。箨耳发达,呈长圆形至镰形,紫黑色,边缘生有紫黑色、弯曲的长肩毛。箨舌为紫色,拱形至尖拱形,边缘有长纤毛。箨叶为绿色,脉为紫色,三角形或三角状披针形,舟状隆起,初微皱,后呈波状。每小枝有叶2~3片,叶鞘初被粗毛。叶片呈披针形,长5~10厘米,宽约1.5厘米,下面基部有细毛。笋期在4月,呈浓红褐色或带绿色。

紫竹秆紫叶绿,别具特色,是著名的观赏竹类,在园林中广泛栽培。竹材坚韧,可制小型家具、伞柄、手杖、笛、箫及各种工艺品等。

3.斑竹

斑竹又名"泪竹""湘妃竹",为禾本科刚竹属散生竹类。在我国湖南、浙江、河南、江西等省均有分布。斑竹的适应性较强,在肥沃、排水好的酸性沙质土壤中生长良好。

斑竹为中小型竹。秆高7~20米,直径5~15厘米。幼秆无毛,具淡紫色或紫褐色斑点。节间长达40厘米,壁厚5毫米左右。秆环略高于箨环,均隆起。箨鞘背面为黄褐色,有时带有紫色或绿色,有较密的紫褐色斑块及斑点,疏生淡褐色直立刺毛。箨耳较小,为紫褐色,呈镜状,有长而弯曲的遂毛。箨舌为淡褐色或带绿色,拱形,边缘有纤毛。箨片呈带状,中间为绿色,两侧为紫色,边缘为黄色。叶舌呈拱形或截形。每小枝有叶2~4片,叶片呈带状披针形,长5~15厘米,宽1.2~2.5厘米。笋期在5~6月。

斑竹秆粗大,具淡褐色或紫褐色斑点,多栽培供观赏。竹材坚硬,为优良用材竹种。

关于湘妃竹还有这样一个传说：在湖南九嶷山上住着九条恶龙，它们经常到湘江戏水，以致洪水冲毁庄稼，冲塌房屋。舜帝得知消息后，决定前往湘江为民除害，惩治恶龙。可是他这一去便杳无音信，他的两个妃子——娥皇和女英非常担心，便跋山涉水赶往湘江寻找丈夫。到了湘江，当地的百姓告诉她们舜帝除掉了恶龙，但因劳累过度病死在了这里。她们听后悲痛万分，抱头痛哭，眼泪洒在竹子上，绿色的竹秆上便呈现出了点点泪斑。

4. 孝顺竹

孝顺竹又名"慈孝竹""凤凰竹""蓬莱竹"，为禾本科刺竹属丛生竹类。我国长江流域以南各省区均有分布，美国、日本也有栽培。孝顺竹喜温暖湿润、阳光充足的环境，不耐寒。在深厚、肥沃、排水良好的土壤中生长最好。

孝顺竹秆高 4~8 米，直径 1~4 厘米。节间呈圆柱形，长 20~50 厘米，幼时被白粉及棕色小刺毛，后慢慢脱落，绿色，老时转为黄色。箨耳微小，边缘有遂毛，箨舌边缘呈不规则的短齿裂，箨片狭三角形，背面有暗棕色小刺毛。叶鞘无毛，叶耳呈肾形，边缘有细长遂毛，叶舌圆拱形。每小枝有叶 5~10 片，叶片呈线形，长 5~15 厘米，宽 5~20 毫米，叶面为深绿色，无毛，叶背为粉绿色，密被短柔毛。

孝顺竹形态优美，枝小叶细，四季青翠，多种植在围墙边缘或道路两侧做绿篱，也丛植在庭院以供观赏。若种植在假山旁边作点缀，更富情趣。秆材可劈篾编织，也是良好的造纸原料，叶还可供药用。

5. 刚竹

刚竹又名"胖竹""光竹""桦竹""台竹""柄竹"，为禾本科刚竹属竹类。在我国黄河流域至长江流域各地均有分布。刚竹抗性强，较耐寒，能耐-18℃的低温。在酸性土中生长良好，在 ph 值为 8.5 左右的碱土和含盐 0.1% 的土壤中也能生长。

刚竹秆高 10~15 米，直径 5~10 厘米，为淡绿色，中部节间长 20~40 厘米。新秆无毛,略被白粉,老秆节下有白粉环。秆环平,箨环微突起,秆箨底色为淡褐色或黄色,密布紫褐色或褐色的斑点及斑块,具绿色条纹,微有白粉。箨舌近平截或微呈弧形,长约2毫米,绿色,有细纤毛。箨叶呈带状披针形,外面绿色,有橘红色边带。每小枝有叶2~6片,呈带状披针形或披针形,长5~15厘米,宽2厘米左右,翠绿色,冬季变为黄色,笋期5月。

刚竹秆高,叶翠,秀丽挺拔,终年常青,多栽植于宅旁屋后、草坪一角、水池边,既美观又得体,也可在风景区种植绿化、美化。与梅、松一起种植,可形成"岁寒三友"之景。竹材坚硬,可供小型建筑、船帆横档及农具柄材使用。

刚竹有以下几种常见的栽培变种:

黄皮刚竹:新秆底色为绿色,有深绿色纵条,节下有深绿色环节。叶片绿色,常有乳脂色条纹,因此又被称为"黄皮绿筋竹"。

碧玉间黄金竹:秆为绿色,着生分枝一侧的纵槽为淡黄绿色,因此又被称为"绿皮黄筋竹",为著名的庭园观赏竹。

6.淡竹

淡竹又名"粉绿竹""毛金竹""红淡竹""花斑竹",为禾本科刚竹属中型竹。原产于我国,长江、黄河中下游各地均有分布,以山东、河南、江苏、浙江、安徽等省分布较多。淡竹适应性较强,较耐寒,能耐-18℃的低温,有一定的抗旱性,能耐暂时的流水浸渍,即使在轻度盐碱土中也能正常生长。

淡竹秆高5~15米,直径2~5厘米。新秆密被白粉,为蓝绿色,老秆为黄绿色或绿色,仅节下有白粉环。竿环和箨环均突起,箨鞘呈淡绿或淡红褐色,无毛,有紫色条纹及淡红褐色斑点,无箨耳。箨舌截平,紫色,有短纤毛。箨叶为绿色,有紫色细条纹,呈带状披针形。每小枝有叶2~3片,叶片呈披针形,长8~16厘米。叶舌为紫褐色或紫色,笋期在4~5月。

淡竹姿态优美,竹笋光洁,可大面积种植以绿化环境,在农村,人们多将其成片栽植于宅旁,除了观赏外,淡竹还有很多用途:竹笋味道鲜美,可供食用;竹竿材质优良,韧性强,篾性好,可用来编织各种竹器。

7.青皮竹

青皮竹又名"山青竹""小青竹""地青竹""篾竹""黄竹""广宁竹"等,为禾本科竹亚科刺竹属丛生竹类。原产于广西、广东,现华中、华东、西南各地均有引种栽培。常栽培于低海拔地的河边、村落附近。喜温暖湿润的气候,在疏松、肥沃的土壤中生长良好。

青皮竹秆高8~12米,直径3~5厘米,尾梢下垂,下部挺直。节间长30~60厘米,绿色,幼时密生向上的淡棕色刺毛,并被白粉。节处平坦、无毛。竹壁较薄,仅3~5毫米。箨鞘革质,坚硬光亮,背面近基部贴生暗棕色易落刺毛,先端稍向外缘倾斜,呈不对称的宽拱形。箨耳较小,高2毫米左右,呈长椭圆形,边缘具锯齿且有纤毛。大耳呈狭长圆形,略向下倾斜,小耳呈长圆形,不倾斜,比大耳小,约为大耳的一半。箨舌略成弧形,边缘齿裂,或有条裂,被短纤毛。箨片直立,呈卵状狭三角形,腹面粗糙,背面无毛。分枝较高,密集丛生达10~12枚。每小枝上有叶8~12枚,叶片呈线状披针形至狭披针形,长10~25厘米,宽1~3厘米。叶面无毛,叶背密生短柔毛,笋期为5~9月,花期为2~9月,种子形状似麦粒。

青皮竹植株高直,刚劲挺拔,枝稠叶茂,青翠秀丽,公园、庭院、房前屋后均可成片种植,是优良的观赏竹种。竹材通直,竹节平滑,材质柔软、坚韧,篾性好,是理想的编织用材,可用来编制各种竹器、竹笠、竹缆和工艺品等,也可加工成竹筷、香骨和牙签等。笋可食用,味道鲜美,肉质脆嫩。

花卉的栽培养护

1.栽培养护常识

（1）自制花肥

我们知道,养花肯定离不开花肥,但是花肥的选择却有一些讲究。这要根据花的需要来进行选择。但是市场上的花肥不一定都适合,所以我们可以自己动手来制花肥。

其实,在日常生活中,有很多废弃物都可以被人们用来制作栽培花卉所用的肥料。比如浸泡液肥、废物堆肥等。浸泡液肥是指用小缸（或小坛）将废菜叶、瓜果皮、鸡和鱼的内脏、鱼鳞、废骨、蛋壳及霉变的食物（如花生、瓜子、豆子、豆粉）等放入里面,加水并撒少许敌百虫（一种杀菌药）,后盖严,经过高温发酵腐熟后即可使用。使用时取其上部清液加水稀释后才能施用。此外,还可将上述废弃物掺些旧培养土,加些水,装入大塑料袋中,扎紧放置一段时间,发酵后再使用。

废物堆肥是指在适当的地点挖一个深60~80厘米的土坑,垫10厘米炉灰末,将烂菜叶、禽畜内脏、鱼鳞、鸡鸭粪、蛋壳、肉类废弃物以及碎骨等物,放入坑内,洒一些杀虫剂,上面盖一层约10厘米厚的园土,坑内保持湿润,以促进肥料腐熟。自制废物堆肥时,最好在秋、冬季堆制,经春季升温腐熟无恶臭气体时,即可掺入培养土中做基肥;也可用4毫米筛子趁湿过筛搓成团粒,比较细的做追肥,粗的做基肥。

自制肥料不仅营养丰富并且具有环保的作用,所以是家庭养花的首选肥料。它不仅能满足花卉的营养需求而且也不会造成资源浪费。因此,目前花卉爱好者差不多都选择这种做法给花施肥。

（2）家庭无土栽花

有一些家庭是在高楼大厦里,他们想养花但又害怕花土会被风吹入室内。为了满足这些人的需求,花卉界就研究出了用无土培养花卉的方法。用无土栽花,具有生长快,品质好,清洁卫生,病虫害少,节省肥料,节约用水,劳动强度小,省工省时等诸多优点。但是,一定要掌握好家庭无土栽花技术才行,无土栽培需要注意如下事项:

一是科学栽植。家庭无土盆栽可选用塑料盆、素烧盆等普通花盆栽时先将各种基质按一定比例混合或单独装入盆内,再将长出 3~5 片叶子的幼苗栽植在盆中央:栽前先把带土的根系放在清水中,轻轻地将根泥洗净,再把根部放入比正常浓度营养液稀 5~10 倍的液中浸泡 10 分钟,让其充分吸收水分;栽好后上面盖一层石英沙子或小石子,使植株固定,并立即从容器四周浇入 0.5 倍的营养液,直到盆底排水孔有营养液流出为止。

二是合理安排营养。栽后应每隔 1~3 天浇一次水,7~10 天浇一次稀营养液;浇营养液的次数及多少,根据花卉种类、植株大小、不同生育阶段、季节以及放置地点等而定。生长期间大苗 7~15 天浇一次营养液,小苗 15~20 天浇一次,休眠期约一个月浇一次:内径为 20 厘米左右的花盆如果栽的是阳性花卉,每次浇约 100 毫升营养液,阴性花卉应酌量减少;如果使用的是长效花肥,其用量要参考产品说明书的规定:浇营养液时宁可少些,不可过多,若施用过多,常易造成焦叶;一般每月彻底更换一次营养液,并洗净盛营养液的容器:平时容器内装营养液的数量约为容器深度的 2/3 为好:若装得太多,使根系全部泡在营养液中,容易因缺氧而引起烂根。

三是注意浇水。无土养花,还要根据不同种类花卉对水分的需求量及时浇水。为了避免营养液流失,最好选用不漏水的容器。较适合家庭使用的容器由两部分组成,上面为一个装有基质的花盆(底部多孔),将花栽入其中,下面安装一个不漏水的装营养液的容器;使用这种容器栽植时,植株根系伸入营养液前,需适当多浇些水,每 5~7 天浇少量稀营养液,待根系伸入营养液后即正常管理。

(3)花木春季枯死的原因及预防

我们知道,春天的花木应充满生机和活力,但有的盆花和树桩发出几片嫩叶后就开始枯萎,甚至死亡。这到底是为什么呢? 经过专家的研究,主要有以下几点原因:

①浇水过多

浇水过多会使盆土中的水分长期处于饱和状态,此时,植株的根系就会缺少氧气的供给,因呼吸不良而腐烂或霉变,最终导致死亡。

②施肥过量

施肥过量或施肥浓度过高,均易引起烧根、导致植株枯萎死亡。特别是新换盆的植株,它的根系吸收能力比较弱,消耗的主要是自身体内的养料和水分,此时施肥过多最易烧坏它们的嫩根。

③出棚过早

春季的天气忽冷忽热,温差较大,如果过早地将花木搬出棚外,花木无法适应外部快速变化的天气状况,就容易引起死亡。另外,刚栽入盆中的花木,在刚长出新叶时就拿到阳光下照射,会加快其蒸腾作用,造成植株因失水过多而死亡。

④供水不足

如果花木的盆土长期处于干旱状态,花木吸收不到足够的水分,就会发生缺水现象。并且春季气温回升较快、风大、水分蒸发快,这就很容易造成花木水分供求不平衡,最终导致死亡。

⑤酸碱度不当

我们知道,植物的生物学特性各不相同,有的喜酸性土壤,有的喜碱性土壤。如果将喜酸性土壤的植物(如茶花、杜鹃)种于碱性土壤中,植物无法生存,自然会死亡,反之亦然。

⑥病虫危害

春天是万物复苏的季节,在花木成长的同时一些危害花木的小虫子也慢慢活跃起来。能够造成花木枝叶枯萎甚至植株死亡的主要虫害有介壳虫、蚜虫、金龟子和天牛等,它们有的吸取植物组织内的汁液,有的危害花木根部,有的蛀入木质部。造成花木死亡的病害有白粉病、白绢病和立枯病等。

以上是能够引起花木枯死的原因,但是要如何去预防这些现象的发生呢? 结合现实生活,我们列举了以下几个方面的预防措施:

A 适量浇水。对于一般花木来说,浇水的原则是:不干不浇,浇则浇透。在花木培育过程中,浇水过量的初步症状是:幼叶变为淡黄色,老叶变化不大或颜色变暗。当出现这种症状后要适当减少处于干旱状态的植株,要加大浇水量,有时可将整盆花木放入装满水的桶中,让其浸一段时间,使盆土浸透。同时向花木叶面喷水,确保水分供求平衡。轻度干旱的症状表现为:先是老叶发黄,并逐渐向新叶发展。

B 合理施肥。盆花的施肥原则是:薄肥勤施,即每次施肥的量要少,施肥的次数要多。为了满足花木对养分的需求,必要时可配制 0.5% 的尿素液肥或 0.25% 的磷酸二氢钾液肥进行叶面施肥。施肥过量或施肥浓度过高,均会引起肥害。轻度肥害的症状表现为:老叶逐渐枯黄脱落,新叶则肥厚有光泽。

C 及时出棚。所有的花木都不要过早搬出棚外,应待天气状况稳定后再搬出。特别是对新上盆的花木更不要过早搬出棚外放在太阳光下照射,而要放在棚内或阴凉通风处养护一段时间(一般要到 4 月中旬以后),待其生长稳定后,方可逐步移到太阳光下。

D 盆土配制。在盆土配制过程中,既要考虑其肥力状况,更要考虑它的酸碱度,看它是否符合所种花木的生物学特性。如果酸碱度不符合要求,要尽快按要求配制新土。

(4)花卉病虫害的识别

在日常生活中,我们见到的花数不胜数,然而健康的花却并不多,那么花为什么会不健康呢? 人们往往不按病理去给花治病,结果是越治越差劲。其实,花卉病害,一般可分为生理病害和寄生性病害两类。

生理病害,主要是由于气候和土壤等条件不适宜引起的。常发生的生理病害有:夏季强光照射引起灼伤;冬季低温造成冻害;水分过多导致烂根;水分不足引起叶片焦边、萎蔫;土壤中缺乏某些营养元素,出现缺素症等等。

寄生性生病害是由于真菌、细菌、病毒、线虫等侵染花卉引起的。这些生物形态各异,但大多具有寄生力和致病力,并具有较强的繁殖力,能从感病植株通过各种途径(气孔、伤口、昆虫、风、雨等)传播到健康植株上去,在适宜的环境条件下生长、发育、繁殖、传播,周而复始,逐步扩大蔓延。因此,这类病害对花卉造成的危害最大。

真菌是没有叶绿素而具有真核的低等生物。它以菌丝体为营养体,以孢子进行繁殖,是花卉病害中最主要的一类。真菌病害多数具有明显的病征,如霉状物、粉状物、锈状物、点状物、丝状物等,这些特征是识别真菌病害的主要依据之一。常见的真菌性病害有白粉病、炭疽病等。

细菌是一类单细胞的原核生物,用分裂方式繁殖。细菌病害的特征主要是受害组织呈水渍状或病斑透光,以及在潮湿条件下从发病部位向外溢出细菌黏液,出现"溢脓"现象,这是识别细菌病害的主要依据之一。常见的细菌性病害有鸢尾细菌性软腐病等。

病毒是一种极其微小的寄生生物。必须用电子显微镜才能观察到它的形态。它寄生于花卉活细胞组织内,并能随着寄主汁液流动在花卉体内运转扩散到全株,引起全株病害。病毒病常呈现花叶黄化、畸形,有水仙病病毒等。

线虫属于低等动物。线虫体形细长,两端稍尖,体长一般为1~2毫米,好似一条蛔虫。少数线虫的雌成虫呈球形或梨形。多存活于土中,寄生在花卉根部,刺激寄主局部细胞增殖,形成瘤状物。常见的线虫病害有仙客来根结线虫病等。

在了解花卉病虫害的原理后,就可以根据不同的症状去识别不同的致病原因,然后对症下药,做到有的放矢,让你养的花更健康更美丽。

(5)不宜过多浇水的花卉

夏季天气比较干旱,有些花卉一到中午就会出现缺水的症状,所以这时人们就会给它们进行施水。其实这种做法是极端错误的,因为中午是植物蒸腾作用最强的时候,如果此时给花卉浇水会导致它们失去更多的水分,并且有些花卉并不是浇水越多越好。比如:仙人掌类、多浆类花草都是耐旱怕涝的,像仙人球、仙人掌、芦荟、令箭荷花、落地生根等等,若盆土久湿或被雨淋,最容易引起叶腐、根烂等情况。

另外，肉质根类、球根类花卉，如兰花、牡丹、芍药、君子兰、大丽花、大岩桐、吉祥草、仙客来、鹤望兰等，也会因涝而死。还有一些木本花卉也很怕涝灾，如梅花、寿桃、桂花、杜鹃、蜡梅、含笑、三角梅、南洋杉、巴西木、金边瑞香和海棠类等等。如被水浸3~5天，即会生命垂危，难以挽救。一些习性喜湿的花卉也怕水涝，如菊花、茉莉、米兰、文竹等，因盆土过湿或久被雨淋，根部会窒息而亡。

所以，并不是给花卉浇的水越多越好。对那些怕涝的花卉有没有预防措施呢？答案是肯定的，一般而言对于不耐涝的花卉要注意以下几方面：

①怕涝的地栽花木应选好地势，宜栽于干燥而又高的地方，千万不可植于低洼地。

②对有致涝危险的地栽花木，雨季到来之前应挖好排水沟，植株根部要培土加高，名贵的花树在培土后最好再用塑料布围起来。

③梅雨期间应把盆花及早搬至避雨处。如盆花数量大，来不及挪动，也要就地扳倒，以防积水。

④盆栽花木事先应凿大盆底排水孔，孔上用一片窗纱盖住后，加一层较大的砖块、炭渣或木炭块，使多余的水随时排出。地栽畏涝花木栽植之前，也应挖深树坑，坑底铺一层较厚的沙砾或炭渣，这样做有利于渗水。

⑤对畏涝花木浇水，一定要掌握见干见湿的原则，尽量用多喷少灌的方法浇水。浇时既要防止"拦腰水"，又要防止盆内积水。

⑥对已受涝灾的花木，应及时把湿土坨磕出，剔除湿泥，将植株放在阴凉通风处，适当向枝叶喷水，待植株恢复活力后，重新换土上盆。

(6)夏季注意盆花浇水

夏季气温高、光照强，盆花水分的蒸腾速度也随之加快，很容易造成盆土干旱。所以，对于盆花而言，夏季浇水十分重要。

夏季中午盆土的温度较高，根系吸水较快。如果在此时浇冷水，会使盆土温度骤降，影响植株根系的正常机能。使根系吸水发生困难，破坏植株水分代谢的平衡，导致植株出现萎蔫,影响生长。所以夏季给盆花浇水最好在早晨或傍晚。

夏季盆花的呼吸作用旺盛,要求盆土通气性良好。浇水过多,会造成盆土透气不良,影响根系的正常生理活动,严重时还会导致烂根。所以盆土不干时一般不要浇水,干旱时浇水就要浇透,切不可只浇至花盆半腰。夏季花盆土往往因过干而出现龟裂,所以浇水不能一次了事。否则水会从土缝中直漏盆底,而大部分盆土仍很干燥,翌日植株仍会缺水萎蔫。一般第一次浇水后要稍等片刻,待土壤裂缝闭合后再浇一次。在盆花出现萎蔫时,其细胞因失水而干缩,立即浇水会使细胞壁很快吸水向外膨胀。而细胞原生质吸水较慢,不能相应增大,会因受到拉力而被撕破。大量细胞原生质被破坏对植株影响很大,甚至会造成死亡。比较合理的做法是:先将萎蔫的盆花移至避风阴凉处,向叶面及盆土喷少量水,待植株有所恢复后再浇透水。

(7)盆景中"杂草"的妙用

盆景通常以土壤为介质栽种盆景花木。但是,在盆土里,随着季节不同会长出各种各样的杂草。这些杂草既消耗盆土里的有限营养,又影响盆景植物的通风和采光,还影响盆景作品的整体观赏效果。所以"除草"便成为盆景养护和管理过程中重要的、日常性的工作。

其实,事物都是一分为二的。盆景中的杂草也有它的妙用。我们弄清了盆景杂草对盆景养护的有利方面,就能做到"科学除草"。

①盆草是"干湿计"。适当留几株杂草,可以观察盆土的干湿状况,为我们日常浇水提供参考。喜湿盆景植物,盆草略蔫就需要浇水;需要略干或控水的盆景植物,盆草全蔫再浇水。而杂草的生命力一般比较顽强,见水即可复活。

②盆草是"肥力计"。适当留几株杂草,可以观察盆土的肥力状况,为我们日常施肥提供参考。一般杂草的根系比较发达,对盆土的肥力状况反映比较敏捷,"草旺则肥足,草弱则肥缺"。但我们还要区别不同情况:对于养坯阶段的树木要促其增大增粗,就要勤施肥,保证充足的肥力;对于已经成型需要控制的树木,就要少施肥或不施肥。

③盆草是"疏松计"。从清除杂草的角度来看，因为杂草的根系比较发达，经常拔除杂草，可以疏松盆土，提高盆土的通透性，以利于盆景植物生长。

从保留少数杂草的角度来看，我们可以拔起一株杂草，来观察盆土的板结状况，为我们日常换盆换土提供参考。一般来说，一棵草可以连根拔起，并且能够带起周围的土壤，说明盆土是疏松的；如果一棵草很难连根拔起，或者只能拔断根部以上部分叶苗，说明盆土是板结的，就需要换土。

④盆草可以反映光照、通风等环境生长条件。适当留几株杂草，可以观察盆景的环境生长条件，为我们改善条件或更改养护地点提供参考。一般来说，每种杂草都有其固有的生长特性，一旦它的固有特性被改变，就说明"此地环境不宜"，就需要改善条件或更改养护地点。

⑤盆草可以"保护水土"。盆景里的土壤是有限的，而有限的土壤又是容易干燥的。适当地保留部分小巧、低矮、美观的盆草，既可以保水保湿，又可以固沙护土，同时也能起到盆景苔藓的作用。

⑥盆草可以预防"烂根病"。实际上，盆景植物的烂根同农作物的烂根原理是一样的。主要发生在夏季高温高湿、连续阴晴交替的气候条件下。由于植物根部地下部分湿度过大，土壤透气性差，植物根部呼吸困难；地表土被大雨砸得非常板结，缝隙被泥浆灌满，地表上下之间的空气很难互通；剧烈的阳光照射，使地面湿土中的水分迅速变成水汽向上升腾，形成上升气流，而根部的氧气供不应求，使树根窒息而死。在盆土里适当保留几株杂草，如果遇到上述恶劣天气，选择大雨突晴的时机，在盆内不同部位拔出 2~3 株小草，就可大大降低烂根病的发生，而且效率很高。

⑦盆草可以提高盆景的观赏价值。自然美是盆景作品艺术美的重要内容。盆景中有意保留部分杂草，并配合其他要素如山石、亭桥、溪流、苔藓及其他辅助植物等，安排得当，可以大大提高盆景作品的自然气息，而且还可以使作品的意境更加逼真。

因此，我们在盆景的日常养护和管理中，要有目的、有意识地保留一部分有利用价值的杂草,来提高我们的管理效能。

2.常见花卉养护

(1)白兰花

适合土壤:肥沃、排水性好的微酸性砂质土壤

生长高度:300~400cm

观赏特性:叶色黄嫩、姿态挺拔、花形优雅、气味芳香,是南方女孩钟爱的夏季小饰品

摆放位置:南方一般露地栽培,北方常见盆栽。可布置于庭院、厅堂、会议室等处

栽培与养护

温度:生长适温为 25~35℃,冬

白兰花

季室温保持在 10~12℃为佳.最低适应温度为 5℃,适应低温的能力不强。

光照:在光照充足的条件下能长得很快,若光线不足,有可能不开花。夏季无须太多光照,但也不宜久放于庇荫处,否则会出现只长叶不开花的现象。霜降后必须放入室内养护。

水分和湿度:水分过多会使其生长过快而影响株形,叶片微微软垂时最适宜浇水。肉质根系,因此对水量反应灵敏,怕积水又不耐干。生长期生长迅速,要充分浇水,入冬后应停止浇水。

修剪:四季均可修剪,剪去太长和太密的枝叶,以保持植株造型美观。

施肥:讲究薄肥勤施,以施放饼肥为主。如果长期不施肥就会发生叶片变黄、脱落的情况。可在春季时施通用的综合型普通肥料 1 次,若希望植株长得快,则可以在夏、秋季

节各施放 1 次。南方很多老人把鸡粪当作有机肥施用,因为鸡粪中富含氮元素,能促进叶片生长。

注意事项

白兰花最忌烟气、台风和积水,呵护越细致,花叶越繁茂。白兰花如果出现不长高或者长速缓慢的情况,原因可能是土壤排水性不好,或者是土壤偏碱性。盆栽白兰花适宜种植在腐殖土中,并可以在种植盆底部铺上小颗粒碎瓦片或者两层陶粒,这样可以促进植株根部顺利生长。

(2)栀子花

适合土壤:疏松、肥沃、轻黏性酸性土壤

生长高度:10~200cm

观赏特性:花朵分为单瓣和重瓣两种,单瓣花形类似风车,重瓣花形则像月季,花色雪白、花瓣稍厚、花香浓郁、日夜飘香

摆放位置:可摆放于窗台、书房、书架、办公桌等处

栽培与养护

温度:喜温暖,生长适温为 15~25℃,一般情况下在寒露前后移入室内,并放置于屋内向阳处。

光照:喜阳光,适合全日照,光照充足时长势良好。略具耐阴性,不能在正午时将其一直放置于强光之下,夏季应该将其摆放在光线好的阴凉处。

水分和湿度:生长期需较多的水分,尤其春季新枝萌发与夏季花苞发育时必须保证水分充足,但不能过湿,盆土发白时再浇水,否则易长出青苔,影响枝叶正常生长。夏季要将花盆置于阴凉处,并经常向植株及其四周喷水,增加空气湿度。

修剪:一般在生长旺盛期快要结束前进行修剪,修剪去除顶梢,以促进之后的分枝萌发,保持株形的圆满美观。

施肥:喜肥,以多施薄肥为宜。生长旺盛期可施沤熟的豆饼、麻酱渣等肥料,能促进

枝叶繁茂,使叶色浓绿光亮。入夏后,气温升高,生长渐旺盛,可每周施放液肥 1 次,也可以 0.2% 的硫酸亚铁水或者矾肥水交替施放,对植株的生长和花朵的繁茂非常有利。

注意事项

栀子花容易黄叶,治愈之后还是经常会出现黄叶的情况。这主要是由于土壤呈碱性或缺铁而造成的,缺铁的丧现足栀子花幼嫩叶片的叶脉间会发黄,严重缺铁时整个植株的叶片都发黄,甚至会出现焦叶或枝条枯萎的情况,最后造成植株死亡。在 5~9 月生长期发生黄叶病,可在肥液中加入 0.1% 硫酸亚铁或 0.5% 硫酸铵,每月施用 1~2 次,收效甚好。

(3) 茉莉花

适合土壤:富含腐殖质的微酸性砂质土壤

生长高度:50~200cm

观赏特性:叶片葱绿,花色洁白,清香宜人,花枝柔美

摆放位置:可点缀于窗台、书房、书架、办公桌等处,还可栽植于花坛、园路边缘处

栽培与养护

温度:喜热畏寒,生长适温为 15~25℃,一般情况南方地区可以在室外过冬,北方地区需要在秋末冬初时移入室内,将其放置于室内向阳的地方,开春温暖后可以移至室外。

光照:喜充足光照,不耐阴。光线充足则植株生长健壮、叶色浓绿、花多叶茂、花蕾丰满、花香馥郁,光照不足则枝节稀落、花蕾纤弱。

水分和湿度:不耐干旱又忌积水。盛夏季每天要早、晚浇水,若空气干燥,应向植株及其四周补充喷水。要注意避免在正午时浇水;雨季要及时倒出种植盆内的积水;冬季休眠期,要控制浇水量,若土壤过湿会引起烂根或落叶。

修剪:分枝性强、耐修剪。春季换盆后需要进行摘心整形,花期过后要及时摘除残花,修剪顶枝,令新花蕾和花芽萌发。修剪枝干时,保留基部 10~15cm。促发的新梢在 10cm 左右时,可以进行摘心处理,有利于 2 次发梢和开花。

施肥:喜肥,花期需多施肥。平时每周浇 1∶10 的矾肥水 1 次。第 1 次开花后,宜用豆饼作追肥,并施于表土中。开花时施适量骨粉、磷肥,可使花香浓郁。在开花旺盛期,可每 4 天施肥 1 次,一般上午浇水,傍晚浇肥,有利于其根部吸收。浇肥不宜过浓,否则会导致烂根。

注意事项

为使盆栽茉莉花株形丰满、美观,花谢后应立即剪去残败花枝,以促使基部萌发新枝,控制植株高度。在春节发芽前可将去年生枝条适当剪短,保留基部 10~15cm,如果新枝生长旺盛,应在生长至 10cm 时摘心,促发二次发梢和开花,提高观赏价值。另外,修剪应在天气晴好时进行。

盆栽茉莉花叶片发黄的原因有大致三种:①浇水过量、盆上不透气,应该马上减少水量,让其多见阳光,并改善土质。②土壤碱性过强,可在生长期间施用稀薄硫酸亚铁水溶液。③养分不足,长期没有换盆土或施肥,造成养料供不应求,可施用稀释液肥逐渐缓解。

（4）米兰

适合土壤:腐叶土或疏松肥沃、排水好的中性土

生长高度:50~200cm

观赏特性:花小、花期长、嫩黄色,开花时像整株树挂满小珍珠,香气袭人、沁人心脾

摆放位置:常栽植于绿地、公园、庭院及校园等处,盆栽常用干装点阳台和居室

栽培与养护

温度:生长适温为 20~25℃,不耐寒,冬季当最低气温降至 5℃左右时,可将米兰移入温度为 5~10℃的室内越冬。米兰在低于 5℃的环境中易遭受冻害。米兰对温度十分敏感,当气温达到 16℃时,植株抽生新枝,气温升至 25℃时,植株生长旺盛。

光照:适合全日照,属于阳性树种,可置于阳光充足、空气流通处,除盛夏中午需要为米兰遮阴以外,应使米兰多见阳光。如果阳光不足,米兰的枝条容易徒长,花香还会逐渐

变淡,甚至不香。

水分和湿度:怕干旱,耐半阴,忌积水。夏季气温高时,除每天浇水 1~2 次以外,还要经常向植株及其四周喷水,提高空气湿度;冬季减少浇水次数,每两天浇水 1 次。浇水频率还可参照叶片状态,如果叶片失去光泽或者软化时就应该补水。

修剪:米兰天生整齐,树形也非常美丽,不需过多修剪。

施肥:由于米兰 1 年内开花次数较多,所以每开过 1 次花之后都应及时追施充分腐熟的稀薄液肥 2~3 次,这样才能使其开花不绝、香气浓郁。

注意事项

米兰能吸收空气中的二氧化硫和氯气。据检测 1000g 米兰叶片可吸收 4.8mg 氯气,同时米兰花朵能释放具有杀菌效果挥发油,能有效净化空气。米兰是酸性植物,较不适应北方的碱性土壤,可用稀释 150~200 倍的家用的米醋溶液喷洒叶面,除了可以增加叶片的光泽度外,对病虫害也有较好的抑制作用。

(5) 荷花

适合土壤:肥沃的河泥

生长高度:50~150cm

观赏特性:花和叶形态都很美,花色有白色、粉色、深红色、淡紫色

摆放位置:盆栽荷花可置于装饰阳台、卧室、书房等处,落地栽种则适合片植于公园湖区内

栽培与养护

温度:喜温暖,生长适温为 15~25℃,冬季入室越冬.白天室温要求 10~15℃。

光照:全日照植物,生长期尤其需要充足的光照。花期时可置于室内光亮处欣赏,日照不足就难以开花。夏季应置于阴凉处,保持通风凉爽,冬季亦需要充足的光照。

种植环境:种植荷花的盆器因荷花的种类而有所差别,迷你品种用 15cm 宽、10cm 深的盆即可种植,小型品种则应选用 25cm 宽、15cm 深的盆,中型品种需选用 40cm 宽、30cm

深的盆,大型品种一般需要田植,宽 60cm 以上,深度在 90cm 以上的盆方可满足此品种荷花的最佳生长需求。

修剪:花苗萌发的时期需要进行多次摘心,以增加荷花分枝和孕蕾。开花后应及时剪除残败花枝,利于新叶萌发,但是修剪过度会导致枝叶数量减少从而延缓植株的生长速度,致使花期延迟。若不采集莲子,可在花后将烂枝剪掉。冬季时不必理会荷花的枯萎,顺其自然即可。

施肥:不喜大肥,种植时,先在缸底铺适量的腐殖土,再铺上干净、肥沃的河泥,生长旺盛期不需施重肥,若开花时花蕾不易萌发可加一点营养液等水肥,或者在种植池中养殖金鱼。施肥过量会造成植株死亡。

注意事项

春季时,荷花易遭受蚜虫和毛虫的侵害,要注意及时防治。如果种植在荷塘当中,则要注意螺类啃食荷花的嫩叶。夏季如果蚊虫滋生,可以往水中投放几条小鱼,如孔雀鱼、斑马鱼等。

(6)君子兰

适合土壤:富含腐殖质,排水良好的砂质土壤

生长高度:30~50cm

观赏特性:叶片直立似剑、碧绿光亮,花朵亭亭玉立、花姿优美、花形规整

摆放位置:常用于装点阳台、窗台等处

栽培与养护

温度:喜温暖,生长适温为 15~25℃,5℃以下或 30℃以上时生长受抑制。高于 25℃时,叶片徒长,影响花芽分化,注意通风降温;低于 0℃时会冻死。昼夜温差大的季节非常有利于植株的生长。

光照:生长过程中不需强光,尤其夏季更要避免强光暴晒。植株叶片宽大,具有一定的耐阴性,喜半阴环境,在 50% 透光环境下生长,植株叶片会越发翠绿。若植株的某一侧

长时间受光,会导致叶片生长方向混乱,打破株形的平衡,因此,需定期转动花盆,使叶片均匀受光。

水分和湿度:喜温暖、湿润的生长环境,肉质根发达,有一定耐旱能力,忌积水,浇水要遵循见干见湿的原则。生长旺盛期的盆土湿度一般应保持在 80% 以上,不能低于 60%。每周可以用茶叶水擦拭叶面,使叶片清新、光亮。

修剪:开花后如果不需要保留花种,则应及时剪去花茎,以减少水分和养分的消耗,如果花茎软烂会使整个植株的健康受到影响。

施肥:上盆一个月即可施肥,10~15 天施肥水 1 次,夏季停施。在春季可以在两次生长高峰到来的前半月,施放干豆饼或鸡粪,施肥时不要离根太近,以免烧根。秋后孕蕾时施加磷肥,可使花大色艳,施肥时要避开叶片和叶鞘。

注意事项

君子兰在开花时常出现花箭在叶鞘中抽不出来的现象,原因可能是温度不适或昼夜温差较小。君子兰所处环境的温差以 6~10℃ 为佳。水分不足也能引起夹箭的情况,应注意定期松土,环境温度过低时可以用温水浇灌或者将稀释后的啤酒浇入君了兰的根部,促使花箭抽出。

(7)观赏凤梨

适合土壤:田园土或是泥炭土和珍珠岩各半混合的土壤

生长高度:30~50cm

观赏特性:叶片翠绿,向四周分散,开花时花色鲜艳美丽、光亮喜人,寓意财源广进

摆放位置:可摆放于客厅、书房、窗台等处

栽培与养护

温度:喜温暖,3~9 月适温应在 21~27℃,9 月至翌年 3 月适温应在 16~21℃,冬季适温应不低于 5℃。

光照:冬季可全日照,春、秋季早晚要有光照,夏季不能长时间被阳光直射。日照充

足,则叶面色泽更加艳丽、光鲜照人。

水分和湿度:适应性强,对水分要求不高,短时间缺水,对生长无明显影响。生长旺盛期可适当增加浇水次数,叶筒中也可灌注少量清水。夏季高温时应常向叶面喷水,冬季盆土以偏干为宜,但不宜过干。

修剪:一般无须修剪,花后应及时剪去花茎,冬季要及时摘除黄叶,以减少水分和养分的消耗。

施肥:每隔20天施放腐熟有机液肥或者含有氨、磷、钾的全面肥料。在5~9月,每周施氮肥1次,花前适当增施磷、钾肥,以使花大色艳。开花后凤梨进入休眠期,需将花梗剪除,以减少养分的消耗。

注意事项

凤梨苞片的颜色有时候会变暗、变淡或者失去光泽,这是由于植株根部长期积水而造成的。可调整浇水次数,每周浇1次即可。也有可能是因为凤梨对光照十分敏感,在光照不足的情况下,叶色和花色就会暗淡无光,应使其充分照晒阳光,但是在中午和夏季应适当庇荫。

观赏凤梨没有毒性,但是某些种类的观赏凤梨的叶子边缘有刺,应将其放置儿童够不着的地方。

(8)仙客来

适合土壤:微酸性的腐叶土

生长高度:20~40cm

观赏特性:叶片肉质、花纹奇特,开花时花瓣形如兔耳,小巧可爱。花朵簇拥于花茎顶端,雅致出尘,红似火、粉似霞

摆放位置:可放置在几案、花架、书桌、电视柜旁

栽培与养护

温度:喜温暖,但是怕高温,生长适温为10~20℃。冬季温度低于10℃则叶片开始发

黄,夏季温度超过 30℃时开始休眠,35℃以上易腐烂死亡。冬季应置于室内越冬,可耐 5℃的低温,夏季则应置于凉爽通风处。

光照:生长期极喜阳光,但在午间温度最高时仍需庇荫。幼苗时需为其遮阴,10 月至开花之前,需增强光照和通风,从而使花期得以延长。

水分和湿度:浇水遵循见干见湿的浇水原则,切忌土壤过湿。生长期可每天上午适量浇水 1 次,由花盆边缘处缓慢向盆内浇灌,花期过后要减少浇水次数,2~3 天浇水 1 次。7 月底停止浇水,让叶片枯萎,使块茎进入休眠期。翌年春天恢复浇水,长新叶后适当加大浇水量。

修剪:一般无须修剪,如果叶片过密,可以酌情疏叶,使得养分集中供养,使开花繁多、花大色艳。在摘除残花花茎时,需要喷洒少量杀菌溶液,防止残留的腐液感染其他花茎和叶子。

施肥:生长期每周或者每 10 天施放稀薄肥水 1 次,花梗抽出时增施骨粉或过磷酸钙 1 次。花期应停止施肥,以免落蕾。切忌使用浓肥,以免烧伤植株根部。

注意事项

仙客来常常会出现植株整体生长缓慢甚至停止生长、叶片卷曲、开花少而小、颜色暗淡的情况,其原因可能是室温过低和光线太暗,可以将植株移至窗台等光线充足的地方,并使室温至少在 5℃左右。如果卷曲的叶片互相遮盖,应该想办法将它们分开,让每一个叶片都能接受阳光的照射,均匀生长。

仙客来不易种植,需要很大的耐心,但是种植的过程也很有趣,而且春季开花时能使居室显得生机勃勃,让人身心舒畅。休眠期不宜为仙客来换盆,也不可大盆栽种小植株。休眠期过后的夏季,仙客来球根逐渐恢复生长,应更换新盆和新土,去除腐烂的根后再种到花盆中。

(9)萱草

适合土壤:富含腐殖质、排水好的湿润泥土

生长高度:60～100cm

观赏特性:花期长,呈橘红色,花大色艳、花瓣上翻,叶片翠绿柔软

摆放位置:盆栽于阳台、卧室、书房等处

栽培与养护

温度:喜温暖、耐寒,但是在夏季需要注意通风、降温,并将其放置于凉爽处。冬季温度在0℃以上即可安全过冬,短时间内能耐-3℃的低温,在南方与华北地区则可以露地越冬。

光照:喜阳光又耐半阴,将其放置在室内光线明亮处为佳。春、秋季最好能每天将植株移入户外遮阴处一段时间,早晚多让其照射阳光。夏季则要避开中午的直射光。

水分和湿度:春季萌芽后可适当浇水,生长期浇水应遵循见干见湿的原则。冬季蒸腾量减少,要相应减少浇水的次数和水量。夏季需要较高空气湿度,空气湿度应在50%以上,夏季在叶面上喷洒清水以降低温度。

修剪:一般无须修剪,如果叶片过密可以酌情疏叶,使养分集中供养,花叶繁茂、花大色艳。

施肥:生长期中每2～3周施追肥1次,生长开始至开花的周期长,所以要施足肥料。入冬前施放腐熟有机肥1次。

注意事项

萱草花色鲜艳、绿叶成丛,极为美观,并且易于栽培。《博物志》中说:"萱草,食之令人好欢乐、忘忧思,故曰忘忧草。"萱草很容易受到叶斑病的侵害,发现叶斑时,要及时用50%托布津可湿性粉剂800倍液喷雾,向萱草的叶面和叶背面喷洒,每隔7天喷药1次。如果正值花期,应该及时摘除被感染的花朵。

(10)天竺葵

适合土壤:疏松、排水好的沙质土和泥炭土

生长高度:30～60cm

观赏特性:花期长,只要环境适宜,可以一直开花,花色缤纷艳丽,群花密集如球,有小绣球之称

摆放位置:盆栽可装饰阳台、卧室、书房等处,落地栽种适合片植于公园和开发性区域内

天竺葵

栽培与养护

温度:喜温暖,生长适温为 15~25℃,冬季入室越冬要求白天的室温为 10~15℃,最低越冬温度为 5℃。

光照:生长期需要充足的光照,花期时,可将其置于室内光亮处欣赏。日照不足就难以开花,夏季将其置于阴凉处,保持通风凉爽,冬季也需照射充足的阳光。

水分和湿度:耐旱、怕积水,浇水应遵循见干见湿的原则。土壤过干会引起叶片枯黄,过湿则会引起落花、落蕾。6、7月份是半休眠期,应控制浇水量,定时定量进行浇水;夏季可以喷洒清水在叶片上使其降温。

修剪:花苗萌发时期需要多次摘心,以促进增加分枝和孕蕾。开花后应及时剪除残败花枝,使新叶萌发和发出新的花茎,但不可修剪过度。

施肥:不喜大肥,可以半个月追施稀薄肥水 1 次,每周在根外追施 0.1% 的磷酸二氢钾溶液 1 次。生长期每半月施放腐熟饼肥水 1 次,氮肥不宜过多。花芽萌发期,每两周施放骨粉 1 次。

注意事项

天竺葵可以吸收过氧化氢和二氧化氮、净化室内空气,同时对二氧化硫比较敏感,可作为二氧化硫污染的监测植物。天竺葵的花和叶子可以提炼天竺葵精油,其味道甜而略

重,有点像玫瑰又有点像薄荷。天竺葵适宜摆放在卧室,可以使卧房如同玫瑰园一般,同时能调节人体荷尔蒙、刺激淋巴排毒,并可平衡皮肤油脂分泌,更是一种芳香的驱虫剂,在卧室中栽种天竺葵,实在是既经济实惠又浪漫温馨。

(11)球根秋海棠

适合土壤:疏松、肥沃的微酸性土壤

生长高度:20~30cm

观赏特性:花多而色彩丰富艳丽,株形优美、窈窕明丽

摆放位置:将它点缀于客厅、橱窗处,花姿动人;将它布置在花坛、花径和入口处,窈窕多姿;将它种植在吊篮中;悬挂于厅堂、阳台和走廊,色翠欲滴、鲜明艳丽

栽培与养护

温度:生长适宜温度为16~21℃,不耐高温,温度超过32℃就易引起茎叶枯萎和花芽脱落,温度在35℃以上,块茎就会腐烂死亡。冬季块茎储藏的最佳温度为5~10℃。

光照:天然的喜阴盆栽花卉,喜欢遮阴和高湿的环境。从3月末至10月都需要遮阴,忌直接暴晒于阳光下。夏季置于阴凉处,保持通风凉爽。冬季也需要照射充足的阳光。对光照的反应灵敏,喜欢散射光,宜放置于室外半阴处和室内开阔、通风处。

水分和湿度:湿润的环境最好,土壤不能过干或过湿,开花时节浇水应该有所节制。春末和夏季要经常向叶面喷水,以降温、保湿。冬季块茎进入休眠期时要停止浇水。花期时,花瓣不喜欢高湿环境,空气湿度需降到50%。球根秋海棠的红色花在被触摸后,会留下斑点。

修剪:当植株主茎只有1个的时候,应将所有强壮的、超过7.5cm的基部枝去掉;花期时,雄花的两边侧生有两个花芽——常为雌花——这两个侧芽应当摘掉,不要使其接触到雄花。

施肥:适合施放叶面肥。开花前两周应停止施放所有的叶面肥,以避免灼伤花,形成斑点。

注意事项

球根秋海棠在上盆两周后,需要使用立柱来支持其主茎,可在基质中茎的背后插入60cm 长的支柱,支柱直径以 1.3cm 较为合适。主茎增粗的速度很快,需要经常松动绑绳,以免伤害主茎。绑绳时要绑到节间,不可绑到节上,以防节上增粗后绳子勒进茎中,等盆花进一步长大后,再使用小棍来支撑侧枝。这种处理方式有时持续到 6 月。

(12)六月雪

适合土壤:疏松肥沃、排水良好的微酸性土壤

生长高度:20~80cm

观赏特性:常见品种有金边六月雪(叶缘金黄色)、斑叶六月雪和重瓣六月雪。花朵精致醒目,树形小巧、枝叶扶疏。平时叶片光亮翠绿,让人感觉清新高雅,开花时别有一番雅趣

摆放位置:良好的盆景材料,可以蟠扎加工成盆景桩头,姿态多变,极富特色。北方多盆栽观赏,在南方地区成片栽植于园林中,从而形成灌木丛,夏日开花时,成片的六月雪洁白如雪,给人以清凉、幽难之感

栽培与养护

温度:生长适温为 20~28℃,如果气温在 15℃ 以上,则四季常绿不落叶。一般情况下,在华南地区为常绿,在西南地区为半常绿。抗寒力不强,冬季越冬温度至少应在 0℃以上。

光照:典型的亚热带植物,喜充足阳光,忌强光暴晒,较耐荫。有明显的趋光性,需定期转动花盆方向,使植株均匀受光。

水分和湿度:喜湿润,对水分要求较高。夏季高温干燥时,除每天浇水 1 次外,早晚还应适当向植株及其周围喷洒清水,增加空气湿度;秋冬气温下降时,应控制浇水量,2~3天浇水 1 次。浇水遵循见干见湿的原则。

修剪:冬末春初时进行短剪,剪除长势较弱、病变、交叉的枝条,保持株形均匀、美观。

花期前,应摘除侧蕾和弱蕾,促使花大色白。

施肥:比较喜肥,忌浓肥。上盆前要施足基肥,平时应遵循薄肥勤施的原则。开花之前应多施稀薄磷肥也可用稀释千倍的肥水浇灌根部,最好10~15天施肥1次,连续2~3次之后暂停;花后应追施液态氮肥1~2次,冬季休眠期停止施肥。

注意事项

六月雪的繁殖以扦插为主,也可用压条、分株等方法,在制作小型或微型盆景时,为促使其尽快成形,常在6、7月间的梅雨季节,取姿态优美、有大树形的多年生枝条,并将其下切口剪成马蹄形,插入土壤当中,覆膜保温,注意喷水,约40天即可生根,此时稍加绑扎修剪即可成形。

(13)玫瑰

适合土壤:疏松、排水好的微酸性沙质土和泥炭土

生长高度:50~200cm

观赏特性:四季开花,花色艳丽、花香甜美,沁人心脾

摆放位置:可用于花坛、庭院,或在草坪、园林角隅、庭院、假山等处栽植,也可家庭盆栽于窗台、书房等处

栽培与养护

温度:喜温暖,生长适温为15~26℃,白天气温以15~26℃为宜,如果气温持续在30℃以上,则进入半休眠状态。冬季休眠期在11~12月,或者当气温低于5℃时就进入休眠状态。

光照:喜欢光照充足的环境,但是光照时间过长,尤其是持续照射中午的直射阳光,则会影响花蕾的形成和发育。花期时,光照太盛会烧焦花瓣。

水分和湿度:生长旺盛期,即4~10月间,浇水应遵循见干见湿的原则,冬季需要控制浇水量。玫瑰的下部叶片变黄脱落,多是由于基质黏重、排水不良所致,此时应该立即停止浇水,并将植株周围的基质扒松,让水分尽快蒸发。

修剪:每年需要修剪两次,一次应在落叶之后至发新芽之前进行,以疏剪为主。另一次修剪应该在开花过后进行,主要是疏减密生的枝叶和交叉、重叠、影响美观的枝叶,但不可二次重剪。

施肥:盆栽成活后,每隔 10~15 天追施腐熟的有机肥 1 次。花蕾形成期增施富含磷钾的水肥 1 次,也可以每季施肥,但是有些品种的耐热能力较差,夏季生长不佳,建议按照植物实际生长情况施放肥料。

注意事项

修剪玫瑰花时候要注意尽量靠近芽的位置下刀,平切而不要斜切,这样的伤口能小一点。玫瑰花有一个特性,就是修剪的位置越低,越能刺激其新发出粗壮、结实的枝条,花朵自然也越大越美,修剪过高,则枝细花小,甚至使花朵没有香味。

(14)月季

适合土壤:疏松、排水好的沙质土和泥炭土

生长高度:50~200cm

观赏特性:花形娇媚,有甜香气味,是爱情的象征;花期较长,光线越充足,香气越浓郁,因此白天在花圃中的月季的香气往往比花店中月季的香味更浓

摆放位置:著名的芳香花灌木,适合盆栽于阳台、卧室、书房或摆放在庭院中

栽培与养护

温度:喜温暖,生长适温为 15~25℃,冬季休眠期为 11~12 月,可耐 0℃ 左右的低温。

光照:喜欢光照充足的生长环境,在室内摆放不能超过 2 天,每天至少应该有 6h 的光照,生长期尤其需要充足的光照,光照充足才能开出鲜艳的花朵。花期时应将月季放置在室内光亮处欣赏。

水分和湿度:生长期应该适时浇水,保持盆土湿润。在高温干燥的季节应该不时地向植株叶面喷洒清水,如果空气太过干燥,还需要向植株的周围喷洒清水。在寒冷的时节则需要控制水量,盆土稍微湿润即可,但是不可让盆土太过干燥。

修剪：生长期间每次开花后都要进行适当修剪，第一批花凋谢后，对长势较强的枝条进行修剪，留芽 5~6 个；长势中等的枝条进行重度修剪，留芽 3~4 个；长势较弱的枝条则要重剪，只留 1~2 个芽，这样才能保证下次开花又多又大。冬季月季落叶以后还要对其进行一次重剪，以减少养分的消耗，使其顺利越冬。

施肥：生长期每间隔 7~10 天追施腐熟的有机液态肥 1 次，花蕾形成期间要注意增施富含磷钾元素的水肥 1~2 次，这样才能使花开得大而艳丽。

注意事项

月季、玫瑰和蔷薇三者外貌特征都很相似，在西方国家它们都被称为"rose"，三者是同科属，但是它们并不同种，粗略的区分方法为：月季茎上有直刺，叶片正面满布皱褶，果实扁球形；玫瑰茎上有毛刺，叶片正面光滑无毛，果实倒卵形；蔷薇为蔓性灌木，花多为排成圆锥状伞房花序。

（15）桂花

适合土壤：园土、腐叶土、沙以 5：2：3 的比例混合的土或者微酸性土壤

生长高度：200~600cm

观赏特性：我国十大名花之一，花小而精致，有乳白色、橙红色、金黄色等，香气浓郁，品种有金桂、银桂、丹桂、四季桂等

摆放位置：著名的芳香花灌木，盆栽后适合放置在阳台、卧室、书房和庭院等处。古典的旧式庭院更加适合栽种

栽培与养护

温度：喜温暖，较耐寒，生长适温为 15~28℃，大多数品种能忍受 -10℃ 左右的低温。

光照：喜阳光、较耐阴。植株幼龄时期需要长期庇荫，成年后则要求有充足的光照，如果光线不足，会造成枝叶稀疏、开花较少。

水分和湿度：浇水遵循见干见湿的原则即可。生长期时可以适当增加浇水的次数，但是要避免积水；冬季温度降低时，应适当减少浇水次数，但是要保持盆土湿润。

修剪:如果要控制桂花植株的高度,那么要从花苞以上的位置进行修剪。如果不慎将花苞一并剪除后,则会使花期延后甚至不开花。当枝条生长散乱时,可以随时剪除内向生长的枝条,并且要从枝条的基部完全剪除,以免剩余枝条干枯,影响植株整体美观。

施肥:春秋季节各施放肥料1次,施放普通花肥即可,无须大肥,施肥完成后最好再覆上适合的土壤并浇透水。生长旺盛期每间隔7~10天追施腐熟的有机液态肥1次,花蕾形成期间要注意增施富含磷钾元素的水肥1~2次。

注意事项

桂花害怕煤烟、油气,以种植在开阔、通风的空间为佳。在各种生长条件充分的情况下,如果桂花叶缘出现干枯和发黑的现象,很可能是施肥过量造成的。另外,应该注意盆底的排水情况,避免基质积水盆栽桂花时最好使用瓦盆。

(16)菊花

适合土壤:深厚肥沃、疏松透气的沙质土、园土、腐叶土并加少量的砻糠灰

生长高度:30~80cm

观赏特性:我国十大名花之一,四季常青、挺拔清秀。其叶形轻柔、花朵千姿百态、颜色姹紫嫣红、香气清隽高雅,尤其在百花枯萎的秋季,傲霜怒放、气节高尚、生气勃勃

摆放位置:适宜摆放在客厅、庭院、会客室、阳台、书房等处,也可作为鲜切花

栽培与养护

温度:菊花喜凉爽的环境,忌高温,生长适温为18~22℃,开花中后期降低温度可延长花期。11月移入室内,室温保持在10℃左右即可越冬。

光照:喜欢充足阳光,较耐阴,是典型的短日照植物。植株幼龄期需要一定的庇荫时间,成年后则要求有充足的光照,如果光线不足,则枝叶稀疏,开花较少。人工控制光照时间,还可以提早或者延长花期。

水分和湿度:比较耐旱,切忌积水,遵循见干见湿的浇水原则就能使其长势良好。夏季生长期需水量大,要常浇水但不可造成积水。秋季盆土以干为宜,冬季需要控制浇

水量。

修剪:植株上盆后需要经过1~2次摘心,最后保留3~5个分枝。花期时还需注意的是,如果花蕾萌发在外侧且花芽弱小,则应该将其摘除,这样开出的花才能花大色艳。

施肥:植株上盆之后,应该根据生长期规律,逐渐加大施肥的浓度,可以一直施放肥料到花蕾变成透明后停止。还要注意每次浇灌肥水以后,将托盘中的积水倒掉,避免肥料浸泡根部。日常施肥应遵循薄肥勤施的原则。

注意事项

菊花的病虫害很多,常见有叶斑病、锈病、红蜘蛛、蚜虫等,在高温、多雨的季节更容易产生虫害,应及时喷药防治,可用多菌灵和多种杀虫剂,严重时还需要更换盆土,注意盆土以偏微酸性为佳。

(17)山茶

适合土壤:肥沃、疏松的微酸性土壤,土壤 pH 值以 5.5~6.5 为佳

生长高度:50~300cm

观赏特性:中国十大名花之一,也是世界名贵花木之一。花姿绰约、端庄贤淑、雅致高贵,花色有红、黄、白等多种,还分为单瓣、半重瓣和重瓣等品种

摆放位置:庭院和室内都适宜种植,很多南方城市常将其用做公共绿地的围边花卉

栽培与养护

温度:喜欢凉爽、湿润、通风的半阴环境,生长适温为 18~25℃。夏季温度在 30% 以上时生长缓慢,温度到 35℃ 时则进入半休眠期,甚至会出现叶片灼伤现象,冬季温度到 0℃ 以下时容易产生冻害。

光照:喜半阴、忌烈日,宜在散射光下生长,忌直射光暴晒,幼苗需遮阴。长期阴暗的环境对植株的生长不利,会出现叶片薄、开花少的情况,影响植株的观赏价值。

水分和湿度:适宜水分充足、空气湿润的环境,忌干燥。高温、干燥的夏、秋季,应及时浇水或喷水,空气相对湿度以 50% 为佳。梅雨季应注意排水,以免引起根部受涝腐烂。

冬季每隔 1 周要用常温水喷拭叶面,防止煤烟病。

修剪:耐修剪,可分为疏剪和矮化两种。疏剪是在植株内部枝条过密时进行的修剪,修剪的对象是病枝、密枝、枯枝等。修剪时将分枝斜向剪下,剪口应与分枝基部相平,不要留下残桩。剪刀要锐利,使伤口平滑以利愈合,但修剪不宜过重,否则容易患枯梢病。

施肥:花前无须施肥,花谢后每隔 10 天追加液态氮肥 1~2 次;3~4 月叶芽萌发期,每隔 1 周施稀薄氮肥 1 次;5 月,花芽分化期,应施磷、钾稀释肥料 1 次;进入冬季之后停止施肥。

注意事项

有很多人觉得山茶的花芽和叶芽不好区分,其实很容易区分,凡是枝梢顶端靠近叶柄的第一个芽多为叶芽,那么第二个就是花芽,另外,花芽往往是肥圆满的,而叶芽则比较瘦小。

栽培山茶有五忌:忌碱性及黏性土壤、忌酷暑严寒、忌烈日暴晒、忌浇水过量、忌施肥过浓。总之,虽然我国栽培山茶的技术已经比较成熟,但是非专业人士在家庭中种植还需要多下功夫,耐心养护,这样才能不断积累经验,有所收获。

(18)杜鹃

适合土壤:深厚肥沃、疏松透气的腐叶土

生长高度:50~200cm

观赏特性:我中国十大名花之一,常被誉为花中西施,花色美丽、花姿活泼,有深红色、紫红色、玫瑰红色,淡红色、白色等。春季来临时,满山开满鲜艳的杜鹃,如彩霞绕林

摆放位置:庭院和室内都适宜种植,很多南方城市将其用做公其绿地的围边花卉

栽培与养护

温度:生长适温为 12~25℃,夏季温度在 30℃以上生长缓慢,35℃则进入半休眠期,冬季 0℃以下容易产生冻害。花蕾刚开始萌发的时候,如果日间温度在 15℃左右。可促使花蕾提早盛开。

光照:喜欢半阴,是典型的半日照植物,忌烈日暴晒。生长季节应置于半阴的环境中,夏季宜置于庇荫、通风处。

水分和湿度:比较耐旱,切忌积水,遵循见干见湿的原则浇灌就能使其长势良好。生长期需水量很大,要常浇水,梅雨季节则应注意排水。秋季盆土以干为宜,越冬时要控制浇水量。

修剪:冬末春初要注意及时疏剪,去除长势较弱、病变、交叉的枝条,保持株形丰满。花蕾萌发以后要摘除侧蕾,以保证花大色艳。

施肥:比较喜肥,从上盆开始就要施足基肥,开花之前要多施磷肥,最好 10~15 天 1次,连续 2~3 次,开花以后需要追施氮肥 1~2 次,冬季休眠期则停止施肥。

注意事项

杜鹃是可以作为二氧化氮的监测植物,如果叶片出现白色或者黑色的不规则斑点,很有可能是周围环境中的二氧化氮污染已经超过标准。这是一种生存能力极强的植物,就算在距离二氧化硫等有害物质 300m 的区域里,依然能够正常生长。

(19)九里香

适合土壤:以疏松、肥沃、含大量腐殖质、通透性能强的中性培养土为佳

生长高度:30~100cm

观赏特性:九里香具有叶细枝劲、矮壮苍劲、盘根错节等特点,而且四季常青、树形端正、花浓香且持久、色洁白而美丽,地栽、盆植均适宜。由于其具有叶细、根露、干粗、耐修剪、寿命长等特点,是培育树桩盆景的理想材料

摆放位置:庭院和室内都适宜种植,很多南方城市常用做公其绿地的围边花卉

栽培与养护

温度:生长适温为 12~25℃,夏季温度在 30℃以上生长缓慢,35% 则进入半休眠期,冬季温度在 0℃以下容易产生冻害。花蕾开始萌发时,应将日间室温控制在 15℃左右,可促进花蕾提早盛开。

光照:喜光照,典型的半日照植物,忌烈日暴晒。生长季节应置于半阴的环境中,夏季宜置于庇荫且通风良好处。花期可移至窗台,增加光照量,从而使花香浓郁。

水分和湿度:较耐旱,浇水遵循见干见湿的原则。雨天应及时避雨,控制浇水量,否则容易引起烂根,导致叶色变暗、叶片枯萎。生长旺盛期则应加大浇水量。秋季盆土以偏干为宜,冬季要严格控制浇水量。

修剪:在春季,应结合栽种,在进行翻盆时,对植株进行 1 次修剪,减少密枝、陡长枝、病枝和弱枝,大规模的修剪则应安排在 10 月下旬或 11 月上旬。

施肥:喜肥,上盆或翻盆换土时,宜在培养土中掺些骨粉或氮磷钾复合肥,生长期可每半个月施氮磷钾复合肥 1 次,不可单施氮肥,否则枝叶徒长而不孕蕾。4~6 月可每半个月向叶面喷稀释的磷酸二氢钾溶液 1 次,促进花芽分化。

注意事项

九里香常见的病害有枯叶病、白粉病、铁锈病等,虫害主要有红蜘蛛、天牛、介壳虫等,可于早春喷洒灭菌剂和杀虫剂防治病害。九里香树形优美,生长速度快,枝条柔软,蟠扎也不易断折,因此常被用于制作盆景。九里香可通过扦插繁殖,在春季或 7~8 月雨季时节进行扦插,两日即可长出新的根系。

(20)倒挂金钟

适合土壤:肥沃、疏松的微酸性土壤

生长高度:30~150cm

观赏特性:花瓣有红、白、紫等颜色,花萼也有红、白之分。园艺品种极多,有单瓣、重瓣,花色有白、粉红、橘黄、玫瑰紫及茄紫色等。其花形独特,开花时,花朵向下低垂,婀娜多姿,如悬挂的彩色灯笼

摆放位置:庭院和室内都适宜种植,盆栽可置于客厅、花架、案头等处。用清水插瓶,既可观赏又可生根繁殖

栽培与养护

温度：生长适温为15～25℃，夏季高温若超过35℃则易枯死，秋冬季节，当室温低于10℃时则停止生长，冬季当室温低于5℃时易冻死。

倒挂金钟

光照：喜半阴、忌烈日，宜在散射光充足的环境中生长，忌直射光暴晒，幼苗需遮阴，夏天需要放置在庇荫、凉爽、通风的地方。家庭种植可放在朝北或稍见日光的凉爽、通风处。

水分和湿度：平日浇水应该遵循见干见湿的原则，夏季应控制水量，保持土壤干而不裂，忌积水。开花期间，盆土过干过湿都会引起落蕾、落花、落叶。植物完全休眠时不可浇水。春、秋两季生长迅速，在开花期间应每天浇水1～2次，宁湿毋干。

修剪：6月下旬至7月上旬应将倒挂金钟的叶子剪掉，令其逐渐休眠。休眠后的初秋，可结合换盆，将长枝短截。

施肥：生长旺盛时，每10～15天施用油饼水液肥1次，或者结合松土每7～10天施稀薄饼肥水1次。夏季7～8月，进入半休眠状态，应减少施肥。

注意事项

倒挂金钟的叶片卷曲，可能是因为照射的阳光太过强烈。长时间的强光照射会让其叶面失去大量水分，造成叶片卷曲焦黄。

（21）石榴

适合土壤：土壤以疏松、肥沃和排水良好的砂质土壤为佳

生长高度：200～500cm

观赏特性：树姿优美、枝叶秀丽，春初时节嫩叶亮绿、婀娜多姿，盛夏时节繁花似锦、色彩鲜艳

摆放位置:小型盆栽可以放置于阳台和居室中,大型盆栽多用于公共场所或会场

栽培与养护

温度:亚热带、温带植物,生长适温为 15~20℃,喜温暖,冬季气温低至-17℃时即会发生严重冻害。

光照:喜光,全年都需要光照,在栽植时要选择光照好、没有遮阴的地方,可以在庭院南侧、东侧、西侧及庭院中部栽植,并远离建筑物 3~4m,北侧不宜栽植。如果光照不足容易引起枝叶徒长、花少色淡、果实较少。

水分和湿度:较耐干旱,怕水涝,尤其根部忌积水,浇水遵循见干见湿的原则,但是在花期和坐果期间必须要保持适当的干燥,这样可以避免落花落果。

修剪:石榴往往需要整形才能美观,并能结出健康的果实。石榴喜光,自然趋光性强。因此,在庭院中种植石榴的整形,既要考虑石榴生长、结果的特性,还要考虑其观赏性。常用的树形多为无主干丛或无中心干的树形,主要有"V"字形等。生长期间需勤除根蘖苗,并及时剪去枯枝、病枝。

施肥:喜肥,较耐瘠薄,上盆时应该施足底肥。生长季注意叶面追肥,前期以氮肥为主,中后期以磷钾肥为主,肥液总浓度不超过 0.3%。根外追肥也可喷施沼气液或腐熟粪水。

注意事项

石榴不可和螃蟹、西红柿、土豆一同食用。

（22）大丽花

适合土壤:疏松肥沃、排水好、富含腐殖质的砂质土壤

生长高度:50~150cm

观赏特性:世界著名花卉,墨西哥国花。大丽花的颜色绚丽多彩,有红、黄、橙、紫、白等颜色。重瓣大丽花还有白花瓣里镶带红条纹的千瓣花种类,妖娆迷人

摆放位置:盆栽可放置于客厅、阳台、窗台等处,或者栽植于庭院的花坛中或路边

栽培与养护

温度:生长适温为 15～25℃,气温在 20℃左右生长良好。初冬即可移入室内,室温应保持在 10～12℃,温度在 5℃以下极易发生冻害。

光照:喜欢充足的阳光,不耐阴。庇荫时间过长容易出现生长不良、根系衰弱、叶薄茎细、花小色淡甚至不能开花等现象。日照时间要求在 6h 以上,阴雨天也应该放置在散射光充足的地方。

水分和湿度:喜湿润,忌干旱和积水。叶片较大,因此,夏季高温时,早晚都应对生长茂盛的植株浇水 1 次,缺水容易引起叶片边缘枯焦或脱落。浇水应遵循见干见湿的原则。肉质根茎忌积水,否则根系容易腐烂。

修剪:耐修剪,生长期应保留顶芽,摘除腋芽,使养分集中供应,使植株低矮、美观。花蕾萌发期及时摘除侧蕾和弱蕾,保证花大色艳。

施肥:喜肥,忌浓肥。施肥遵循薄肥勤施的原则,上盆时应施足基肥,可在幼株生长 15～20 天时追施稀薄液肥 1 次,植株长成后可每 7～10 天追施稀薄液肥 1 次,花期前可逐渐加大肥液的浓度,促使枝干苗壮、叶色浓绿,甚至提前孕蕾。

注意事项

家庭盆栽的大丽花容易出现花小色淡的情况,大丽花长期处于庇荫处导致光照不足,花朵的颜色就会变淡且花苞变小,应让大丽花充分照射阳光。当然,在盛夏的正午仍然需要做遮阴处理,其余时间可以将植株放置于南面窗台处,从而逐渐改善花小色淡的状况。

(23)薰衣草

适合土壤:疏松肥沃、排水好、富含腐殖质的微碱性或中性的砂质土壤

生长高度:30～90cm

观赏特性:世界著名花卉,其叶形花色优美典雅,蓝紫色花序颖长秀丽。植株小巧、体态轻盈、叶脉明晰、色泽淡雅、别具一格,花长约 1.2cm

摆放位置:是一种多年生耐寒花卉,适宜花径丛植或条植,也可盆栽观赏

栽培与养护

温度:生长适温为 15~25℃。长期将其放置于 38~40℃的环境中,其顶部茎叶枯黄。在温度 0℃以下时就开始休眠。

光照:全日照植物,需要充足的阳光及湿润的环境,半日照条件亦可生长,但是会开花稀少。夏季遮阴率至少在 50%左右,此时更应注意通风,从而降低环境温度,以保证植株健康成长。冬季薰衣草应在全日照条件下栽培。

水分和湿度:忌根部积水,遵循浇透干透的浇水原则,以使表面培养介质干燥、内部湿润。叶子轻微萎蔫是缺水的信号,浇水应该在早上进行,避开中午强烈的阳光。浇水时不要将水溅在叶面及花上,否则易腐烂或滋生病虫害。持续潮湿的环境会使根部没有足够的空气呼吸,从而生长不良,甚至导致植株突然死亡。

修剪:为方便收获富含精油的花朵,栽培初期的部分小花序可以用大剪刀整个剪平,这样,新长出的花序就能高度一致,从而方便收获。花后必须进行修剪,可将植株修剪为原来的三分之二。修剪一般在春季进行,修剪时注意不要剪到木质化的部分,以免植株衰弱死亡。

施肥:讲究勤施薄肥,可将骨粉放在盆土内当作基肥。

注意事项

薰衣草药用功效数不胜数:提神醒脑、增强记忆,缓解神经、怡情养性,具有安神促睡眠的神奇功效,还能促进血液循环、治疗青春痘、滋养秀发,抑制高血压、鼻敏感气喘等,调节生理机能、增强免疫力,用来泡澡可预防病毒性、传染性疾病,能去除异味、净化空气。

(24)金银花

适合土壤:肥沃疏松、排水良好的砂质土壤或者腐殖土

生长高度:100~300cm

观赏特性:金银花成对开花,一朵洁白、一朵橘黄,恰似一金一银,花叶都具有较高的观赏价值

摆放位置:可放置于几案、窗台等处,也可种植于庭院中

栽培与养护

温度:喜温暖,生长适温为20~30℃,冬季无休眠期,温度10℃以上即可越冬,叶片在越冬时候不会脱落。

光照:喜欢光照充足的生长环境,夏季应该避免正午的强光直射。

水分和湿度:耐旱、耐涝,生长期应该适时浇水,保持盆土湿润,浇水应遵循见干见湿的原则,高温干燥季节应向叶面喷洒清水,以提高空气湿度。

修剪:可以随时修剪。生长期每次花后都要进行适当修剪,冬季以后若叶片变黄也可以再进行1次修剪,以减少养分的消耗量,顺利越冬。

施肥:生长期每隔7~10天追施腐熟的有机液态肥1次,花蕾形成期间要注意增施富含磷钾元素的水肥1~2次,这样才能使花叶繁茂。

注意事项

金银花少见病虫害,生性坚韧不拔,在恶劣的环境下都可生存。如果想在家中种植金银花,可在气候温暖时,取20~30cm的金银花枝条,将其插入盆土。药材金银花自古被誉为清热解毒的良药。它性甘寒、气芳香,既能散风热,还能解血毒,可用于治疗如发疹、发斑、咽喉肿痛等病症,疗效显著。

(25)一品红

适合土壤:疏松、肥沃和排水良好的微酸性砂质土壤

生长高度:50~300cm

观赏特性:花色鲜艳、花期长,开花时正值圣诞、元旦、春节。用一品红布置室内环境,可增添喜庆的气氛

摆放位置:可点缀于家庭书桌、茶几、案头,或摆放在商店橱窗、会议桌、餐厅台桌

等处

栽培与养护

温度：喜温暖、不耐寒，生长适温为18~25℃。冬季应入室养护，室温不能低于5℃，以16~18℃为宜。

光照：典型的短日照植物。茎叶生长期需充足的阳光，能促使茎叶生长繁茂。

水分和湿度：喜湿润，对水分的反应比较敏感，生长期时要供应充足的水分，使茎叶能迅速生长，水分过多也可能出现节间伸长、叶片狭窄的徒长现象。相反，盆土水分缺乏或者时干时湿时，会引起叶黄脱落。因此，水分的控制直接关系到植株的生长和发育。

修剪：生长期内应摘心两次，第一次在6月下旬，第二次在8月中旬，这样可以有效控制植株的高度，提高观赏性。

施肥：典型的喜肥植物。生长初期要适当控制水肥，生长旺盛期则每周需要施肥1次，雨季可用饼肥，接近花期则增施磷钾肥，或者每月增施复合肥1次。

注意事项

一品红全株有毒，其茎叶分泌的白色汁液容易使皮肤红肿，引起过敏性反应，误食茎、叶会出现中毒的情况。家居种植避免折断枝叶。有孩子的家庭要慎选。

一品红的选购要点：先数花头，一般6个花头以下的为下等花，6~8个花头的为中等花，8个以上花头的为优等花。购买时把一品红捧起来，从侧面看脚叶深绿，枝干粗壮且花头平齐的为佳。最后看花，如果顶部小花大多数已经开放，侧芽上的小花也比较多，那么这样的一品红大多是"开过了"，买回家后就很难延长花朵开放的时间了。

(26) 蟹爪兰

适合土壤：疏松肥沃、排水好、富含腐殖质的微酸性或砂质土壤或泥炭土。

生长高度：30~90cm

观赏特性：株形可爱、饱满，深受白领女性喜欢。花朵娇俏、花色鲜艳，开花又逢元旦佳节，更能衬托节日的气氛、热闹非凡

摆放位置:冬季室内的主要盆花之一,适合放置于办公桌、窗台、门庭入口和展览大厅

栽培与养护

温度:生长适温为15~32℃。在夏季高温时,应加强空气对流,当气温超过33℃时,进入休眠状态。同时忌寒冷、霜冻,越冬温度需要保持在10℃以上,当气温降到7℃以下时,会进入休眠状态,室内温度接近4℃时,则会因冻伤而死亡。

光照:全日照植物,需要照射充足的阳光。夏季应至少遮去50%的光照,此时应注意增加通风,降低环境温度。植物向光性强,在其生长过程中,如果改变它的向光位置,其长势将会受到影响。

水分和湿度:耐旱能力很强,其根系怕水渍,如果花盆内积水过多,容易引起烂根。虽然喜欢较干燥的空气环境,但是夏季高温时需要给它喷洒少量清水,每天最多2次。阴雨季节,如果空气持续潮湿,则易受病菌侵袭。惧怕淋雨,晚上必须要保持其叶片干燥,最适宜的空气相对湿度为40%~605。

修剪:无须太多修剪,及时摘除枯黄的老枝或者影响美观的斜权即可。

施肥:春、夏两季,每10天可以施放稀薄液肥1次,盛夏停止施肥;入秋后就每周给肥1次;开花前可以适当施放稀释磷肥,以促使花芽萌发。

注意事项

家庭盆栽的蟹爪兰容易出现茎节萎缩枯黄、从基部不断脱落的情况,如果不及时救治,容易全株死亡。出现这种情况的主要原因是浇水次数过多,导致根部积水,二是因为土壤碱性增强,尤其在北方地区,长期使用自来水浇灌,土壤渐渐偏碱性,因此应使用微酸性土壤或用2~3g的硫酸亚铁兑上200~300mL的清水,摇匀后灌入盆土内。

(27)八仙花

适合土壤:酸性土壤以疏松、肥沃和排水良好的砂质壤土。

生长高度:100~300cm

观赏特性:初开为青白色,渐渐变为粉红色,再变为紫红色。花色美艳,富于变化,花形大方美丽,令人悦目怡神

摆放位置:常见的鲜切花卉和盆栽观赏花木,适合在庭院、书房、阳台等处摆放,还能在现代公园和风景区成片栽植

栽培与养护

温度:生长适温为18~28℃,冬季的气温不能低于5℃。花芽分化在5~7℃条件下的6~8周内完成。如果温度保持在20%左右,则可以促使其提前开花。开花后温度若能维持16℃左右,则可以延长花期。

光照:短日照植物,以60%~70%遮阴环境最为理想。夏季应将其放在半阴处养护,叶色会更加浓绿。春、秋两个季节,由于温度不是很高,可使其接受短时间的阳光照射。

水分和湿度:不耐干旱,盆土要经常保持湿润,但浇水不宜过多,特别雨季要注意排水,防止受涝而引起烂根。冬季室内盆栽以干燥为好,过于潮湿则会使叶片腐烂。因此,浇水要适时适量。

修剪:生长旺盛,耐修剪。幼苗成长至10~15cm时,可进行摘心,使下部腋芽能萌发;新枝长至8~10cm时,进行第2次摘心。一般在两年生的壮枝上开花,开花后应将老枝剪短,保留2~3个芽即可,以限制株形过高,并促生新梢。应该注意的是在秋后需要剪去新梢顶部,使枝条停止生长,以使其顺利越冬。

施肥:喜肥,生长期时,一般每15天施腐熟稀薄饼肥水1次。为保持土壤的酸性,可将1%~3%的硫酸亚铁加入肥液中施用。经常浇灌矾肥水,可使植株枝繁叶绿。孕蕾期增施磷酸二氢钾1~2次,能使花大色艳。施饼肥时应避开伏天,以免招致病虫害或伤害植株根系。

注意事项

八仙花的花色变化非常有意思。一个花序上的花前后常有变色现象,土壤pH值为4~6时,花色多呈蓝色,土壤pH值在7.5以上则呈红色。如果想让花朵变为深蓝色,可在

花蕾形成期施用硫酸铝,如果想使其保持粉红色,可在土壤中施用碱性物质。

（28）丽格海棠

适合土壤:疏松、肥沃和排水良好的砂质土壤

生长高度:20～30cm

观赏特性:花色丰富,有红、橙、黄、白等颜色,花朵硕大、色彩艳丽,香味独特,花期长

摆放位置:多放置于家庭几案、窗台、宾馆大堂、客厅、餐厅和会议厅堂等处

栽培与养护

温度:喜凉爽,忌高温和寒冷,生长适温为18～22℃。越冬温度不低于15℃,冬季还处于开花时期,必须移入室内或温室过冬,室温不低于20℃;夏季高温28℃以上需庇荫。

光照:喜光,短日照植物,避免正午阳光直射。生长旺盛期和花期尤其需要充足的光照,注意经常转动花盆方向,使植株均匀受光。花期若能保证充足的散射光,则花繁叶茂、色泽明艳。

水分和湿度:喜湿润,盆土应保持湿润,土壤不可干透和过湿。夏季需水量较大,浇水宜在早晨或傍晚进行;冬季尽量在晴天中午浇水,水温应与气温相近,以免根部受冻死亡。

修剪:不耐修剪.但是在生长期必须进行摘心,促使植株萌发侧枝,否则容易徒长枝干,影响美观。花期花蕾过多,应及时摘除多余和弱小的花蕾,保证养分集中供应。

施肥:喜肥,施肥以稀薄液肥为主。上盆初期以氮肥为主,促进幼苗发育;后期逐渐减少氮肥,并提高磷、钾肥的含量,开花前加大肥量,并配合叶面均匀施肥,浓度控制在1%～2%,遵循少量多次的原则。

注意事项

丽格海棠每年11月开始现蕾,花期可达半年之久,到每年的6月以后,由于天气炎热,大部分的植株会逐渐进入休眠或者半休眠期。家庭盆栽只需保持一定的温度和湿度,就能安全度过炎夏。立秋后,随着天气逐渐转凉,丽格海棠的枝条基部就会萌发新

芽,抽出新枝,进入新一轮的生长周期。

(29)马蹄莲

适合土壤:肥沃疏松的微酸性土壤

生长高度:50~250cm

观赏特性:花姿优雅、色彩艳丽,具有独特的魅力。春、秋两季开花,花期较长

摆放位置:多摆放于家庭几案、窗台、客厅、餐厅,也可摆放于宾馆大堂、会议厅,还可剪取花枝作艺术插花

栽培与养护

温度:喜温暖、不耐寒,生长适温为20~25℃。夜间温度保持在10℃左右,不能高于16℃,否则不利于开花。温度高于25℃或低于5℃时即进入休眠状态。

光照:喜欢阳光,但在夏、秋季节需要避开阳光直射并对植物进行部分遮阴,一般情况下以遮阴率达到25%~35%为佳,冬季需要充分照射阳光。

水分和湿度:喜欢温暖、湿润的生长环境,对水分的要求比较严格,不耐干旱。生长初期要浇透土壤,保持湿润;夏季休眠时,应减少浇水量,保持土壤略湿以促使其开花或休眠。浇水要遵循见干见湿的原则。

修剪:生长旺盛期需要勤剪老叶以促生花苞。

施肥:上盆时应施足底肥,夏季高温时,可以适当施微量的肥料,以增加植株抵抗高温的能力,开花前可以用稀释千倍的硝酸钙溶液向叶面喷洒,以促进花苞萌发。

注意事项

马蹄莲很害怕烟雾污染,尤其是油烟和吸烟散发的烟雾,如果经常在盆边吸烟,叶面和花朵表面都会变黄枯萎。因此,要注意保持清洁的室内空气环境。

(30)非洲菊

适合土壤:肥沃疏松、排水良好、富含腐殖质的砂质土壤

生长高度：30~50cm

观赏特性：花色丰富，花形优美，如果环境和气温都适宜，可以终年开花。黑心品种的非洲菊因色彩鲜明、产量高而备受都市白领的喜爱

摆放位置：多用于家庭几案、窗台、宾馆大堂、客厅、餐厅和会议厅堂摆放，还可剪取花枝作艺术插花花材

栽培与养护

温度：喜温暖，忌酷热，生长适温为20~25℃。夏季高温在34℃以上会出现明显的生长阻滞和发育不良的现象。秋、冬季节不耐霜寒，冬季气温保持在12~15℃比较适宜，属半耐寒花卉，可忍受短期的0℃低温，但是当温度长期低于10℃以下会停止生长，甚至死亡。

光照：喜光花卉，也喜欢凉爽、阳光充足、空气流通的生长环境。除冬季外，其余三季均需要在庇荫的环境下养护。

水分和湿度：忌积水.苗期时应保持适当湿润，生长旺盛期要保持供水充足。夏季每3~4天浇水1次，冬季约半个月浇水1次。花期浇水注意不要使叶丛中心沾到水，防止花芽腐烂。

修剪：一般不需要进行大量修剪，叶子过密时需及时摘除枯萎的底叶和外层老叶、病叶。

施肥：上盆时应施足底肥，花期应提高磷、钾肥的施用量，可以每10天追施肥1次。施肥时切忌把肥水倒入叶丛中心，施肥过后，晚上要保持叶片、花朵的干燥。

注意事项

非洲菊最常见的病害是斑点病，产生的原因可能是环境潮湿、气流不畅、氨肥用量过多等。起初，植株下部叶片上会产生紫褐色的小斑，逐渐扩大为同心轮纹的大斑，最后花心腐料。家庭养护一般采取每7~10天喷1次杀菌剂，如75%百菌清500倍液和70%甲基托布津1000倍液等，防治效果明显，必要时需直接换土，以免植株死亡。

(31)睡莲

适合土壤:肥沃的河泥

生长高度:30~50cm

观赏特性:水生花卉中名贵的花卉,花色艳丽,花姿楚楚动人,在一池碧水中宛如一位少女,被人们赞誉为"花中睡美人"和"水中女神"

摆放位置:多放置于家庭几案、窗饰、宾馆大堂、客厅、餐厅和会议厅堂等处,还可剪取花枝作艺术插花花材

栽培与养护

温度:喜温暖,生长适温为25~30℃。冬季需在温暖的室内越冬,或提高栽培水位助其越冬。种植在长江流域的睡莲可露地越冬。

光照:长日照植物,不惧酷热,喜光,不耐阴,生长环境必须具备良好的通风条件,正常情况下睡莲都在上午开放,午后闭合,直至次日上午。

水分和湿度:将盆栽睡莲的根部在基肥中埋好固定后,浸入大水缸或水盆中,春季水位在20~30cm,夏季水位在40cm,每天观察水位,如果盛夏水分散失过快,可以适当增加水分。

修剪:不需修剪,夏季生长旺盛期,如果叶子过密,应摘除枯萎的底叶和外层老叶、病叶,以改善光照和通风条件,同时减少病虫害,有利于新叶和花芽的发育和生长。

施肥:家庭盆栽睡莲的肥料,一般选用沃土即可,如果土壤的有机质不足,可以在上盆时稍微混合一些鸡粪或者骨粉。在花期来临前可以适当增施几次以磷、钾为主的液肥,切记不可施放过多的氮肥,否则营养过剩抑制植株生长,导致植株不能开花或者花小色淡。

注意事项

一般条件下,睡莲多数要在种植后的第二年才会开花。盆栽睡莲每年春分前后,应结合分株翻盆换泥,并施适量腐熟豆饼汁作基肥重新栽种睡莲切花离水时间超过1小时

会使其丧失吸水性,从而失去开放能力。

（32）白鹤芋

适合土壤：疏松、排水和通气性好的腐叶土或泥炭土

生长高度：40~60cm

观赏特性：世界重要的观花植物,株形优美、花期长,花朵洁白无瑕、花茎挺拔

摆放位置：多放置于家庭几案、窗台、宾馆大堂、客厅、餐厅和会议厅堂中,还可剪取花枝作为艺术插花花材

栽培与养护

温度：典型的热带雨林植物,喜高温,最好能在温室中栽培。生长适温为22~28℃,冬季夜间最低温度应在14~16℃,白天应保持在20℃左右。长期低温易引起叶片脱落或焦黄。

白鹤芋

光照：喜光,尤其喜欢明亮的散射光处,较耐阴,在50%以上的散射光下即可正常生长。夏季必须庇荫,最好将其放置在凉棚下。忌强光直射,否则容易引起叶片变黄、变软,严重时全株会突然死亡。庇荫时间不宜过长,否则容易花期延后或者出现不开花的现象。

水分和湿度：喜湿润,忌积水。生长旺盛期应保持盆土湿润,但不可浇水过多,盆土长期受潮容易烂根或滋生青苔。在夏季高温和秋冬干燥季节,新生叶片会变小发黄,甚至枯萎、脱落,应经常向叶面及其周围环境喷洒清水,保持空气湿润、凉爽。冬季要严格控制浇水,以盆土微湿为宜。

修剪：一般不需要进行大量修剪,及时摘除枯萎的底叶和外层老叶、病叶,以促进新叶萌发和花芽的发育,同时改善光照通风条件,减少病虫害。

施肥：喜肥，忌浓肥和生肥，讲究薄肥勤施。上盆时必须施足底肥，可以将复合肥作为基肥。花期前增施适量稀释的磷、钾液态肥，促进花蕾萌发。施肥以液态复合肥为主，最好以稀薄的肥水代替清水浇灌，避免产生肥害，令植株生长茂盛。

注意事项

白鹤芋可以水培，但要注意，其根部需要保留一部分与空气接触。在家中栽植白鹤芋可选用透明的鱼缸作为种植器皿，并在鱼缸里养殖一些鱼类。除了定时喂鱼外，每次换水时还需要滴入一些鱼花两用的营养液，否则，有的鱼类喜欢啃食水生植物的根须，造成植物死亡。用水栽培的白鹤芋，可以透过蒸发作用调节室内的温度和湿度，有效净化空气中的挥发性有机物，尤其是针对臭氧的净化率特别高。将其摆放在厨房煤气炉旁，能去除做饭时的味道、油烟以及其他挥发物质，起到净化空气的作用。

（33）长寿花

适合土壤：疏松、排水和通气性好的肥沃的砂质土壤

生长高度：40~60cm

观赏特性：元旦至春节期间开花旺盛，簇拥成团、花色诱人，是惹人喜爱的室内盆栽花卉

摆放位置：十分适合布置于窗台、书桌、案头或用于装饰公共场所的花槽、橱窗和大厅等处

栽培与养护

温度：喜温暖，生长的适温为 15~25℃。夏季气温高于 30℃ 时将出现生长迟缓的状况，并进入半休眠状态，冬季气温低于 10℃ 时将出现生长停滞，气温低于 8℃ 叶色会发红，花期将推迟，0℃ 以下则易冻死。冬季应将其移入温室或放在室内向阳处。

光照：喜阳光充足。除盛夏中午宜稍庇荫外，其余时间都要放在向阳处。每天至少要接受 4h 以上的直射光照射才能健壮生长。同时每半个月要将花盆转动 180°，使植株受光均匀。

水分和湿度:长寿花叶片为肉质,体内含水丰富,较耐干旱。生长期时不可浇水过多,每2~3天浇水1次,盆土以湿润偏干为好。浇水遵循见干见湿的原则。冬季应减少浇水,以盆土微湿为宜。

修剪:一般不需要进行大量修剪,叶子过密时需及时摘除枯萎的底叶、外层老叶、病叶。修剪下的枝条又可以扦插,很容易长根成活。

施肥:生长旺季可每隔2~3周施稀薄复合液肥1次,促其花叶繁茂。11月份花芽形成后增施0.2%磷酸二氢钾或0.5%过磷酸钙液1~2次,能使花多色艳、花期长。

注意事项

对于长寿花而言,空气潮湿或土壤长期过湿会引发叶斑病,若加上通风不良更可能会受到粉介虫的侵害,但是长寿花对多种除虫剂中的二甲苯有敏感反应,因此,若植株患病,应立刻将植株放在胶袋内,以水溶性除虫剂喷洒植株,然后将袋口封密,待翌日取出植株置于明亮通风处隔离观赏,以免感染其他植物。

(34)四季秋海棠

适合土壤:肥沃、排水良好并含有机质的微酸性土壤

生长高度:50~70cm

观赏特性:有400种以上的不同品种,而园艺品种也有近千种。其叶片晶莹翠绿,花朵娇嫩艳丽,花有白、粉、红等颜色,艳而不俗、华美端庄、清新幽雅

摆放位置:可用于点缀家庭书桌、茶几、案头和商店橱窗、会议条桌摆放。如果将四季秋海棠栽植于吊盆中,并悬挂于室内,则别具情趣

栽培与养护

温度:喜温暖,生长的适温为10~30℃。冬季气温低于5℃则生长缓慢,甚至发生冻害;夏季温度超过32℃时,茎叶生长状况变差。

光照:喜欢半阴的生长环境,最怕强光直射。从5月中旬起就应该适当遮阴。6月下旬至8月下旬,天气炎热、日照强烈,最好将花盆放置在室内通风良好、有散射光处养护,

防止强光直射,但环境也不可过于阴暗,以免造成植株生长细弱、花色浅淡或开花少。

水分和湿度:喜湿润、忌积水,盆植的四季秋海棠在浇水时需要遵循浇透干透的原则。如盆土长期潮湿,易引起烂根落叶,致使植株生长不良,叶色由碧绿变为黄白色,且缺乏光泽;但若浇水过少,盆土过干,也易引起叶片变黄萎蔫。夏天浇水宜在早晨8点以前进行,每天应向叶面上喷水,并向地面洒水2~3次,可起到降温、增湿的作用。

修剪:开花之后,注意摘除残花和修剪残枝,否则容易枝干细弱,影响美观。叶片一般不需进行修剪,老叶过密时摘除枯萎的底枝即可,促进新叶萌发。修剪下来的枝条可以扦插后成活。

施肥:四季秋海棠为须根,生长旺盛期要注意施肥管理,每周追稀薄液肥1次,以复合肥料为佳。

注意事项

很多老人喜欢种植四季秋海棠,除了其容易种植之外,还因为四季秋海棠的花期长、生气勃勃。秋海棠还可入药,具有清热消肿、活血散瘀、凉血止血、调经止痛等功效,常用于治疗跌打损伤、咽喉肿痛、痈疔肿毒、吐血、咳血、鼻血、月经不调和胃溃疡等病症。

(35)矮牵牛

适合土壤:疏松、肥沃和排水良好的微酸性砂质土壤

生长高度:15~80cm

观赏特性:播种后当年即可开花,花期长达数月,花大色艳,有红、白、粉、紫及各种带斑点、网纹、条纹等不同花色,是长势旺盛的装饰性花卉,大面积的落地栽种具有地被植物的景观效果

摆放位置:可用于点缀家庭书桌、茶几、案头、商店橱窗、会议条桌和餐厅台桌

栽培与养护

温度:喜温暖、不耐寒,生长适温为13~18℃,干热的夏季能耐35℃以上的高温,而且在高温环境下开花繁茂。但不耐霜冻,冬季如果气温低于4℃,植株将停止生长。

光照:长日照植物,尤其生长期要求阳光充足,在正常的光照条件下,从播种至开花约需 100 天。冬季在低温短日照条件下,茎叶也能生长茂盛,但很难开花,一旦转入春季,进入长日照时节,就能很快从茎叶顶端分化出花蕾。

水分和湿度:喜干怕湿,根部忌积水。夏季生长旺盛期,需要充足的水分,特别是夏季高温季节,应在早、晚浇水,以保持盆土湿润。梅雨季节,由于雨量过多,因此对矮牵牛生长不利。盆土过湿,茎叶容易徒长,花朵易褪色或腐烂。盆土长期积水则会导致烂根死亡。

修剪:一般不需要进行修剪,及时摘除老叶、病叶、残花即可。如果生长期适当修剪整枝,既可控制株形,又能促进植物多开花。

施肥:不是典型的喜肥植物,注意把握施肥程度,生长季节应每 15~20 天施稀薄的饼肥水 1 次。开花期间需多施含磷钾的液肥,使其能够不断开花。

注意事项

播种繁殖的方法,矮牵牛的种子在 20~22℃ 的温度条件下 10~12 天发芽。其种子细小,播种盆土要细面而平。播种后不覆土或只覆薄土,播种后要采用浸灌的浇水方式,以防止喷水造成种子堆积或溅泥覆盖过厚对发芽不利。为保持种子湿润,盆上可盖玻璃或塑料薄膜,出芽后去除覆盖物,真叶 4~5 片时进行移栽,苗期环境温度 9~13℃ 为宜。

(36) 向日葵

适合土壤:疏松、肥沃和排水良好的土壤

生长高度:100~300cm

观赏特性:向日葵花朵硕大、鲜艳夺目、枝叶茂密,是新颖的盆栽观赏植物

摆放位置:可装饰客厅、阳台和卧室,也常摆放于餐厅台桌等处

栽培与养护

温度:生长适温白天为 21~27℃,夜间为 10~16℃。温差在 8~10℃ 时对茎叶生长最为有利。如果早春温度偏低,植株会生长迟缓,影响开花时间。生长期若温度超过 30℃,

茎叶容易徒长,花期缩短。

光照:喜欢充足的阳光,光照充足可以使茎叶生长健壮、花色鲜艳有光泽。若长期处在半阴环境中生长,则茎干不挺拔,叶片柔软、下垂、呈黄绿色,花盘小且不整齐。

水分和湿度:根系比较发达,耐干旱。春季适当浇水即可,初夏气温升高、水分蒸发量较大时,需补充水分。生长期时要及时浇水,否则叶片容易脱水、枯萎。同时,盆土不宜过湿,湿度过大,基部叶片容易发黄。

修剪:一般不需要进行修剪,只需及时摘除老叶、病叶、残花即可。如果生长期适当修剪整枝,可以促进株形的美观,使其花大色艳。

施肥:喜肥,生长旺盛期每周喷施氮、钾平衡肥 1 次。要注意避免施高氮肥料。

注意事项

向日葵可净化水中的重金属污染物,生长迅速的向日葵吸收钠、铯、锶、钚等污染金属的能力优于其他植物。将这些吸收了放射性污染物的向日葵干燥处理,制成粉末状,再将粉末与水泥、沙子混合制成块状物,贮存处理设施中,能防止放射性物质的泄漏。

(37)桃花

适合土壤:肥沃、疏松和排水良好的微酸性土壤

生长高度:100~300cm

观赏特性:近些年十分受欢迎的观赏植物,花朵姿态优美、色彩艳丽,其中粉色桃花可爱优雅,白色桃花洁白无瑕。桃花树态优美、枝叶扶疏,是早春重要的观花树种

摆放位置:可放置于客厅、阳台和卧室等处

栽培与养护

温度:耐寒冷,生长适温为3~10℃。在华东、华北地区多可露地越冬。早晚温差在8~10℃时对桃花茎叶的生长有利。若早春温度偏低,植株则生长迟缓,从而影响开花时间。

光照:喜欢充足的阳光,全日照植物。盆栽桃花应该避免夏季强光直射,否则容易引

起黄叶和落蕾。

水分和湿度：喜湿润、耐旱、忌积水，一定要严格遵循干透浇透的浇水原则，浇水时要注意适量，防止因积水造成烂根。如桃花受涝3~5日，轻则落叶，重则死亡。

修剪：开花后应及时对植株进行修剪，对开过花的枝条，只保留基部两三个芽，其余剪除。夏季对生长过旺的枝条，进行摘心，促使花芽形成。对于长势不好的植株，应避免修剪过多，应抑强扶弱，并注意枝条分布均匀，造就优美的株形。

施肥：对肥料要求不严，每年开花后施液肥或者氮钾复合肥各1~2次，秋季时最好追加些骨粉，其余时间可不施肥。

注意事项

桃花功用数不胜数，春季开花时采摘，晒干后可以入药，可用于治疗水肿、腹水和便秘。桃花中含有多种维生素和微量元素，这些物质能疏通经络、扩张末梢毛血管、改善血液循环、促进皮肤营养和氧供给、滋润皮肤。

（38）文心兰

适合土壤：疏松、肥沃和排水良好的微酸性砂质土壤

生长高度：10~50cm

观赏特性：世界著名的盆花和切花，株形轻巧、潇洒，花茎轻盈下垂，花朵奇异可爱，形似飞翔的金蝶。开花时犹如一群女子舒展长袖在绿丛中翩翩起舞，极富动感、妙趣横生

摆放位置：可放置于家庭书桌、茶几、案头、商店橱窗、会议条桌、餐厅台桌等处

栽培与养护

温度：喜冷凉气候。厚叶型文心兰的生长适温为18~25℃，冬季温度不应低于12℃。薄叶型文心兰的生长适温为10~22℃，冬季温度不应低于8℃。

光照：喜阴凉。夏季遮光率以40%~50%为宜，冬季则需要充足的阳光。

水分和湿度：喜欢湿润和半阴的生长环境。夏季浇水时除了增加基质的湿度以外，

还要不时向叶面和地面喷洒清水。浇水以介质的干燥程度为准,当介质表面干燥时,应立即充分浇水。在生长旺盛的季节里,应增加浇水量,最好每天早、晚各浇水 1 次。冬季气温较低时,应停止浇水,以助其顺利越冬。

修剪:平时摘除黄叶、病叶即可,花期过后需剪去花梗。

施肥:不喜肥,每年 5~10 月为文心兰的生长旺盛期,这个时节每半月施肥 1 次。冬季休眠期可停止施肥和浇水,但应向植株及其四周喷水,提高空气湿度即可。

注意事项

文心兰常出现病毒性花叶病,表现为叶上沿叶脉生淡黄色的不连续花叶状条斑。严重时,病斑部分的叶肉细胞坏死,形成表面下陷的褐色坏死斑。病毒性花叶病的传染途径以汁液传染为主,应及时消除病叶及残株,并注意合理通风,避免高温高湿,注意排水,适当增施磷、钾肥。

(39)郁金香

适合土壤:腐殖质丰富、疏松肥沃、排水良好的微酸性砂质土壤

生长高度:20~60cm

观赏特性:色彩艳丽、花色繁多

摆放位置:是盆栽和布置花坛的理想花卉。矮生品种的盆栽可用作窗台、阳台美化和屋旁、阶前点缀

栽培与养护

温度:生长适温为 15~20℃。怕酷暑,盛夏极其炎热时,其鳞茎将进入休眠状态。气温达到 8℃以上即可正常生长,一般可耐-14℃的低温。其耐寒性很强。

光照:喜阳光充足,光照不足将造成植株生长不良、叶色变浅、花期缩短等情况。在郁金香上盆后的半个多月的时间内,应进行适当遮阴处理,以利于种球萌发新根。花期时光照不足则不容易开花。

水分和湿度:生长期时保持盆土湿润即可,除天旱时大量浇水外,一般不需要大量浇

水。冬季以长根为主,生长缓慢,可不浇或少浇水;春季是花蕾、叶的生长旺盛期,可适量浇水;花谢后以长球为主,应适当控水。

修剪:无须摘心,及时摘除腐叶、枯枝即可。

施肥:出苗后、花蕾形成期、开花后等重要的生长期,应进行追肥,麻酱渣、马掌水、硫酸亚铁等稀释液均可促其成长,追肥忌用尿素。

注意事项

郁金香有毒碱,接触其叶子可能会使人出现皮肤过敏的症状,在通风环境不佳的居室中摆放郁金香,会使人感到头晕,误食郁金香,还会引起呕吐、腹泻,严重的可导致中毒,过多地接触郁金香使人毛发脱落。因此,是否在家中栽植郁金香应慎重考虑。

(40)一串红

适合土壤:肥沃、疏松、富含腐殖质的土壤或砂质土壤

生长高度:30~80cm

观赏特性:花期长,从夏末到深秋开花不断,且不易凋谢,色彩娇艳、气氛热烈

摆放位置:是盆栽和布置花坛的理想花卉。其矮生品种的盆栽多用于窗台、阳台美化和屋旁、阶前点缀

栽培与养护

温度:喜温暖,忌炎热,生长适温为15~25℃。对温度变化比较敏感。温度超过30℃时,植株生长发育受阻,花、叶变小。长期处于5℃的低温环境下,易受冻害。

光照:喜欢阳光充足的环境,稍耐阴。若长时间处于阴暗的环境下,容易花色暗淡、花蕾凋落,枝干也会变得柔弱、细长。对光周期反应敏感。

水分和湿度:忌环境过湿,忌积水。若遇到连绵阴雨天,最好将花盆移至避雨处,下大雨时可将盆歪倒放置,以助其排除积水。暴雨后若遇烈日高温,叶片则易灼伤,应将淋雨后的花盆放在阴凉、通风处。

修剪:萌芽力强,耐修剪。可从3~4片真叶起开始摘心,一般10~15天摘心1次,一

直摘至临花期时停止,最后一次摘心应在开花前 45 天进行。摘心后分枝多,植株丰满,但消耗营养亦多,要注意补充肥料。

施肥:对肥料要求不严,上盆时要施足基肥,在生长期内,每周施粪肥水 1 次。生长早期可在肥水中加入尿素,花前则应加入 1%磷酸二氢钾。

注意事项

一串红最容易患花叶病,花叶病容易通过蚜虫,红蜘蛛等害虫传播,感染速度极快,若不及时防治,植株在一周内就会萎缩停止生长,随后即枯萎死亡。因此,治疗一串红的花叶病应以消灭害虫为主,可用 40%乐果 1500 倍稀释溶液喷洒枝叶和根部。

(41)三角梅

适合土壤:排水良好、含矿物质丰富的微酸性土壤

生长高度:50~200cm

观赏特性:花色鲜艳、花期长、藤蔓柔软、线条流畅,开花之际,姹紫嫣红,给人奔放、热烈的感受

摆放位置:是盆栽和布置花坛的理想花卉。矮生品种的盆栽可作为窗台、阳台美化和屋旁、阶前点缀

栽培与养护

温度:喜温暖,忌严寒,生长适温为 15~30℃。夏季最高能耐 35℃的高温,冬季气温不可低于 5℃,否则会停止生长,甚至死亡。在气温不低于 15℃的情况下,才会开花。

光照:阳性花卉,喜光,忌暴晒。生长季节光线不足会导致植株长势衰弱,影响孕蕾和开花,应将其放置于阳光充足处。冬季应将植株摆放于南向窗台处养护,光照时间不少于 6h,否则容易造成叶片脱落。

水分和湿度:喜湿润的环境,忌积水。浇水遵循见干见湿的原则。要想使植株开花时花大色艳,可在开花前进行控水处理。控水处理是指从 9 月开始,浇水应在盆土干燥、枝叶软垂后进行,连续以这种方式控水半个月后恢复正常浇水方式。控水期间切忌施

肥,以免肥料烧伤根系。

修剪:极耐修剪。由于生长迅速,生长期应注重整形修剪,以促进侧枝生长,多生花枝,但修剪次数不宜超过3次,否则会减少开花质量和次数。开花后及时摘除残花和枯枝,并剪除弱势枝条,以保持株形美观。

施肥:上盆时,应在盆土中施足基肥,生长旺季应适时适量追肥,可在盆土中施入适量饼肥,并10~15天追施稀薄液肥1次,促进花芽分化。现蕾后改施浓度稍大的磷、钾肥,以促使花叶繁茂。

注意事项

三角梅在长期浇水、施肥和雨水冲刷后,盆土很容易板结,必须定期松土。同时应消除盆中杂草,否则容易造成根系腐烂或发商不良。另外,由于其生长速度较快、根系发达、须根很多,每年需换盆一次。

(42)鸡冠花

适合土壤:肥沃、排水良好的砂质土壤

生长高度:50~200cm

观赏特性:是园林植物中著名的露地草本花卉之一,花期长,花色鲜艳、明快,有较高的观赏价值。花色有白、淡黄、金黄、淡红、火红、紫红、棕红、橙红等多种颜色

摆放位置:是盆栽和布置花坛的理想花卉。多作为窗台、阳台美化和屋旁、阶前点缀

栽培与养护

温度:生长适温为20~30%,发芽适温为20~30%。夏季最高能耐35℃的高温,冬季气温不可低于5℃。

光照:阳性花卉,喜光。生长季节光线不足会导致植株长势弱,影响孕蕾及开花,生长期内要保证充足的光照,每天至少要保证照射4h的阳光。

水分和湿度:喜温暖、干燥的气候,忌环境过湿和积水,应遵循干透浇透的浇水原则。生长期内必须适当浇水,盆土不宜过湿,以潮润、偏干为宜,阴雨天要及时排水。

修剪：一般情况下无须修剪，只需从苗期开始摘除全部腋芽。在植株生长旺盛期应及时除去腐烂和变黄的叶片，以促进新生叶片生长、花大色艳。

施肥：上盆时应在盆土中施足基肥。生长旺季应进行追肥，平时可用肥沃壤土和熟厩肥各一半混合而成的肥料。生长后期加施磷肥，并使植株多见阳光，使其生长健壮、花序硕大。花蕾形成后应每隔10天施放稀薄的复合液肥1次。在种子成熟阶段宜少浇肥水，以利种子成熟，并使植株长时间保持花色浓艳。

注意事项

如果想使鸡冠花植株粗壮，花冠肥大、厚实、色彩艳丽，可在花亭形成后换成大盆栽培，但要注意移植时最好能带着原来的土坨一起移植，因为鸡冠花根部很脆弱，根断以后很难成活。

（43）万寿菊

适合土壤：疏松肥沃的砂质土壤

生长高度：60~100cm

观赏特性：花色鲜艳，花期长，花多株密，生长整齐

摆放位置：是盆栽和布置花坛的理想花卉。无论作为盆花观赏还是种植于早春园林中，都是不可多得的花材，还可与绿草、奇石搭配

栽培与养护

温度：生长适温为15~25℃。夏季最高能耐30℃的高温，当温度达到30℃以上时会造成植株徒长，茎叶松散。冬季室温低于10℃时，则会造成生长速度减慢。

万寿菊

光照：喜阳光充足的生长环境，生长期内光线不足会导致植株长势缓慢，影响孕蕾及

开花。一直放在庇荫处植株几乎不开花,还会出现衰弱或茎叶细嫩徒长的情况。万寿菊对日照长短反应较敏感,可以通过短日照处理促使其提早开花。

水分和湿度:喜欢干燥的生长环境,忌环境过湿和积水。在多湿或者空气湿度大的环境下很难生长良好,浇水必须遵循干透浇透的原则。

修剪:分枝性强,几乎不需要摘心,只需在花期时注意及时除去腐叶、枯枝,保持植株健康、美观即可。

施肥:在整个生育期都可进行叶面追肥,同时,基肥必须施足。花期较长,需要追施肥料供给养分,但不能过度施肥,否则,枝叶会旺长而不开花。一般每月施腐熟稀薄有机液肥或氮、磷、钾复合液肥 1 次。

注意事项

万寿菊含有丰富的叶黄素,天然叶黄素是一种性能优异的抗氧化剂,对老年人的心血管硬化、冠心病和失明症有明显疗效,1g 叶黄素的价格与 1g 黄金的价格相当。

(44)醉蝶花

适合土壤:排水良好、含矿物质丰富的微酸性土壤

生长高度:50~200cm

观赏特性:花如其名,由于蜜腺较发达,因此常引得飞蝶环绕,同时,花朵像翩翩飞舞的蝴蝶,非常美丽

摆放位置:是盆栽和布置花坛的理想花卉。矮生品种的盆栽适用于窗台、阳台美化和屋旁、阶前点缀

栽培与养护

温度:生长适温为 20~32℃。夏季最高能耐 35℃的高温。秋冬季节不耐霜寒,温度低于 5℃容易导致植株停止生长甚至死亡,因此,应在入冬前将其移入室内向阳处,同时,室内温度需维持在 20℃左右。

光照:喜阳光充足,略耐半阴,在半阴条件下虽也能生长,但为使其矮化,要尽可能地

使其照射阳光,以每天 4h 以上为佳。

水分和湿度:喜欢温润的空气环境,空气湿度过低会加快花的凋谢速度,但应当避免淋雨,尤其在晚上需要保持叶片的干燥。最适其生长的空气相对湿度为 65%~75%。

修剪:开花之前一般要进行两次摘心,以促使萌发更多的开花枝条。具体做法是上盆 1~2 周后,或者当苗高 6~10cm 并有 6 片以上的叶片后,把顶梢摘掉,保留下部的 3~4 片叶,促使其分支。在第一次摘心的 3~5 周后,或当侧枝长到 6~8cm 时,进行第二次摘心,把侧枝的顶梢摘掉,保留侧枝下面的 4 片叶。进行两次摘心后,株形会更加理想,开花数量也更多。

施肥:喜肥,对肥水需求较多,但要求遵循淡肥勤施、量少次多、营养齐全的施肥原则,并且在施肥过后的晚上要保持叶片和花朵表面的干燥。

注意事项

醉蝶花可以自播繁殖,3~4 月播种,在保持一定温度的情况下,10~14 天即可发芽。这种花在夏天的傍晚开放,第二天白天就凋谢,因此又叫夏夜之花,美丽却短暂的生命给人珍惜时光的启示。醉蝶花还是极好的蜜源植物,能提取优质精油。

(45)新几内亚凤仙

适合土壤:疏松、肥沃、排水良好的土壤

生长高度:25~35cm

观赏特性:花色丰富、株形娇美,用来装饰案头茶几,别有一番韵味

摆放位置:可作为园林摆花,也是花坛、花境的优良素材

栽培与养护

温度:喜温暖,忌严寒。夏季要求凉爽,秋冬季节最怕霜冻,要求冬季气温不低于 12℃,生长适温为 16~24℃。生长的环境温度如果低于 15℃ 或高于 32℃,都将影响植株正常生长。若温度适合,可常年开花。

光照:喜光,但是忌烈日暴晒,中午应该将其移入阴凉的环境中。光照强时会提前开

花,但是花蕾相对较小。

水分和湿度:喜欢稍微干燥的环境,浇水应遵循见干见湿的原则,忌积水。

修剪:在开花之前一般要进行两次摘心,以促使其萌发更多的开花枝条。要经常摘心积累营养,以促发侧枝,使株形更加丰满,开花数量也会增多。

施肥:对土壤要求不高,生长期时每隔7~10天喷叶肥1次,或每隔半月施沤制的稀薄肥水1次,其长势会更加旺盛。上盆2~3周后,当小苗高度达到10~15cm时,可以施放复合肥,少量多次。

注意事项

新几内亚凤仙只要是在适宜的环境中就能健壮地生长,其抗病虫能力较强,至今尚未发现有大的流行性病虫害,只是扦插时偶有茎腐病发生,定期喷布杀菌剂即可起到预防作用。加强通风管理也可减少蚜虫和红蜘蛛等的虫害。

（46）牡丹

适合土壤:排水良好、疏松肥沃,土层深厚的中性或中性微碱土壤

生长高度:50~200cm

观赏特性:世界名贵花卉,花大、形美、色艳、香浓,有"花中之王"的美称,雍容华贵,象征繁荣兴旺

摆放位置:适合做花境的背景材料,也可栽植于篱边、崖坡、树坛或宅旁,一般会被作为盆花放存室内欣赏

栽培与养护

温度:喜凉爽,不耐高温,耐寒。生长适温为16~20℃,开花适温为17~20℃,但在开花前2~3个月内必须经过1~10℃的低温处理。华东及中部地区均可露地越冬,当气温降低到4℃时花芽会开始逐渐膨大,如果温度低于16℃则不容易开花。夏季温度在25℃以上时,植株就会呈半休眠状态。

光照:充足的阳光对其生长较为有利,但不耐夏季烈日暴晒,周围环境应保持通风、

透光,使空气流通加快。

水分和湿度:俗语说:"牡丹宜干不宜湿。"牡丹是深根性肉质根,忌积水,平时浇水不宜多,要使盆土适当偏干。南方高温、高湿的天气对牡丹的生长非常不利,因此在南方栽培牡丹较为困难。

修剪:应及时剪除过密的枝条、侧芽及土芽,留壮去弱。3月中旬至5月上旬,摘掉花蕾和部分开花牡丹的残花,减少养分的消耗;秋末可以剪掉弱枝、病枝、枯枝、残叶,减少病虫害的发生。

施肥:基肥一定要施足,可用堆肥、饼肥或粪肥。通常以1年施肥3次为佳。即在开花前半个月喷洒以磷肥为主的肥水1次,可让花大色艳。开花后半个月施复合肥1次。入冬之前施堆肥1次,以保证来年能再次开花。

注意事项

牡丹具有很高的药用价值。牡丹的根可加工制成名贵的中草药。其性微寒,味辛,无毒,入心、肝、肾,有散淤血、清血、和血、止痛、通经的作用,还有降低血压、抗菌消炎之功效,久服可益身延寿。

(47) 波斯菊

适合土壤:排水良好、含矿物质丰富的砂质土壤

生长高度:30~120cm

观赏特性:花色繁多、花姿优美

摆放位置:适合做花境的背景材料,也可栽植于篱边、山石、崖坡、树坛或宅旁

栽培与养护

温度:喜温暖,忌严寒,生长适温为18~24℃,略耐早霜,一入冬就必须马上移至温暖的室内,使其顺利越冬。

光照:阳性花卉,喜光照,生长期内光照不足会导致植株长势衰弱,影响孕蕾及开花。短日照植物,不耐阴。

水分和湿度:耐干旱,对土壤要求不严,但不能积水,过量的浇水会造成波斯菊出现疯长的现象—植株的高度增加而开花少——甚至出现倒伏的情况。

修剪:生长期需进行多次摘心,一方面可以抑制顶芽生长,使整个植株矮化,有效防止植株成熟后倒伏,另一方面还可以促使萌发分枝,增加花朵数。

施肥:耐瘠薄、不喜肥,上盆时盆土中施足基肥即可,过多的肥水容易引起植株的徒长而出现倒伏和开花稀少的现象。

注意事项

波斯菊的学名有美好、和谐之意。在我国南方,由于气候原因,波斯菊常患白粉病,发病时植株叶片、嫩茎、花芽及花蕾等部分会被灰白色粉状霉层覆盖,可在发病初期喷洒75%百菌清600~800倍液,并适当增施磷、钾肥,尤其要注意通风和透光。最好将重病部位及时剪除、深埋或烧毁,以杜绝菌源。

(48)玉兰

适合土壤:排水良好、含矿物质丰富的微酸性土壤

生长高度:100~500cm

观赏特性:中国著名的花木,是北方早春重要的观花树种。花朵大方雅致、洁白无瑕,树体壮实,枝干遒劲

摆放位置:多栽植于亭、台、楼、阁前,或作为道路两侧的行道树,现也被作为桩景盆栽供家庭观赏

栽培与养护

温度:喜温暖,但是极耐严寒。在-20℃的低温环境下依然可以安全越冬,早春0~10℃即开始孕蕾。

光照:喜欢阳光充足的生长环境,也可在半阴的环境下生长。

水分和湿度:肉质根,忌积水,浇水遵循见干见湿的原则。生长旺盛期应保持土壤湿润,干燥天气应注意增加浇水量和浇水次数。雨季要注意及时排水,防止烂根。

修剪:一般不需要修剪,及时剪除枯枝、病虫枝即可。如果为了美化树形,可在开花以后和萌芽展叶之前对乱枝和侧枝进行修剪,注意剪口要平滑。

施肥:喜肥,忌浓肥。施肥遵循淡肥勤施、量少次多、营养齐全的原则,施肥应以充分腐熟的有机肥为主。每年早春和伏天可适当追肥,以促进开花和花芽分化。花前应施充足的肥料,以促使花叶繁茂,香味浓郁。

注意事项

小型的玉兰盆景适宜居家养护,但是大型的玉兰可以在室内摆放,但不适合在室内栽植,因为玉兰是深根系植物,久居普通花盆中容易长势衰弱,如果希望在家中观赏大型玉兰,可先落地培植,花前再上盆观赏,这样才能让植株花叶繁茂。

(49)樱花

适合土壤:疏松肥沃、排水良好的砂质土壤

生长高度:100~300cm

观赏特性:花朵娇艳浪漫、高尚典雅,是世界最著名的观赏植物之一

摆放位置:可作为木架、书房、客厅、办公桌等处的点缀装饰

栽培与养护

温度:喜温暖,忌严寒,生长适温为20~28℃。如果温度在15℃以上,就能常绿不落叶。其抗寒力较差,冬季越冬温度都需要在0℃以上,如果温度低至-10℃,应用稻草略加包扎做保护,避免冻死。

光照:喜阳光充足,略耐半阴。向光性强,夏日需遮阳,保持通风。

水分和湿度:喜湿润的空气环境,有一定耐旱能力。生长期时8~10天浇水1次,需保持土壤潮湿、无积水即可。

修剪:花前整形修剪,指对生长过密的枝条进行适当疏剪,剪去内斜枝、直立枝、细弱枝、病虫枝;花后修剪按照"由茎到梢,由内到外"的顺序进行,对主枝的茎部自内向外地逐渐向上修剪,对徒长枝、枯枝、病枝等均加以抑制或剪除,并注意保持树冠的匀称。修

剪后的枝条要及时用药物消毒伤口,防止雨淋后病菌侵入,导致腐烂。

施肥:每年施肥两次,以酸性肥料为佳。一次是冬肥,在冬季或早春施用豆饼、鸡粪和腐熟肥料等有机肥;另一次在落花后,施用硫酸铵、硫酸亚铁、过磷酸钙等速效肥料。

注意事项

樱花在夏季容易爆发叶枯病,叶片上会出现黄绿色的圆形斑点,之后慢慢变成深褐色,斑点周围还会生出很多黑色小点。如果病叶枯死但并不脱落,就应该首先摘除并焚烧病叶。如果此病发作于发芽前,则可喷洒一定浓度的波尔多液,杀菌消毒。生过枯叶病的植株其实很难彻底消除病菌,应该在来年的 5、6 月份再次向植株和盆上中喷 65%浓度的代森锌可湿性粉剂 500 倍液,每隔 7~10 天喷洒 1 次,连喷 2~3 次即可、以保证病菌被彻底消除。

(50)蝴蝶兰

适合土壤:盆栽不宜用泥土,必须用水苔、树皮、蛇木屑、碎砖块等材料

生长高度:50~80cm

观赏特性:株形奇美,在新春佳节时美丽绽放,花色繁多、鲜艳,仿佛一群飞舞的蝴蝶

摆放位置:客厅或者正式庄严的场合都很适合

栽培与养护

温度:生长适温为 18~30℃。夏季高温时,叶片上不可凝聚水分,以免造成叶片灼伤。秋冬季温度低于 15℃时即进入休眠状态,低于 10℃时容易造成植株死亡。

光照:喜阳光,但忌暴晒,否则会灼伤叶片;不耐阴,太阴暗的环境容易导致其生长缓慢,不利于养分的存储。最好能将其放于朝北或朝东的阳台或窗台旁,使之接受散射光的照射,这样才能健康生长、病害少。

水分和湿度:不耐干旱更害怕潮涝,喜欢高湿的空气环境。夏季高温时必须时常保持基质的湿润,冬季则要控制浇水量,保持基质微湿即可。

修剪:及时将开过花的花茎切除,保留基部以上的 3~4 节,从而促使腋芽萌发。

施肥:坚持薄肥勤施,在花市购买花肥时,尽量购买蝴蝶兰专用花肥,并严格按照说明书使用。注意开花期和休眠期不能施肥,否则容易烧根,导致植株死亡。

注意事项

蝴蝶兰的气根颇多,其根尖翠绿,相当敏感,要细心养护,切不可造成根尖损伤,否则此根会停止生长。

3.植物的家居摆放与搭配

(1)植物间的相生相克

有些植物,由于种类不同、习性各异,在其生长过程中,为了争夺营养空间,常会与周围的植物发生"争斗",有的甚至会从叶面或根系分泌出对其他植物有杀伤力的有毒物质,致使邻近的植物死亡。这种现象在自然界屡见不鲜,比如胡桃的根系能分泌出一种叫胡桃醌的物质,在土壤中水解氧化后,会产生极大的毒性,易造成松树、苹果树、桦木等及多种草本植物受害或死亡。

事实上,植物之间的相互作用在自然的或人工的生态系统中都很常见,有些植物能够"和平相处、共存共荣",有些植物则"以强凌弱、水火不容"。在日常的栽培和养护过程中,我们必须对不同植物种类相生相克的问题予以重视。在此,列举一些常见植物之间相生相克的例子。

(2)植物与风水学

植物风水学是风水学中不可或缺的一部分,其宗旨是让人们了解自然环境,利用和改造自然,从而创造出美好宜居的居室空间,达到人与自然和谐统一的境界。

植物的种类极其车富,风水学说常以五行来对植物进行划分。根据植物的整体色彩和开花的颜色,植物可分成金、木、水、火、土五类。白色系的植物属金,如白网纹草、九里香等;绿色系植物属木,如金钱树、巴西木、鸟巢厥等;蓝色系植物属水,如薰衣草、鼠尾草等;开花红色或结果红色的植物属火,如龙血树、凤梨等;黄色系的植物属土,如金边龙舌兰、金边虎尾兰、黄金葛等。

在风水学上，绝大部分的植物都是吉相物件，在恰当的环境和位置摆放植物对人和家庭的运程来说都有不同的妙用。风水学认为植物是生命力的象征，当中蕴含着充沛的自然能量，可以提升人的运势。植物的形状特征以及摆放方位、摆放时机不同，其功能和能量会产生一定的差异。比如，叶形较大的植物几乎适合所有场所，在家宅室外摆放大叶植物，如巴西木、发财树、龟背竹、榕树、橡皮树等，其宽大的叶片可以更多地聚集自然的能量，在玄关摆放此类植物，寓意"挡煞免灾"，起到聚集好运和人气的作用；在客厅摆放则寓意"胸襟广阔"，有利于家人健康和睦，也可以给客人一种宽阔、舒畅的空间感。如果在公司和办公室摆放叶形较大尤其是叶片接近船形的植物，如孔雀竹芋、白鹤芋、君子兰、万年青等，寓意"平稳起步、承载百川"，起到增助事业稳定和上升的作用。叶形较小的植物则非常适合摆放在卧室、书桌、书架等空间相对较小的地方。在卧室可以摆放叶片集中、叶形圆润的小叶植物，如米兰、仙客来、豆瓣绿等，寓意"幸福和睦"，起到协调夫妻关系、使家人彼此团结的作用；在室外窗台或者阳台可以选择摆放叶片尖细、叶面狭窄的小叶植物，如仙人掌科的植物，寓意"自我防御"，起到保护家人的作用。另外，植物叶片的生长方向也有不同的风水作用。一般来说，向上生长、叶子尖而突出的植物属阳性，给人坚强有力、积极向上的感觉，这类植物适合摆放在南向或角落里，增加角落的生气。而圆形叶子、向上生长的植物则属阴性，其柔美的线条可以缓解生活压力，使内心平静，应将其放在卧室或客厅的北向。

在此，简单列举了一些家庭观赏植物适宜摆放的位置，供园艺爱好者参考。

施肥是植物种植技术中人工最难掌握好的一部分。施肥有很多忌讳，居家植物植株相对较小，承受肥料的能力参差不齐。因此，要系统地了解花盆、花肥的具体情况，从而采取相应的施肥措施，以促进植物更好地生长。比如一些有机肥料，如动物内脏、鸡蛋、茶叶渣、中药渣等不可直接放入盆内，需经过充分发酵腐熟才能施放。不要施浓肥，在施放有机肥时，肥料不但要充分腐熟，还应该加水稀释，薄肥勤施才能对植物生长起到持续的作用。不要施热肥，高温时，即夏季和正午时不宜施肥，以免灼伤植物。不要坐肥，盆底部施放基肥后应铺放一层土壤，将肥料与植物的根部隔开，以免灼伤根部系统。

　　施放肥料应当以适时、适量和适当为原则，要清楚植物是否缺肥。植物通常会以明显的表象症状来表达自身的状况，比如缺铁时，植株新叶会变黄，老叶和叶柄不变色，俗称"缺绿症"；缺钙时，植物的根系会发育不良，植株矮小，生长缓慢，顶芽容易枯死脱落，新叶卷曲，叶缘变黄，逐渐枯萎；缺锌时，叶片变成淡绿色，枝头尖端出现小叶簇生，俗称"小叶症"；缺氮时，花木会发育不良，植株瘦弱，叶形变细，颜色暗淡，老叶淡黄，叶枯后不脱落，果实小而干瘪；缺磷时，根系不发达，侧根数量减少，植株变暗绿色，生长缓慢，叶柄变细，叶片出现紫、红、青铜等异常颜色，老叶的叶脉间叶肉变黄，一碰就脱落，花期推迟，果实晚熟，抗寒能力变差；缺钾时，植株逐渐变得柔弱，抗病能力变差，易倒伏，症状从植株底部向上蔓延，叶片尖端和边缘变黄；缺镁时，老叶叶面变黄，叶柄仍然为绿色，叶脉也为绿色，但是叶肉变黄，花朵小，偏白色。

第十一章　致命植物

夹竹桃

夹竹桃原产于印度、伊朗和阿富汗,在我国栽培历史悠久,遍及南北城乡各地,有红色和白色两种,夹竹桃喜欢充足的光照,温暖和湿润的气候条件。夹竹桃是最毒的植物之一,它含有多种毒素,有些甚至是致命的。它的毒性极高,曾有少量致命或差点儿致命的报告。根据美国毒物控制中心联合会毒物暴露监督系统的报告指出,美国于2002年就有847例夹竹桃中毒事

夹竹桃

件。在印度有多宗吃夹竹桃自杀的案例。中国香港曾有因用夹竹桃枝烹调食品或搅拌粥品而致死的案例。中国台湾曾经发生过以夹竹桃枝当筷子,吃下有毒汁液中毒的案例。

识别常识

夹竹桃是常绿直立大灌木,高达5米,含乳白色汁液,无毛。叶3~4枚轮生,在枝条下部为对生,长11~15厘米,宽2~2.5厘米,下面为浅绿色;侧脉扁平,密生而平行。夹竹

桃的果实为矩形。长 10~23 厘米，直径 1.5~2 厘米；其种子顶端具黄褐色种毛。夹竹桃的经济效益非常高，可以说它全身是宝；它的茎皮纤维为优良混纺原料，又可提制强心剂；根及树皮含有强心苷和酞类结晶物质及少量精油；茎叶可制杀虫剂。夹竹桃的茎、叶、花朵都有毒。它分泌出的乳白色汁液含有一种叫夹竹桃苷的有毒物质，误食会中毒。

海芒果

海芒果为常绿小乔木，由于叶片及果实外形貌似芒果，及主要生长地为热带沿海的沙地或近海的河流两岸而得名。海芒果全株含有白色有毒乳液，而种子的毒性最强。海芒果约有 9 种果属，原产于印度、缅甸、马来西亚、菲律宾、琉球、澳大利亚等地，在中国主要产于广东、海南以及台湾等省区。

电视上就曾出现青少年摘下海芒果的果实，将其剥开，几乎要一口吃下去的情景。若是果实下了肚，那麻烦就马上跟着来了！因为它的果实和果仁正是毒性最强的部分，大家可要小心地对待它哦！吃半个果仁即可致死。中毒症状表现为恶心、呕吐、腹痛、腹泻、手脚麻木、冒冷汗、血压下降、呼吸困难、心跳停止等。

识别常识

中国大陆称海芒果为海杜果，中国台湾称之为海檬果，又称山样仔、猴欢喜、海样仔、黄金茄、山杜果、牛金茄、牛心荔、黄金调、山杭果、香军树等。许多公园、校园、人行道边。都有海芒果树的身影。因其果实硕大状如芒果，不少孩童喜欢攀折采摘，但是海芒果带有剧毒，误食会引发严重的后果。

羊角拗

羊角拗是华南山坡常见的野生灌木，叶为长矩圆形，边缘平整，聚伞花序，顶生，花冠为漏斗状,裂片延伸成长线状,黄色。羊角拗全株有剧毒,有毒成分为羊角拗苷、毒毛旋花苷等,误食后的中毒症状为心跳紊乱、呕吐腹泻、神经性失语、幻觉、神志迷乱等。羊角拗的茎枝为圆柱形,略弯曲,多截成 30~60 厘米的长段;表面棕褐色,有明显的纵沟及纵皱纹,粗枝皮孔为灰白色,横向凸起,嫩枝上密布有灰白色小圆点皮孔;其质硬脆,断面为黄绿色,木质,中央可见髓部。羊角拗叶对生,皱缩,展

羊角拗

平后呈椭圆状长圆形,长 3~8 厘米,宽 2.5~3.5 厘米,中脉于下面突起。

黄蝉

黄蝉喜高温、多湿、阳光充足的气候,中国植物图谱数据库收录其为有毒植物。黄蝉全株都有毒,乳汁毒性最强,误食会有高烧、泻痢、呕吐、嘴唇红肿、心跳加快、循环系统和呼吸系统障碍等症状;皮肤触及汁液会出红疹;妊娠动物食之会流产。

黄蝉是常绿直立或半直立灌木,高约一米,也有高达两米的。黄蝉植株具乳汁,叶 3~5 枚轮生,椭圆形或倒披针状矩圆形,长 5~12 厘米,宽达 4 厘米,被短柔毛,叶脉在下面隆起。其花瓣为聚伞状,花冠颜色鲜黄,花冠基部为漏斗状,花瓣共有 5 个裂片,长 4~6 厘米,喉部被毛;5 枚雄蕊生喉部,花药与柱头分离。果实为球形,直径 2~3 厘米,具长刺。花期为 5~8 月,果期为 10~12 月。

黄蝉的栽培技术

黄蝉多用扦插培植。在 20℃ 条件下可进行。扦插苗长根后,软枝黄蝉移到盆里,每

盆 3 株。及时摘心，培养矮化丰满株形。硬枝黄蝉，小苗时可先栽在地上，及时摘心，培养枝条，待枝条达到 5~6 个分枝后，移到盆里；修枝整形，培养矮化株形。在黄蝉的生长季节，常保持土壤湿润，每 20 天施肥一次，可加速其枝梢旺盛生长，花开不断，但在其休眠期需控制水分。

木本曼陀罗

木本曼陀罗，是植物王国中最有可能让人变成僵尸的可怕家伙，又称"天使的号角"，号称全球十大最危险植物之一。

根据 2007 年 VBS 电视台拍摄的纪录片《哥伦比亚恶魔的呼吸》中关于木本曼陀罗的介绍及其中所描述的提炼方法，哥伦比亚一名罪犯从"天使的号角"中提取东莨菪碱并制成了一种强效药，这种药会让人根本不知道自己在做什么，即使他们处于完全有意识的状态。

东莨菪碱能够穿过皮肤和黏膜被人体吸收，许多罪犯就利用这一点，通过将含有东莨菪碱的粉末吹到目标人物脸上的方法，便可达到杀人于无形的目的。《哥伦比亚恶魔的呼吸》为观众讲述了一系列与东莨菪碱有关的令人恐怖的真实事件。在其中一个故事中，一名男子曾主动将自己的所有财产转让给一名罪犯。可事后，他根本回想不起来自己曾经做了什么。

识别常识

木本曼陀罗是常绿半灌木，茎粗、叶大，叶呈卵状心形，顶端渐尖，长 15~28 厘米，宽 8~15 厘米，嫩枝和叶两面均被柔毛。木本曼陀罗还有一定的药用价值，它的花含较多的东莨菪碱，含量可达 0.4%。此外，木本曼陀罗还含有莨菪碱，它的叶也含以上两种生物碱。根据《新华本草纲要》记载：本品有毒，中毒过量可用巴比妥或水合氯醛解毒。

颠茄

颠茄，植物分类学家林奈是根据它的毒性来为它命名的。颠茄又称 Atropa，Atropa 是希腊神话中的三个司命运的女神中最年长的那位，她能割断生命之线，主管人的生死，因此可见颠茄毒性之大。颠茄根的煎煮物能够放大眼睛的瞳孔，古代西班牙姑娘爱用颠茄滴眼，引起瞳孔放大而显得漂亮，因此而得到 belladonna 这个俗称。bel-ladonna 源于意大利语的 bella donna，意为"漂亮女人"。颠茄喜温暖湿润的气候，不耐寒，忌高温，在 20~25℃ 的气温条件下生长快速，超过 30℃ 则生长缓慢。在雨水多的季节，颠茄易罹根病。北京地区 5 月至 6 月之间颠茄植株生长较快，7 月生长缓慢，冬季不能露地越冬，只作一年生栽培，长江以南产区可作多年生栽培。

颠茄会让你"发癫"

颠茄中含有致命毒素，如果吸入过多的剂量，将严重影响到人的中枢神经系统，这些毒素神不知鬼不觉地麻痹中毒者肌肉里的神经末梢，比如血管肌、心脏肌和胃肠道肌里的神经末梢。误食颠茄会引起瞳孔放大、对光敏感、视力模糊、头痛、思维混乱以及抽搐等症状。两个浆果的摄取量就可以使一个小孩丧命，10~20 个浆果则足以毒死一个成年人。即使砍伐它，人们都要小心翼翼，稍不注意，就会引起过敏症状。

一品红

一品红，又名圣诞花（中国台湾称其为圣诞红），因为其鲜艳的红色充满了圣诞的气氛，所以在圣诞节多用来摆设装饰。一品红植株上那些被人认为是花朵的红色部分其实是叶，而真正的花是在叶束中间的部分。一品红通常高 0.6~3 米，其深绿色的叶长 7~16

厘米。其最顶层的叶是火红色、红色或白色的，因此经常被误会为花朵。一品红原产于墨西哥塔斯科地区，在被引入欧洲之前，就一直被当地的阿芝特克人（美洲印第安人）用作颜料和药用植物。1825年，美国驻墨西哥首任大使约尔·波因塞特将一品红引入美国。目前，在我国两广和云南地区有露地栽培，植株可高达两米。

一品红

美丽的背后会有毒

有关专家指出，一品红的全身都有毒。茎秆中的白色乳汁含有多种有毒生物碱，皮肤接触后可致红肿、发热、奇痒和局部丘疹；如误食茎叶，轻者致肠道功能紊乱和神经紊乱，严重者会中毒身亡。不过，观看、摆放一品红不会对人体和环境造成危害，但一定要把它摆放在幼儿不容易够到的地方。

坏女人

"坏女人"是一种有毒的香草。"坏女人"的深绿色叶片呈齿状，长有5个形如耳垂般的白色花瓣，成年的"坏女人"植株可以高达1.2米，可用做庭院篱笆墙，是最理想的天然家居安全系统。这种植物更多的是让接触者陷入痛苦之中，而不是使其中毒。"坏女人"主要分布于墨西哥西南地区，身上长满尖刺，如果有需要，这些尖刺可以临时充当鱼钩。

"坏女人"的腐蚀性

"坏女人"这种植物的真正可怕之处是它向外渗出的一种具有腐蚀性的乳状液体。

渗出乳状液体是大戟属植物家族很多成员的一个共同特征,这种液体能够引起令人痛苦的皮肤刺激症状。斯图尔特说:"一些人对我说,他们曾不小心将大戟属植物渗出的液体弄到眼睛里,令他们感到非常吃惊的是,这种液体居然对眼睛造成了长期的损伤。"

蓖麻子

蓖麻为一年或多年生草本植物。全株光滑,上被蜡粉,通常呈绿色、青灰色或紫红色;其茎呈圆形中空状,有分枝;其叶互生、较大,呈掌状分裂;圆锥花序,无花瓣,雌花着生在花序的上部,淡红色花柱,雄花在花序的下部,淡黄色;蓖麻果实有刺,种子为椭圆形,种皮硬,有光泽并有黑、白、棕色斑纹。这种植物喜高温,不耐霜,酸碱适应性强。

蓖麻子

蓖麻子中含蓖麻毒蛋白及蓖麻碱,蓖麻毒蛋白是一种蛋白分解酶,7毫克即可致成人死亡。4~7岁的小孩服蓖麻子2~7粒便可引起中毒,甚至死亡,成人20粒可致死。非洲所产的蓖麻子两粒可致成人死亡,小孩仅需一粒,但也有报告称有人服用24粒蓖麻子后仍能恢复健康。

麻风树

麻风树是一种常见的药用植物,四季可采,多鲜用,多以树皮、树叶及果实(包括榨油后的渣饼)入药。麻风树树皮光滑,种子呈长圆形,种衣呈灰黑色。中医认为麻风树种子性寒，有散淤、止痛的作用，也可治跌打损伤及皮肤瘙痒，有的地方还用它治疗胃肠炎。麻风树全株有毒，茎、叶、树皮均有丰富的白色汁液，内含大量毒蛋白，是麻风树毒素的主要来源。麻风树种子的毒蛋白浓度最高，其毒蛋白的毒性与蓖麻毒蛋白类似。种子中还含有少量氰氢酸及川芎嗪。毒蛋白能引起强烈的胃肠道刺激症状，甚至会导致出血性胃肠炎。

有毒的麻风树

麻风树为中国植物图谱数据库收录的有毒植物，其种子的毒性最多，枝叶次之，种仁有腹泻和催吐作用；成人食 2~3 粒麻风树种子即引起头昏、呕吐、腹痛，多食症状加重，有呼吸困难、皮肤青紫、循环衰竭，并有尿少、血尿及明显溶血现象，最后虚脱死亡。曾有人对小白鼠腹腔注射 22.2 克树皮乙醇提取物，小白鼠出现活动减少、抖动、安静、闭眼、衰竭而死等一系列症状。